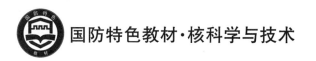

国防特色教材·核科学与技术

核反应堆工程

（第 3 版）

主　编　阎昌琪
副主编　曹欣荣

哈尔滨工程大学出版社
Harbin Engineering University Press

内容简介

本书比较系统、全面地介绍了核反应堆的基础知识,重点介绍了核反应堆结构和材料、核反应堆物理、核反应堆热工水力设计及核反应堆安全的知识。本书的内容以核电站压水反应堆为主,同时也介绍了舰船用反应堆、沸水堆、重水堆、气冷堆等不同类型的核反应堆。

书中涉及的学科领域比较广泛,内容涵盖了核动力反应堆的主要专业知识,反映了目前核反应堆工程的发展趋势。

本书可作为高等院校核科学与技术专业的研究生教材,也可作为核电站和船用核动力设计、运行及管理人员的培训参考书。

图书在版编目(CIP)数据

核反应堆工程/阎昌琪主编. —3 版. —哈尔滨:
哈尔滨工程大学出版社,2020.1(2024.7 重印)
ISBN 978 - 7 - 5661 - 2552 - 1

Ⅰ.①核… Ⅱ.①阎… Ⅲ.①反应堆 - 核工程 Ⅳ.
①TL3

中国版本图书馆 CIP 数据核字(2019)第 289924 号

选题策划   石　岭
责任编辑   丁　伟
封面设计   张　骏

出版发行   哈尔滨工程大学出版社
社　　址   哈尔滨市南岗区南通大街 145 号
邮政编码   150001
发行电话   0451 - 82519328
传　　真   0451 - 82519699
经　　销   新华书店
印　　刷   哈尔滨午阳印刷有限公司
开　　本   787 mm × 1 092 mm   1/16
印　　张   21.5
字　　数   549 千字
版　　次   2020 年 1 月第 3 版
印　　次   2024 年 7 月第 3 次印刷
定　　价   48.00 元
http://www.hrbeupress.com
E-mail:heupress@ hrbeu.edu.cn

前　　言

核反应堆的问世是和平利用原子能的一个重要里程碑,它在世界能源利用方面起了重大的积极作用。目前全球电力的 17% 以上来自核能发电。自第一座核电站问世以来,核电的发展速度很快,目前全世界 31 个国家和地区有 438 座核电站在运行,核电站已积累了 5 000 多堆年的运行经验。在核电站反应堆迅速发展的同时,舰船用反应堆的应用范围也在不断扩大。在军事和民用两大需求的牵引下,核反应堆技术近年来有了大幅度的提高,目前的反应堆已有十几种不同的类型,它的设计和建造涉及了很多专业领域。

本书比较全面地介绍了与核动力反应堆有关的专业知识,内容包括核反应堆结构和材料、核反应堆物理、核反应堆热工水力设计及核反应堆安全等,在有限的篇幅内涵盖了有关核动力反应堆的主要知识,使学生在较短的时间内对核反应堆有一个全面、系统的了解。本书内容涵盖专业面较广、综合性强,适合于核工程类专业的研究生使用,特别适合从其他专业考入核工程专业的研究生使用。同时,本书考虑到尽可能大的读者使用范围,内容安排由浅入深,使其适合从事核工程领域工作的技术人员培训使用,使学员在较短的时间内对反应堆知识有一个全面的了解。

由于目前电站核反应堆和船用核反应堆都是以压水堆(pressurized water reactor,PWR)为主,因此本书内容以压水堆为主。在内容选取上力求反映现代反应堆的发展趋势,介绍一些新堆型、新材料和新的设计方法,在内容安排上注意与工程实际相结合。本书以介绍核电站反应堆为主,同时也介绍了舰船用反应堆和空间用反应堆,例如一体化反应堆和热电直接转换反应堆等。这样既可以扩大学生的知识面,也可以使学生了解一些目前核反应堆的发展趋势。

全书共分 7 章,第 1 章介绍了目前世界上正在运行的核反应堆的类型。以压水堆为主,同时介绍了沸水堆(boiling water reactor,BWR)、重水堆、气冷堆、钠冷快中子堆等;第 2 章介绍了核反应堆物理的基本原理和基本的设计计算方法;第 3 章介绍了压水堆的本体结构和核反应堆材料;第 4 章和第 5 章主要介绍了核反应堆热工学和核反应堆流体力学;第 6 章介绍了核反应堆热工设计原理,主要介绍了单通道模型设计法和子通道模型设计法;第 7 章介绍了与核反应堆安全有关的知识,包括反应堆安全对策、事故分析等。

本书由阎昌琪教授任主编,曹欣荣教授任副主编。其中第 2 章的 2.2 和 2.3 两节由曹欣荣编写,其他各章节均由阎昌琪编写。在大纲的制定和内容编写过程中,清华大学的贾宝山教授提出了许多宝贵的建议,在此表示衷心的感谢。

由于编者水平有限,书中难免出现错误和疏漏,恳请同行专家和读者批评指正。

编　者
2019 年 11 月

目　　录

第1章　核反应堆类型 ·· 1

1.1　核反应堆概述 ·· 1

1.2　压水堆 ·· 2

1.3　沸水堆 ·· 7

1.4　重水堆 ··· 11

1.5　气冷堆 ··· 14

1.6　钠冷快中子堆 ··· 19

1.7　舰船用核动力反应堆 ·· 22

1.8　特殊用途的小型核反应堆 ··· 25

1.9　第三代反应堆和第四代反应堆 ·· 29

思考题 ·· 44

参考文献 ·· 44

第2章　核反应堆物理 ··· 46

2.1　原子核物理基础 ··· 46

2.2　核反应堆临界理论与反应性变化 ·· 55

2.3　核反应堆中子动力学 ·· 91

思考题 ·· 96

习题 ··· 96

参考文献 ·· 97

第3章　核反应堆结构与材料 ··· 98

3.1　压水堆结构 ··· 98

3.2　核反应堆材料 ··· 115

思考题 ·· 137

参考文献 ·· 137

第4章　核反应堆热工学 ·· 138

4.1　核反应堆的释热 ··· 138

4.2　核反应堆部件的热传导 ··· 153

4.3　输热和单相对流传热 ·· 165

4.4　核反应堆内的沸腾换热 ··· 175

思考题 ·· 191

习题 ··· 191

参考文献 ·· 193

第5章　核反应堆流体力学 ··· 194

5.1　冷却剂单相流动 ··· 194

5.2　气-水两相流 ··· 200

5.3　临界流动 ·· 222

5.4　两相流动不稳定性 ·· 230

  5.5 自然循环 ··· 238

  思考题 ·· 245

  习题 ·· 246

  参考文献 ·· 246

第 6 章 核反应堆热工水力设计 ·· 247

  6.1 堆芯热工水力设计概述 ·· 247

  6.2 单通道模型设计法 ·· 251

  6.3 子通道模型设计法 ·· 263

  思考题 ·· 269

  习题 ·· 269

  参考文献 ·· 270

第 7 章 核反应堆安全 ·· 271

  7.1 核反应堆安全的基本概念和基本原则 ···································· 271

  7.2 核反应堆事故及分类 ·· 277

  7.3 核反应堆严重事故 ·· 293

  7.4 国际核事件的分级 ·· 318

  7.5 事故情况下放射性物质的释放与防护 ···································· 323

  思考题 ·· 331

  参考文献 ·· 331

附录 ·· 332

  附录 A 国际单位与工程单位的换算 ···································· 332

  附录 B 一些核素的热截面 ·· 333

  附录 C 核燃料的热物性 ·· 334

  附录 D 包壳和结构材料的热物性 ······································ 335

  附录 E 贝塞尔函数 ·· 336

  附录 F 水的热物性 ·· 337

  附录 G 饱和线上水和水蒸气的几个热物性 ···························· 338

第1章 核反应堆类型

1.1 核反应堆概述

从 20 世纪 40 年代第一座核反应堆问世以来,核能的开发利用进入了一个崭新的阶段。早期的核反应堆主要用在军事上,例如 20 世纪 40 年代至 50 年代初,美国建造的主要是生产堆,为原子弹生产所需的钚。由于核动力作为水下动力源有其特殊的优势,因此美国在第二次世界大战后集中研究力量开发潜艇核动力技术,于 1955 年建造了世界上第一艘核潜艇。1954 年,苏联奥布宁斯克 5 000 kW 试验核电站建成;1957 年底,美国在潜艇压水堆技术的基础上建成了 60 MW 西平港压水堆核电站。在此期间,苏联于 1959 年建成了核动力破冰船和核潜艇;于 1964 年建成了别洛雅克一号 100 MW 石墨沸水堆核电站。在 20 世纪 60 年代以后,由于世界局势的缓和,以及工业的快速发展,核反应堆的研究和使用主要集中在和平利用上,即用在核动力发电上,因此 20 世纪六七十年代是核电站反应堆大力发展的时期,从此人类进入了和平利用核能的新纪元。此后,核电站在全世界范围内有了相当规模的发展。随着核电站数量的增多和使用范围的扩大,核反应堆技术也日臻成熟。

随着工业技术的飞速发展和人类文明的进步,地球上有限的化石能源在加速地消耗。据预言家们估计,化石燃料可能在今后的几个世纪内被消耗殆尽。除这些化石燃料外,自然界里还有核能、风能、水能、太阳能、地热和潮汐能等。在这些能源当中,核能是目前比较成熟并已在工业上大规模应用的新型能源。核能不仅有单位体积能量大的优点,而且资源丰富,据初步估计,地球上已勘探到的铀矿和钍矿资源的能量相当于有机燃料的 20 倍。

核动力反应堆使用的一个重要领域是船用核动力,包括潜艇核动力和航空母舰核动力。因为核动力具有不依赖空气工作的特点,它作为水下潜艇和潜器的动力有其特殊的优点,所以核反应堆问世以来较早的是被用在核潜艇上。核潜艇与常规潜艇相比具有水下续航力强、噪声小和可靠性好等突出优点,因此世界上的几个核大国都相继建造了大批的核潜艇。由于核能单位体积能量大、使用时间长,所以对于功率大、燃料消耗量多的航空母舰也是一种很理想的动力源。根据原子核裂变产生的能量计算,1 kg 的 ^{235}U 完全裂变所产生的能量大约相当于 2 800 t 标准煤完全燃烧或 2 100 t 燃油完全燃烧所产生的能量值。因此,在大型航空母舰上用核动力取代常规动力可以大大减少燃料的携带量,提高舰艇的续航能力。目前,美国、俄罗斯等国新建的大型航空母舰主要以核动力为主。从国防的战略发展来看,核动力潜艇是一个国家的重要战略武器,在强权政治、霸权主义横行的当今世界里,是实现二次核打击、保卫国家安全的重要装备。为此,世界几个核大国竞相在核动力舰船的研究和建造方面投入大量人力和财力,不断研制出新型的核潜艇和核动力水面舰艇。

核动力反应堆应用的另一个重要领域是核电站,自第一座核电站问世以来的 60 多年里,核电站的发展速度很快,目前全世界 31 个国家和地区有 438 座核电站在运行,核电站已积累了 5 000 多堆年的运行经验。从总的发展趋势来看,在今后的 30 ~ 50 年,还会有更多的国家和地区建造核电站,核电站的总发电量将达到世界总发电量的 35% 以上。核电站多年的运行经验证明,核能是一种清洁、经济、安全的能源。核电站在工作过程中不会向大气排放 SO_2 和 CO_2 等有害气体,可以避免产生温室效应,如果全部用核能代替化石燃料发电,可以改善大气污染问题。由于核电技术不断完善,很多部件都采用了标准化生产,因此其成本和造价随之降低。在核电站发展的初期,人们就比较重视核电站的安全问题,从而也促使工程技术人员在核电站的设计和建造过程中始终对安全问题十分重视。尽管在核电站的运行和使用过程中也出现过三哩岛核电站事故、切尔诺贝利核电站事故、福岛核事故等重大事故,但相对于世界上有这么多的核电站在运行,核电站事故出现的概率还是很小的。随着核电站运行经验的不断积累,安全措施会越来越成熟,将来的核电站一定会越来越安全,越来越便于操作和使用。

经过多年的研制、开发和不断改进,各具特色的多种核反应堆堆型已经形成。各种类型的核反应堆都有各自的特点,它们被用于不同的领域,发挥着各自的作用。下面介绍几种目前世界上使用的有代表性的动力反应堆的堆型。

1.2 压 水 堆

压水堆是世界上最早开发的动力堆堆型。压水堆出现后,经过了先军用后民用,由船用到陆用的发展过程。压水堆是目前世界上应用最广泛的反应堆堆型,在已建成的核电站中,压水堆占 60% 以上,目前世界上拥有大型核电站压水堆的总数为 250 多座。在一些工业发达国家,压水堆已具有批量生产能力,燃料组件、控制棒等部件已成为标准化产品,且已具有很成熟的制造工艺。

压水堆以净化的普通水作为慢化剂和冷却剂,水的总体温度低于系统压力下的饱和温度。水中含有氢原子,所以中子慢化性能好,而且水的物理和化学性能为人们熟知。但水的中子吸收截面较大,因此必须用一定富集度的铀作为核燃料。此外,在常压下水的沸点低,要使水在高温下不沸腾,就必须在高压下运行,才可能获得高的热效率。这样就需要反应堆容器和有关系统都能承受高压,使这些部件的壁厚增大。

1.2.1 压水堆的基本构成

压水堆由压力容器、堆芯、堆内构件及控制棒驱动机构等部件组成。图 1-1 所示为一个典型的压水堆本体结构。

堆芯是进行链式核裂变反应的区域,它由核燃料组件、可燃毒物组件、控制棒组件和启动中子源组件等组成。核燃料组件是产生裂变并释放热量的重要部件,一个燃料组件包含 200 ~ 300 根燃料元件棒,这些燃料元件棒内装有低富集度(一般为 2% ~ 4% 的 ^{235}U)的 UO_2 芯块。先将 UO_2 做成小的圆柱形芯块,装入锆合金包壳内,然后将两端密封构成细长的燃料元件棒。再将元件棒按正方形或三角形的栅格形式布置,中间用几层弹簧定位格架将元件棒夹紧,构成棒束形燃料组件。

反应堆内的核裂变链式反应是由控制棒来控制的,通过控制棒的上下移动来实现反应堆的启动、停堆、改变功率等功能。反应堆的控制棒通常由强吸收中子的物质组成。将这些强吸收中子的物质做成细棒状,外加不锈钢包壳,然后将若干根棒按一定形状连接成一束,组成棒束形控制组件,从反应堆顶部插入堆芯。控制棒驱动机构的作用是驱动控制棒,使控制棒在正常运行时能上下缓慢移动,一般每秒钟行程为 10 ~ 19 mm,在紧急停堆或事故情况下能在接到信号后迅速全部插入堆芯,以保证反应堆安全。此外,还可以通过改变溶于冷却剂中的硼酸浓度来补偿慢的反应性变化,这种方法称为化学补偿控制。

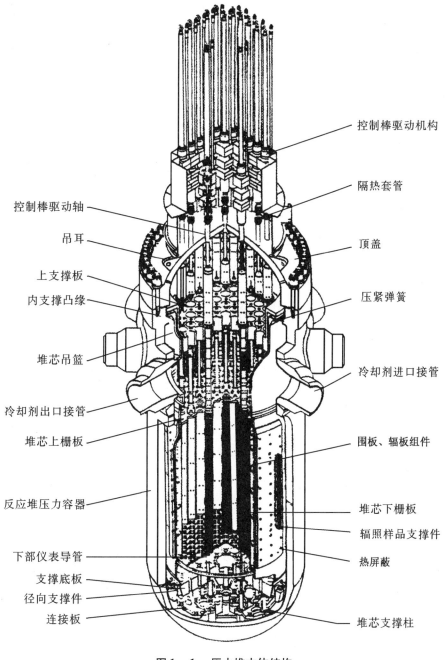

图 1 - 1　压水堆本体结构

核裂变的链式反应是由中子源组件引发的,中子源由可以自发产生中子的材料组成,中子源做成小棒的形式,在反应堆装料时放入空的控制棒导向管内。在装入中子源之前,控制棒必须插入堆内,在反应堆启动时慢慢提起控制棒,中子源就可以"点燃"核燃料。

一座电功率为1 000 MW 的压水堆堆芯一般装有150 ~ 200组燃料组件,40 000 ~ 50 000 根燃料元件棒。堆内大约有50组控制棒组件。燃料元件棒垂直放在堆芯内,使堆芯整体外形大致呈圆柱形。为使径向功率展平,大型核电站反应堆核燃料一般按富集度分为三区装载。以局部倒换料方式每1 ~ 1.5年更换一次燃料,每次换出大约1/3的燃料组件。堆芯直径3 ~ 4 m,高3 ~ 5 m,装在大型压力容器内。水沿燃料元件棒表面轴向流过,既起到慢化中子的作用,又作为输出反应堆热量的冷却剂。

堆内构件的作用是使堆芯在压力容器内精确定位、对中并压紧,以防运行过程中因流体流动的冲击而发生偏移;同时用来分隔流体,使冷却剂按一定方向流动,有效地带出热量。为了保证反应堆可靠运行,要求这些构件在高温高压水流冲击及强辐照条件下,能抗腐蚀并保证尺寸和形状稳定。

压力容器是压水堆的关键设备,是放置堆芯及堆内构件、防止放射性物质外逸的承压设备。在服役期内,它的完整性对反应堆安全具有举足轻重的作用;要求在高硼水腐蚀和高能中子辐照条件下能使用30 ~ 60 年,在核电站中压力容器的寿命决定了核电站的寿命。

1.2.2 压水堆主冷却剂系统

目前核电站用的压水堆主冷却剂系统绝大部分采用分散形式布置,反应堆冷却剂系统按照其容量由2 个、3 个或4 个相同的冷却环路组成。每一个环路有1 台蒸汽发生器,1 台或2 台(其中1 台备用)主冷却剂泵,并用主管道把这些设备与反应堆连接起来,构成密闭的回路。这样的系统称为主冷却剂系统(也称为一回路系统),如图1 - 2 所示。整个系统共用1 个稳压器,系统的压力依靠稳压器来维持。为了完成主冷却剂系统的主要功能,还附有一系列的辅助系统。在核电站中,主冷却剂系统放置在钢

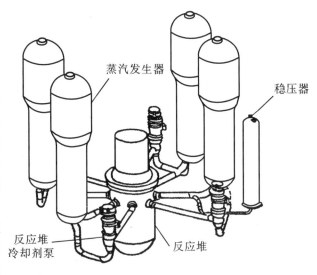

图 1 - 2 主冷却剂系统示意图

筋混凝土安全壳内,万一发生管道破裂,安全壳能容纳所释放出来的全部蒸汽和裂变产物。

图1 - 3 为压水堆核电站流程示意图。兼作慢化剂和冷却剂的热水在15 ~ 16 MPa 的高压下先经堆芯周围的环形空间向下流,然后再向上流过堆芯,温度升高到320 ~ 330 ℃,然后流经蒸汽发生器时把热量传给二回路侧的水以产生蒸汽。从蒸汽发生器流出的主冷却剂借助主冷却剂泵又返回反应堆。主冷却剂系统是在高温、高压下工作的,其设备和管路构成了压力边界,它是防止系统内放射性物质外漏的重要屏障。

1.2.3 安全壳

安全壳是包容反应堆、蒸汽发生器及主冷却剂系统的建筑,它是防止放射性物质外漏的重要屏障。压水堆一般都采用预应力混凝土的干式密封安全壳,如图1 - 4 所示。安全壳要承受反应堆发生失水事故时一回路水全部喷放所产生的高压和高温,以及地震、台风、飞机坠落撞击,还有来自内部和外部的飞射物撞击等各种静态与动态载荷而不丧失其保护功能。

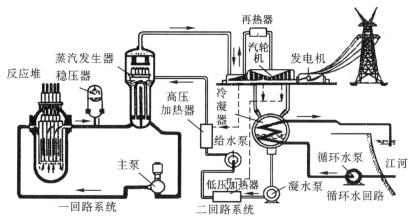

图 1 - 3 压水堆核电站流程示意图

安全壳需要一定的容积来缓解失水事故时壳内压力的升高,因此压水堆的安全壳一般体积都比较大,造价也比较高,它是核电站投资的一个重要部分。一个 1 000 MW(电功率)的压水堆,安全壳直径约为 40 m,高度约为 60 m,预应力钢筋混凝土的厚度约为 1 m。安全壳的设计压力为 0.4 ~ 0.5 MPa,运行过程中要定期地进行泄漏率试验,在设计压力下 24 h 的泄漏量不得超过壳内自由容积的 0.1%。

安全壳顶部设有喷淋系统,发生事故时喷淋系统可以自动打开,

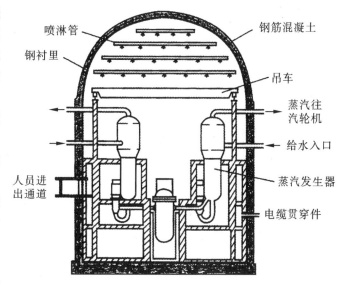

图 1 - 4 压水堆安全壳

用喷淋水将蒸汽冷凝,从而降低壳内的压力和温度,并冲洗掉放射性颗粒。在喷淋水中加入氢氧化钠(NaOH)可以除去气体裂变产物,减少释放到环境中的放射性碘的数量。

安全壳内还设有通风净化系统,在反应堆正常工作时保持壳内空气和温度恒定,不断清除气载放射性碘和活化的颗粒,以满足工作人员进入安全壳内的卫生条件。通风净化系统还兼有事故工况下排出热量、抑制压力上升和去除放射性气体的功能。

1.2.4 二回路系统

二回路系统的主要功能是将蒸汽发生器产生的饱和蒸汽供汽轮发电机组做功,同时也提供蒸汽,为电站其他辅助设备使用。做完功的蒸汽在冷凝器中凝结成水,由凝结水系统将水打入蒸汽发生器。

二回路系统主要由蒸汽轮机、发电机、冷凝器、凝结水泵、低压加热器、除氧器、给水泵、高压加热器、中间气水分离再热器,以及相应的仪表、阀门、管道等设备组成。此外,还有主蒸汽排

放系统、循环冷却水系统、控制保护系统、润滑油系统等辅助系统,保证二回路系统正常工作。

压水堆核电站的二回路系统流程与常规热电站的动力系统基本相同。给水在蒸汽发生器中吸收了一回路水从堆芯带来的热量,蒸发形成蒸汽,蒸汽推动汽轮机做功。由蒸汽发生器进入汽轮机的是干饱和蒸汽或微过热蒸汽(使用直流蒸汽发生器)。经过多级膨胀做功后,蒸汽的湿度增加。为了提高汽轮机的相对内效率和减轻液滴引起的低压汽轮机叶片的侵蚀损伤,通常在高、低压汽缸之间设有气水分离设备。进行中间去湿,以提高蒸汽干度。还设有再热器,以提高蒸汽温度。然后再让它进入低压汽轮机做功,乏汽进入冷凝器凝结成水。凝结水由主凝结水泵送经主抽气器、低压加热器,然后由给水泵送到高压加热器,加热后的给水注入蒸汽发生器中再蒸发。

1.2.5 一体化压水堆

上述介绍的压水堆称为分散式布置,它的优点是反应堆结构简单、设备布置灵活、反应堆及蒸汽发生器检修比较方便。因此,早期的压水堆都采用分散式布置形式。随着核反应堆技术的进步,安全问题越来越引起人们的关注,这种分散式布置存在一些固有的缺陷,例如蒸汽发生器与反应堆之间用大口径连接管连接,一旦这些连接管破裂,高温高压的反应堆冷却剂就会从破口流出,造成严重的后果。另一方面,由于连接管较长,流动阻力较大,反应堆冷却剂的自然循环能力不高。

由于分散式布置在某些方面有不足之处,近年来世界各国相继开发了一体化的反应堆。这种反应堆将蒸汽发生器布置在反应堆压力容器内或者直接安装在压力容器的上部。这种布置方式省去了大口径的接管,增加了安全性,同时,由于流动阻力降低,大大增加了反应堆的自然循环能力,被认为是将来压水堆的发展趋势。下面分别介绍两种一体化压水堆。

1.2.5.1 俄罗斯新型一体化压水堆 VPBER－600

图 1－5 所示为俄罗斯新型一体化压水堆,堆芯布置在压力容器的下方,采用六角

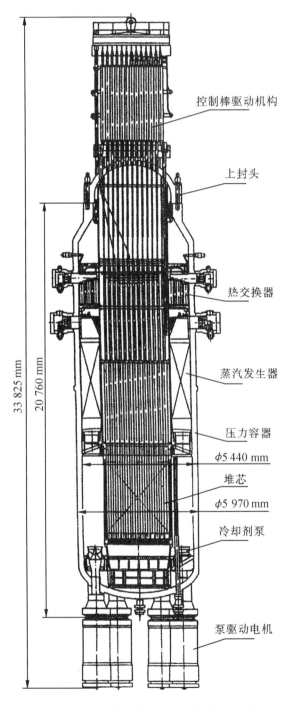

控制棒驱动机构

上封头

热交换器

蒸汽发生器

压力容器

ϕ5 440 mm

堆芯

ϕ5 970 mm

冷却剂泵

泵驱动电机

33 825 mm

20 760 mm

图 1－5　俄罗斯新型一体化压水堆 VPBER－600

形的燃料组件。燃料采用三角形排列,燃料元件长 3.895 m,直径9.1 mm。堆芯装 151 组燃料组件,每组组件有 287 根燃料元件。反应堆压力容器总高(包括上封头)23.96 m,内径 5.44 m,壁厚265 mm,质量 880 t。直流式蒸汽发生器布置在堆芯上方的环形空间内,蒸汽发生器采用模块化设计,便于拆装和检修。主冷却剂泵使冷却剂强迫循环流过堆芯和蒸汽发生器。该反应堆共有 6 台主冷却剂泵,主冷却剂泵的布置方式有两种:一种是在压力容器的侧面与压力容器垂直连接,另一种是放在压力容器的底部(图 1 - 5)。蒸汽发生器分为 12 个模块,每两个模块连接到 1 台主泵。一回路压力 15.7 MPa,反应堆热功率1 800 MW,二回路产生的过热蒸汽压力6.38 MPa,蒸汽产量3 420 t/h,过热蒸汽温度305 ℃。

该反应堆具有很高的自然循环能力,同时配有完善的非能动安全系统,使这种类型的反应堆具有很高的固有安全特性,是俄罗斯开发的一种主要新堆型。

1.2.5.2 美国新型一体化压水堆

图 1 - 6 所示为美国新型一体化压水堆,被称为第四代先进反应堆。这种反应堆实现了全部一体化,压力容器的下部是堆芯,模块化的螺旋盘管式直流蒸汽发生器布置在堆芯上方的环形空间内,整个蒸汽发生器由 8 个模块组成。在蒸汽发生器的上方,每个模块上有 1 台主冷却剂循环泵,共有 8 台这种循环泵,这些泵也装在压力容器之内,放在蒸汽发生器的上方。压力容器的上封头是一个气腔,这个气腔起稳压器的作用。

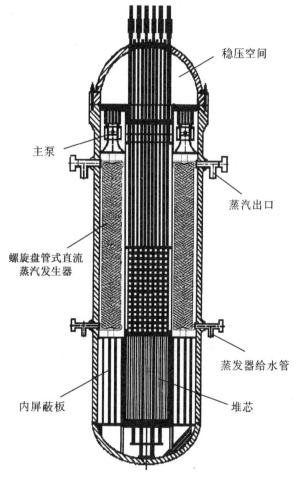

稳压空间

主泵

蒸汽出口

螺旋盘管式直流蒸汽发生器

蒸发器给水管

内屏蔽板

堆芯

图 1 - 6 美国新型一体化压水堆

装有这种反应堆的核电站可产生 300 MW 的电功率。它采用了现有压水反应堆的一些成熟技术。由于其自然循环能力强,没有大口径的外部接管,因此其固有安全性得到了大幅度的提高。

1.3 沸 水 堆

沸水堆与压水堆同属轻水堆,与压水堆不同之处是沸水堆的堆芯内产生的蒸汽直接进入汽轮机做功。沸水堆是首先由美国的 GE(General Electric) 公司发展起来的,目前很多国家都有能力建造沸水堆,在当今的动力反应堆中,沸水堆大约占 23%。沸水堆的研制起步较晚,但由于它具有系统压力低、循环回路简单等优点,因此受到一些用户的欢迎。与压水堆相比,沸水堆没有蒸汽发生器,采用蒸汽直接循环,因此它更接近常规的蒸汽动力装置。在沸水堆中,燃料产生的热量大部分使水汽化,冷却剂一次流过堆芯吸收的热量多,因此对于同样的热功率,通过沸水堆堆芯的冷却剂流量小于压水堆内冷却剂流量。

1.3.1　沸水堆本体结构

沸水堆壳体内装有堆芯、堆内支撑结构、气水分离器、蒸汽干燥器和喷射泵等。图1-7示出了沸水堆的本体结构。在图1-7所示的沸水堆循环中,把通过堆芯的1/3流量抽出压力容器,用两台外部循环泵将其加压后重新打入压力容器,驱动18~24台喷射泵抽吸其余2/3的流量。两股水流合并通过扩散器增压而达到所需的压头。由于堆内是气-水两相流体,沸水堆的功率对堆芯内的流量比较敏感,因此可以利用流量控制来调节反应堆的功率。例如,加大外部循环回路的流量调

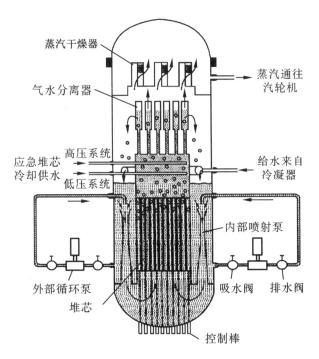

图1-7　沸水堆本体结构图

节阀开度,使内部喷射泵流量增加,进入堆芯的冷却剂增多,使堆芯内气泡减少,反应性增大,功率上升;功率上升会导致气泡增多又使功率回落,直至达到新的平衡。靠这种改变循环水流量的方法便可实现额定功率65%~100%的功率调节。靠这种方法控制功率的速度很快(0.01 s),十分方便灵活。因此,沸水堆的正常功率变化可以不用控制棒调节,完全通过流量跟踪来实现控制。

堆芯主要由核燃料组件、控制棒等组成,同压水堆一样也采用低富集度[(2%~3%) ^{235}U]的UO_2作为核燃料,将UO_2制成圆柱状芯块后装入锆合金包壳内。沸水堆的燃料元件要在高含气率的两相流条件下工作,燃料元件的功率密度远小于压水堆,因此沸水堆的燃料元件较粗,元件外径一般为12 mm。元件棒通常排列成8×8的正方形栅阵,中间用几层弹簧格架夹紧定位,每组燃料组件的外侧包有燃料组件盒。在燃料组件盒中装有不放燃料的水棒,它的功用是展平局部中子峰值。

控制棒为十字形,它由几十根装有碳化硼粉末的不锈钢细管组成,安置在4个燃料组件盒中间间隙内(图1-8)。沸水堆的冷却

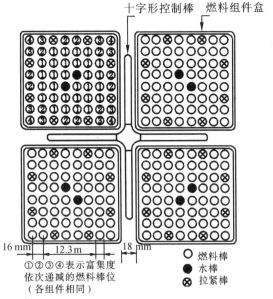

①②③④表示富集度
依次递减的燃料棒位
(各组件相同)

○ 燃料棒
● 水棒
⊗ 拉紧棒

图1-8　沸水堆的燃料组件和控制棒

剂内一般不加硼,因此控制棒是停闭反应堆的主要手段。控制棒驱动机构通过液压系统传动,使控制棒从堆芯底部插入。因为堆芯下部蒸汽份额较小,功率密度较高,所以从堆芯底部插入控制棒可降低堆芯下部的反应性,有利于轴向功率的展平。控制棒的这种布置也有利于为压力容器上部留出充分的空间,作为安置气水分离器和蒸汽干燥器之用,反应堆停闭后控制棒不影响换料操作。控制棒驱动机构装在压力容器的底部,先进的沸水堆一般都采用电力和液压两种驱动方式:正常运行时使用电力驱动,使控制棒缓慢插入和抽出;当发生事故时采用液压驱动,可将所有控制棒同时快速插入堆芯,插入速度约为 2 m/s。液压驱动是靠氮气加压水箱实现的,加压水箱中经常保持 16 MPa 的压力,可以确保在紧急停堆时将控制棒插入堆芯。

图 1-9 所示为沸水堆燃料组件,组件外围罩有锆合金制成的方形组件盒,以防止冷却剂在燃料组件之间的横向流动。组件盒也为控制棒的导引和流量调节器的安装提供了方便。一座电功率为 985 MW 的沸水堆,堆芯装有 592 盒燃料组件,145 根十字形控制棒。沸水堆的堆芯直径一般在 4 m 以上,高度为 3 ~ 4 m,和压水堆一样采用燃料分区装载,每 1 ~ 1.5 年以局部倒换料方式更换燃料一次。

由于反应堆产生的蒸汽直接送往汽轮机,因此反应堆内必须设置气水分离设备。气水分离器和蒸汽干燥器设置在堆芯上方,从堆芯流出的蒸汽和水的混合物先经过离心式气水分离器以除去大部分的水,从气水分离器出来的湿蒸汽再进入波纹板式蒸汽干燥器以提高蒸汽干度,然后通过管道直接进入汽轮机。

设置在堆芯周围环形空间的喷射泵把来自气水分离器的水和从汽轮机冷凝后流回的给水送到堆芯去进行再循环。喷射泵由堆外两个循环回路的水流驱动。循环回路从环形空间的下部抽取一部分冷却剂,通过循环泵以高压进入喷射泵的喷嘴,利用喷嘴喷射原理,使喷射泵的喉部形成高速水流,高速水流造成了一个低压区,把附近未经过循环回路的水吸入喷射泵,并强迫冷却剂水到达堆芯底部的水腔后再向上流经堆芯。

1.3.2　沸水堆系统流程

沸水堆的冷却剂工作压力约为 7 MPa,因为进入堆芯的水很接近饱和温度,所以反应堆发热量几乎全部被用来产生蒸汽。图 1-10 示出了沸水堆电站流程原理。冷却剂从堆芯下部自下而上地流过燃料棒表面,吸收裂变所释放的热量后变成约 280 ℃ 饱和温度的气水混合物。经过气水分离

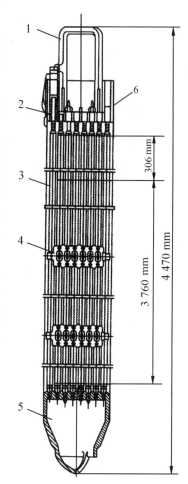

图 1-9　沸水堆燃料组件
1—提升柄;2—上固定座;
3—燃料棒;4—定位格架;
5—下固定座;6—组件盒

器将蒸汽和水分离,分离出来的水和给水一起通过喷射泵送回堆芯,而蒸汽通过蒸汽干燥器提高干度后直接送往汽轮机去做功。做功后的乏汽在冷凝器中凝结成水,经过加热器加热后再由给水泵送回反应堆。

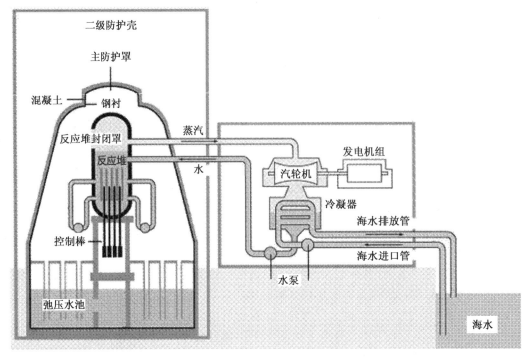

图 1 - 10　沸水堆电站流程原理图

沸水堆压力容器内直接产生蒸汽,所以承受的压力只有压水堆的 1/2,因此压力容器的厚度可以减小。为了防止在沸水堆中出现沸腾危机,燃料元件的表面热流密度不能太高,这使沸水堆的比功率密度(单位为 MW/m^3)较低。在同样的功率下燃料的装载量较大。另外,沸水堆压力容器内还放置气水分离器、干燥器和喷射泵等设备,使压力容器的尺寸增大。例如,一个 1 300 MW 沸水堆压力容器的内径约为 6.5 m,高为 23 m。与压水堆相比较,就压力容器的制造成本来说,压力容器厚度变小和体积变大这两个影响基本上相互抵消。

沸水堆采用直接循环,所以系统比较简单,回路设备少,且设备所承受的压力较低,易于加工制造。尤其是省去了压水堆核电厂中较易发生故障的蒸汽发生器,使核电厂使用效率提高,且沸水堆采用喷射泵循环系统,使压力容器开孔的直径减小,核电厂失水事故的可能性及严重性降低。这是沸水堆一个较大优点。沸水堆的一个较大的缺点是从反应堆中产生的蒸汽会把放射性物质直接带到汽轮机、冷凝器、给水泵等设备,污染的范围较大。

图 1 - 11 所示为沸水堆的安全壳,它由干井(压力空间)和湿井(凝汽空间)两部分组成。干井内包括反应堆压力容器、控制棒驱动机构、外部循环泵、

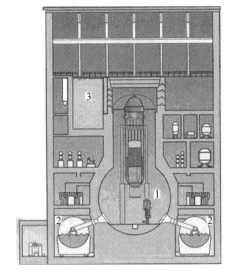

图 1 - 11　沸水堆安全壳
1— 干井;2— 抑压水池;3— 乏燃料水池

连接管路与阀门等。湿井内除了下部的抑压水池外全是空的。在抑压水池水面以下,干井和湿井之间用大口径接管连通,当发生破口事故时,干井内由于压力升高而与湿井形成内压差,使空气和蒸汽的混合物经通道涌入抑压水池,使蒸汽完全冷凝成水。抑压水池也是应急堆芯冷却系统的一个水源和冷凝器失效时的后备热阱。

在安全壳的外面是反应堆厂房,它是防止放射性物质外漏的另一道屏障。同压水堆一样,沸水堆为破口等事故设置应急堆芯冷却系统、自动卸压系统和低压堆芯喷淋系统。这些辅助系统和应急控制站、新燃料储存间、乏燃料池冷却净化系统、加硼与氢气复合系统、通风系统、装卸料等重要设施,均布置在一次安全壳与反应堆厂房之间的环廊区域内。安全壳采用承压钢结构或预应力混凝土结构,反应堆厂房则一般采用钢筋混凝土结构。

1.4　重　水　堆

重水的化学性质接近于轻水,但物理性质却与轻水有所不同,在中子吸收截面上相差较大。重水是由一个氧原子和两个氘原子组成的化合物(D_2O),氘(D)是氢(H)的同位素。重水是很好的慢化剂,与轻水(H_2O)相比,它的热中子吸收截面约为轻水的1/700,重水的中子吸收截面 $\sigma_a = 0.92 \times 10^{-31} \text{ m}^2$,而轻水的吸收截面 $\sigma_a = 0.638 \times 10^{-28} \text{ m}^2$。重水中氘原子的质量是氢原子质量的2倍,$D_2O$ 慢化中子的能力不如 H_2O 有效,快中子在重水中慢化成热能中子要比在轻水中经历更多次数的碰撞和更长的行程。因此,同样功率的重水堆要比轻水堆的堆芯大,这使得压力容器的制造困难。

重水具有与轻水相近的优良热物理性能,是很好的冷却剂。但是作为核反应堆的慢化剂和冷却剂,重水的纯度必须大于或等于99.75%。中子在重水慢化剂中的伴生吸收损失很小,因此重水堆能有效地利用天然铀,可以从天然铀中获取较多的能量。从重水堆中卸出的燃料烧得较透,乏燃料可以储存起来,等到快中子增殖堆需要时再提取其中的钚,使燃料循环大大简化。重水堆中需要的天然铀量最小,生成的钚一部分在堆内参加裂变而烧掉,其余的包含在乏燃料中。重水堆单位能量的净钚产量高于除了天然铀石墨堆外的其他热中子反应堆,约为压水堆的2倍。

重水堆按其结构形式可分为压力容器式和压力管式两种。压力容器式重水堆的结构类似压水堆,只不过慢化剂和冷却剂都是重水。压力容器式重水堆的堆内结构材料比压力管式的少,中子经济性好,可达到很高的转换比。但压力容器式天然铀重水堆的最大功率受到厚壁容器制造能力的限制。压力管式重水堆只有压力管承受高压,而容器不承受高压,因此其功率不受容器制造能力的限制。压力管式重水堆用重水作为慢化剂,冷却剂可以是重水、轻水或有机化合物。目前重水堆达到商用的只有加拿大发展的压力管卧式重水堆,称为 CANDU(Canada Deuterium Uranium)型重水堆。CANDU 型重水堆的结构如图 1-12 所示。

CANDU 型重水堆的压力管把重水冷却剂和重水慢化剂分开,压力管内流过高温高压(温度约 300 ℃,压力约 10 MPa)重水作为冷却剂,压力管外是处于低压状态下的慢化剂,盛装慢化剂的大型卧式圆柱形容器称为排管容器。排管容器设计成卧式的目的是便于设备布置及换料维修。排管容器中的慢化剂由一个慢化剂冷却系统进行冷却,可带走中子慢化过程中产生的热量。

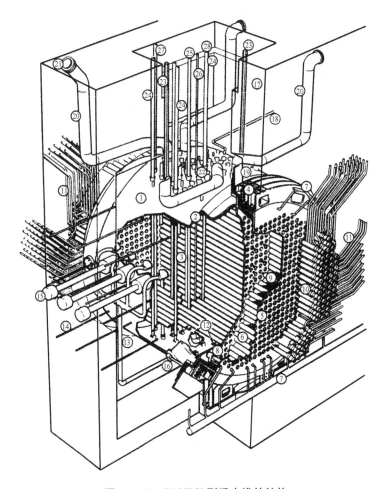

图 1-12　CANDU 型重水堆的结构

1—排管容器；2—排管容器外壳；3—压力管；4—嵌入环；5—侧管板；6—端屏蔽延伸管；7—端屏蔽冷却管；8—进出口过滤器；9—钢球屏蔽；10—端部件；11—进水管；12—慢化剂出口；13—慢化剂入口；14—通量探测器和毒物注入；15—电离室；16—抗阻尼器；17—堆室壁；18—通到顶部水箱的慢化剂膨胀管；19—薄防护屏蔽板；20—泄压管；21—爆破膜；22—反应性控制棒管嘴；23—观察口；24—停堆棒；25—调节棒；26—控制吸收棒；27—区域控制棒；28—垂直通量探测器

　　CANDU 型重水堆使用的核燃料是天然铀，把它做成 UO_2 芯块后放在锆合金包壳内构成外径为 13.08 mm、长度为 49.5 cm 的元件棒，再由 37 根元件棒组成直径为 10.2 cm、长度约为 50 cm 的燃料棒束(图 1-13)。堆芯由 380 根带燃料棒束的压力管排列而成，每根压力管内首尾相接地装有 10～12 个燃料棒束。为了防止热量从高温高压的重水冷却剂中传出来，在每根压力管外设置一同心套管(图 1-14)，在此两管的环状空间中充有 CO_2 作为绝热层，从而使大型卧式圆柱排管容器中的重水慢化剂温度低于 60 ℃。一个标准的 CANDU 型重水堆热功率为 2 158 MW，电功率为 665 MW，热效率为 30.8%，重水装载量为 465 t，天然铀装载量为 84 t，平均线功率密度为 162 W/cm，铀的平均卸料燃耗为 7 500 MW·d/t。

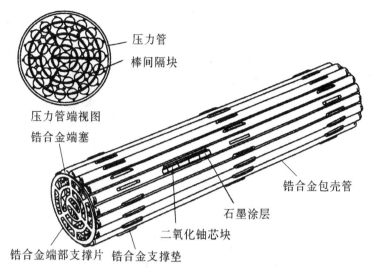

图 1 - 13　重水堆燃料棒束

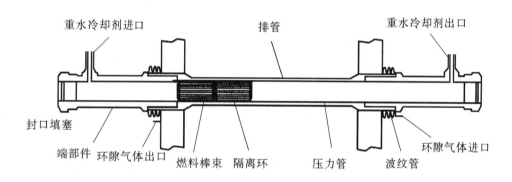

图 1 - 14　压力管和同心套管

　　控制棒设置在反应堆上部,穿过大型卧式圆柱排管容器插入压力管束间隙的慢化剂中,反应性的调节既可用控制棒也可用变化慢化剂液位的方法来进行。需紧急停堆时,可将控制棒快速插入堆芯,并打开排管容器底部的大口径排水阀,把重水慢化剂迅速排入重水倾泻槽或向慢化剂内喷注硼酸钆溶液以减少反应性。由于用天然铀作燃料所能达到的燃耗较小,因此需要频繁地换料。CANDU 型重水堆用两台遥控的装卸料机进行不停堆的换料。换料时,两台装卸料机分别与压力管两端密封接头连接,压力管的一端加入新燃料棒束,同时在同一压力管的另一端取走乏燃料棒束。这种换料方式称为"顶推式双向换料"。在换料过程中,为了使中子通量对称,功率分布均匀,把相邻压力管中的燃料棒束按相反方向移动装卸料,且所有燃料棒束依次经过堆芯的不同位置,使平均卸料燃耗提高。由于采用不停堆换料方式,可以按堆芯的燃耗情况随时补充新燃料,因此堆芯内不仅所装载的燃料少,而且所需的剩余反应性也小。但这种反应堆产生的乏燃料量远多于轻水反应堆。

　　CANDU 型重水堆的一回路系统分为左右两个相同的环路,对称布置(图 1 - 15)。每个环路有两台蒸汽发生器和两台主泵并通过管道连接而成,每个环路带出反应堆一半热量。冷却剂的流程是,在左侧主泵唧送下重水冷却剂通过集流管分配到压力管左侧,从左边流入压力管,吸收燃料元件的裂变释热后从压力管右边流出,然后通过堆出口集流管进入右侧蒸汽发生器。在右侧蒸汽发生器中将热量传递给二回路的轻水,重水冷却剂在右侧蒸汽发生器流出后,在右侧主泵的唧送下从右边进入另一组压力管,在其中吸收燃料元件裂变的释热后从这些压力管的左边流出,经堆出口集流管进入左侧蒸汽发生器。

重水的价格很高,因此对重水必须很好地管理,防止和尽量减少泄漏。氘在堆内吸收了一个中子后生成放射性的氚。氚具有很强的放射性,氚水和氚蒸汽很容易随着重水或污染的大气进入人体,散布在人体内各处的水分中,使血液受到长期的辐照。重水经辐照产生氚的浓度随燃耗而增加,从反应堆系统中任何一个地方泄漏重水的液体或蒸汽都会引起氚的泄出,这会对人体和周围环境造成放射性损坏。因此,对于有泄漏的房间要用闭合通风系统使

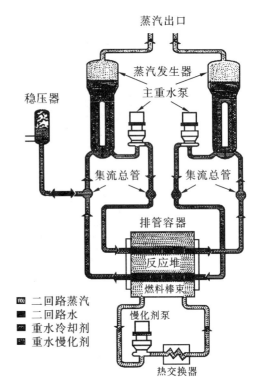

图 1 – 15　CANDU 型重水堆的一回路系统

空气通过蒸汽干燥器,以回收漏出的重水蒸气,回收的重水经过再富集后送回系统复用。

由于采用重水慢化的反应堆可采用天然铀作为核燃料,因此不需要建造同位素分离工厂。从重水堆卸出的乏燃料含^{235}U 量约为 0.2%。与其他热中子反应堆相比,重水堆的燃料经济性好,水堆可使天然铀得到充分的利用;但重水堆的体积大,需要大量重水,每兆瓦发电容量需 0.7 ~ 0.8 t 重水。由于重水昂贵,所以投资较高,发电成本比轻水堆核电站高,且为了减少重水的泄漏损失,反应堆及重水回路的设备密封要求高,制造较复杂。此外,由于重水堆的卸料燃耗较浅,约为压水堆的 1/3,因此卸料量是同功率压水堆的 3 倍,结构材料消耗量大,后处理量也成倍增加。但重水堆使用的燃料富集度低,反应堆出现严重事故的后果比其他堆型相对轻。

1.5　气　冷　堆

气冷堆是以石墨作为慢化剂,二氧化碳或氦气作为冷却剂的反应堆。石墨气冷堆也是世界上出现较早的堆型之一。初期,这种堆被应用于军事目的,某些国家用天然铀石墨慢化反应堆来生产钚,以此来制造核武器。20 世纪 50 年代中期以后,气冷堆开始成为发电用的商用动力堆。

英国在 1956 年建成电功率为 50 MW 的卡特霍尔气冷堆核电站。这种气冷堆采用石墨作为慢化剂,二氧化碳气体作为冷却剂,金属天然铀作为燃料,镁诺克斯(Magnox)合金作为燃料棒的包壳材料,称为镁诺克斯气冷堆。20 世纪 70 年代初期,在英国、法国、意大利、日本等国相继建造和运行了镁诺克斯气冷堆。图 1 – 16 是一个有代表性的镁诺克斯气冷堆结构图,这种堆对核能早期进入商业化市场起了很大作用。这种堆型的特点:一是石墨中子吸收截面小,慢化

性能好,能利用天然铀作为燃料,这对没有分离铀同位素能力的国家是十分重要的;二是与水冷堆比较,气体冷却剂能在不高的压力下得到较高的出口温度,可提高电站的二回路蒸汽参数,从而提高了热效率,但由于镁合金包壳不能承受高温,限制了二氧化碳气体的出口温度,因而限制了反应堆热工性能的进一步提高;三是可以在带功率运行时连续换料,提高了电站利用率。

高温气冷堆是气冷堆的进一步发展,以提高其热工参数。高温气冷堆采用耐高温的涂敷颗粒燃料元件,化学惰性和热工性能良好的氦气作为冷却剂,耐高温的石墨材料作为慢化剂和堆芯结构材料。英国从 20 世纪 60 年代起就开始研

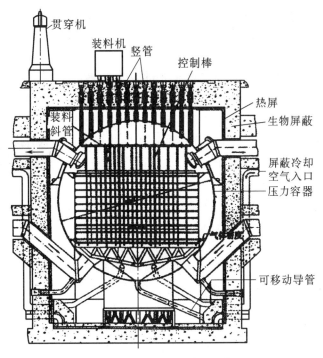

图 1 - 16　镁诺克斯气冷堆结构图

究和发展高温气冷堆技术,与此同时,美国和德国也开始积极发展高温气冷堆技术。

高温气冷堆的核燃料是富集度约为 10% 的 UO_2,或高富集度铀加钍的氧化物(或碳化物)制成直径约为 0.6 mm 的颗粒,外面再涂敷 3 ~ 4 层热解碳和碳化硅(SiC)涂层,如图 1 - 17 所示。颗粒的最内层是一层疏松的热解碳层,用来为气体裂变产物提供储存空间,并缓冲温度应力、吸收颗粒的辐照及防止裂变反冲核对外层造成损伤;第二层为高密度热解碳层,用来防止金属裂变产物对 SiC 层的腐蚀并承受部分内压;第三层 SiC 层是承受内压及阻挡裂变产物外逸的关键层;第四层高密度热解碳层主要用来保护 SiC 层免受外来机械损伤。涂层的总厚度 100 ~ 200 μm,燃料颗粒的直径小于 1 mm。这种燃料颗粒的包覆层犹如微型压力壳,在 1 200 ~ 1 300 ℃ 下运行时,泄漏出去的裂变产物不到生成的十万分之一,而且能耐受多次热循环而不失效。

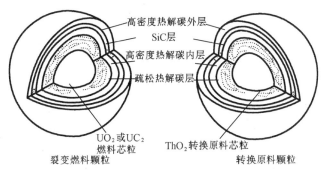

图 1 - 17　涂敷颗粒燃料

将这些颗粒燃料弥散在石墨基体中制成柱状或球状燃料元件。这种燃料元件不需要金属包壳,而其中石墨既作燃料元件的结构材料又作中子慢化剂。

燃料元件的形式基本上可分为两类:一类是球形元件,即直径为6 cm的石墨球,其内部是涂敷颗粒和石墨基体压制成的密实体,外部是石墨球壳;另一类是柱形元件,它可以是圆棒或管形,也可以是内装细棒状密实体的六角棱柱块,如图1-18所示。例如,圣·符伦堡堆采用的是六角棱柱块,尺寸为359.1 mm(横断面宽)×793 mm(高),块上均匀开有燃料孔和冷却孔,孔呈三角形排列,冷却孔两端打通,燃料孔一端不打通,将燃料密实体做成短圆柱装入燃料孔内,再用石墨柱塞住。燃料所发出的热量通过石墨基体传给流过冷却孔的氦冷却剂。块上还打有控制棒孔、控制毒物孔和装卸孔。

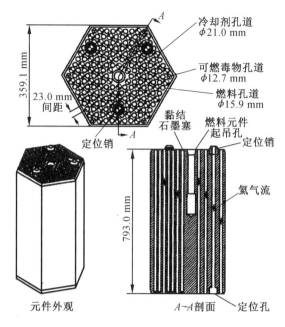

图1-18 六角棱柱形燃料元件

堆芯结构基本上也分为两类:一类是球床堆,另一类是棱柱堆。堆芯一般是圆柱形的,四周围有石墨反射层,反射层外有金属热屏蔽,整个堆芯装在预应力混凝土压力壳内。

在棱柱堆中,堆芯由燃料元件棱柱块和反射层石墨棱柱块砌成。一个1 000 MW的堆芯包含约450根立柱,每根立柱由8块宽359 mm、高793 mm的六角形燃料元件棱块叠置而成。棱柱块中开有冷却孔道、控制棒和B_4C小球停堆装置孔道,以及为装卸料操作用的起吊孔。燃料按径向和轴向分区装载。每年更换1/4的燃料,换料时需停堆,拆去容器顶部的控制棒驱动机构。在棱柱堆中,控制棒可插入六角棱柱块上的控制棒孔道中,这些孔道可与装卸孔合用,也可单独开孔。柱床型堆芯的优点是堆芯布置可以改变,可做成环形堆芯和柱形堆芯;反射层可以更换,可用耐辐照性能差、寿命短的石墨;堆芯有固定的冷却剂流道,流动阻力和风机功率较低。其缺点是需要沿堆芯轴向装载不同含铀量的燃料元件,来降低轴向功率不均匀因子,因此装卸料比较复杂。

在球床堆中,燃料元件由堆顶装入,从堆芯底部反射层的排球管排出。排出的燃料球经过燃耗分析后,将尚未达到预定燃耗的再送回堆内使用;也可以采用加深燃耗一次通过循环的方式。例如,图1-19所示的球床堆,用气动的方法把直径为60 mm的球形新燃料由堆的顶部连续地送入堆芯,同时从底部连续地排出乏燃料,经过破损检查和燃耗测量,再将尚未达到预定燃耗值的燃料球送回堆内复用。这样的反应堆内装有几十万个燃料球,每个球平均经过6~15次循环使用,在堆内停留时间长达1 000天,平均燃耗大于100 000 MW·d/t(U+Th),实际燃料球破损率小于10^{-4}。堆芯用氦气进行冷却,氦气压力为1~4 MPa。用自上而下的氦气流冷却球床,出口氦气温度高达750 ℃以上,蒸汽发生器中可产生540 ℃的过热蒸汽,得到40%的电厂热效率。氦气风机用变速马达或汽轮机驱动。堆芯具有很大的负温度系数,单靠改变氦气流量就能在很宽的范围内调节反应堆的功率。另外还配有控制棒和靠重力下落的B_4C小球停堆

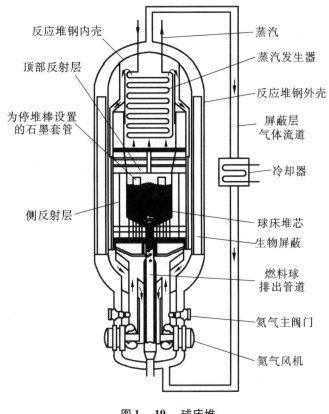

反应堆钢内壳
顶部反射层
为停堆棒设置
的石墨套管
侧反射层
蒸汽
蒸汽发生器
反应堆钢外壳
屏蔽层
气体流道
冷却器
球床堆芯
生物屏蔽
燃料球
排出管道
氦气主阀门
氦气风机

图 1 - 19　球床堆

装置。球床堆芯的优点是元件容易制造,实现不停堆连续换料方便,功率分布和燃耗深度比较均匀;缺点是装卸料系统比较复杂,反射层更换困难,需要采用耐辐照、寿命长的高品质石墨。

大型高温气冷堆一般都采用预应力混凝土壳,堆芯和整个一回路(包括蒸汽发生器和氦气风机)都安装在壳内,混凝土壳内的氦气压力为 4 ~ 5 MPa,由圆周方向和轴向预应力钢索承受。预应力混凝土壳既是一次冷却系统的压力容器,又是堆的生物屏蔽层。壳内设备布置方式可以不同:有些采用单腔式,也就是蒸汽发生器和风机放在同一腔内的堆芯侧面;但目前大型高温气冷堆的设计趋向于采用多腔式结构,即堆芯在中心空腔内,而蒸汽发生器和风机布置在四周侧壁内的较小空腔内。

由于全部一回路系统都安装在预应力混凝土反应堆容器内,不必使用外部冷却剂管道,这就减少了发生冷却剂丧失事故的可能性。而且预应力混凝土反应堆容器在设计建造时都留有足够裕量,因此反应堆容器一般不会发生突然破坏事故。然而,通常还是加上普通钢筋混凝土安全壳。高温气冷堆的冷却剂出口温度高,因此电站的热效率高,可与新型火电站相媲美;堆内没有金属结构材料,中子寄生俘获少,转换比高达 0.8 ~ 0.85。

图 1 - 20 为一新型的高温气冷堆核电站的流程示意图。在鼓风机的输送下,氦气流经堆芯带出裂变释热后,在蒸汽发生器内使二回路的水变成蒸汽,蒸汽进入汽轮机做功以驱动发电机。

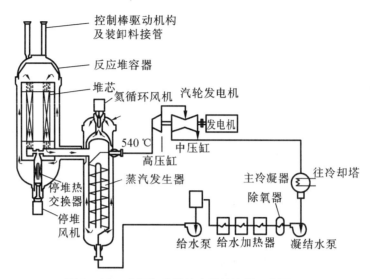

图 1 – 20　高温气冷堆核电站的流程示意图

有的高温气冷堆可将堆芯引出的 750 ~ 850 ℃ 高温氦气直接作为工质送入氦气透平做功发电。在一些发展中国家和地区,需要能适合小电网、造价低、安全性好的核电站。国际原子能机构建议开发氦气透平直接循环的小型模块式高温气冷堆。目前比较受重视的是如图 1 – 21 所示的 114 MW PBMR 高温气冷堆。反应堆内流出的高温氦气直接进入氦气透平做功,全厂热效率接近 50%,发电成本可低于 3 美分／(千瓦·时)。

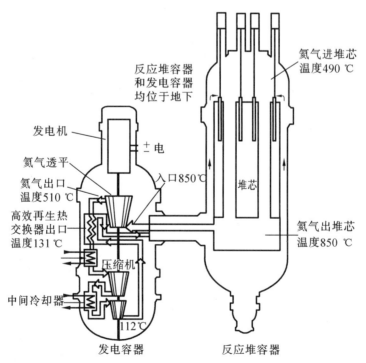

图 1 – 21　114 MW PBMR 高温气冷堆

气冷快中子增殖堆(gas cooled fast reactor，GCFR)也是高温气冷堆的一种,用氦气作为冷却剂,但由于堆芯内不需使用石墨慢化剂,因此堆芯要比热中子堆小得多。铀 - 钚混合氧化物芯块放在不锈钢包壳内组成燃料元件棒,按一定规则装配成燃料组件后再放置于堆芯中。但是在气冷快中子堆中元件棒之间的栅距大,棒的外表面采用强化传热措施以加强热交换。图 1 - 22 所示为气冷快中子堆示意图,冷却剂氦从堆芯带出裂变热后,在蒸汽发生器中产生约10.5 MPa、485 ℃ 的过热蒸汽,然后驱动汽轮机,或者直接把氦气作为工质驱动燃气轮机做功。

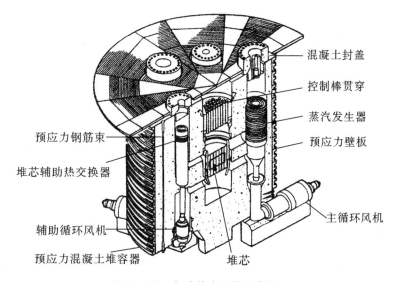

图 1 - 22　气冷快中子堆示意图

因为冷却剂氦是气体,它对中子吸收少,对中子慢化几乎没有影响。因此,气冷快中子堆内能谱较硬,平均中子能量较高,增殖比较钠冷快中子堆大0.10 ～ 0.15,倍增时间相应地短了3年左右。因为氦本身不会被中子活化,所以在气冷快中子堆的冷却回路中的任何部分在停堆后即可进行维修,如果出现问题也能很快用直观方法确定事故源。氦气是惰性气体,不会发生相变而引入正反应性。但气冷快中子堆需在高压下运行,一旦失压会导致堆芯熔化事故。

1.6　钠冷快中子堆

钠冷快中子堆是目前使用较多的一种快中子堆。在这种反应堆内,核燃料裂变主要由能量100 keV 以上的快中子引起,所以堆内不需要慢化剂,从而使堆芯内有害吸收减少,能有更多的中子用于转换新的核燃料,使转换比增大。例如,用^{239}Pu 作燃料,每消耗一个^{239}Pu 核所产生的中子平均数为2.6 左右。除一个中子去维持链式裂变反应外,有一个以上的中子被可转换物质吸收,若可转换物质是^{238}U,则新生成的^{239}Pu 核与消耗的^{239}Pu 之比(增殖比)可达1.2,实现了裂变燃料的增殖,因此这种堆称为快中子增殖堆。如果核电站采用快中子增殖堆作为动力,则在发电的同时还能生产新的易裂变燃料,经过一段时间的运行,将堆内积累的核燃料取出来又可装备新的反应堆,而向反应堆继续添加的只是可转换物质^{238}U。这可使热中子反应堆中不能充分利用的^{238}U 得到充分利用,使自然界铀资源的能量利用率由 1% ～ 2% 提高到 60% ～

70%。一旦大量建造快中子增殖堆,不仅热中子反应堆积压下来的大量贫化铀及低品位铀矿得到利用,而且比铀资源更丰富的钍也能得到充分利用。这样,就能满足全世界长时期的电能要求。因此,快中子增殖堆是有发展前途的堆型。

在快堆中,热中子几乎是不存在的,因此热中子吸收截面高的材料在快堆中并不显得那么重要。像^{135}Xe和^{147}Sm等裂变产物也是不重要的。快堆没有氙中毒问题,而且随着燃耗的加深,由于裂变产物的积累所引起的反应性下降比热堆要慢得多。因为大多数材料的快中子截面是相似的,所以在快堆堆芯材料的选择中,核因素的限制就不那么苛刻。

快中子堆内燃料的易裂变核素富集度越大越好,要尽量减少结构材料和冷却剂,因此其堆芯比压水堆小得多,一座1 000 MW(电功率)快堆堆芯的直径约为2 m,高约为1 m。为了把如此小体积中产生的大量热量传输出去,冷却剂必须具有很好的传热性能。液态金属钠具有这种性能,因此这种反应堆的冷却剂主要采用液态金属钠,燃料为氧化铀和氧化钚的混合燃料(或铀－钚的碳化物),并将燃料芯块装入直径为6 mm的不锈钢包壳内。快堆采用钠作为冷却剂是因为钠不会使中子有明显的慢化(钠的相对原子质量是23),熔点较低(98 ℃),而沸点较高(在常压下为882 ℃),因此反应堆可在低压不沸腾情况下运行在较高温度,从而获得高的电厂热效率。尤其是钠有极好的传热性,因此使反应堆有高的功率密度。快中子增殖堆有池式和回路式两种形式。以法国"超凤凰"快中子堆为例,该堆为池式,堆芯分为核燃料区和增殖再生区两部分。燃料区中的燃料棒按三角形排列,六角形燃料盒长为5.4 m,对边宽为17 cm。燃料由富集度为17%的二氧化钚和富集度为83%的二氧化铀组成,核燃料区由364个燃料盒组成。四周为天然铀(或贫化)的氧化物燃料制成的再生区。再生区的燃料棒直径为15 mm。控制棒采用碳化硼吸收体,外包不锈钢,插入六角形的套筒中。

图1－23所示为一座池式钠冷快堆。整个堆芯连同一回路钠泵／中间热交换器及一回路的其他设备一起浸泡在一个大型液态钠池中,构成一体化结构。池式系统把反应堆堆芯、一回路钠泵及中间热交换器都浸泡在一个大型钠容器中。这种形式可降低一回路严重泄漏的可能性,即使某些设备发生故障,也不会发生钠流出事故,安全性较好。

回路式钠冷反应堆就是用管道将反应堆、热交换器和泵等各个独立设备连接成一回路冷却系统(图1－24)。由于钠流过堆芯后会被中子强烈活化,而且钠和水会发生剧烈的化学反应,因此要用中间回路把放射性钠和水隔开。这样,即使发生钠泄漏或钠－水反应时,也能保证一回路系统不受影响。整个回路的流程是:一回路内的液态钠自下而上流经堆芯时吸收裂变释热,在中间热交换器中又把热量传递给二回路(中间回路)的液态钠;二回路的液态钠进入蒸汽发生器,将蒸汽发生器中的水变成蒸

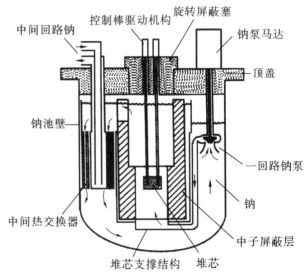

图1－23 池式钠冷快堆

汽,蒸汽驱动汽轮机做功。一个功率为 1 000 MW 的快堆有 3 ～ 4 个环路,每个环路都相应有自己的中间回路和水 - 蒸汽回路。回路式的优点是布局比较灵活,设备维修方便,但发生事故时安全性稍差。

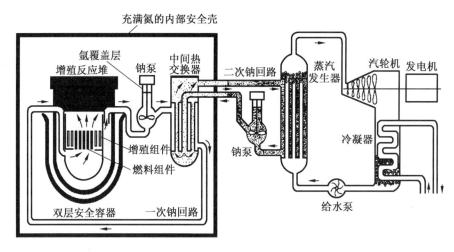

图 1 - 24　回路式钠冷反应堆

　　虽然钠冷快中子增殖堆有很多优点,但是尚有一系列技术上的问题还没有解决。主要是在高能中子区核燃料的裂变截面很小,因此为了使链式裂变反应能进行,快中子堆内必须有较高的核燃料富集度,而且初装量也很大。例如,一个电功率为 1 000 MW 的快中子反应堆,堆芯需装工业钚约 3.5 t。因此,在快中子反应堆大规模商业推广前,必须建造一定数量的先进转换堆或热中子堆,以便为快堆积累工业钚。另外,由于快中子堆堆芯内没有慢化剂,所以体积小,功率密度高达 300 ～ 600 MW/m^3,是压水堆的 4 ～ 8 倍。还有,快中子堆的燃料元件加工及乏燃料后处理要求高,而且其快中子辐照通量率也比热中子堆大几十倍,因此对材料的要求也较苛刻。快中子堆内的中子平均寿命比热中子堆的短,而且 ^{239}Pu 的缓发中子份额只有 ^{235}U 的 1/3 左右,所以快中子堆的控制比较困难。因此,到目前为止,快中子反应堆还未能获得大量发展。

　　液态钠从堆芯带出的热量在"钠 - 水"蒸汽发生器中把热量传给水。"钠 - 水"蒸汽发生器有 U 形管式、直管式和螺旋管式等多种形式,这种蒸汽发生器的传热管表面热负荷很高。钠和水能发生剧烈的化学反应,因此应该防止蒸汽发生器的泄漏。钠中含氧量太高会造成材料的严重腐蚀,必须靠钠净化系统将含氧量保持在 10^{-5} 以下;钠沸腾产生气泡会引入正的反应性。但液态钠能在低压下运行,尤其是池式钠冷快中子堆,即使发生断电事故,也能利用自然循环将剩余释热带出。钠的熔点是 98 ℃,在该温度以下钠为固体,这为钠冷快堆的启动带来一定困难,为了解决这一问题,目前有些快堆采用钠 - 钾合金作为冷却剂,钠 - 钾合金的熔点为 - 11 ℃,在常温下是液体。

1.7 舰船用核动力反应堆

核动力潜艇具有隐蔽性好、续航力大、潜伏时间长、航速高等显著优点,受到各军事大国的普遍重视,一些国家不惜投入巨资开发建造先进的核动力潜艇。目前舰船核动力技术已达到了相当高的水平,例如俄罗斯的台风级核潜艇排水量达到 26 500 t,轴功率 60 MW,水下航速达 30 kn,可在水下航行数月而不需要浮出水面。

船用核动力目前主要采用压水堆,船用压水堆与电站压水堆的结构原理和基本组成大体相同,但两者的设计出发点与要求存在一些差别。电站反应堆首先要考虑的是经济性问题,由于核电要与火电和水电进行竞争,因此每度电的成本是核电站的一个重要指标。对于船用反应堆来讲,特别是潜艇用反应堆,首先要满足潜艇的战斗性能要求,即航速高、隐蔽性好和续航力大等方面要求。因此,设计时首先考虑的是结构紧凑、质量小、体积小、自然循环能力强、堆芯和燃料元件的功率密度大等特点。为此,舰船用反应堆与电站反应堆相比一般有以下特点:

① 为了提高舰艇速度,增加续航力和减少反应堆的开盖次数,舰船用反应堆采用富集度较高的核燃料,做成细棒元件或做成板状元件,以提高燃料元件的功率密度,从而缩小堆芯体积。舰船用反应堆装换燃料不方便,因此一般不采用分区装料的燃料管理方案。

② 舰船用分散式布置压水堆一般采用两条以上环路,每条环路有两台主泵,其中一台备用。在每条环路上都装有主闸阀,当一条环路出现故障时,可以关闭主闸阀,而使另一条环路照常工作。

③ 为了提高反应堆的可靠性,减少主泵噪声,舰船用反应堆都力求高自然循环能力,一些先进的舰船用反应堆已经实现了全自然循环。

舰船用核动力装置的质量和体积是很重要的指标,为了使动力装置质量小、体积小,各国都在减小核动力装置质量和体积方面开展了大量的研究工作。目前舰船核动力的一个重要发展趋势是采用紧凑式布置压水堆和一体化压水堆。各国相继开发了一系列紧凑式布置反应堆和一体化的反应堆。紧凑式布置就是将反应堆和蒸汽发生器用尽量短的管路连接,使结构简单、占用空间减少,冷却剂自然循环能力提高。一体化反应堆是将蒸汽发生器装在反应堆容器内,避免了反应堆与蒸汽发生器的大口径接管。一回路系统除了连接外部小直径管道之外,基本是一个由反应堆容器密闭起来的结构。这样排除了大直径管道破口事故的可能性,同时简化了系统,提高了安全性。反应堆容器虽然增大了,但装置整体却做到了小型化。

1.7.1 紧凑式布置压水堆

紧凑式布置压水堆如图 1 - 25 所示,反应堆压力容器与蒸汽发生器采用双层短粗套管连接,用大约 0.5 m 长的套管取代了分散布置的几米或十几米长的管路。蒸汽发生器采用 U 形管自然循环式,主冷却剂泵布置在蒸汽发生器的底部,这样,减小了空间,使结构紧凑。这种布置方式大大减小了主冷却剂管道破裂的可能性,减小了管路的流动阻力损失,增大了自然循环能力。另外,这种布置不存在一体化反应堆的蒸汽发生器检修困难的问题。因此,它兼有分散式布置的检修简便、布置灵活的优点,又有一体化反应堆自然循环能力强的好处,俄罗斯已把这种类型的反应堆成功地用于大型核潜艇上。

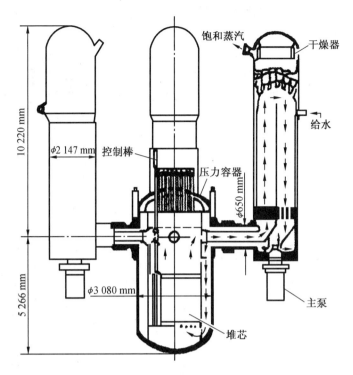

图 1 - 25　船用紧凑式布置压水堆

紧凑式布置存在的问题:反应堆和蒸汽发生器的体积和质量都很大,它们之间的热胀冷缩问题很难补偿。据介绍,俄罗斯采用波纹管或套管蒸汽发生器,通过滑动支座连接,以此来解决热胀冷缩问题,但这两种方法难度都比较大。

1.7.2　法国一体化压水堆 CAP

CAP堆是较早开发的一体化压水反应堆,用于法国的核动力航空母舰上,其结构形式如图 1 - 26 所示。这种布置将堆芯、蒸汽发生器和稳压器全部放在一起,蒸汽发生器直接放在堆芯容器的顶盖上,以反应堆的顶盖作为 U 形管蒸汽发生器的管板。主循环泵与压力容器直接连接,采用同一种材料,无焊接问题。

一体化反应堆取消了大口径的主冷却剂管道,从而杜绝了主管道破裂的严重事故。由于冷却剂的流程缩短,流动阻力减小,因此这种布置大大提高了冷却剂的自然循环能力,在发生小破口事故或主泵断电事故时,靠自然循环能维持堆芯的冷却。这种布置的缺点是压力容器内的结构复杂,设备维修比较困难,特别是蒸汽发生器堵管作业比较困难。因此,要求各设备高度可靠,对管材、焊接质量和二回路水质等都有较严格的要求。

1.7.3　MRX 一体化压水堆

图 1 - 27 所示为 MRX 一体化压水堆的本体结构,该反应堆的堆芯布置有19个六角形燃料组件。堆芯由通过一回路冷却系统的水进行冷却。燃料组件由燃料组件 A 和燃料组件 B 组成。燃料组件 A 由 456 根燃料棒、37 根含钆燃料棒组成。燃料组件 B 有两种,一种是由 468 根燃料

棒、25 根含钆燃料棒、54 根硼硅玻璃棒组成的;另一种是无硼硅玻璃棒,含有 54 根控制棒。

支撑燃料组件的堆内结构大致分为上部堆芯结构和下部堆芯结构。堆芯内产生的热能传给沿堆芯内上升的一回路冷却剂,冷却剂在堆芯上部的上空腔混合,然后由设置在反应堆容器筒体上部的一回路冷却剂泵唧送,通过设置在堆芯上方周围环形布置的蒸汽发生器,一回路水在蒸汽发生器内加热二次侧水,使二次侧水产生蒸汽驱动汽轮机做功。一回路的冷却剂从堆芯吊篮和反应堆容器之间的环形空间向下流,在反应堆容器下部空腔混合后向上进入堆芯。

MRX 一体化压水堆采用了以下先进技术。

1.7.3.1　采用水淹式安全壳

将反应堆容器设置在装满水的安全壳内,在发生失水事故时,可终止一回路水的流失,非能动地保持堆芯淹没,防止堆芯损坏。另外还可有效地利用安全壳水作为辐射屏蔽,取消安全壳外的生物屏蔽,实现了装置的小型化。反应堆容器、蒸汽发生器等设备,以及仪表、安装在安全壳内的设备都淹

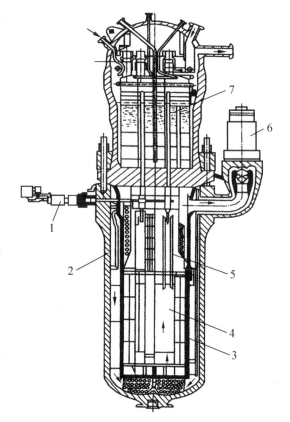

图 1 - 26　法国一体化压水堆 CAP
1— 控制棒驱动机构;2— 压力容器;3— 堆芯吊篮;
4— 堆芯;5— 控制棒;6— 主泵;7— 蒸汽发生器

没在水中,这给反应堆的维修检查带来了困难,但在严格要求小型化的船用反应堆中却有一定的好处,它有利于衰变热排除的非能动化。

1.7.3.2　采用自然循环排除衰变热

在蒸汽管破损、传热管破损和失水等事故工况时,采用自然循环将衰变热排放到安全壳中的水系统和热管式安全壳水冷却系统,可非能动地导出衰变热,提高安全性。作为异常时发挥排除衰变热作用的系统,除了具有能动冷却功能的系统之外,还配有非能动性质的冷却系统。

1.7.3.3　控制棒驱动机构安装在反应堆容器内

通常控制棒驱动机构设置在反应堆容器外,在反应堆运行时,如果控制棒驱动机构压力套破损,控制棒束从堆芯弹出,会导致反应性急剧增加和严重的功率分布变化的事故。为了避免此类事故发生,如果将控制棒驱动机构安装在反应堆容器内,从物理上就可排除控制棒束的弹棒事故,能确保更高的安全性。为了实现控制棒驱动机构安装在反应堆容器内,需要控制棒驱动机构能在高温、高压水的条件下可靠地工作。

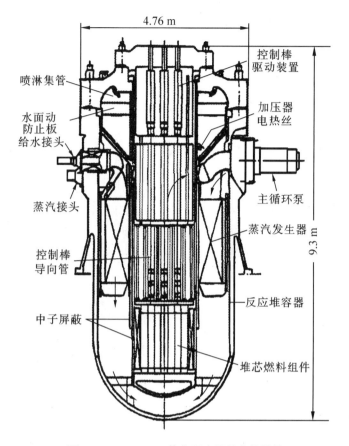

4.76 m

9.3 m

喷淋集管

控制棒
驱动装置

水面动
防止板
给水接头

加压器
电热丝

蒸汽接头

主循环泵

控制棒
导向管

蒸汽发生器

中子屏蔽

反应堆容器

堆芯燃料组件

图 1 - 27　MRX 一体化压水堆的本体结构

1.8　特殊用途的小型核反应堆

随着核动力技术的不断进步和发展,核反应堆的应用领域也在不断扩大。从最初的潜艇用核反应堆发展到水面舰艇和核电站用反应堆。目前人类还在积极探索核反应堆在其他领域的应用。例如,目前一些发达国家正在着手研制海底开发和空间探索及空间推进用小型核动力反应堆。这类小型反应堆具有广泛的军事应用前景和商业应用价值,引起有关发达国家的高度重视。

1.8.1　DRX 反应堆

日本核能研究所设计研发的 150 kW(电功率)深海反应堆 X(DRX)型,是一个用来提供水下动力源的小型核动力装置。它能提供较大的功率,并且不需要氧气。它采用了一体化的压水反应堆,蒸汽发生器装在反应堆容器内。一个压力壳内包容了透平(汽轮机)、蒸汽发生器及反应堆容器,由此形成一个很紧凑的发电装置。这一装置容易操纵,固有安全性高,启动时间短,有较好的反应堆功率响应特性,在事故情况下有固有的堆芯淹没和衰变热导出特性。

近年来深海的探测研究受到了人们的重视。常规潜器使用电池作为动力源,一次只能航行几个小时,这就限制了这些潜器的工作范围。如果能为这种潜器提供像反应堆这样的动力源,深海的研究工作将会得到很大的进展。

1.8.1.1　DRX 装置整体

DRX 装置如图 1 - 28 所示。两个 2.2 m 直径的钛合金球形壳体连在一起,构成一个压力壳,此壳体内装有反应堆容器、蒸汽发生器、透平、发电机和其他设备。由于所有部件都在压力容器内,因此这一动力装置很紧凑。

反应堆堆芯是靠冷却剂的自然循环冷却的,因此不需要主泵。反应堆没有稳压器,容器内的压力是由冷却剂的温度控制的。控制棒系统分为两组,即停堆组和反应性控制组,这两组控制棒及驱动机构都在反应堆容器内。压力壳内的水是二次水,由给水泵打入蒸汽发生器。在蒸汽发生器内产生 3 MPa 压力的蒸汽,蒸汽从反应堆容器引出后驱动汽轮机,然后进入冷凝器。蒸汽冷凝器是热管式的,热管的蒸发部分在压力壳内,冷凝部分在压力壳外,其热量最后传给海水。反应堆容器内的水位及压力壳的水位确定应使

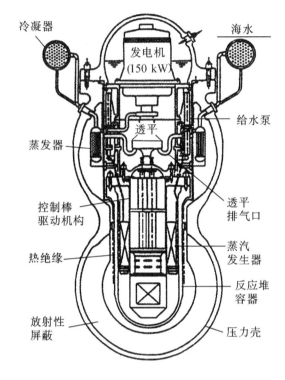

图 1 - 28　DRX 装置

在主回路事故情况下堆芯能保持淹没状态。在出现失水事故情况下,从反应堆容器泄漏出的水充满压力容器,使一回路和二回路的压力达到平衡。这时一回路冷却剂的外流将停止,但仍能保证足够的水位淹没堆芯。

1.8.1.2　反应堆活性区

反应堆活性区可在 750 kW(热)功率下运行 400 多天,这相当于在 30% 的有效运行负荷下运行约 4 年。活性区由单束燃料组件组成,其当量直径为 36.8 cm,有效高度为 34.4 cm。与常规的压水堆相比,其功率密度很低。增加功率密度会使活性区的尺寸减小,但是其效果不很明显,因为反应堆容器的尺寸主要受一些大设备所支配,如蒸汽发生器和控制棒驱动机构。另外,低功率密度对产生大的安全裕度和运行的灵活性是有利的,这也会减小反应堆不定期停堆的频率。为了保证反应堆有 5 500 MW·d/tU 的燃耗,其 ^{235}U 的富集度为 11%。

与常规的压水堆相比,冷却剂密度的负反应系数大。冷却剂的密度每减少 1% 相应于 0.4% 的负温度系数。这使 DRX 有较好的功率变换性能。从固有安全的角度看,一个基本要求是防止反应堆内冷却剂全部流失。其保证方法是在蒸汽发生器与压力壳水之间有一个二次冷却水的通路。在给水泵与蒸发器之间有止回阀和旁通阀。旁通阀用来控制给水流量,使给水通路绝不会中断。在蒸发器的出口处直接安装一个水压阀。当蒸汽控制阀关闭时,可给出小于

15% 的蒸汽流量,这时透平停机,给水泵也停止运行,这将引起水压阀工作。

这种一体化的小型核动力装置目前已完成了概念设计,正在做更进一步的研究和设计工作,它的一些新的设计思想,对反应堆的小型化有很大的启示。

1.8.2   空间核电源

人造卫星、宇宙飞船空间站等航天器的仪器设备的运行需要能源维持。目前在这些航天器上使用的常规电源有氢氧燃料电池、锌银蓄电池和太阳能电池等。这些化学能和太阳能电池的功率和寿命受到限制,很难满足空间站长期工作的需要。为此人类想到了核能,就满足载人飞船、大型空间站的较大功率(几千瓦)的需要,以及体积小、质量小、寿命长、可靠性高、抗电磁波干扰等性能而言,核反应堆电源具有其独特的优势。空间反应堆可以采用高富集度铀作为燃料,氢化锆为慢化剂,铍作为反射层的热中子或超热中子反应堆;也可采用快中子反应堆,用液态金属锂或钠作为冷却剂,通过热电能量转换器把裂变能转换成电能,也可用蒸汽透平和气体透平发电机把热能转换成电能。

图 1 – 29 所示为俄罗斯研制的 TOPAZ – Ⅱ 型空间反应堆。这是一个氢化锆慢化的超热中子反应堆,反应堆堆芯由 37 根燃料元件组成,燃料采用富集度为 96% 的 UO_2,燃料装载量为 27 kg。反应堆的功率是通过外侧的铍反射转鼓的转动来控制的,每个反射转筒用 116° 扇面的碳化硼作为中子吸收体(图 1 – 29),通过控制鼓转动改变扇面吸收体的位置来达到控制反应堆的目的。该反应堆的热功率为 115 kW,电输出功率为 5.5 kW。堆芯采用 22%(质量分数)钠和 78%(质量分数)钾的液态合金(NaK)进行冷却,反应堆出口温度为 843 K,入口温度为 743 K,冷却剂质量流速为 1.3 kg/s。反应堆堆芯高为 37.5 cm,直径为 26 cm,堆芯周围是铍反射层。在反射层中含有 3 个安全转鼓,9 个控制转鼓。

该反应堆使用的燃料元件同时也是一个热电转换器,UO_2 燃料芯块装入钼基体钨涂层的发射极包壳管内,包壳管的外侧是铌接收极套管,这样由发射极和接收极组成了二极管,构成热离子热电直接转换燃料元件。当发射极被燃料加热后,发射出的电子穿过电极空间到达接收极,通过负荷构成闭合电路,把热能转换为电能。裂变能将钨加热到 1 500 ~ 2 000 ℃,钨电极便发射出大量电子,通过接收极形成电流。这种反应堆的寿命一般可达 1 ~ 3 年,质量约为 1 000 kg。

图 1 – 30 所示为 TOPAZ – Ⅱ 反应堆的冷却剂系统。这个系统将堆芯经热电转换后的余热排放到空间中去。冷却剂回路的主要部件包括管路系统、电磁泵、容积补偿箱、气体吸收器、启动器和辐射散热器等。冷却剂进入反应堆下部腔室,向上通过并行通道流过堆芯进入上腔室。冷却剂在上腔室分成对称的两路,然后以一定的角度穿过放射性屏蔽内部,回路与屏蔽之间有真空绝缘层。回路上装有气体吸收器以去除 NaK(钠 – 钾合金)中的氧,冷却剂从屏蔽引出后进入辐射散热器上的联箱,在这里冷却剂被分流到 78 个小散热管内,通过这些散热管将余热散发到空间中。从散热器流出的冷却剂进入收集器,由此分成两路,在电磁泵的驱动下返回堆芯。

容积补偿箱是用来补偿在系统启动过程中 NaK 的膨胀,它连接到回路的冷管段上。在整个主冷却剂系统中,分布小的波纹膨胀管,为启动和热瞬态提供补偿。

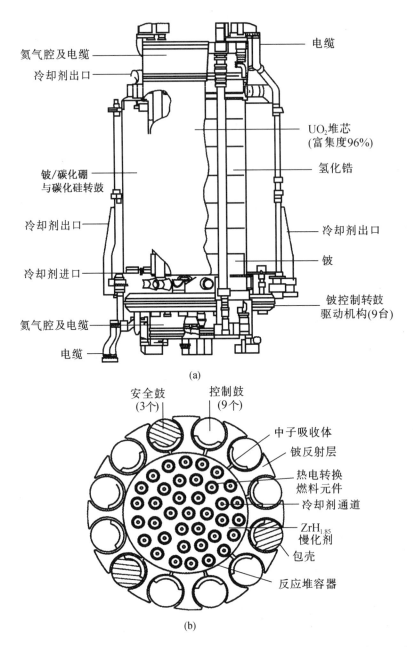

图 1 - 29 **TOPAZ - Ⅱ** 型空间反应堆

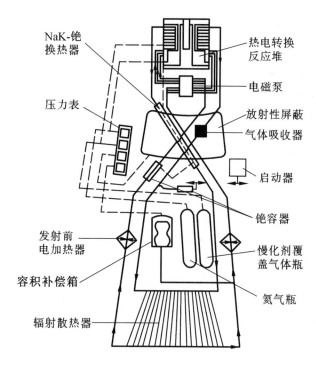

图 1 - 30　TOPAZ - Ⅱ 反应堆冷却剂系统

目前俄、美两国都有这种空间反应堆,并有开发大功率、长寿命的热离子反应堆的计划。这种反应堆不仅可以用在空间,而且还可以用在水下,作为水下勘探、海底开发潜器用的动力源;也可作为水下侦察、水下监听等军事潜器的动力源。因此,这类小型核动力反应堆具有非常广阔的应用前景,受到一些国家的重视。

1.9　第三代反应堆和第四代反应堆

1.9.1　第三代反应堆

为了进一步增进核电厂的安全性,满足公众对核电厂安全及经济性的需求,世界主要反应堆制造商认为将现有第二代反应堆加以改造,提高其安全性,是解决近期核电发展的较好出路,因此一些发达国家研发了第三代核电技术。与第二代相比,第三代核反应堆及核电技术具有以下显著特性:

(1) 提高安全性,降低核电厂严重事故(堆芯熔化和放射性向环境大量释放)的风险,延长在事故状态下操纵员的不干预时间等;

(2) 提高经济性,降低造价和运行维护费用;

(3) 延续成熟性,尽量采用现有核电厂已经验证的成熟技术。

对于新建核电厂,采用第三代核电技术的具体目标可归纳为:堆芯热工安全裕量 15%;堆芯损坏概率小于 10^{-5} / 堆年;大量放射性物质向外释放概率小于 10^{-6} / 堆年;机组额定功率为 $1.0 \times 10^6 \sim 1.5 \times 10^6$ kW(电功率);可利用因子大于 87%;换料周期为 18 ~ 24 个月;电厂寿命为60年;建设周期为48～52个月。

目前,世界上具有代表性的第三代核电技术有如下几种堆型:美国西屋公司制造的AP1000先进非能动压水堆;中国核工业集团公司开发的华龙一号;法国阿尔法公司的EPR欧洲压水堆;美国通用电气公司的ABWR先进沸水堆;日本三菱公司的APWR先进压水堆。以上几种堆型中,AP1000和EPR已分别在中国和芬兰开工建造;ABWR已于20世纪末在日本成功建造并投入运行;华龙一号已在福清5号机组和6号机组成功建造;其他几种堆型,有关核安全当局尚在审查中。

1.9.1.1 AP1000

第三代核反应堆技术具有代表性的是AP1000。图1－31为AP1000反应堆冷却剂系统主要设备布置图。这是一种二环路的压水型反应堆,反应堆采用了成熟的压水堆堆型,并稍作改进;反应堆压力容器采用环形锻件焊接及全焊接式堆内构件;采用"System 80⁺"的成熟技术。"System 80⁺"是在美国三哩岛核电站事故后设计的一种改进型反应堆,这种反应堆沿用了双环路形式布置,为了提高安全性,其反应堆和蒸汽发生器都增加了安全裕量。在此基础上设计的AP1000反应堆燃料元件和燃料组件基本沿用了成熟技术,反应堆和蒸汽发生器的热工参数都留有比较大的裕量,以提高其安全性。AP1000的显著特点是采用了非能动安全设施及简化的电厂设计。AP1000核岛主设备的设计,除了反应堆冷却剂泵选用的大型屏蔽电机泵和第4级自动降压系统采用的大型爆破阀以外,其他部件均有工程验证的基础,都采用成熟的设计。

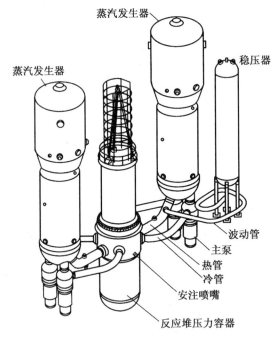

图1－31 AP1000反应堆冷却剂系统主要设备布置图

屏蔽电机泵本身与轴封泵一样是成熟技术。为AP1000设计、制造大型屏蔽电机泵的柯蒂斯·怀特EMD子公司是美国唯一的军用屏蔽电机泵供货商,半个世纪以来为军方和石化行业提供了约1 500台屏蔽电机泵,其产品具有极高的可靠性。除钨合金飞轮外,AP1000屏蔽电机泵特殊要求的技术都是 EMD 公司的成熟技术。

AP1000 蒸汽发生器是直立式的自然循环蒸汽发生器,采用 Inconel – 690 镍基合金传热管材料,传热管为三角形布置的 U 形管。这类蒸汽发生器已经有很好的制造和运行经验。"System 80⁺"的蒸汽发生器与 AP1000 是同一类型的,蒸发器的堵管裕量较大,水装量的裕量也较大,大大增加了蒸汽发生器二次侧事故工况下的"蒸干"时间。AP1000 稳压器的设计,是基于西屋公司在世界上设计的将近 70 个在役核电厂的稳压器。AP1000 稳压器的容积为 59.5 m³,比相当容量核电厂的稳压器约大 40%。大容积稳压器增加了核电厂瞬态运行的裕量,从而使核电厂非计划停堆次数减少,运行也更加可靠,它不再需要动力操作释放阀,而这个释放阀有可能成为反应堆冷却剂系统泄漏的来源,也是维修的一个重要部位。

1. 非能动安全系统

AP1000 非能动安全系统包括应急堆芯冷却系统、安全注入系统、自动降压系统、非能动余热排出系统和非能动安全壳冷却系统。当发生事故并失去交流电源后 72 h 以内无须操纵员动作,可以保持堆芯的冷却和安全壳的完整性。非能动安全系统的设计能够满足单一故障准则。它包含更少的系统和部件,因而能够减少试验、检查和维护的工作量。非能动安全系统远距离控制阀门的数量只有典型能动安全系统的 1/3,并且不包含任何泵。非能动安全系统是 AP1000 反应堆的一大特色,它的成功使用增加了电厂的安全性,同时也简化了系统,不需要现役核电厂中大量的安全支持系统。

2. 安全壳

AP1000 安全壳由钢制安全壳容器和屏蔽构筑物两部分组成,如图 1 – 32 所示,其功能是包容放射性并为反应堆堆芯和反应堆冷却剂系统提供屏蔽。钢制安全壳容器(CV)是非能动安全壳冷却系统的一个重要组成部分。安全壳容器和非能动安全壳冷却系统用来在假想设计基准事故下从安全壳中导出热量,以防止安全壳超过其设计压力。在事故状态下,CV 提供了必要的屏障,防止安全壳内的放射性气溶胶物质和水中的放射性外泄。

环绕着 CV 外面的是屏蔽构筑物,是由钢筋混凝土构成的环形建筑。在正常运行工况下,屏蔽构筑物与安全壳内的构筑物一起为反应堆冷却剂系统及其他所有放射性系统和部件提供必需的辐射屏蔽。在事故状态下,屏蔽构筑物为安全壳内的放射性气溶胶物质与

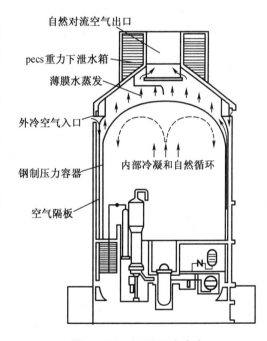

图 1 – 32　AP1000 安全壳

水中的放射性物质对公众和环境的危害提供了必要的辐射防护。屏蔽构筑物同样是非能动安全壳冷却系统的一个组成部分。非能动安全壳冷却系统的空气导流板位于屏蔽构筑物的上部环形区域。在设计基准事故下,大量能量释放到安全壳内时,非能动安全壳冷却系统的空气导流板给空气冷却的自然循环提供了一条通道。屏蔽构筑物的另一功能就是防止外部事件(包括龙卷风或者飞射物)对钢制安全壳容器、反应堆冷却剂系统等的破坏。

AP1000 核电厂预防和缓解严重事故的措施包括防止高压熔堆的自动降压系统、堆腔淹没技术、堆芯熔融物保持在压力容器内的技术、设置易燃气体氢气的自动复合和燃烧系统以防爆，以及防止安全壳旁路等。

在上述措施中最具特色的是堆芯熔融物保持在压力容器内的技术。AP1000 的反应堆安装在由混凝土屏蔽墙和绝热层组成的堆腔内。一旦发生反应堆堆芯熔化的严重事故时，反应堆压力容器壁被堆芯熔融物加热而急剧升温。此时，设置在安全壳内的换料水箱靠自身重力自动地向堆腔注水，水经压力容器外壁和绝热层之间的流道向上流动，冷却压力容器外壁，通过自然循环将热量带走，使压力容器不被熔穿，从而使堆芯熔融物保持在压力容器内。

1.9.1.2　华龙一号

华龙一号是中国核工业集团公司开发的、具备能动与非能动相结合安全特征的第三代先进核电厂。它采用压水堆核电厂已有的成熟技术，具有完善的严重事故预防与缓解措施，强化了外部事件防护能力和应急响应能力。华龙一号的设计全面地贯彻了核安全纵深防御设计原则、设计可靠性原则和多样化原则，采用能动与非能动相结合的安全设计理念，能够有效应对动力源丧失事故，同时提供了多样化的手段满足安全性要求。

华龙一号充分借鉴、融合了三代核电技术的先进设计理念和我国现有压水堆核电厂设计、建造、调试、运行的经验，以及近年来核电发展及研究领域的成果和福岛核事故经验反馈；满足我国最新核安全法规要求，参考国际最新的核安全标准及国际先进轻水堆核电厂用户要求（URD 和 EUR），满足三代核电技术的总体指标。华龙一号采用经过验证的技术，并充分利用我国目前成熟的装备制造业体系，具有技术成熟性和完全自主的知识产权，满足全面参与国内和国际核电市场的竞争要求。

华龙一号具备以下主要设计特征：

（1）能动与非能动相结合的安全设计理念

在现有电厂成熟的能动技术基础上，充分吸取国际上先进的非能动技术，采用能动与非能动相结合的安全措施，以能动和非能动的方式实现应急堆芯冷却、堆芯余热导出、熔融物堆内滞留和安全壳热量排出等功能。非能动系统作为能动系统的备用措施，为纵深防御各层次提供多样化的安全手段。

（2）完善的严重事故预防和缓解措施

对于可能威胁安全壳完整性的严重事故现象（如高压堆熔、氢气爆燃、安全壳底板融穿和安全壳长期超压）设置完善的预防和缓解措施，包括一回路快速卸压系统、非能动消氢系统、堆腔注水冷却系统、非能动安全壳热量导出系统和安全壳过滤排放系统，考虑严重事故环境条件下主控制室的可居留性及相关设备的可用性。此外还吸取福岛核事故经验反馈，设置移动设备提供应急电源和水源，改进乏燃料储存水池的冷却和监测手段。最终目标是从设计上实际消除大规模放射性释放，仅需有限的场外应急措施。

（3）大自由容积双层安全壳

内壳采用大自由容积的预应力混凝土壳，承受事故工况下的温度和压力，外壳主要起屏蔽作用，保护内壳及其内部结构。同时安全壳自由容积增大，提高事故下安全壳作为最后一道屏障的安全性。通过设置屏蔽壳和实体隔离等方式，实现核岛厂房对大型商用飞机撞击的防护，避免在该类事故下出现放射性物质大量释放的问题。

(4) 操纵员不干预时间的延长

通过优化系统设计、增设控制信号、增大设备容量和开展相关的事故分析,事故后操纵员不干预时间不少于 30 min,简化系统操作,减少由于人员干预而可能产生的误操作。通过非能动系统水箱储存水量和专用电池容量的设计,保证非能动系统能够持续运行 72 h,结合移动泵和移动柴油发电机等非永久设施,使得严重事故后核电厂在 72 h 内无须厂外支援。

华龙一号主要设计参数列于表 1 - 1 中。

表 1 - 1　华龙一号主要设计参数

参　数	数　值
堆芯热功率	3 050 MW
净电功率	约 1 090 MW
净效率	约 36%
电厂设计寿期	60 年
电厂可利用率目标	≥ 90%
换料周期	18 个月
安全停堆地震(SSE)	0.3 g
堆芯损坏概率(CDF)	< 10^{-6}/ 堆年
大量放射性释放概率(LRF)	< 10^{-7}/ 堆年
操纵员不干预时间	0.5 h
电厂自治时间	72 h

1. 反应堆及其冷却剂系统

华龙一号反应堆采用典型的压水堆,分散式布置,有 3 条冷却剂环路,每个环路由 1 条热管段和 1 条冷管段与蒸汽发生器相连接,主循环泵布置在冷管段上。反应堆堆芯由 177 个 17×17 方形燃料组件组成,每个组件有 264 根燃料棒、24 根控制棒导向管、1 根仪表管。燃料组件骨架由 24 根导向管、1 根仪表管与 11 层格架(8 层定位格架和 3 层跨间搅混格架)焊接而成,导向管与上管座、下管座连接形成燃料组件的支撑骨架。燃料芯块由 UO_2 或 $UO_2\text{-}Gd_2O_3$ 材料组成,第一循环装料分 3 种富集度的燃料,分别是 1.8%、2.4%、3.1%。堆芯铀装量为 81.35 t。燃料元件包壳、控制棒导向管和定位格架都是由锆合金材料制成的。堆芯活性区高为 3.66 m,等效直径为 3.23 m,堆芯高径比为 1.13,平均线功率密度为 173.8 W/cm。

反应堆压力容器设计压力为 17.23 MPa(绝对压力),设计温度为 343 ℃,运行压力为 15.5 MPa。堆芯段筒体内径为 4 340 mm,筒体外径为 4 794 mm,压力容器不含测量管的高度为 12 567 mm。压力容器筒体有 3 个冷却剂出口接管和 3 个冷却剂入口接管。反应堆压力容器基体材料为 16MND5,堆焊材料为 309L + 308L。容器的主要零部件为整体锻件成型,整个容器上无纵向焊缝,正对堆芯的高中子注量率区无环焊缝,保证了压力容器的 60 年使用寿命。

2. 安全设计理念

核电厂必须确保的三项基本安全功能是控制反应性、排出堆芯和乏燃料热量、包容放射性物质。为实现基本安全功能,纵深防御理念贯彻于华龙一号的全部活动,以确保这些活动均置于重叠措施的防御之下。对于安全起重要作用的构筑物、系统与部件的设计,能足够和可靠地承受所有确定的假设始发事件,这是通过冗余性、多样性及独立性等设计准则来保证的。

能动与非能动相结合的安全设计是华龙一号最具代表性的特点,同时也是满足多样性原则的典型案例。能动技术最突出的特点是在核电厂偏离正常时能高效、可靠地纠正偏离。非能动系统利用自然循环、重力、化学反应、热膨胀、气体膨胀等自然现象,在无须电源支持的情况下保证反应堆的安全。非能动系统设计简单、投入使用方便,但是也存在事故后可操作性和可干预性差的问题。随着研究的深入,核工业界已逐渐认识到能动技术与非能动技术各自的优缺点,两种技术的联合交叉使用,可确保应急堆芯冷却、堆芯余热导出、熔融物堆内滞留、安全壳热量排出等功能很好地发挥。图 1 - 33 给出了能动与非能动系统原理。

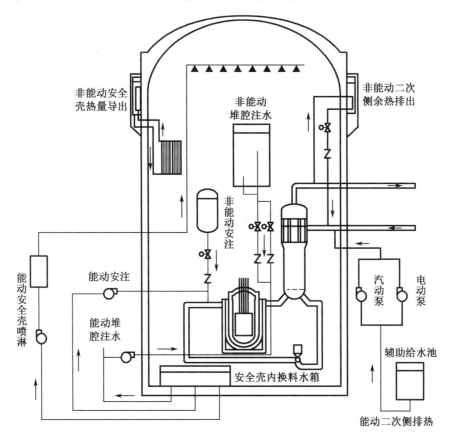

图 1 - 33　能动与非能动系统原理图

华龙一号的多样性还体现在其他方面。比如,停堆手段除了常用的控制棒和调节硼浓度实现停堆,还设有应急硼注入系统,能够在事故工况下向堆芯注入硼酸溶液,使堆芯迅速转入次临界状态,并维持足够的次临界度。支持电源包括两列互相独立的厂外电源、应急柴油发电机、厂区附加柴油发电机、全厂断电(SBO)柴油发电机、移动式柴油发电机,以及不同电压等级和容量的直流电源。设备的多样性包括辅助给水系统采用了两台电动泵加两台汽动泵的设计,分别由应急电源供电和主蒸汽管供汽来实现其功能。

3. 专设安全设施

用于缓解设计基准事故的专设安全设施主要包括安全注入系统、辅助给水系统与安全壳喷淋系统。专设安全设施包括冗余系列以满足单一故障准则。为了保证独立性，在核岛布置设计中考虑了安全系统和正常运行系统间充分的物理隔离，专设安全系统主要布置在两个安全厂房内，正常运行系统主要布置在反应堆厂房、电气厂房、燃料厂房及核辅助厂房内；同时冗余的两个安全系列分别布置在两个安全厂房中并且由独立的应急柴油发电机供电。两个安全厂房位于反应堆厂房两侧，两个应急柴油发电机厂房也分别布置在核岛的两个角落，实现了实体隔离。

安全注入系统由两个能动子系统（中压安注子系统和低压安注子系统）与一个非能动子系统（安注箱注入子系统）组成。系统采用内置换料水箱，相比设在安全壳外的换料水箱，增强了对外部事件的防护，并且避免了长期注入阶段的水源切换。中压与低压安注泵在发生冷却剂丧失（LOCA）事故时从内置换料水箱取水并注入反应堆冷却剂系统，以使应急堆芯冷却，防止堆芯损坏。

辅助给水系统用于在丧失正常给水时为蒸汽发生器二次侧提供应急补水并导出堆芯热量。水源取自两个辅助给水池，动力由 $2 \times 50\%$ 电动泵（由应急电源供电）和 $2 \times 50\%$ 汽动泵（由蒸汽发生器供汽）提供。泵的多样性提高了系统的可靠性。

安全壳喷淋系统通过喷淋，冷凝主冷却剂管道破裂（LOCA）或主蒸汽管道破裂（MSLB）事故时释放到安全壳内的蒸汽，将安全壳内的压力和温度控制在设计限值以内，从而保持安全壳的完整性。喷淋水由喷淋泵从内置换料水箱抽取，喷淋水中含化学药剂以减少安全壳大气中的气载裂变产物（尤其是碘）和限制结构材料的腐蚀。低压安注泵可作为安全壳喷淋泵的备用泵，以确保长期喷淋的可靠性。

4. 严重事故预防和缓解措施

华龙一号对于所有可能的严重事故现象采取了完善的预防和缓解措施（图 1 - 34），包括高压熔堆、氢气爆炸、底板熔穿和安全壳长期超压。对于被认为是现有核电厂薄弱环节的特定设计扩展工况，设计中也考虑了适当的措施。

一回路快速卸压系统用于在严重事故情况下对反应堆冷却剂系统进行快速卸压，从而避免可能导致安全壳直接加热的高压熔堆现象发生。

压力容器高位排放系统用来在事故情况下从压力容器顶部排出不可凝气体，以避免不可凝气体对堆芯传热的影响。

堆腔注水冷却系统（CIS）通过向反应堆压力容器外表面与保温层之间的流道注水来实现对压力容器下封头外表面的冷却，从而维持压力容器的完整性，并实现堆芯熔融物的堆内滞留。CIS 系统由能动和非能动子系统组成。能动子系统包括两个系列，每个系列通过泵从内置换料水箱或备用的消防水管线取水。非能动子系统主要借助位于安全壳内的高位水箱，发生严重事故并且能动子系统失效时，注入管线上的隔离阀打开，水箱内的水通过自身重力流下从而对压力容器下封头进行冷却。

二次侧非能动余热导出系统（PRS）在全厂断电事故并且汽动辅助给水泵失效时投入运行，以非能动的方式为蒸汽发生器二次侧提供补水。PRS 由分别连接 3 个蒸汽发生器的 3 个系列组成。蒸汽发生器二次侧和浸没在安全壳上部换热水箱内的热交换器之间的闭合回路将建立自然循环导出蒸汽发生器一次侧的热量。水箱容量能够维持系统 72 h 的运行。

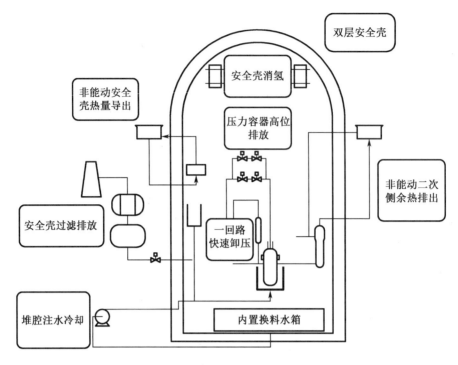

图 1 − 34　超设计基准事故／严重事故的预防与缓解措施

安全壳消氢系统用于将安全壳大气内的氢气浓度控制在安全限值以内,防止设计基准事故时的氢气燃烧或严重事故时的氢气爆炸。系统由安装在安全壳内部的 33 个非能动氢气复合器组成,在氢气浓度达到阈值时自动触发。

非能动安全壳热量排出系统(PCS)用于排出安全壳内的热量,从而确保在发生超设计基准事故时安全壳内的压力和温度不会超过设计限值。安全壳内高温蒸汽和气体的热量被安装在安全壳上部内表面的热交换器换热管内的冷却水带走,并传递到安全壳外的换热水箱中。安全壳内混合气体与换热水箱内水的温差及换热水箱与热交换器的高度差是建立自然循环导出热量的驱动力。换热水箱内的水被加热和蒸发,热量最终耗散在大气中。水箱的容量满足严重事故后 72 h 非能动热量排出的要求。

安全壳过滤排放系统提供了一个通过主动的有计划排放避免安全壳超压的选择。排放管线上的过滤装置用来尽可能减少排放到大气中的放射性物质。

在发生未能停堆的预期瞬态事故时,应急硼注入系统用来向反应堆冷却剂系统提供快速硼化,从而将堆芯保持在次临界状态。如果正常硼化方式不可用,系统能够手动启动向反应堆冷却剂系统注入足够的硼酸溶液。

1.9.2　第四代反应堆

第四代核反应堆技术有别于第三代先进反应堆技术。它在拓宽核能和平利用空间,提高核安全性、经济性等方面提出了一系列更加新颖的规划设想,包括更合理的核燃料循环、减少核废物、防止核扩散及消除严重事故、避免厂外应急等。

这一概念的提出始于 1999 年 6 月,最初由美国能源部核能科学与技术办公室在美国核学会年会上提出。2001 年 1 月,由美国能源部约请阿根廷、加拿大、法国、日本、韩国、南非及英国等国政府代表开会,讨论共同开发新一代核能技术,开展国际合作,并就上述概念取得广泛共识。按照美国能源部的研究计划给出的定义,第四代反应堆系统应该满足安全、经济、可持续发展、极少的核废物生成、先进的燃料增殖技术等。在安全性方面,第四代反应堆要明显优于其他现有的反应堆,具体的体现是堆芯损坏率低,在事故条件下无场外放射性释放,不需要场外应急,无论发生什么事故都不会损害场外公众和环境。在经济性方面,第四代反应堆全寿期的成本低于其他现有的反应堆,其中包括建设投资、运行和维护成本、燃料循环成本、退役和净化成本等。在可持续发展方面,第四代反应堆追求更有效的燃料利用率、更简单和便利的废弃物管理及不产生核扩散。

2000 年由美、法、日、英等核电发达国家组建了第四代核能系统国际论坛(GIF),组织专家深入研讨。2002 年 GIF 选择了以下 6 种技术方案作为第四代核反应堆重点开发对象。

1.9.2.1　超临界水冷堆(SCWR)

超临界水冷堆是在水的热力学临界点(374 ℃、22.1 MPa) 以上运行的高温、高压水冷反应堆。超临界水冷反应堆的热效率比目前轻水反应堆高 1/3,采用如沸水反应堆的直接循环,超临界水冷堆简化了系统及核电厂配套子项。SCWR 适用于热中子谱和快中子谱。在相同输出功率条件下, 采用稠密栅格布置及超临界水的热容量大,因此 SCWR 只有一般轻水反应堆的一半大小。超临界水冷堆及其系统参考设计如图 1 – 35 所示。

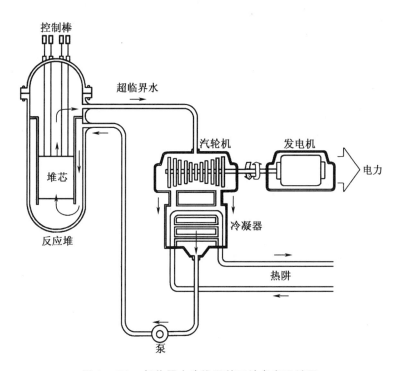

图 1 – 35　超临界水冷堆及其系统参考设计图

因为反应堆中的冷却剂不发生相变,而且像沸水堆那样堆芯内产生的蒸汽直接进入汽轮机做功,因而可以大大简化系统。SCWR 的参考堆热功率为 1 700 MW,运行压力为 25 MPa,堆芯出口温度为510 ℃(可以达到550 ℃),使用氧化铀燃料。SCWR 的非能动安全特性与简化沸水堆相似。SCWR 结合了轻水反应堆和超临界燃煤电厂两种成熟技术。由于系统简化和热效率高(净效率达44%),发电成本可望降低30%,仅为0.029 美元/(千瓦·时),因此 SCWR 在经济上有极大竞争力。SCWR 主要是设计用于发电的,也可用于锕系元素管理。SCWR 主要设计参数的参考值见表1-2。

表1-2 SCWR 主要设计参数的参考值

电功率/MW	1 700
冷却剂压力/MPa	25
冷却剂入口/出口温度/℃	280/510
净效率/%	44
平均热功率密度/(MW·m⁻³)	100
参考燃料成分	不锈钢或镍合金包壳,UO₂ 燃料
燃耗/(GWD·MTHM⁻¹)	45

SCWR 有待解决的技术问题包括材料和结构要能耐极高的温度、压力及堆芯内的辐照,这就带来了很多相关的问题,涉及腐蚀问题、辐射分解作用、水化学作用及强度和脆变等问题;SCWR 的安全性,涉及非能动安全系统的设计,要克服堆芯在淹没时出现的正反应性;理论上有可能出现密度波、热工水力学与自然循环相耦合的不稳定性。功率、温度和压力的控制有很大挑战,例如给水功率控制,控制棒的温度控制,汽轮机节流压力控制等。需要研究电站的启动过程,防止启动过程出现失控。

1.9.2.2 超高温气冷堆(VHTR)

超高温气冷堆是高温气冷堆的进一步发展,采用石墨慢化、氦气冷却、铀燃料一次通过的循环方式。其燃料可承受高达1 800 ℃温度,冷却剂出口温度可达1 000 ℃以上。VHTR 具有良好非能动安全特性,热效率可超过50%,易于模块化,经济上竞争力强。

VHTR 以850~950 ℃的堆芯出口温度供热,这种热能够用于制氢或为石化和其他工业提供工艺热。参考堆的热功率为600 MW,堆芯通过与其相连的一个中间热交换器传出热量。反应堆堆芯可以采用棱柱形堆芯,也可以采用球床堆芯。VHTR 能有效地向碘-硫(I-S)热化学或高温电解制氢工艺流程提供高温工艺热。VHTR 及其系统如图1-36所示。

VHTR 保持了高温气冷堆的良好安全特性,同时又是一个高效系统。它可以向高温、高耗能和不使用电能的工艺过程提供广谱热量,还可以与发电设备组合以满足热电联产的需要。该系统还具有采用铀/钍燃料循环的灵活性,产生的核废料极少。

VHTR 要从目前的冷却剂堆芯出口温度850~950 ℃提高到1 000~1 100 ℃,仍有许多技术上待解决的问题,在这种超高温下,铯和银迁徙能力的增加可能会使得燃料的碳化硅包覆层不足以限制它们,所以需要进行新的燃料和材料研发,以满足堆芯出口温度可达1 000 ℃以上的要求;事故时燃料温度最高可达1 800 ℃;最大燃耗可达200 GWD/MTHM。

此外,研究 VHTR 的非能动安全系统是一个重要课题,高性能的氦气轮机及其相关部件,商用反应堆的模块化制造技术,以及提高石墨在高温和长期中子辐照条件下的稳定性也都是研发超高温气冷堆的重要课题。VHTR 主要设计参数的参考值见表 1 - 3。

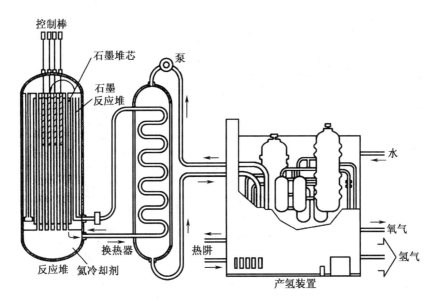

图 1 - 36　VHTR 及其系统参考设计图

表 1 - 3　VHTR 主要设计参数的参考值

热功率/MW	600
冷却剂入口/出口温度/℃	640/1 000
净效率/%	> 50
平均功率密度/(MW · m^{-3})	6 ~ 10
燃料成分	棒状燃料或球形燃料
氦气质量流量/(kg · s^{-1})	320

1.9.2.3　熔盐反应堆(MSR)

熔盐反应堆是用钠、锆和铀的氟化物液体混合物作为燃料的反应堆。由于熔盐氟化物传热性能好,无辐射,与空气、水都不发生剧烈反应,20 世纪 50 年代人们就开始将熔融盐技术用于商用反应堆。MSR 在超热谱反应堆中产生裂变能,采用熔盐燃料混合循环和完全的锕系再循环燃料。在 MSR 系统中,熔盐燃料在石墨堆芯通道中流过,产生超热谱。在熔盐中产生的热量通过中间热交换器传给二次侧冷却剂,再通过第三热交换器传给能量转换系统。参考电厂的电功率为百万千瓦级。堆芯出口温度达 700 ℃,也可达到 800 ℃,以提高热效率。MSR 及其系统参考设计如图 1 - 37 所示。

MSR 采用的闭式燃料循环能够获得钚的高燃耗和最少的锕系元素。MSR 液态燃料允许像添加钚一样添加锕系元素,这样就不用燃料的制造和加工。锕系元素和大多数裂变产物在液态冷却剂中形成氟化物,熔融氟化盐具有良好的传热特性和很低的蒸汽压力,这样就降低了对容器和管道的应力。

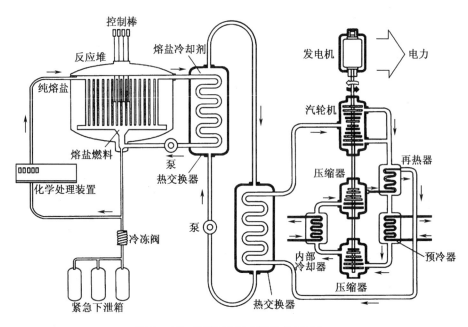

图 1-37 MSR 及其系统参考设计图

MSR 技术上有待解决的问题有锕系元素和镧系元素的溶解性,材料的兼容性,金属的聚类,盐的处理、分离和再处理工艺,燃料的开发,腐蚀和脆化研究,氚控制技术的研发,熔盐的化学控制,石墨密封工艺,石墨稳定性改进和试验等。MSR 的主要设计参数的参考值见表 1-4。

表 1-4　MSR 主要设计参数的参考值

电功率/MW	1 000
燃料盐入口/出口温度/℃	565/700
氢气温度/℃	850
热效率/%	44～50
慢化剂	石墨
热功率密度/(MW·m⁻³)	22
热力循环	布雷顿循环

1.9.2.4　气冷快堆(GFR)

气冷快堆是快中子能谱反应堆,采用氦气冷却、闭式燃料循环。与氦气冷却的热中子能谱反应堆一样,GFR 的堆芯出口氦气冷却剂温度很高,可以用于发电、制氢和供热。参考堆的电功率为 288 MW,堆芯出口氦气温度为 850 ℃,氦气汽轮机采用布雷顿直接循环发电,热效率可达 48%。产生的放射性废物极少和能够有效地利用铀资源是 GFR 的两大特点:通过快谱和完全锕系元素再循环相结合,GFR 大大减少了长寿期放射性废弃物的产生;与采用一次通过燃料循环的热谱气冷反应堆相比,气冷快堆的快谱也使得更有效地利用可裂变和增殖材料(包括贫铀)成为可能。GFR 及其系统参考设计如图 1-38 所示。

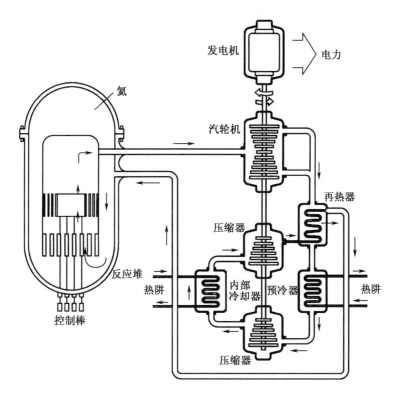

图 1 - 38　GFR 及其系统参考设计图

因氦气密度小,传热性能不如钠,要把堆芯产生的热量带出来就必须提高氦气压力,增加冷却剂流量,这就带来许多技术问题。另外氦气冷却快堆热容量小,一旦发生失气事故,堆芯温度上升较快,需要可靠的备用冷却系统。技术上有待解决的问题有用于快中子能谱的燃料、GFR 堆芯设计、GFR 的安全性研究(如余热排除、承压安全壳设计等)、新的燃料循环和处理工艺开发、相关材料和高性能氦气轮机的研发。GFR 主要设计参数的参考值见表 1 - 5。

表 1 - 5　GFR 主要设计参数的参考值

热功率/MW	600
冷却剂压力/MPa	9
冷却剂入口/出口温度/℃	490/850
平均热功率密度/(MW·m⁻³)	100
燃料成分	Pu 和 U 的混合
堆芯体积比,燃料/气体/碳化硅	50%/40%/10%

1.9.2.5　钠冷快堆(SFR)

钠冷快堆是用金属钠作为冷却剂的快中子反应堆,采用闭式燃料循环方式,能有效地管理锕系元素和铀 - 238 的转换。这种燃料循环所用的燃料有两种:中等容量以下(150 ~ 500 MW)的钠冷堆,使用铀 - 钚 - 锆金属合金燃料;中等到大容量(500 ~ 1 500 MW)的钠冷堆,使用

MOX 燃料。钠冷快堆的参考设计见图 1 - 23 和图 1 - 24。

SFR 系统的重要安全特性包括热力响应时间长,到冷却剂发生沸腾时仍有大的裕量,主系统运行在大气压力附近,在主系统中的放射性钠与发电厂的水和蒸汽之间有中间钠系统等。随着技术的进步,投资成本会不断降低,钠冷快堆也将能服务于发电市场。与采用一次通过燃料循环的热中子反应堆相比,SFR 的快谱也使得更有效地利用可用的裂变和增殖材料(包括贫铀)成为可能。SFR 主要设计参数的参考值见表 1 - 6。

表 1 - 6　SFR 主要设计参数的参考值

热功率/MW	1 000 ~ 5 000
反应堆出口温度/℃	530 ~ 550
平均热功率密度/$(MW \cdot m^{-3})$	350
燃料	氧化物或金属合金燃料
包壳	铁酸盐或 ODS 铁酸盐
转化比	0.5 ~ 1.30
平均燃耗/$(GWD \cdot MTHM^{-1})$	150 ~ 200

由于具有燃料资源利用率高和热效率高等优点,SFP 从核能和平利用发展的早期开始就一直受到各国的重视。在技术上,SFR 是第四代反应堆 6 种概念中研发进展最快的一种。美国、俄罗斯、英国、法国和日本等核能技术发达国家在过去的几十年都先后建成并运行过实验快堆和商用规模的示范堆,通过大量的运行实验已基本掌握快堆的关键技术和物理热工运行特征。我国在国家 863 高技术项目基金的支持下近十几年来也开展了相当规模的实验和理论研究。

SFR 技术上有待解决的问题包括:99% 的锕系元素能够再循环的燃料循环产物具有很高的浓缩度,确保在燃料循环的任何阶段都无法分离出钚元素;需要完成燃料数据库,包括用新燃料循环工艺制造的燃料的放射性能数据,研发在役检测和在役维修技术。

1.9.2.6　铅冷快堆(LFR)

铅冷快堆(LFR)是采用铅或铅/铋共熔液态金属冷却的快堆。燃料循环为闭式,可实现 ^{238}U 的有效转换和锕系元素的有效管理。LFR 采用闭式锕系回收燃料循环,设置核电厂当地燃料循环支持中心来负责燃料供应和后处理,可以选择不同的电厂容量,电功率有 50 ~ 150 MW 级、300 ~ 400 MW 级和 1 200 MW 级,燃料是包含增殖铀或超铀元素在内的重金属或氮化物。LFR 采用自然循环冷却,反应堆出口冷却剂温度为 550 ℃,采用先进材料则可达 800 ℃。在这种温度下,可用热化学过程来制氢。LFR 及其系统参考设计如图 1 - 39 所示。

50 ~ 150 MW 级的 LFR 是小容量交钥匙机组,可在工厂建造,以闭式燃料循环运行,配备换料周期很长(15 ~ 20 年)的盒式堆芯或可更换的反应堆模块。其特性符合小电网的电力生产需求,也适用于那些受国际核不扩散条约限制的或不准备在本土建立燃料循环体系来支持其核能系统的国家和平利用核能。这种系统可作为小型分散电源,也可用于其他能源生产,包括氢和饮用水的生产。

铅在常压下的沸点很高,热传导能力较强,化学活性基本为惰性,中子吸收和慢化截面都很小,铅冷快堆除具有燃料资源利用率高和热效率高等优点外,还具有很好的固有安全和非能

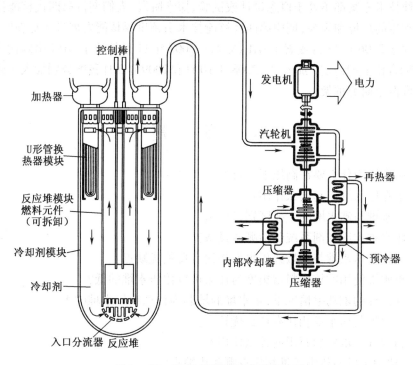

图 1 – 39　LFR 及其系统参考设计图

安全特性。因此,铅冷快堆在未来核能系统的发展中具有较大的开发前景。LFR 主要设计参数的参考值见表 1 – 7。

表 1 – 7　LFR 主要设计参数的参考值

设计参数或特征	50 ~ 150 MW 级	300 ~ 400 MW 级	1 200 MW 级	50 ~ 150 MW 级
冷却剂	铅／铋	铅／铋	铅	铅
堆芯出口温度/℃	约 550	约 550	约 550	750 ~ 800
热功率/MW	125 ~ 400	约 1 000	3 600	400
燃料	金属合金或氮化物	金属合金	氮化物	氮化物
平均燃耗/(GWD·MTHM^{-1})	约 100	100 ~ 150	100 ~ 150	100
转换比	1	1	1.0 ~ 1.02	1

　　LFR 技术上有待解决的问题包括:堆芯材料的兼容性,导热材料的兼容性(能在化学、热力学、结构上兼容),在包括原始数据和整体试验的基础上选择一种可行的燃料、包壳和冷却剂的组合;根据选定的组合制定核燃料再循环、再加工和核废料处理方针;考虑到冷却剂密度超过部件密度,要研究结构、支撑和换料的初步概念设计方针。研发内容包括:传热部件设计所需的基础数据结构的工厂化制造能力及其成本效益分析;冷却剂的化学检测和控制技术;开发能量转换技术、研发核热源和不采用朗肯(Rankin)循环的能量转换装置间的耦合技术。

上面6种技术方案都还处于概念设计或试验、探索阶段。人们期待第四代核能技术创新世界核能和平利用的环境和规模,期望第四代核能技术引领世界核能发展进入更新时代。

中国政府于2006年11月签署了GIF《宪章》,2007年11月签署了GIF《第四代核能系统研究和开发国际合作框架协定》加入书。2008年10月和2009年3月我国分别加入了超高温气冷堆和钠冷快堆两个研究框架。

思　考　题

1-1　压水堆为什么要在高压下运行?

1-2　水在压水堆中起什么作用?

1-3　压水堆与沸水堆的主要区别是什么?

1-4　压水堆主冷却剂系统包括哪些设备?

1-5　一体化压水堆与分散式压水堆相比有哪些优缺点?

1-6　重水堆使用的核燃料富集度为什么可以比压水堆的低?

1-7　在同样的堆功率情况下,重水堆的堆芯为什么比压水堆的大?

1-8　气冷堆与压水堆相比有什么优缺点?

1-9　石墨气冷堆中的石墨起什么作用?

1-10　快中子堆与热中子堆相比有哪些优缺点?

1-11　快中子堆在核能源利用方面有什么作用?

1-12　回路式钠冷堆与池式钠冷堆的主要区别是什么?

1-13　在使用钠作为反应堆冷却剂时应注意哪些问题?

1-14　快中子堆内使用的燃料富集度为什么要比热中子堆的高?

参　考　文　献

[1] 邬国伟. 核反应堆工程设计[M]. 北京:原子能出版社,1997.

[2] MITENKOV F M,ANTONOVSKY G M,PANOV Y K,et al. New generation medium power nuclear station with VPBER-600 passive safety reactor plant[J],Nuclear Engineering and Design,1997,173:99-108.

[3] 连培生. 原子能工业[M]. 北京:原子能出版社,2002.

[4] 重水堆核电站译文集[M]. 王奇卓,潘婉仪,译. 北京:原子能出版社,1983.

[5] 当代压水堆核电站发展新趋势[M]. 崔广余,南滨,吴卫,等译. 北京:机械工业出版社,1997.

[6] 马昌文,徐元辉. 先进核动力反应堆[M]. 北京:原子能出版社,2001.

[7] ALLAN T J,DONALD N,MATTEO H,et al. SP0 space reactor power system readiness and mission flexibility[C]. 10th International Symposium on Space Nuclear Power and Propulsion,American Institute of Physics,New Mexico,USA,1993,1:10-14.

[8] TROST C S. Moving towards the next milestone of submarine design[J]. Naval Engineers Journal,2009,112(2):53-60.

[9] TOSHIHISA I,TSTSURO O,TSUTOMU Y,et al. Start-up operation of deep sea reactor (DRX)[C]. The Fifth International Topical Meeting on Nuclear Thermal Hydraulics, Operations and Safety,Beijing,China, 1997,4:14 – 18.

[10] GEOFFREY F,HEWWITT J,COLLIER G. Introduction to nuclear power[M]. New York:Hemisphere & Franci,1987.

[11] 庞凤阁,彭敏俊. 舰船核动力装置[M]. 哈尔滨:哈尔工程大学出版社,2000.

第2章　核反应堆物理

2.1　原子核物理基础

2.1.1　原子核的结合能与比结合能

2.1.1.1　原子核的结合能

原子核是由质子和中子组成的,中子不带电,质子带正电。质子之间存在静电斥力,那为什么它们在原子核内互相之间不但不排斥,而且相互之间结合得很紧密呢?这是由于核子(中子与质子的统称)之间还存在着一种巨大的引力,它能克服质子与质子之间的静电斥力而把核子聚集成原子核,这种力称为核力。核力是短程作用力,只有当核子间相互接近到 10^{-13} cm 距离时才显示出来。这种吸引力比质子间静电排斥力大得多。核力与静电斥力之差就是使原子核结合在一起的力,与之相应的能量称为核的结合能。核力另一个特征是核力的作用与核子的性质无关,即中子与中子间,中子与质子间,质子与质子间的核力大致相等。

由于原子核内存在着结合能,所以如果要把原子核内的全部核子一个个地拉开,就需要消耗与核结合能相等的能量才能克服核力。

根据爱因斯坦的相对论,质量与能量的关系式为

$$E = Mc^2 \tag{2-1}$$

式中　　c——光速,$c = 2.997\,924\,58 \times 10^8$ m/s;

　　　　E——物体总能量;

　　　　M——物体质量。

若干个核子结合成原子核时,质量总要亏损,亦即在结合过程中有一定的能量释放出来。这便是原子核的结合能,计算公式为

$$\Delta E = \left[Zm_p + (A - Z)m_n - m \right]c^2 \tag{2-2}$$

式中　　A——核子数,为质子数与中子数之和;

　　　　Z——质子数;

　　　　m——原子核质量;

　　　　m_n——中子质量;

　　　　m_p——质子质量。

已知中子的质量为 1.008 665 u(原子质量单位),质子的质量为 1.007 276 u,与 1 u 质量亏损相对应的结合能 $1\,u \cdot c^2 = 931.494\,3$ MeV,由式(2-2)可计算出氘核的结合能为

$$\Delta E_D = (1.007\,276 + 1.008\,665 - 2.013\,553) \times 931.494\,3 = 2.224\,4 \text{ MeV}$$

将 A 个单独核子结合成原子核时,产生质量亏损 Δm,这时必然有能量 $\Delta E = \Delta mc^2$ 释放出来。

2.1.1.2　原子核的比结合能

原子核的比结合能是原子核的结合能与该原子核的核子数之比 $\dfrac{\Delta E}{A}$，它表示每个核子的平均结合能，有时称为平均结合能。比结合能可以看成把原子核拆成自由核子时，平均对每个核子所做的功。因此，比结合能的大小，可用来表示原子核结合得松紧的程度。比结合能越大的原子核结合得越紧，也就比较稳定；比结合能越小的原子核结合得越松，也就不太稳定。

图 2 – 1 中将不同原子核的比结合能与对应的质量数（即核子数）用一曲线表示出来，此曲线称为比结合能曲线。从图 2 – 1 中可以看出，不同质量的原子核其比结合能的大小是不同的。中等质量的原子核平均结合能大，而轻核和重核的平均结合能小。

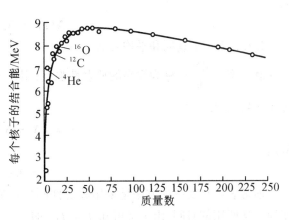

图 2 – 1　比结合能随原子核质量的变化

由比结合能曲线的特性，可以对核能的利用获得如下启示：若能使比结合能小的或比较小的原子核的结构发生变化，使它变成比结合能大的或比较大的原子核，就能放出一定的能量。这就是利用原子核能的思路。其办法是将比结合能较小的重核分裂成两个比结合能比较大的中等核，这样就可以放出能量来，重核分裂放出的能量称为裂变能。

2.1.2　原子核的衰变

2.1.2.1　衰变规律

放射性核的衰变是一个统计过程。一个特定核的衰变时间是无法准确指定的。但是，如果在样品中存在的同一种放射性核的数目很多，则其衰变有一定的概率，即在确定时间内其中的确定部分将衰变。因此，假如有两个分开的样品，一个含有 10^{10} 个放射性同位素核，另一个含有 10^{20} 个同样的核，则可以肯定地说，在同一时间内每个样品中将衰变同等份额，例如各有 $10^{10}/2$ 个和 $10^{20}/2$ 个核衰变掉。也就是说，只要存在的放射性核的数目很多，那么衰变率就只是该数目的函数。

放射性衰变还有一个特性，就是其衰变率实际上不受温度、压力或者所涉及的原子的物理状态和化学状态的影响。换句话说，无论放射性同位素是气相、液相还是固相，或者与其他原子形成化合物，其衰变率都是一样的。

如果 N 是任一时刻 t 在样品中存在的一种放射性核的数目，则在这一时刻的衰变率与当时所存在的原子核数 N 可以用下列关系式表示，即

$$-\frac{\mathrm{d}N}{\mathrm{d}t} = \lambda N \tag{2 – 3}$$

式中，λ 是一个比例因数，称为衰变常量，它表示一个原子核在单位时间内衰变的概率。对于不同的同位素，它有不同的值，其单位通常用 s^{-1} 表示。

如果取任一时刻作为零（$t = 0$）时刻，此时存在的初始原子核数为 N_0，则从 $t = 0$ 开始积分

就给出

$$-\int_{N_0}^{N} \frac{\mathrm{d}N(t)}{N(t)} = \int_0^t \lambda \mathrm{d}t \qquad (2-4)$$

于是

$$-\ln\frac{N(t)}{N_0} = \lambda t \qquad (2-5)$$

从而

$$N(t) = N_0 \mathrm{e}^{-\lambda t} \qquad (2-6)$$

2.1.2.2　半衰期和平均寿命

衰变率 $-\dfrac{\mathrm{d}N}{\mathrm{d}t}$ 也称为样品的放射性强度，用 A 表示，其单位一般为 s^{-1}。初始放射性强度 A_0 等于 λN_0。于是

$$A = \lambda N = \lambda N_0 \mathrm{e}^{-\lambda t} \qquad (2-7)$$

从而

$$A = A_0 \mathrm{e}^{-\lambda t} \qquad (2-8)$$

通常表示衰变率的方法是采用放射性同位素的半衰期 $T_{1/2}$。它是放射性同位素的数目衰变掉一半所用的时间。由定义可知，$t = T_{1/2}$ 时

$$N(t) = 0.5N_0$$
$$\mathrm{e}^{-\lambda T_{1/2}} = 0.5 \qquad (2-9)$$

于是

$$T_{1/2} = \frac{\ln 2}{\lambda} \qquad (2-10)$$

即

$$T_{1/2} = \frac{0.693\,1}{\lambda} \qquad (2-11)$$

因此半衰期与衰变常量成反比。从任意一个 $N(t) = N_0$ 的时间为零算起，在经过一个半衰期以后，N_0 就衰变掉一半；在第二个半衰期中，剩下来的原子的一半即 N_0 的 1/4 衰变掉；第三个半衰期内剩下的原子为 N_0 的 1/8；等等。在 n 个半衰期之后，初始母核数或初始放射性强度剩下来的份额等于 $(1/2)^n$。

理论上，放射性强度变到零要无限长的时间。但是，在相当于 10 个半衰期以后，放射性强度就减弱到比原有值的 1/1 000 还低。

已知的放射性同位素的半衰期范围很宽，从零点几微秒到几十亿年不等。没有两种放射性同位素具有完全相等的半衰期，因而可以把半衰期看作辨认同位素的依据，根据它来辨认出放射性同位素是哪一种。

描述放射性同位素衰变率的另一种方法是采用平均寿命 τ。平均寿命是同一种放射性样品中存在的全部母核的平均生存时间。对于单个原子核来讲，寿命有长有短，但大量的原子核统计平均寿命 τ 是一定的。由定义可知，$\lambda \mathrm{d}t$ 表示一个核在 $\mathrm{d}t$ 时间间隔衰变的概率，若在 t 时间有 $N(t)$ 个原子核，在 $\mathrm{d}t$ 时间间隔内衰变的原子核数为 $N(t)\lambda \mathrm{d}t$，这些衰变原子核寿期为 τ，把这些量代入下式，积分后可得平均寿命，即

$$\tau = \frac{1}{N_0} \int_0^\infty t N(t) \, dt = \frac{1}{N_0} \int_0^\infty t N_0 e^{-\lambda t} \, dt = \int_0^\infty t e^{-\lambda t} \, dt = \frac{1}{\lambda} \quad (2-12)$$

τ 是衰变常量 λ 的倒数,即

$$\tau = \frac{1}{\lambda} = 1.44 T_{1/2} \quad (2-13)$$

因而

$$T_{1/2} = 0.693\,1\tau \quad (2-14)$$

2.1.2.3 多代连续放射性衰变规律

上面讨论了单一放射性衰变规律,所谓单一,是指放射性源是单一的由同一种原子核组成的,并且它的数目变化单纯地由它本身的衰变引起,一种核素衰变后产生了第二种放射性核素,第二种核素又衰变产生了第三种放射性核素,等等,这样就产生了多代连续放射性衰变的情况,例如

$$^{214}_{84}\text{Po} \xrightarrow[1.64 \times 10^{-4}\ \text{s}]{\alpha} {}^{210}_{82}\text{Pb} \xrightarrow[21\ \text{a}]{\beta^-} {}^{210}_{83}\text{Bi} \xrightarrow[5.01\ \text{d}]{\beta^-} {}^{210}_{84}\text{Po} \xrightarrow[138.4\ \text{d}]{\alpha} {}^{206}_{82}\text{Pb}(\text{稳定})$$

$$^{149}_{60}\text{Nd} \xrightarrow[173\ \text{h}]{\beta^-} {}^{149}_{61}\text{Pm} \xrightarrow[531\ \text{h}]{\beta^-} {}^{149}_{62}\text{Sm}(\text{稳定})$$

现在,我们首先讨论两代连续放射性衰变的过程 $A \rightarrow B \rightarrow C$,如上述第二个例子;其次推广到更多代的连续放射性衰变的过程。

设在 $t = 0$ 时刻,第一种放射性核素 A 的核数目为 N_{10},其衰变常量为 λ_1;第二种放射性核素 B 的核数目为 N_{20},其衰变常量为 λ_2。对于第一种核素 A 的衰变,它是单一放射性衰变,在 t 时刻 dt 时间间隔内 A 衰变掉的数目为 $-dN_1(t) = \lambda_1 N_1(t) dt$,积分后,代入初始条件可得

$$N_1(t) = N_{10} e^{-\lambda_1 t} \quad (2-15)$$

对于第二种放射性核素 B,其数目的变化有两个因素:一个因素是 A 衰变后形成 B,而且是一个 A 核衰变成一个 B 核,这使 B 的数目增加了 $\lambda_1 N_1(t) dt$;另一个因素是 B 要衰变成 C,使 B 的数目减少了 $\lambda_2 N_2(t) dt$。这样 B 的数目变化应为

$$dN_2(t) = [\lambda_1 N_1(t) - \lambda_2 N_2(t)] dt \quad (2-16)$$

为求解此方程,可令

$$N_2(t) = c_1 e^{-\lambda_1 t} + c_2 e^{-\lambda_2 t} \quad (2-17)$$

将式(2-15)和式(2-17)代入式(2-16)中可得出

$$c_1 = N_{10} \frac{\lambda_1}{\lambda_2 - \lambda_1} \quad (2-18)$$

根据初始条件 $N_2(0) = N_{20}$,由式(2-17)可得

$$c_1 + c_2 = N_{20} \quad (2-19)$$

由此解得

$$c_2 = N_{20} - \frac{\lambda_1}{\lambda_2 - \lambda_1} N_{10} \quad (2-20)$$

这样就求出了两代连续放射性衰变的规律为

$$\begin{cases} N_1(t) = N_{10} e^{-\lambda_1 t} \\ N_2(t) = N_{10} \dfrac{\lambda_1}{\lambda_2 - \lambda_1} (e^{-\lambda_1 t} - e^{-\lambda_2 t}) + N_{20} e^{-\lambda_2 t} \end{cases} \quad (2-21)$$

如果用物理、化学或其他方法在 $t = 0$ 时刻将所有 B 核素从放射源中分离出去,即有初始条件 $N_{20} = 0$,则上述规律就简化为

$$\begin{cases} N_1(t) = N_{10}e^{-\lambda_1 t} \\ N_2(t) = N_{10}\dfrac{\lambda_1}{\lambda_2 - \lambda_1}(e^{-\lambda_1 t} - e^{-\lambda_2 t}) \end{cases} \tag{2-22}$$

对于有 n 代(共连续有 $(n+1)$ 个核素,其中最后一个核素是稳定的)连续放射性衰变过程,若有 $N_1(0) = N_{10}, N_m(0) = N_{m0} = 0, m = 2,3,\cdots,n$ 初始条件时,相应的各衰变常量为 $\lambda_1,\lambda_2,\cdots,\lambda_n$,可用上述同样的方法解出如下的衰变规律:

$$\begin{cases} N_1(t) = N_{10}e^{-\lambda_1 t} \\ N_m(t) = N_{10}(c_{m1}e^{-\lambda_1 t} + c_{m2}e^{-\lambda_2 t} + \cdots + c_{mm}e^{-\lambda_m t}), \quad m = 2,3,\cdots,n \\ c_{m1} = \dfrac{\lambda_1\lambda_2\cdots\lambda_{m-1}}{(\lambda_2 - \lambda_1)(\lambda_3 - \lambda_1)\cdots(\lambda_m - \lambda_1)} \\ c_{mk} = \dfrac{\lambda_1\lambda_2\cdots\lambda_{m-1}}{(\lambda_1 - \lambda_k)(\lambda_2 - \lambda_k)\cdots(\lambda_{k-1} - \lambda_k)(\lambda_{k+1} - \lambda_k)\cdots(\lambda_m - \lambda_k)}, \quad k = 2,3,\cdots,m \end{cases}$$
$$\tag{2-23}$$

例如,连续衰变中第三个核素(即 $m = 3$)的数目应为

$$N_3(t) = N_{10}(c_{31}e^{-\lambda_1 t} + c_{32}e^{-\lambda_2 t} + c_{33}e^{-\lambda_3 t}) \tag{2-24}$$

$$c_{31} = \frac{\lambda_1\lambda_2}{(\lambda_2 - \lambda_1)(\lambda_3 - \lambda_1)} \tag{2-25}$$

$$c_{32} = \frac{\lambda_1\lambda_2}{(\lambda_1 - \lambda_2)(\lambda_3 - \lambda_2)}, k = 2 \tag{2-26}$$

$$c_{33} = \frac{\lambda_1\lambda_2}{(\lambda_1 - \lambda_3)(\lambda_2 - \lambda_3)}, k = 3 \tag{2-27}$$

依此类推。

由上述所得的结果可以看出,在多代连续衰变过程中,任一代核素的衰变不仅与本身的衰变常量有关,也与前面所有各代核素的衰变常量有关。只有第一代的衰变是单一放射性衰变。

式(2-22)是在特殊的初始条件下(也是最常遇到的)得出的,其他初始条件下也可用类似的方法去求解,只不过结果比这更复杂些而已。

2.1.3　中子核反应

在核反应堆内中子与原子核相互作用发生核反应。根据核反应后发射粒子的不同,核反应可以分为以下几种:

① 中子与原子核发生弹性散射,即 (n,n) 反应。如中子与原子核碰撞以后,中子把一部分动能交给原子核,而本身能量减少,这就起到慢化中子的作用。

② 能量大于 0.1 MeV 的中子与原子核发生非弹性散射,即 (n,n') 反应。原子核俘获中子后处于不稳定状态,然后放出动能较小的中子,但原子核仍处于激发态,把它多余的能量以 γ 射线形式放出后,才回到基态。非弹性散射反应也可以使中子的能量减小,从而达到慢化的目的。

③ 吸收中子放出 γ 射线反应,即(n,γ)反应。如 ^{238}U 在反应堆内受中子辐照后产生(n,γ)反应,如

$$^{238}_{92}U + {}^{1}_{0}n \longrightarrow {}^{239}_{92}U + \gamma$$

$^{239}_{92}$U 还会衰变,经两次 β^{-} 衰变转变成 $^{239}_{94}$Pu。

④ 吸收中子放出 α 粒子,即(n,α)反应。如反应堆中作为控制材料的硼,吸收中子后放出 α 粒子,并形成新的核 Li,这个反应被广泛用来探测热中子。

$$^{10}_{5}B + {}^{1}_{0}n \longrightarrow {}^{7}_{3}Li + {}^{4}_{2}He$$

⑤ 吸收中子放出质子,即(n,p)反应。例如

$$^{16}_{8}O + {}^{1}_{0}n \longrightarrow {}^{16}_{7}N + {}^{1}_{1}p$$

用水作为冷却剂的反应堆,水中的氧受快中子照射后就会产生这种反应。

⑥ 吸收中子发生原子核裂变,即(n,f)反应。如 ^{235}U 的原子核吸收中子后发生裂变,使原子核分裂成两个碎片,并放出大量能量,同时放出中子。这一过程放出的能量就是核反应堆利用的热能。

2.1.4　中子核反应截面与核反应率

为了定量说明以上核反应的概率大小,通常引进"反应截面"的概念。如果某种物质受到中子的作用,则发生特定核反应的概率取决于中子的数目和速度,以及这种物质中核的数目和性质。对于任一特定反应的靶核,"截面"是中子与核相互作用概率的一种量度,它又是原子核和入射中子能量的一种特性。

2.1.4.1　微观截面

假设在 1 cm^{3} 的物质中,有 N 个原子核,在这个物质的一个面上射入一个中子,我们把每一个原子核与一个入射的中子发生核反应的概率定义为微观截面 σ,单位为 m^{2},有时也采用靶恩(10^{-28} m^{2})为单位。由于中子与物质的相互作用有裂变、散射、吸收之分,所以微观截面相应地也分为微观裂变截面(σ_{f})、微观散射截面(σ_{s})和微观吸收截面(σ_{a})等。各微观截面值的大小不但与同位素种类及中子能量大小有关,而且同一种原子核和中子发生不同核反应时,其微观截面值也有很大差别。所以,尽管微观截面是用面积的单位来表示的,但微观截面并不是原子核的几何面积。有时截面比几何面积小,有时截面比几何面积大得多。例如,碳核的吸收截面约为它的几何面积的千分之一,而氙核的吸收截面却比它的几何面积大一百万倍左右。

2.1.4.2　宏观截面

如果每立方米的物质中含有 N 个核,则乘积 σN 等于每立方米靶核的总截面,称为宏观截面,用符号 Σ 表示,它的量纲是长度的倒数

$$\Sigma = \sigma N \quad m^{-1} \tag{2-28}$$

宏观截面的物理意义是中子行走单位长度路程中与原子核发生核反应的概率。例如,宏观吸收截面 $\Sigma_{a} = \sigma_{a}N$ 表示中子行走单位长度路程被原子核吸收的概率。

2.1.4.3　可裂变核的密度

宏观截面都按它们代表的反应来命名,例如宏观裂变截面、宏观吸收截面等。宏观裂变截面与单位体积内所含可裂变核的密度 N_{f} 有关,如果已知燃料的密度和富集度,可裂变核的密度由下式计算:

$$N_f = \frac{N_A}{M_f}\rho_f i \qquad (2-29)$$

式中　　N_A—— 阿伏加德罗常数, 6.0225×10^{23} mol^{-1};

　　　　M_f—— 所用的可裂变燃料的相对分子质量;

　　　　ρ_f—— 所用的可裂变燃料的密度;

　　　　i—— 每个燃料分子具有的燃料原子数。

上面方程中通常的未知量是 ρ_f。一般已知量为燃料(U,Pu 和 Th 的全部同位素)的密度 ρ, 或者燃料材料(燃料同位素加上化合物或合金成分)的密度 ρ_{fm}, 有

$$\rho_f = r\rho = rf\rho_{fm} \qquad (2-30)$$

式中　　r—— 燃料的富集度;

　　　　f—— 燃料在燃料材料中所占的质量份额。

2.1.4.4　中子核反应率

每立方米内的中子数用 n 表示, 称为中子密度。若中子速度用 v(单位为 m/s)表示, 并假设考虑的是一束单能均匀平行的中子, 于是 nv 就是每秒钟投射在 1 m^2 靶材料上的中子数, Σnv 就是每秒入射 nv 个中子在 1 m^3 靶材料中(中子与靶核)相互作用的次数, 称为中子反应率 R, 即

$$R = \Sigma nv \qquad (2-31)$$

其单位为 $\text{m}^{-3} \cdot \text{s}^{-1}$。

上式中的 nv 称为中子通量, 通常用 Φ 表示, 即

$$\Phi = nv \qquad (2-32)$$

中子通量的单位为 $\text{m}^{-2} \cdot \text{s}^{-1}$。$\Phi$ 等于 1 m^2 中的所有中子在 1 s 内飞行的总距离(单位为 m), 有时也称 Φ 为径迹长度。这样可有

$$R = \Phi\Sigma \qquad (2-33)$$

2.1.4.5　吸收截面随中子能量的变化规律

对于许多元素, 特别是那些质量数较大的元素, 考察其吸收截面随中子能量的变化, 可以发现存在着三个区域。

1. 低能区, 也称 $1/v$ 吸收区

在这一区吸收截面随中子能量增加而减小, 这时吸收截面与中子能量 E_n 的平方根(近似地)成反比, 即

$$\sigma_a = C\left(\frac{1}{E_n}\right)^{\frac{1}{2}} \qquad (2-34)$$

由于中子的能量基本上是动能, 所以吸收截面与中子速度成反比, 即

$$\sigma_a = C\left(\frac{1}{\frac{1}{2}m_n v^2}\right)^{\frac{1}{2}} = C_1 \frac{1}{v} \qquad (2-35)$$

所以这个区域称为 $1/v$ 吸收区。这说明中子运动的速度越低, 它在核附近消磨的时间越长, 则被吸收的概率就越大。$1/v$ 定律也可以表示成如下形式:

$$\frac{\sigma_{a1}}{\sigma_{a2}} = \frac{v_2}{v_1} = \frac{E_{n2}^{0.5}}{E_{n1}^{0.5}} \qquad (2-36)$$

下角标 1 和 2 表示两个不同的中子能量。由上式, 可根据一个已知的中子速度和截面求出另一

个速度下的截面,以上关系也适合于裂变截面。对于不同的核,该区的上限是不一样的,对于 ^{235}U,$1/v$ 区中子能量的上限是 0.2 eV。

2. 共振区

在中子的 $1/v$ 区之后,中子能量通常为 0.1 ~ 1 000 eV,会出现一个共振区。这个区域的特征是存在共振峰,那里吸收截面对一定的中子能量相当急剧地上升到很高的数值,然后下降。对于不同的核,其共振峰值的大小和出现的范围都不一样。^{238}U 的总截面作为中子能量的函数,表示于图 2 − 2 中,由图可以看出其明显的共振结构。

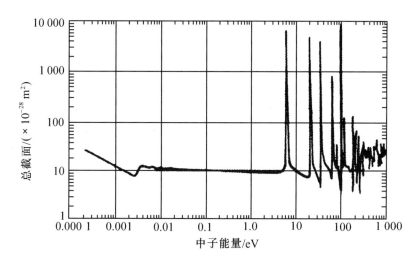

图 2 − 2　^{238}U 的总截面随中子能量的变化

3. 快中子区

在清晰的共振区之后,还可能出现许多较小的共振峰,但这些共振峰是难于分辨的。核截面随中子能量增加而减小。在能量超过 10 keV 以后,出现快中子区,那里通常截面很小,对大于 0.1 MeV 量级的能量,其值更小。这时,吸收截面在数值上与核的几何截面相近。

2.1.5　热中子能谱与平均截面

当中子在慢化介质内慢化时,它们所能达到的最低能量是它们与该介质的分子处于热平衡下的能量。此状态下的中子称为热中子,热态下的中子与弱吸收介质的分子或原子达到热平衡,这时中子的速度分布是麦克斯韦分布,即

$$N(v) = 4\pi \left(\frac{m_n}{2\pi kT}\right)^{\frac{3}{2}} v^2 \exp\left(\frac{-m_n v^2}{2kT}\right) \qquad (2-37)$$

式中　$N(v)$—— 速度在 v 附近的中子密度分布;

　　　m_n—— 中子质量;

　　　v—— 中子速度;

　　　k—— 玻尔兹曼常数,$k = 0.861\ 735 \times 10^{-4}$ eV/K;

　　　T—— 介质的绝对温度,K。

令
$$c_1 = 4\pi\left(\frac{m_n}{2\pi kT}\right)^{\frac{3}{2}}, \quad c_2 = \left(\frac{m_n}{2kT}\right)^{\frac{1}{2}}$$

将式(2-37)进行微分,则

$$\frac{dN(v)}{dv} = c_1\left[2v\exp(-c_2^2v^2) - 2v^3c_2^2\exp(-c_2^2v^2)\right] \tag{2-38}$$

令该导数为零,给出麦克斯韦分布的中子最可几速度

$$v_0 = \frac{1}{c_2} = \left(\frac{2kT}{m_n}\right)^{\frac{1}{2}} = 1.28\times10^2 T^{\frac{1}{2}} \tag{2-39}$$

由

$$E_0 = \frac{1}{2}m_n v_0^2 = kT = 8.61\times10^{-5}T \text{ eV} \tag{2-40}$$

如果热中子按速度分布 $N(v)$,在 $T = 293.4$ K 时,则可得到热中子最可几速度是 2 200 m/s,相应的能量 E_0 为 0.025 3 eV。

式(2-37)可以写成能量分布形式

$$N(E) = \frac{2\pi}{(\pi kT)^{\frac{3}{2}}}E^{\frac{1}{2}}\exp\left(-\frac{E}{kT}\right) \tag{2-41}$$

根据 $\frac{\partial N(E)}{\partial E} = 0$,可求出热中子能量分布最可几能量 E_0 为

$$E_0 = 0.5kT = 4.3\times10^{-5}T \text{ eV} \tag{2-42}$$

实际上,热中子能谱的分布形式和介质原子核的麦克斯韦谱的分布形式并不完全相同。这是因为:① 在反应堆中,所有的热中子都是从较高的能量慢化而来的,而后逐步与介质达到热平衡状态,这样在能量较高区域内的中子数目相对地就多一些;② 由于介质或多或少地吸收中子,因此必然有一部分中子尚未来得及同介质的原子(或分子)达到热平衡就已经被吸收了,其结果又造成了能量较低部分的中子份额相对减小,能量较高部分的中子份额相对增大。由于这个原因,实际的热中子能谱与介质的麦克斯韦谱并不完全相同。实际的热中子能谱朝能量高的方向有所偏移,即热中子的平均能量和最可几能量都要比介质原子核的平均能量和最可几能量高,通常把这一现象称为热中子能谱的"硬化"。

精确地计算热中子能谱是比较复杂的问题,这是因为在处理能量低于几电子伏特的中子与慢化剂核的散射时,已不能再把慢化剂核看成静止的、自由的,这时必须考虑慢化剂原子热运动的影响、化学结合键的影响,以及中子与散射波之间的干涉效应等。在进行近似计算时,可以认为,热中子能谱仍具有麦克斯韦谱分布形式。

在反应堆的实际计算中,需要求出热中子的平均截面。要计算平均裂变截面,应采取一些简化方法。首先假设在热中子堆内只存在热中子,其中绝大部分落入 $1/v$ 吸收区,非 $1/v$ 区所占比例很小,可以忽略,简化后平均裂变截面可写成

$$\overline{\sigma}_f = \frac{\int_0^\infty \sigma_f(E)\Phi(E)dE}{\int_0^\infty \Phi(E)dE} \tag{2-43}$$

在 $1/v$ 区内,可以根据一个已知的截面求出另一个

$$\sigma_f = \sigma_{f0}\left(\frac{E_0}{E}\right)^{0.5} \tag{2-44}$$

E_0 是麦克斯韦分布的最可几速度 v_0 所对应的能量,由式(2 - 40)得 $E_0 = 0.025\ 3\ \text{eV}$,$\sigma_{f0}$ 是对应 0.025 3 eV 能量下的裂变截面,将式(2 - 44)代入式(2 - 43)得

$$\bar{\sigma}_{\text{f}} = \sigma_{f0} E_0^{0.5} \frac{\int_0^\infty E^{-0.5} \Phi(E) \mathrm{d}E}{\int_0^\infty \Phi(E) \mathrm{d}E} \tag{2 - 45}$$

由式(2 - 44)和 $\Phi(E) = N(E)v(E) = CE\exp[-E/(kT)]$,$C$ 为常数,式(2 - 45)可改写成

$$\bar{\sigma}_{\text{f}} = \sigma_{f0} E_0^{0.5} \frac{\int_0^\infty E^{0.5} \exp\left(-\frac{E}{kT}\right) \mathrm{d}E}{\int_0^\infty E\exp\left(-\frac{E}{kT}\right) \mathrm{d}E} \tag{2 - 46}$$

上式可改写成

$$\bar{\sigma}_{\text{f}} = \sigma_{f0} \left(\frac{E_0}{kT}\right)^{0.5} \frac{\int_0^\infty \left(\frac{E}{kT}\right)^{0.5} \exp\left(-\frac{E}{kT}\right) \mathrm{d}\left(\frac{E}{kT}\right)}{\int_0^\infty \left(\frac{E}{kT}\right) \exp\left(-\frac{E}{kT}\right) \mathrm{d}\left(\frac{E}{kT}\right)} \tag{2 - 47}$$

令 $\dfrac{E}{kT} = x$,则有

$$\bar{\sigma}_{\text{f}} = \sigma_{f0} \left(\frac{E_0}{kT}\right)^{0.5} \frac{\int_0^\infty x^{0.5} \mathrm{e}^{-x} \mathrm{d}x}{\int_0^\infty x\mathrm{e}^{-x} \mathrm{d}x} \tag{2 - 48}$$

上式分子与分母的积分为 Γ 函数积分,典型的积分形式为

$$\Gamma(n) = \int_0^\infty x^{n-1} \mathrm{e}^{-x} \mathrm{d}x \tag{2 - 49}$$

$$\Gamma(n + 1) = n\Gamma(n) = n! \tag{2 - 50}$$

$$\Gamma\left(\frac{1}{2}\right) = \sqrt{\pi} \tag{2 - 51}$$

将式(2 - 47)积分并整理后得

$$\bar{\sigma}_{\text{f}} = \frac{\sqrt{\pi}}{2} \sigma_{f0} \left(\frac{E_0}{kT}\right)^{0.5} = 0.886\ 2\sigma_{f0} \left(\frac{293}{T}\right)^{0.5} \tag{2 - 52}$$

式中　　σ_{f0}——能量为 0.025 3 eV 时的裂变截面;

　　　　T——中子温度,K。

2.2　核反应堆临界理论与反应性变化

2.2.1　裂变链式反应和临界条件

2.2.1.1　核裂变

核裂变是反应堆内最重要的核反应,原子核吸收一个中子后,分裂成两个质量相近的核,同时放出能量和中子。一些核素,如 ^{233}U,^{235}U,^{239}Pu 和 ^{241}Pu 等,在低能中子作用下发生裂变的

可能性较大,通常把它们称为易裂变同位素或裂变同位素。而同位素^{232}Th,^{238}U和^{240}Pu等只有在能量高于某一阈值的中子作用下才能发生裂变,通常把它们称为可裂变同位素。热中子反应堆内最常用的核燃料是易裂变同位素^{235}U。

^{235}U的裂变反应可表示为

$$^{235}_{92}\text{U} + ^1_0\text{n} \longrightarrow (^{236}_{92}\text{U})^* \longrightarrow {}^{A1}_{Z1}\text{X} + {}^{A2}_{Z2}\text{X} + \nu\,^1_0\text{n}$$

式中　　$^{A1}_{Z1}\text{X}, ^{A2}_{Z2}\text{X}$——中等质量数的核,叫作裂变碎片;

　　　　ν——每次裂变平均放出的中子数,还释放出约200 MeV的能量。

然而^{235}U核吸收中子后并不都发生核裂变,还可能发生辐射俘获反应,即

$$^{235}_{92}\text{U} + ^1_0\text{n} \longrightarrow (^{236}_{92}\text{U})^* \longrightarrow {}^{236}_{92}\text{U} + \gamma$$

^{235}U,^{239}Pu等易裂变核素的裂变截面随中子能量变化的规律可分三个能区来讨论(图2-3)。在热能区裂变截面σ_f随中子能量减小而增加,且其截面值很大。例如,当中子能量$E = 0.025\,3$ MeV时,^{235}U的$\sigma_f = 5.835 \times 10^{-26}$ m^2,^{239}Pu的$\sigma_f = 7.44 \times 10^{-26}$ m^2。因而,热中子反应堆内的裂变反应基本都发生在这一能区内。

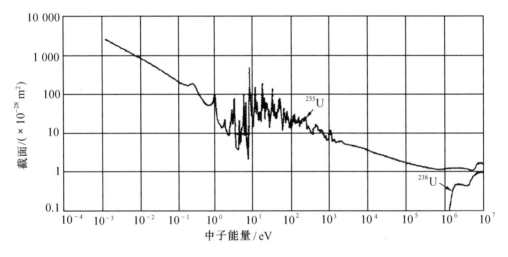

图2-3　^{235}U和^{238}U的裂变截面

对中能区(1 eV < E < 1 keV)的中子,^{235}U核的裂变截面出现共振峰,共振能区延伸至千电子伏特。在千电子伏特至兆电子伏特能量范围内,裂变截面随中子能量的增加而下降到几靶恩(10^{-28} m^2)。

前面曾经提到过^{235}U核吸收中子后并不是都发生裂变反应,有的发生辐射俘获反应而变成^{236}U。辐射俘获^{235}U截面与裂变截面之比通常用α表示,称为俘获-裂变比,即

$$\alpha = \frac{\sigma_\nu}{\sigma_f} \tag{2-53}$$

α与裂变同位素的种类和中子能量有关,表2-1给出了热中子与易裂变核作用的数据。^{235}U核裂变碎片的质量数-产额曲线如图2-4所示。

表 2 - 1　热中子(0.025 3 eV)与易裂变核作用的数据

核素	$(\sigma_a = \sigma_\nu + \sigma_f)/(\times 10^{-28}\ \text{m}^2)$	$\sigma_f/(\times 10^{-28}\ \text{m}^2)$	α	η	ν
^{233}U	578.8	531.1	0.089 9	2.287	2.492
^{235}U	680.8	582.2	0.169	2.068	2.418
^{239}Pu	1 011.3	742.5	0.362	2.108	2.871
^{241}Pu	1 377	1 009	0.365	2.145	2.927

2.2.1.2　裂变产物与裂变中子

几乎在所有情况下,裂变碎片核都具有中子数比质子数多的特点。它们通常要经过一系列 β 衰变,将过剩中子转变为质子才成为稳定核。裂变碎片和它们的衰变产物都叫裂变产物。热中子反应堆的初始装载燃料中,通常只有 ^{235}U 和 ^{238}U 这两种重同位素。但随着反应堆的运行,裂变产物不断积累,在最终乏燃料中,可以包含 300 多种放射性和稳定同位素。其中有些元素,如 ^{135}Xe 和 ^{149}Sm,具有相当大的热中子吸收截面,它们将消耗堆内的中子,通常把这些中子吸收截面大的裂变产物叫作毒物。

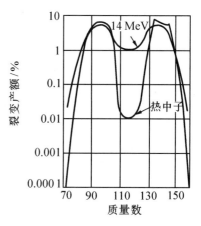

图 2 - 4　^{235}U 核裂变碎片
的质量数 - 产额曲线

裂变时放出的中子数与裂变方式有关。但是,在实际计算中我们需要的是每次裂变放出的平均中子数,用 ν 表示。表 2 - 1 给出了热中子与易裂变核发生裂变反应的 ν 值。

99% 以上的中子是在裂变的瞬间(约 10^{-14} s)发射出来的,这些中子叫作瞬发中子。它们的能量分布在 0.05 ~ 10 MeV 这一相当大的范围内。用 $\chi(E)\mathrm{d}E$ 表示能量在 E 和 $(E + \mathrm{d}E)$ 范围内裂变中子的份额,$\chi(E)$ 通常叫作裂变中子能谱。^{235}U 裂变时瞬发中子的能谱(图 2 - 5)可用一经验公式来表示,即

$$\chi(E) = 0.45\mathrm{e}^{-1.036E}\mathrm{sh}\ \sqrt{2.29E} \tag{2 - 54}$$

式中,E 为裂变中子的能量,单位为 MeV,且

$$\int_0^\infty \chi(E)\mathrm{d}E = 1 \tag{2 - 55}$$

实际上不同裂变同位素的裂变中子能谱 $\chi(E)$ 是不同的,但在近似计算时可认为式(2 - 54)适用于所有可裂变同位素。裂变中子的最可几能量稍低于 1 MeV;在 10 MeV 以上,裂变中子的份额已很小。裂变中子的平均能量 $\bar{E}$ 为

$$\bar{E} = \int_0^\infty E\chi(E)\mathrm{d}E = 1.98\ \text{MeV} \approx 2\ \text{MeV} \tag{2 - 56}$$

裂变中子中还有不到 1% 的中子是在裂变碎片衰变过程中发射出来的,这些中子叫作缓发中子。裂变碎片如 ^{87}Br 及 ^{137}I 等经 β^- 衰变后分别转化为 ^{87}Kr 及 ^{137}Xe,^{87}Kr 及 ^{137}Xe 形成后又立即衰变并放出中子(图 2 - 6)。由于 ^{87}Br 及 ^{137}I 的半衰期分别为 54.5 s 及 24.4 s,因此像这些由 ^{87}Kr 及 ^{137}Xe 放出的中子,就得在裂变后相当长一段时间才发射出来,这就是缓发中子。^{87}Kr 及

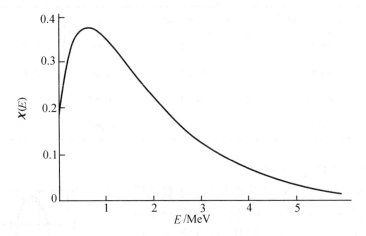

图 2 - 5 ^{235}U 核热中子裂变时的裂变中子能谱

^{137}I 称为缓发中子的先驱核,缓发中子就好像由具有一定半衰期的各先驱核直接发射出来的。由 ^{235}U 热中子裂变生成的缓发中子先驱核,已知的已有 10 种以上,它们可以按半衰期的长短分为 6 组,各组的有关参数见表 2 - 2。表 2 - 2 中产额 y_i 是指每次裂变所产生的第 i 组的中子数,份额 β_i 指第 i 组缓发中子占总裂变中子(包括瞬发中子在内)的百分比。每次裂变放出的中子数为 ν,故 $y_i = \nu\beta_i$。反应堆计算中常用到这个量,缓发中子总份额 $\beta = \sum_{i=1}^{6} \beta_i$。

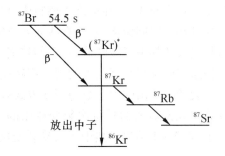

图 2 - 6   缓发中子先驱核^{87}Br 的衰变

表 2 - 2   热中子裂变的缓发中子数据

组号	半衰期 $T_{1/2}$/s	衰变常量 λ_i/(s^{-1})	平均寿命 τ_i/s	能量 /keV	产额 y_i	份额 β_i
1	55.72	0.012 4	80.65	250	0.000 52	0.000 215
2	22.72	0.030 5	32.79	560	0.003 46	0.001 424
3	6.22	0.111	9.09	405	0.003 10	0.001 274
4	2.30	0.301	3.32	450	0.006 24	0.002 568
5	0.610	1.14	0.88	—	0.001 82	0.000 748
6	0.230	3.01	0.33	—	0.000 66	0.000 273

总产额:0.015 80

总份额:0.006 502

缓发中子的能谱不同于瞬发中子的能谱,缓发中子的平均能量要比瞬发中子的低。

虽然缓发中子在裂变中子中所占的份额很小(小于 1%),但它对反应堆的动力学过程和反应堆控制却有非常重要的影响。

2.2.1.3　裂变能量与反应堆功率

实验表明,^{235}U 核每次裂变所释放的平均能量约为 207 MeV,其详细情况见表 2 − 3。由表 2 − 3 可见,绝大部分裂变能是以裂变碎片的动能形式释放出来的。这些碎片的射程很短,大约只有 10^{-3} cm,所以这部分能量几乎都在燃料块内转化成热能。至于其他几种,除了中微子可以不受阻碍穿出反应堆外,裂变中子或 β、γ 射线基本上都将被堆内物质所吸收,因而它们的能量基本上也都在堆内转化成热能。亦即除了中微子能量以外,其他形式的裂变能基本上都是可以"回收"的。

表 2 − 3　^{235}U 核裂变释放的能量

能量形式	能量 /MeV
裂变碎片的动能	168
裂变中子的动能	5
瞬发 γ 能量	7
裂变产物 γ 衰变 − 缓发 γ 能量	7
裂变产物 β 衰变 − 缓发 β 能量	8
中微子能量	12
共计	207

除了直接释放的裂变能以外,堆内大量辐射俘获反应所放出的 γ、β 射线能量,也有相当的数值。它与反应堆材料性质有关,每次裂变所对应的这部分能量为 3 ~ 12 MeV,与中微子的能量相近,这部分能量也可以回收,通常也归入裂变能之中。所以每次裂变总的可以回收的能量为 198 ~ 207 MeV。

反应堆单位时间释放的热能,称为反应堆的热功率。若设 ^{235}U 为燃料的反应堆平均热中子通量为 Φ(单位为 cm^{-2} · s^{-1}),^{235}U 的热中子宏观裂变截面为 Σ_{f5}(单位为 cm^{-1}),^{235}U 所占总体积为 V(单位为 cm^3),每次裂变所放出的能量为 E_f(单位为 MW · s),则反应堆的热功率 P(单位为 MW)为

$$P = \Phi \Sigma_{f5} V E_f \qquad (2 - 57)$$

类似地可以得到热功率为 P(单位为 MW)的反应堆每天发生裂变的总次数。因 1 MW = $10^6 \times 86\,400$ J/d,1 MeV = 1.6×10^{-13} J,故热功率为 P(单位为 MW)的反应堆裂变率(每天裂变次数)为

$$\text{裂变率} = \frac{P \times 10^6 \times 86\,400 \text{ J/d}}{200 \times 1.60 \times 10^{-13} \text{ J}} = 2.68 \times 10^{21} P \text{ d}^{-1} \qquad (2 - 58)$$

即每天消耗 $2.68 \times 10^{21} P$ 个 ^{235}U 原子,再乘以 ^{235}U 的摩尔质量并除以阿伏加德罗常数后,上式可换算成每天裂变的 ^{235}U 质量为

$$\text{燃耗率} \approx 2.68 \times 10^{21} P \times \frac{235}{6.02 \times 10^{23}} = 1.05 P \text{ g/d} \qquad (2 - 59)$$

这表明每天使 1 g 的 ^{235}U 裂变产生的热功率为 1 MW。考虑到 ^{235}U 在堆内还有通过辐射俘获而

消耗的可能,所以实际消耗的^{235}U要比上面这个值大$\dfrac{\sigma_a}{\sigma_f}$倍。由表2-1可知,^{235}U的$\dfrac{\sigma_a}{\sigma_f}=\dfrac{\sigma_v+\sigma_f}{\sigma_f}=\alpha+1=1.169$,故实际燃耗率约为$1.05\times1.169P=1.23P$ g/d。为简化问题,上述估算中没有考虑燃料中^{238}U的裂变。

2.2.1.4 自持链式裂变反应和临界条件

当中子与裂变物质作用而发生核裂变反应时,裂变物质的原子核通常分裂为两个中等质量数的核(称为裂变碎片)。与此同时,还将平均地产生两个以上的新的裂变中子,并释放出蕴藏在原子核内部的核能。在适当的条件下,这些裂变中子又会引起周围其他裂变同位素的裂变,如此不断继续下去。这种反应过程称为链式裂变反应,其反应过程如图2-7所示。

如果每次裂变反应产生的中子数目大于引起核裂变所消耗的中子数目,那么一旦在少数的原子核中引起了裂变反应之后,就有可能不再依靠外界的作用而使裂变反应不断地进行下去。这样的裂变反应称作自持的链式裂变反应。核反应堆就是一种能以可控方式产生自持的链式裂变反应的装置。它能够以一定的速率将蕴藏在原子核内部的核能释放出来。

设一代热裂变中子有N个,由于^{235}U及^{238}U核(主要是^{238}U)的快裂变,中子数可增加到ε倍。ε反映了快中子引起的快裂变反应的概率,称为快中子增殖因数,其定义为

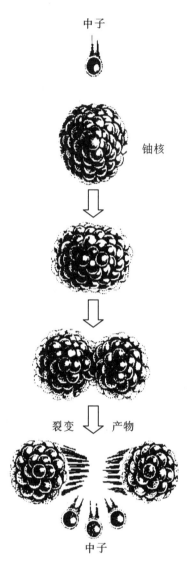

中子

铀核

裂变 产物

中子

$$\varepsilon=\dfrac{\text{热中子和快中子引起裂变所产生的快中子总数}}{\text{仅由热中子裂变所产生的快中子数}}$$

$$(2-60)$$

图2-7 链式裂变反应示意图

它由燃料性质所决定。按定义,其值大于1。对于天然铀,ε约为1.03。这$N\varepsilon$个快中子,有一部分泄漏到堆外去了。设快中子不泄漏概率为Λ_F(恒小于1),则留在堆内的快中子有$N\varepsilon\Lambda_F$个,泄漏出去的有$N\varepsilon(1-\Lambda_F)$个。堆内的这些中子,在慢化过程中经过^{238}U共振能区时,又被吸收一部分,这主要发生在6.6 eV,20 eV及38 eV附近。令p为一个中子经过共振能区而不被吸收的概率,即逃脱共振吸收概率,则慢化成热中子的有$N\varepsilon\Lambda_Fp$个。这些热中子,由于泄漏,还要损失掉一部分,故留在堆内的热中子数,还须乘以一个小于1的因子Λ_T而成为$N\varepsilon\Lambda_Fp\Lambda_T$个,其中$\Lambda_T$称为热中子不泄漏概率。考虑到一部分热中子被堆内结构材料、慢化剂等所吸收,燃料吸收的热中子数还应乘以一个小于1的热中子利用因子f而为$N\varepsilon\Lambda_Fp\Lambda_Tf$个。$f$的定义为

$$f=\dfrac{\text{燃料吸收的热中子总数}}{\text{被吸收的热中子总数}}$$

$$(2-61)$$

若令 Σ_{a8},Σ_{a5} 及 Σ_{aM} 分别为 ^{238}U,^{235}U 及慢化剂等堆内其他物质的热中子宏观吸收截面,则对于燃料 – 慢化剂的均匀系,式(2 – 61) 可以改写为

$$f = \frac{\Sigma_{a5} + \Sigma_{a8}}{\Sigma_{a5} + \Sigma_{a8} + \Sigma_{aM}} \qquad (2 - 62)$$

被燃料吸收的热中子中,有一部分被铀核俘获但不引起裂变,不产生新的中子,燃料核热中子裂变因数 η 的定义为

$$\eta = \frac{燃料核热裂变产生的裂变中子数}{燃料核吸收的热中子总数} \qquad (2 - 63)$$

由 ^{235}U 及 ^{238}U 组成的燃料,有

$$\eta = \frac{\nu_5 \Sigma_{f5}}{\Sigma_{a5} + \Sigma_{a8}} \qquad (2 - 64)$$

式中,ν_5 及 Σ_{f5} 分别为 ^{235}U 的 ν 及 Σ_f。这样,$N\varepsilon\Lambda_F p\Lambda_T f$ 个被燃料核吸收的热中子所产生的裂变中子就有 $N\varepsilon\Lambda_F p\Lambda_T f\eta$ 个。这就是热堆从第一代 N 个热裂变中子出发,到产生第二代热裂变中子的循环过程。

在热中子反应堆内的材料组分、几何结构、尺寸大小完全确定以后,ε,Λ_F,p,Λ_T,f,η 等统计参数就完全确定了,堆内中子总数随时间的统计变化也就完全确定了。为描述堆内裂变中子增殖、衰减等变化情况,可引入反应堆的有效增殖因数 k_{eff},其定义为

$$k_{eff} = \frac{堆内一代裂变中子总数}{堆内上一代裂变中子总数} \qquad (2 - 65)$$

合并 Λ_F 与 Λ_T,引入 $\Lambda = \Lambda_F\Lambda_T$,并称之为中子不泄漏概率,亦即一个中子在慢化为热中子并在其后的扩散过程中不泄漏出堆外去的概率。由中子循环的分析,式(2 – 65) 应为

$$k_{eff} = \varepsilon p f \eta \Lambda \qquad (2 - 66)$$

对于一个无限大反应堆,中子无从泄漏,$\Lambda = 1$。这时的增殖因数称为无限介质的增殖因数,简称无限增殖因数,用 k_∞ 表示,即

$$k_\infty = \varepsilon p f \eta \qquad (2 - 67)$$

称为四因子公式。无限大堆的热中子反应堆中子循环过程如图 2 – 8 所示。

根据以上讨论,可以得出反应堆维持自持链式裂变反应的条件是

$$k = k_\infty \Lambda = 1 \qquad (2 - 68)$$

式(2 – 68) 称为反应堆的临界条件。可以看出,要使反应堆维持临界状态,首先必须要求 k_∞ 大于1。如果对于由特定的材料组成和布置的系统,它的无限介质增殖因数 k_∞ 大于1,那么对于这种系统必定可以通过改变反应堆芯部的大小,找到一个合适的芯部尺寸,恰好使 $k_\infty \Lambda = 1$,亦即使反应堆处于临界状态。这时反应堆芯部的大小称为临界尺寸。在临界情况下反应堆内所装载的燃料量叫作临界质量。

反应堆的临界尺寸取决于反应堆的材料组成与几何形状。例如,对于采用富集铀的反应堆,它的 k_∞ 比较大,所以即使其不泄漏概率小一点,仍然可以满足 $k_\infty \Lambda = 1$ 的条件。这样,用富集铀作为燃料的反应堆,其临界尺寸必定小于用天然铀作为燃料的反应堆。决定临界尺寸的另一个因素是反应堆的几何形状。由于中子总是通过反应堆的表面泄漏出去,而中子的产生则发生在反应堆的整个体积中,因而,要减少中子的泄漏损失,增大不泄漏概率,就需要减小反应堆的表面积与体积之比。在体积相同的所有几何形状中,球形的表面积最小,亦即球形反应堆的

中子泄漏损失最小。然而,出于工程上的考虑,动力反应堆是做成圆柱形的。

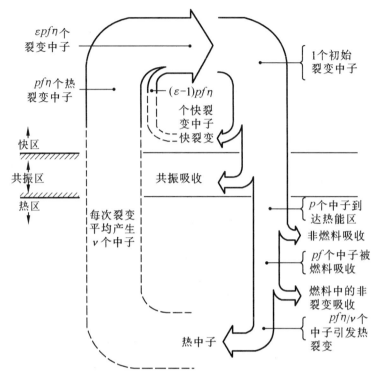

图2-8   热中子反应堆中子循环过程

2.2.2   中子慢化

反应堆内裂变中子具有相当高的能量,其平均值约为 2 MeV。这些中子在系统中与原子核发生连续的弹性和非弹性碰撞,使其能量逐渐地降低到引起下一次裂变的平均能量。对于快中子反应堆,这一平均能量一般在 0.1 MeV 左右或更高;而对于热中子反应堆,绝大多数裂变中子被慢化到热能区域。中子由于散射碰撞而降低速度的过程叫作慢化过程。显然,对于热中子反应堆来讲,慢化过程是一个重要的物理过程。

2.2.2.1   弹性散射过程

在热中子反应堆内,中子的慢化主要靠中子与慢化剂核的弹性散射。当中子的能量比靶核(如慢化剂核)的热运动能量大得多时,可以不考虑靶核的热运动及化学键的影响,而认为中子是与静止的、自由的靶核发生散射碰撞。中子与核的弹性散射可以看作两个弹性刚球的相互碰撞。在这样的系统中,碰撞前后其动量和动能守恒,并可用经典力学的方法来处理。讨论弹性碰撞时通常采用两种坐标系:实验室坐标系(L 系)和质心坐标系(C 系)。L 系是固定在地面上的坐标系,实际测量和观察就是在这种坐标系内进行的。C 系是固定在中子和靶核组成的质量中心上的坐标系。处理时采用 C 系可以使问题简化。在这两个坐标系内,中子与核碰撞前后的情况如图 2-9 所示。

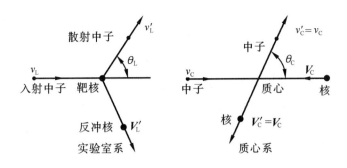

图 2 - 9　在实验室系(L 系) 和质心系(C 系) 内中子与核的弹性散射

图 2 - 9 中, v_L , V_L 分别为碰撞前中子和靶核在实验室系内的速度($V_L = 0$); v_C , V_C 分别为碰撞前中子和靶核在质心系内的速度。

根据动量守恒和动能守恒,可求得 L 系内碰撞后的中子能量

$$E' = \frac{1}{2} \left[(1 + \alpha) + (1 - \alpha) \cos \theta_C \right] E \qquad (2 - 69)$$

$$\alpha = \left(\frac{A - 1}{A + 1} \right)^2 \qquad (2 - 70)$$

式中, $A = \dfrac{M}{m}$ (m 和 M 分别为中子和靶核的质量),它可以近似地看作靶核的质量数; E 为 L 系内碰撞前的中子能量; θ_C 为 C 系内的散射角(图 2 - 10,其中 V_{CM} 为质心速度)。L 系内散射角 θ_L 的余弦 $\cos \theta_L$ 为

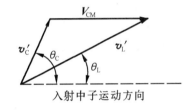

$$\cos \theta_L = \frac{1}{2} \left[(A + 1) \sqrt{\frac{E'}{E}} - (A - 1) \sqrt{\frac{E}{E'}} \right] \qquad (2 - 71)$$

图 2 - 10　实验室系和质心系内散射角的关系

从式(2 - 69) 可以看出:

当 $\theta_C = 0°$ 时, $E' \rightarrow E'_{max} = E$,此时中子没有能量损失;

当 $\theta_C = 180°$ 时, $E' \rightarrow E'_{min} = \alpha E$ 。

因而中子在一次碰撞中可能的最大能量损失为

$$\Delta E_{max} = (1 - \alpha) E \qquad (2 - 72)$$

换句话说,中子与靶核碰撞后不可能出现 $E' < \alpha E$ 的中子,即碰撞后中子能量 E' 只能在 $E \sim \alpha E$ 的区间内。

中子在一次碰撞中可能损失的最大能量与靶核的质量数有关。如 $A = 1$,则 $\alpha = 0$, $E'_{min} = 0$,即中子与氢核碰撞时,中子有可能在一次碰撞中损失全部能量,而中子与 ^{238}U 核发生一次碰撞时,可损失的最大能量约为碰撞前中子能量的 2%。可见,从中子慢化的角度来看,只宜采用轻元素作为慢化剂。

在反应堆内,中子能量从裂变中子的兆电子伏特数量级,通过慢化降低到了热中子的电子伏特数量级。要描述这么大能量范围内的中子分布,用通常的有量纲量来表示是不方便的。为了计算方便,在反应堆分析中常用一种叫作对数能降的无量纲的量,作为能量变量,用 u 表示,

它的定义为

$$u = \ln \frac{E_0}{E} \tag{2-73}$$

式中，E_0 为选定的参考能量，一般取 $E_0 = 2$ MeV（裂变中子的平均能量），或取 $E_0 = 10$ MeV（假定裂变中子能量的上限为 10 MeV）。这样当 $E = E_0$ 时，$u = 0$。由 u 的定义可知，随着中子能量的减少，中子的对数能降增加。

中子在弹性碰撞后能量减少，对数能降增加。一次碰撞后对数能降的增加量 Δu 为

$$\Delta u = u' - u = \ln \frac{E_0}{E'} - \ln \frac{E_0}{E} = \ln \frac{E}{E'} \tag{2-74}$$

式中，u 和 u' 分别为碰撞前和碰撞后的对数能降。

在研究中子慢化过程时，有一个常用的量，就是每次碰撞中子能量的自然对数的平均变化值，或平均对数能降增量，用 ξ 来表示，即

$$\xi = \overline{\ln E - \ln E'} = \overline{\ln \frac{E}{E'}} = \overline{\Delta u} \tag{2-75}$$

在质心系内散射为各向同性的情况下，对质量数 $A > 10$ 的靶核可采用下列近似式来计算 ξ，即

$$\xi = \frac{2}{A + \frac{2}{3}} \tag{2-76}$$

由此可知，在 C 系内散射为各向同性时，ξ 只与靶核的质量数 A 有关，而与中子的能量无关。各元素的 ξ 值可查表获得。

若用 N_a 表示中子从初始能量 E_1 慢化到能量 E_2 所需要的平均碰撞次数，利用平均对数能降增量可容易地求出

$$N_a = \frac{\ln E_1 - \ln E_2}{\xi} = \frac{1}{\xi} \ln \frac{E_1}{E_2} \tag{2-77}$$

这样，当中子能量由 2×10^6 eV 慢化到 0.025 3 eV 时，所需要的中子与轻、重核的碰撞次数显然是不同的，对于氢核、石墨核及 ^{238}U 核，其碰撞次数分别是 18 次、114 次和 2 172 次。

中子与核发生弹性散射后，若散射角为 θ，那么 $\cos \theta$ 就叫作散射角的余弦。由于在 C 系中散射是各向同性的，因此 C 系内的平均散射角余弦 $\overline{\mu_C}$ 为零。若用 $\overline{\mu_L}$ 表示 L 系内的平均散射角余弦，则 $\overline{\mu_L}$ 为

$$\overline{\mu_L} = \frac{2}{3A} \tag{2-78}$$

因而，尽管在 C 系内散射是各向同性的，但在 L 系内散射却是各向异性的，并且 $\overline{\mu_L} > 0$。这表明中子散射后沿着它原来运动方向运动的概率较大，因而 $\overline{\mu_L}$ 数值的大小便表征散射各向异性的程度。$\overline{\mu_L}$ 随着靶核质量数减小而增大，故靶质量数越小，中子散射各向异性（或向前运动）的概率就越大。相反，当 $A \to \infty$ 时，$\overline{\mu_L} \to 0$ 散射就趋于各向同性了。这是可以理解的，因为此时质心移到靶核上，C 系与 L 系一致了。

2.2.2.2 慢化剂的性质

我们简单地从物理角度讨论一下对慢化剂的要求和选择。从式（2-76）可以看出，从中子慢化的角度来看，慢化剂应为轻元素，它应具有大的平均对数能降增量 ξ 值。此外，它还应该有

较大的散射截面,否则,ξ 再大也没有用处。因为只有当中子与核发生散射碰撞时,才有可能使中子的能量降低。因此,要求慢化剂应当同时具有较大的宏观散射截面 Σ_s 和平均对数能降增量 ξ。通常把乘积 $\xi\Sigma_s$ 叫作慢化剂的慢化能力。除了要求慢化剂具有大的慢化能力外,显然还应要求慢化剂具有小的吸收截面,否则,慢化剂在堆内也是不宜采用的。为此,我们定义一个新的量 $\xi\Sigma_s/\Sigma_a$,把它叫作慢化比。从反应堆物理观点来看,它是表示慢化剂优劣的一个重要参数,好的慢化剂不仅应具有较大的 $\xi\Sigma_s$ 值,还应具有较大的慢化比。表 2 - 4 给出常用慢化剂的慢化能力和慢化比。

表 2 - 4　常用慢化剂的慢化能力和慢化比

慢化剂	水	重水	氧	铍	石墨
$\xi\Sigma_s/\text{cm}^{-1}$	1.53	0.170	1.6×10^{-5}	0.176	0.064
$\xi\Sigma_s/\Sigma_a$	72	12 000	83	159	170

从表 2 - 4 可以看出,重水具有良好的慢化性能,但是其价格较高。水的慢化能力($\xi\Sigma_s$)值最大,因而以水作为慢化剂的反应堆具有较小的堆芯体积;但水的吸收截面较大,因而水堆必须用富集铀作为燃料。石墨的慢化性能也是较好的,但它的慢化能力小,因而石墨堆一般具有比较庞大的堆芯体积。当然,慢化剂的选择还应从工程角度加以考虑,如辐照稳定性、价格低廉等。目前动力堆中最常用的慢化剂是水,它是价廉而又最易得到的慢化剂。

2.2.2.3　反应堆能谱

当反应堆处于稳态时,在慢化过程中,堆内中子密度(或中子通量)按能量具有稳定的分布(称为中子慢化能谱)。在反应堆物理设计中,往往需要知道中子的慢化能谱。例如,分群理论中群常数的计算就要用到中子慢化能谱 $\Phi(E)$。自然,反应堆内中子的能量分布与其空间分布是密切相关的,要精确地确定它,是一个比较复杂的问题,然而,在许多实际问题中往往只需要知道近似的能谱分布就可以了。例如,对于高能范围($E > 0.1\ \text{MeV}$),$\Phi(E)$ 可以近似地用裂变中子能谱 $\chi(E)$ 来表示;而在热能区($E < 1\ \text{eV}$)中,$\Phi(E)$ 可以近似地用麦克斯韦谱来表示。因而中子慢化的一个重要问题是研究在慢化过程中,特别是在中能区($1\ \text{eV} \sim 0.1\ \text{MeV}$)内中子的近似慢化能谱分布。

在粗略估计中子慢化能谱的许多近似方法中,最简单的模型是把反应堆中子慢化能谱用一个无限大均匀介质的慢化能谱来近似地表示。这完全略去了中子通量和空间的依赖关系,以及中子泄漏的影响。虽然这种处理方法是非常粗糙的,但是它对于初步了解反应堆内的慢化能谱,并为反应堆群常数的计算提供一个近似慢化能谱分布还是有意义的。

假定在慢化剂内由于燃料核裂变每秒每单位体积内产生 q_0 个快中子。这些快中子通过与慢化剂核的碰撞过程而不断地降低能量。与此同时,快中子不断地由裂变产生,在稳态情况下,在系统内就形成某种稳定的中子能量分布,称这个能量分布为慢化能谱。

在介质无吸收、无泄漏的情况下,q_0 个源中子可慢化到自源能量至热能的任意能量,假设中子与核每次碰撞的平均能量损失很小,或平均对数能降增量是一个很小的值,则在能量 E 附近的一个能量间隔 ΔE(或对数能降间隔 Δu)内要使一个中子能量下降 ΔE,即对数能降增加 Δu 所需的平均碰撞次数为 $\dfrac{\Delta u}{\xi} = \dfrac{\Delta E}{\xi E}$,在 ΔE 间隔内单位体积内每秒发生的碰撞数为

$q_0 \Delta E / (\xi E)$。在无吸收情况下它就等于 ΔE 间隔内的碰撞反应率，即有

$$\Phi(E) = \frac{q_0}{\xi \Sigma_s E} \qquad (2-79)$$

这就得到了慢化区中通量随能量变化的关系式，它是反应堆物理分析中经常用到的一个重要结果。在慢化区域，散射截面随中子能量的变化不剧烈，所以中子通量的能谱分布近似按照 $1/E$ 规律变化。这一分布规律有时称为 $1/E$ 谱或费米谱。我们常常把它作为反应堆内慢化区中子能谱分布的初步近似。

反应堆物理分析中，通常把某个分界能量 E_c 以下的中子称为热中子，E_c 称为分界能或缝合能。对于压水反应堆，通常取 $E_c = 0.625$ eV。确切地讲，所谓热中子是指与它们所在介质的原子（或分子）处于热平衡状态中的中子。我们知道气体分子的热运动速率服从于麦克斯韦 – 玻尔兹曼分布，若介质是无限大、无源的，且不吸收中子，那么与介质原子处于热平衡状态的热中子，它们的速率分布也服从于麦克斯韦 – 玻尔兹曼分布，即

$$N(v) = 4\pi n \left(\frac{m}{2\pi kT}\right)^{3/2} v^2 e^{-mv^2/(2kT)} \qquad (2-80)$$

式中　$N(v)$ —— 单位体积、单位速度间隔内的热中子数；

　　　n —— 单位体积内的中子总数；

　　　v —— 中子速率；

　　　m —— 中子的质量；

　　　k —— 玻尔兹曼常数；

　　　T —— 介质温度，K。

与式（2 – 80）相应的热中子的能量分布 $N(E)$ 为

$$N(E) = \frac{2n\pi}{(\pi kT)^{3/2}} e^{-E/(kT)} E^{1/2} \qquad (2-81)$$

式中，$N(E)$ 为单位体积、单位能量间隔内的热中子数。

在反应堆物理分析中，习惯上把式（2 – 81）的分布函数 $N(E)$ 叫作中子密度的麦克斯韦 – 玻尔兹曼分布。

根据 $\frac{\partial N(v)}{\partial v}$，可求得热中子速度分布 $N(v)$ 的最可几速度 v_0 为

$$v_0 = \left(\frac{2kT}{m}\right)^{1/2} = 1.28 \times 10^4 T^{1/2} \qquad (2-82)$$

在 $T = 293$ K 时，$v_0 = 2\,200$ m/s，相应的中子能量为 0.025 3 eV。

经过前面的讨论，现在可以对反应堆内总的中子能谱进行一下简单的概括。在慢化能区，中子通量的能谱分布近似按照 $1/E$ 规律变化；而在热能区和裂变中子区中子能谱则可以分别用麦克斯韦谱和裂变中子谱来近似地描述。这样就得到了热中子反应堆中子能谱的最粗浅的概念（图 2 – 11），横轴为对数能降 u，在一些近似计算中可以用它来近似地描述反应堆的中子能谱。

2.2.3　中子扩散方程

反应堆内的链式裂变反应过程，实质上就是中子在介质内的不断产生、运动和消亡的过程。反应堆理论的基本问题之一，是确定堆内中子密度（或中子通量）的分布。由于中子与原子

核间的无规则碰撞,中子在介质内的运动是一种杂乱无章的具有统计性质的运动,即原来在堆内某一位置具有某种能量和某一运动方向的中子,在稍晚些时候,将在堆内另一位置以另一能量和另一运动方向出现。因而中子密度分布不仅与空间坐标 r 有关,而且是中子速率 v(或能量)和运动方向 $\boldsymbol{\Omega}$ 的函数,即中子密度的分布可以用函数 $n(\boldsymbol{r},v,\boldsymbol{\Omega})$ ——中子角密度来表示。它的定义:在 r 处单位体积内和速率为 v 的单位速率间隔内,运动方向为 $\boldsymbol{\Omega}$ 的单位立体角内的中子数目。和它对应的中子角通量为

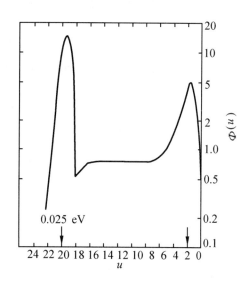

图 2 – 11　反应堆中子能谱示意图

$$\Phi(\boldsymbol{r},v,\boldsymbol{\Omega}) = n(\boldsymbol{r},v,\boldsymbol{\Omega})v \quad (2-83)$$

如果将中子角密度和上式对所有立体角方向积分,便得到与运动方向无关的中子密度

$$n(\boldsymbol{r},v) = \int_{4\pi} n(\boldsymbol{r},v,\boldsymbol{\Omega})\,\mathrm{d}\boldsymbol{\Omega} \quad (2-84)$$

和中子通量

$$\Phi(\boldsymbol{r},v) = \int_{4\pi} \Phi(\boldsymbol{r},v,\boldsymbol{\Omega})\,\mathrm{d}\boldsymbol{\Omega} \tag{2-85}$$

它们是核反应堆物理计算中经常使用的量。

如果中子通量的分布是接近于各向同性的(例如在大型反应堆堆芯的中心部分),那么可以近似地认为中子通量的分布与运动方向 $\boldsymbol{\Omega}$ 无关,从而使问题大大简化。通过这种近似简化得到的方程称为扩散方程。同时,如果先不考虑中子通量随能量的变化,而假设所有中子(包括源中子)都具有相同的能量(也就是单能中子),那么问题又可获得进一步的简化,这时中子通量便仅仅是空间坐标 r 的函数。

2.2.3.1　斐克定律

考虑稳态情况,也就是说中子通量不随时间变化,为了简化问题,假设中子通量 $\Phi(x)$ 只是一个空间变量的函数(图 2 – 12)。我们考虑中子穿过 $x = 0$ 平面的运动。

由于 $x = 0$ 平面左边的中子通量高于平面右边的中子通量,因而,平面左边每秒每立方厘米内发生散射的中子数比右边发生散射的中子数多。所以从左边散射穿过 $x = 0$ 平面到达右边的中子数要比从右边散射到左边的多。这样,在 $x = 0$ 平面上就产生一个沿 x 正方向的净中子流。显然,平面两侧的通量梯度愈大,中子流也愈大。

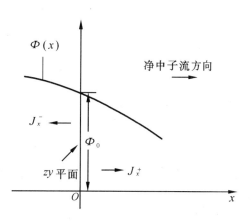

图 2 – 12　净中子流示意图

若以 J_x^- 表示沿 x 负方向的中子流密度,即每秒自右方(沿 x 负方向)向左穿过单位面积的

中子数,J_x^+ 表示沿 x 正方向的中子流密度,那么可以得出

$$J_x^- = \frac{\Phi_0}{4} + \frac{1}{6\Sigma_s}\left(\frac{\partial \Phi}{\partial x}\right)_0 \tag{2-86}$$

用同样的方法,可以求得单位时间内沿 x 正方向穿过 zy 平面上单位面积的中子数 J_x^+ 为

$$J_x^+ = \frac{\Phi_0}{4} - \frac{1}{6\Sigma_s}\left(\frac{\partial \Phi}{\partial x}\right)_0 \tag{2-87}$$

这样,单位时间沿着 x 方向穿过 zy 平面上单位面积的净中子数用 J_x 表示,便有

$$J_x = J_x^+ - J_x^- = -D\left(\frac{\partial \Phi}{\partial x}\right)_0 \tag{2-88}$$

式中

$$D = \frac{1}{3\Sigma_s}$$

D 称为扩散系数。

同样,可以求出 z 方向和 y 方向上的中子流密度分别为

$$J_z = -D\left(\frac{\partial \Phi}{\partial z}\right)_0 \tag{2-89}$$

$$J_y = -D\left(\frac{\partial \Phi}{\partial y}\right)_0 \tag{2-90}$$

如果所讨论的面积元并不垂直于任一坐标轴的方向,它的法线 n 与 x,y 和 z 轴分别成 α,β 和 γ 角度,那么单位时间穿过这一单位面积的净中子数

$$J = \boldsymbol{J} \cdot \boldsymbol{n} \tag{2-91}$$

式中

$$\boldsymbol{n} = \cos\alpha\boldsymbol{i} + \cos\beta\boldsymbol{j} + \cos\gamma\boldsymbol{k}$$

$$\boldsymbol{J} = J_x\boldsymbol{i} + J_y\boldsymbol{j} + J_z\boldsymbol{k} = -D\,\nabla\Phi \tag{2-92}$$

矢量 $\boldsymbol{J}$ 称为中子流密度,J_x,J_y 和 J_z 便是它在 x,y 和 z 轴上的投影。可见,穿过单位面积的中子流与面积的取向有关,当法线 n 与 $\boldsymbol{J}$ 一致时它将具有最大值。式(2-92)称为斐克定律,它表示中子流密度 $\boldsymbol{J}$ 正比于负的通量梯度。

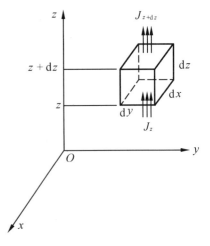

图 2-13　中子泄漏率

2.2.3.2　扩散方程

中子扩散方程可由中子数平衡方程导出:

　　中子产生率 = 中子泄漏率 + 中子吸收率

$$\tag{2-93}$$

首先考虑中子泄漏率(图 2-13),观察一无限小体积元 $\mathrm{d}x\mathrm{d}y\mathrm{d}z$ 的垂直于 z 轴的一对表面,沿 z 轴方向的净泄漏率为

$$J_{z+\mathrm{d}z}\mathrm{d}x\mathrm{d}y - J_z\mathrm{d}x\mathrm{d}y = \left(\frac{\mathrm{d}J}{\mathrm{d}z}\right)_z\mathrm{d}z\mathrm{d}x\mathrm{d}y \tag{2-94}$$

将式(2-89)代入式(2-94)得到

$$J_{z+dz}dxdy - J_z dxdy = -\frac{\partial}{\partial z}\left(D\frac{\partial \Phi}{\partial z}\right)dxdydz \tag{2-95}$$

用同样的方法可以得到其他两个方向的泄漏率,则单位体积的泄漏率为

$$L = -\left[\frac{\partial}{\partial x}\left(D\frac{\partial \Phi}{\partial x}\right) + \frac{\partial}{\partial y}\left(D\frac{\partial \Phi}{\partial y}\right) + \frac{\partial}{\partial z}\left(D\frac{\partial \Phi}{\partial z}\right)\right] = -D\left(\frac{\partial^2 \Phi}{\partial x^2} + \frac{\partial^2 \Phi}{\partial y^2} + \frac{\partial^2 \Phi}{\partial z^2}\right) = -D\nabla^2\Phi \tag{2-96}$$

吸收率可表示为

$$A = \Phi\Sigma_a \tag{2-97}$$

中子产生率(单位时间、单位体积内产生的中子数)一般用 S 表示,则式(2-93)可写作

$$D\nabla^2\Phi - \Phi\Sigma_a + S = 0 \tag{2-98}$$

该方程为中子扩散方程。

2.2.3.3 点源扩散

设在非增殖无限均匀介质内有一点中子源,每秒产生单速中子 S 个,各向同性地在介质内扩散而达到稳定状态,我们来给出介质内的通量分布。

对于这个问题,取球坐标最简单。设原点在源处,对于球坐标

$$\nabla^2\Phi = \frac{1}{r^2}\frac{\partial}{\partial}\left(r^2\frac{\partial \Phi}{\partial r}\right) + \frac{1}{r^2\sin\theta}\frac{\partial}{\partial\theta}\left(\sin\theta\frac{\partial \Phi}{\partial\theta}\right) + \frac{1}{r^2\sin^2\theta}\frac{\partial^2 \Phi}{\partial\varphi^2} \tag{2-99}$$

由于中子扩散各向同性,通量与 θ,φ 皆无关,故中子扩散方程(2-98)可化为

$$\frac{1}{r^2}\frac{d}{dr}\left(r^2\frac{d\Phi}{dr}\right) - \frac{1}{L^2}\Phi = 0 \quad (在 r \neq 0 处) \tag{2-100}$$

式中,$L^2 = \dfrac{D}{\Sigma_a}$。它在整个 $r \neq 0$ 的介质区域内成立。令

$$w = \Phi r \tag{2-101}$$

则

$$\frac{dw}{dr} = r\frac{d\Phi}{dr} + \Phi$$

$$\frac{d^2w}{dr^2} = r\frac{d^2\Phi}{dr^2} + 2\frac{d\Phi}{dr}$$

$$\frac{d^2w}{dr^2} - \frac{1}{L^2}w = 0 \quad (在 r \neq 0 处) \tag{2-102}$$

由于 $\dfrac{1}{L^2}$ 恒正,因而可得通解为

$$w = A_1 e^{-\frac{r}{L}} + A_2 e^{+\frac{r}{L}} \tag{2-103}$$

因此

$$\Phi = A_1 \frac{e^{-\frac{r}{L}}}{r} + A_2 \frac{e^{+\frac{r}{L}}}{r} \tag{2-104}$$

式中,常数 A_1,A_2 可由边界条件定出。由于求 $r \to \infty$ 时通量仍然有界,故 $A_2 = 0$。而 A_1 同样可由 $r \to 0$ 时的点源条件定出。为此考虑一个包围原点的小球,半径为 r。令 $J(r)$ 为球面上的中子流密度矢量,由对称性可知,其方向必然沿着径向,所以单位时间从小球流出的中子数应为 $4\pi r^2 J$。$r \to 0$ 时,它正好等于源强,即有源条件

$$\lim_{r \to 0} r^2 J(r) = \frac{S}{4\pi} \tag{2-105}$$

利用斐克定律把 J 和 $\varPhi$ 联系起来,注意球坐标中 ∇ 的形式为

$$\nabla = \boldsymbol{r}_0 \frac{\partial}{\partial r} + \boldsymbol{\theta}_0 \frac{1}{r} \frac{\partial}{\partial \theta} + \boldsymbol{\varphi}_0 \frac{1}{r \sin \theta} \frac{\partial}{\partial \varphi} \tag{2-106}$$

式中,$\boldsymbol{r}_0, \boldsymbol{\theta}_0$ 及 $\boldsymbol{\varphi}_0$ 为球坐标下的 3 个基本单位矢量。由问题的对称性,$\varPhi$ 与 θ, φ 无关,即

$$\nabla = \boldsymbol{r}_0 \frac{\mathrm{d}}{\mathrm{d}r} \tag{2-107}$$

故由斐克定律,有

$$J(r) = -D \frac{\mathrm{d}\varPhi}{\mathrm{d}r} \tag{2-108}$$

而 J 的方向是与 $\boldsymbol{r}_0$ 一致的。把式(2-104) 代入上式并注意 $A_2 = 0$,有

$$J(r) = DA_1 \left(\frac{1}{rL} + \frac{1}{r^2} \right) \mathrm{e}^{-r/L} \tag{2-109}$$

两端同时乘以 r^2 并取极限,再与式(2-105) 相比较,可得

$$DA_1 = \frac{S}{4\pi} \tag{2-110}$$

即

$$A_1 = \frac{S}{4\pi D} \tag{2-111}$$

故通量分布为

$$\varPhi(r) = \frac{S}{4\pi D} \frac{\mathrm{e}^{-r/L}}{r} \tag{2-112}$$

2.2.3.4 扩散长度

中子在介质中实际上走的是折线,开始每与介质核碰撞一次,能量降低一次,运动方向也改变一次。当中子能量变得较低,特别是降低到热能附近时,碰撞一次后能量基本不变,而只是运动方向有所改变。这样,再经过若干次碰撞后,最终就被介质所吸收(设介质无限大而无泄漏),如图 2-14 所示。

考虑一个非增殖无限大均匀介质内的单速中子点源问题。先计算中子从源处产生、在 $r \to r + \mathrm{d}r$ 内被吸收的概率 $p(r)\mathrm{d}r$,之后即可得到扩散长度 L 的统计意义。由于单位时间在 r 附近单位体积内被吸收的平均中子数为 $\varSigma_a \varPhi(r)$,故在 $r \to r + \mathrm{d}r$ 内相应被吸收的平均中子数为

$$\mathrm{d}n = \varSigma_a \varPhi(r) \cdot 4\pi r^2 \mathrm{d}r \tag{2-113}$$

式中　　$4\pi r^2 \mathrm{d}r$——球壳体积元;

　　　　$\varPhi(r)$——由点源形成的通量分布。

把式(2-112) 代入上式,有

$$\mathrm{d}n = \frac{S\varSigma_a}{D} r\mathrm{e}^{-r/L} \mathrm{d}r = \frac{Sr}{L^2} \mathrm{e}^{-r/L} \mathrm{d}r \tag{2-114}$$

式中,S 为源强;$L = \sqrt{\dfrac{D}{\varSigma_a}}$ 为扩散长度。于是,所求的概率分布应为

$$p(r)\mathrm{d}r = \frac{\mathrm{d}n}{S} = \frac{1}{L^2} r\mathrm{e}^{-r/L} \mathrm{d}r \tag{2-115}$$

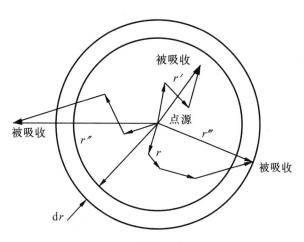

图 2 - 14　扩散长度的物理意义

因此,中子直线飞行距离平方平均值$\overline{r^2}$等于

$$\overline{r^2} = \int_0^\infty r^2 p(r)\,\mathrm{d}r = \frac{1}{L^2}\int_0^\infty r^3 \mathrm{e}^{-r/L}\,\mathrm{d}r = 6L^2 \tag{2-116}$$

即

$$L^2 = \frac{1}{6}\overline{r^2} \tag{2-117}$$

上式表明,扩散长度是中子直线飞行距离 r 的某种统计平均量,扩散长度的平方等于直线飞行距离平方平均值的 $1/6$。L 越大,则平均说来中子在介质中扩散漂移得越远,这就是 L 的统计意义。有时也称 L^2 为扩散面积。在热中子反应堆内,为明确起见,可用 L_{T} 表示热中子的扩散长度,而 L_{T}^2 称为热中子的扩散面积。

2.2.3.5　中子年龄

在讨论中子的慢化问题时,常常要用到一个新的变量 $\tau(E)$,称为中子年龄。中子年龄是表征中子慢化过程特性的一个重要参数。

中子年龄与中子自源点产生到被慢化到某一能量时所穿行的直线距离 r 的均方值 $\overline{r^2}(\tau)$ 有关。

根据 $\overline{r^2}(\tau)$ 的定义,对于无限介质点源(图 2 - 15) 有

$$\overline{r^2}(\tau) = \frac{\int_V r^2(\text{穿行 } r \text{ 且年龄慢化到 } \tau \text{ 的中子数})\,\mathrm{d}V}{\text{总的慢化中子数}} \tag{2-118}$$

由无限介质内点源产生的中子随空间和能量的分布,可求得

$$\overline{r^2}(\tau) = 6\tau \tag{2-119}$$

由此,中子年龄 $\tau(E)$ 就等于无限介质点源发出的中子从源点至慢化到年龄等于 $\tau(E)$ 时所穿行的直线距离均方值的 $1/6$。τ 显然具有长度平方的量纲。

在热中子反应堆计算中我们特别感兴趣的是热中子年龄 τ_{th},也就是当裂变中子慢化到热能时的中子年龄。

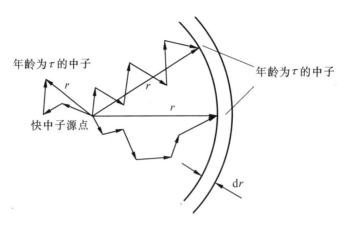

图 2 - 15 中子年龄的物理意义

2.2.3.6 徙动长度

在反应堆计算中经常要用到下面定义的一个量,即

$$M^2 = L_T^2 + \tau_{th} \qquad (2 - 120)$$

式中,M^2 称为徙动面积;L_T 是热中子的扩散长度;τ_{th} 是热中子年龄。通常称 $\sqrt{\tau_{th}}$ 为慢化长度,M 为徙动长度。下面讨论徙动长度 M 的物理意义。根据年龄和扩散长度的定义有

$$M^2 = \frac{1}{6}(\overline{r_s^2} + \overline{r_d^2}) \qquad (2 - 121)$$

式中,r_s 为快中子自源点到慢化为热中子时所穿行的直线距离,r_d 为从成为热中子点起到被吸收点为止所扩散穿行的直线距离(图 2 - 16)。若设 r_M 是快中子从源点产生到变为热中子被吸收时所穿行的直线距离,则

$$\boldsymbol{r}_M = \boldsymbol{r}_s + \boldsymbol{r}_d \qquad (2 - 122)$$

对上式两边取均方值

$$\overline{r_M^2} = \overline{r_s^2} + \overline{r_d^2} + 2\overline{r_d r_s \cos\theta} \qquad (2 - 123)$$

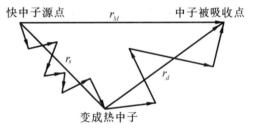

图 2 - 16 徙动长度的计算

由于 r_s 和 r_d 的方向彼此不相关,因而两者的夹角余弦 $\cos\theta$ 的平均值等于零,于是有

$$M^2 = \frac{1}{6}(\overline{r_s^2} + \overline{r_d^2}) = \frac{1}{6}\overline{r_M^2} \qquad (2 - 124)$$

这样,徙动面积 M^2 是中子由产生直到它成为热中子并被吸收所穿行直线距离均方值的 $1/6$。由此可以看到,徙动长度 M 是影响芯部中子泄漏程度的重要参数,M 愈大,则中子不泄漏概率 Λ 便愈小。

2.2.4 均匀反应堆的临界理论

2.2.4.1 均匀裸堆的单群扩散方程

所谓单群,是认为反应堆中所有的中子都具有相同的能量。例如,对于热中子反应堆,由于引起核裂变的主要是热中子,因此自然可以近似地认为所有中子的能量都等于热能。尽管由单

群理论所得到的结果在精度上是不够理想的,仅仅是一个近似的结果,但它却是最简单的方法,同时它的一些结果和方法有普遍意义,因此讨论它是有意义的。

考虑一个有限大临界均匀裸堆,应用扩散方程

$$D\nabla^2\Phi - \Sigma_a\Phi + S = 0 \qquad (2-125)$$

假设反应堆临界时外加中子源可以忽略不计,中子完全由堆内均匀分布的燃料核裂变所产生。单位时间内,r 处单位体积均匀介质所吸收的中子总数应为 $\Sigma_a\Phi$;而无限大增殖介质中的中子泄漏可以不考虑,故介质每吸收一个中子将产生 k_∞ 个中子。因此,稳态系统内的源强应为

$$S = k_\infty\Sigma_a\Phi \qquad (2-126)$$

一个功率达到稳定的反应堆就是这种情况。于是,方程(2-125)可写为

$$D\nabla^2\Phi + (k_\infty - 1)\Sigma_a\Phi = 0 \qquad (2-127)$$

它可写成典型的亥姆霍兹(Helmholtz)方程

$$\nabla^2\Phi + B^2\Phi = 0 \qquad (2-128)$$

式中,B^2 为引入的一个参数

$$B^2 \equiv \frac{k_\infty - 1}{L^2} \qquad (2-129)$$

式中,$L^2 = \dfrac{D}{\Sigma_a}$。

下面以一个最简单的平板裸堆为例,说明求解的基本过程和解的一些基本特性。

考虑一个无限宽有限厚平板均匀裸堆(图2-17),令厚度为 a,我们来计算它的临界中子通量分布。

这是一个一维问题,取 x 坐标如图2-17所示,原点在堆的中心线上。这时方程(2-128)简化为

$$\frac{\mathrm{d}^2\Phi}{\mathrm{d}x^2} + B^2\Phi = 0 \qquad (2-130)$$

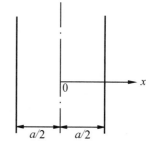

图 2-17　无限平板形
反应堆

该方程的边界条件如下:

① 在平板的外推边界面上通量为零。外推长度 $d \approx \dfrac{2}{3\Sigma_s}$,即 $d = 2D$;无论快群中子或热群中子,真空外推长度大约有厘米的量级,一个中等大小的热中子反应堆,堆芯尺寸有米的量级,故堆芯的几何边界与外推边界实际上可以不加区分,于是边界条件可表示为

$$\Phi = 0 \quad (x = a/2) \qquad (2-131)$$

② 由于通量分布的对称性,因而在中心 $x = 0$ 处净中子流密度应为零。根据斐克定律,净中子流密度与 $\dfrac{\mathrm{d}\Phi}{\mathrm{d}x}$ 成正比,即有

$$\frac{\mathrm{d}\Phi}{\mathrm{d}x} = 0 \quad (x = 0) \qquad (2-132)$$

由于方程(2-130)中的 B^2 恒正,故其通解应有如下形式:

$$\Phi(x) = A\cos Bx + C\sin Bx \qquad (2-133)$$

式中,A 和 C 为待定常数。由条件式(2-132)知,上式中的 C 应为零,故

$$\Phi(x) = A\cos Bx \qquad (2-134)$$

再把条件式(2-131)代入,有

$$\Phi\left(\frac{a}{2}\right) = A\cos\left(\frac{Ba}{2}\right) = 0 \qquad (2-135)$$

要使方程(2-130)有非零解,即 $A \neq 0$,故有

$$\frac{Ba}{2} = n\frac{\pi}{2} \qquad (2-136)$$

式中,n 为奇整数,$n = 1,3,5\cdots$,即满足上述边界条件时,方程(2-130)中的 B 不能任取,而只能取

$$B = B_n = \frac{nx}{a} \quad (n = 1,3,5\cdots) \qquad (2-137)$$

这些常数 B_n 对应的本征函数

$$\Phi_n(x) = A\cos B_n x \quad (n = 1,3,5\cdots) \qquad (2-138)$$

称为与本征值 B_n 对应的本征函数。

从数学上看,方程(2-130)的完全解一般应是这些本征函数的线性组合。但是,从含有时间变量的更为普遍的方程可以证明对于一个临界堆,其本征值只能取最小的(即 $n = 1$ 时)$B_1 = \frac{\pi}{a}$,其他的本征值都没有意义,也就是说在临界时有

$$B^2 = B_1^2 = \left(\frac{\pi}{a}\right)^2 \qquad (2-139)$$

这样,临界平板堆的中子通量分布即为

$$\Phi(x) = A\cos\frac{\pi}{a}x \qquad (2-140)$$

式中,A 仍为任意常数。

由此可见,在反应堆材料与几何性质完全确定的情况下,当反应堆达到临界时,A 值仍没确定。由于方程(2-130)是线性齐次的,一个解乘以任意常数后仍是原方程的解,因而从数学上看这是可以理解的。其物理意义在于:一个材料几何性质确定的反应堆,如果热工设计等其他条件允许,原则上可以在任意的功率水平上达到临界,这个结论有普遍意义。实际上,可以反过来从功率水平定出 A 值。令 E_f 为每次裂变所放出的平均能量,Σ_f 为宏观裂变截面,则处于临界态的反应堆内 x 处每秒每立方米中放出的平均裂变能为 $E_f\Sigma_f\Phi(x)$。无限宽平板单位面积所对应的体积发出的功率为

$$P = E_f\Sigma_f\int_{-\frac{a}{2}}^{\frac{a}{2}}\Phi(x)\mathrm{d}x \qquad (2-141)$$

把式(2-140)代入上式,并积分之,即得

$$A = \frac{\pi P}{2aE_f\Sigma_f} \qquad (2-142)$$

2.2.4.2 临界计算

反应堆曲率与临界方程在反应堆理论中,由亥姆霍兹方程(2-128)及相应边界条件所决定的第一个本征值的平方 B_1^2,常称为反应堆的曲率。这时,这样规定的 B_1^2 可写为

$$B_1^2 = -\frac{1}{\Phi}\nabla^2\Phi \qquad (2-143)$$

上式左端这个量与临界堆内中子通量曲率成正比,因此把 B_1^2 称为反应堆曲率。而且这个本征值是完全由反应堆的几何尺寸所决定的。在平板堆中,它由平板厚度 a 所决定,并为 $B_1^2 = \left(\dfrac{\pi}{a}\right)^2$;在有限高圆柱堆中,它由圆柱高度 H 及半径 R 决定,并为 $B_1^2 = \left(\dfrac{2.405}{R}\right)^2 + \left(\dfrac{\pi}{H}\right)^2$。所以为明确起见,常称亥姆霍兹方程的第一本征值平方 B_1^2 为几何曲率,记为 B_g^2,即 $B_g^2 = B_1^2$。

另一方面,由式(2 - 129)所定义的 $B^2 \equiv \dfrac{k_\infty - 1}{L^2}$ 完全是由反应堆材料的特性所决定的,因此可称它为反应堆的材料曲率,并记为 $B_m^2 \equiv B^2$。

当反应堆达到临界时,由 $\dfrac{k_\infty - 1}{L^2}$ 所定义的 B^2 应满足亥姆霍兹方程及其有关的边界条件,从而必须与该问题本征值的平方相等。换言之,要求材料曲率 B_m^2 与几何曲率 B_g^2 相等,即

$$\frac{k_\infty - 1}{L^2} \equiv B_m^2 = B_g^2 \equiv B_1^2 \tag{2 - 144}$$

所以有

$$\frac{k_\infty}{1 + L^2 B_g^2} = 1 \tag{2 - 145}$$

以后如不加说明,所指曲率就是 $B_m^2 \equiv B_g^2$ 下的曲率,即不再分材料曲率和几何曲率,并省去下标而写为 B^2。

方程(2 - 145)称为有限大均匀裸堆的单群临界条件或临界方程,并可以改写为

$$k_\infty \Lambda = 1 \tag{2 - 146}$$

式中

$$\Lambda = \frac{1}{1 + L^2 B^2} \tag{2 - 147}$$

实际上,这是临界裸堆(有限大)的中子不泄漏概率。其证明如下。

考虑一个任意几何形状、体积为 V 的临界裸堆,堆内每秒被吸收的中子数为 $\Sigma_a \int_V \Phi \mathrm{d}V$;另一方面,通过反应堆边界每秒泄漏出去的中子数为 $\int_S \boldsymbol{J} \cdot \boldsymbol{a} \mathrm{d}S$,其中 $\mathrm{d}S$ 为堆界面的面元,$\boldsymbol{a}$ 为界面的外法向单位矢量,而 $\boldsymbol{J}$ 为界面处中子流密度矢量,积分在整个堆的界面 S 上进行。把面积分换成体积分,再注意斐克定律 $\boldsymbol{J} = -D \nabla \Phi$,即得

$$\int_S \boldsymbol{J} \cdot \boldsymbol{a} \mathrm{d}S = \int_V \nabla \cdot \boldsymbol{J} \mathrm{d}V = -D \int_V \nabla^2 \Phi \mathrm{d}V \tag{2 - 148}$$

再把扩散方程(2 - 128)代入即得

$$\int_S \boldsymbol{J} \cdot \boldsymbol{a} \mathrm{d}S = DB^2 \int_V \nabla^2 \Phi \mathrm{d}V \tag{2 - 149}$$

因为中子最终只有泄漏出堆外或在堆内被吸收这两种可能,故不泄漏概率应为

$$\frac{每秒在堆内被吸收的中子数}{每秒在堆内被吸收的中子数 + 每秒泄漏出堆的中子数} =$$

$$\frac{\Sigma_a \int_V \Phi \mathrm{d}V}{\Sigma_a \int_V \Phi \mathrm{d}V + DB^2 \int_V \Phi \mathrm{d}V} = \frac{\Sigma_a}{\Sigma_a + DB^2} = \frac{1}{1 + \dfrac{D}{\Sigma_a} B^2} = \frac{1}{1 + L^2 B^2} \tag{2 - 150}$$

此即 Λ。

对于一个材料组分已经确定的反应堆,材料曲率 B_m^2 已经给出。要使这个堆正好达到临界,就必须使其几何尺寸通过 B_g^2 而满足临界方程(2 - 145)。因此,可以利用式(2 - 145),由给定的材料组分及几何特点计算出临界反应堆的尺寸。

对于无限宽的有限厚平板堆,临界时其厚度 a 须满足

$$B^2 = \frac{k_\infty - 1}{L^2} = \left(\frac{\pi}{a}\right)^2 \tag{2 - 151}$$

因而

$$a = \frac{L\pi}{\sqrt{k_\infty - 1}} \tag{2 - 152}$$

对于有限高圆柱堆,当临界时,其高度 H 与半径 R 须满足

$$B^2 = \frac{k_\infty - 1}{L^2} = \left(\frac{2.405}{R}\right)^2 + \left(\frac{\pi}{H}\right)^2 \tag{2 - 153}$$

虽然上式只给出 R 与 H 的关系而不能分别定出 R 或 H 来,但如果再加上一个条件,即要求反应堆临界体积最小的条件,便可从式(2 - 153)求得所谓的最佳半径 R_0 与最佳高度 H_0。反应堆体积为

$$V = \pi R^2 H \tag{2 - 154}$$

临界时,由式(2 - 153)可得

$$R^2 = \frac{2.405^2}{B^2 - \left(\frac{\pi}{H}\right)^2} \tag{2 - 155}$$

把上式代入式(2 - 154),求 V 的极小值。令 $\frac{dV}{dH} = 0$,可得

$$\frac{3}{H^2 B^2 - \pi^2} - \frac{2B^2 H^2}{(H^2 B^2 - \pi^2)^2} = 0 \tag{2 - 156}$$

即

$$H^2 = H_0^2 = \frac{3\pi^2}{B^2} \tag{2 - 157}$$

因此

$$R^2 = R_0^2 = \frac{3 \times 2.405^2}{2B^2} \tag{2 - 158}$$

最小的临界堆体积为

$$V = V_0 = \pi R_0^2 H_0 = \frac{3\sqrt{3} \times 2.405^2 \pi^2}{2B^3} = \frac{148}{B^3} \tag{2 - 159}$$

以上各式中的 B^2 由材料特性给出。

2.2.4.3　单群理论的修正

前面提到,单群理论是一种近似的方法。计算表明,对于热中子反应堆,直接使用式(2 - 145)计算,误差比较大。但是若用 $M^2 = L^2 + \tau$ 来替换式中的 L^2,则可以改善计算结果,并且其结果是令人满意的。这样,临界条件改写成

$$k = \frac{k_\infty}{1 + M^2 B_g^2} \qquad\qquad (2 - 160)$$

这就是热中子反应堆的修正单群理论。

修正单群理论之所以能改善计算结果,其主要原因可以从物理方面解释:在单群理论中,把所有中子都看成热中子,因而该理论没有考虑慢化过程对泄漏的影响。我们知道,L^2 与中子从变成热中子的点到它被吸收为止所移动过的距离有关;但是,在反应堆内,中子由裂变中子到慢化成为热中子之前,已经移动过一个距离 τ;$M^2 = L^2 + \tau$ 是描述中子由核裂变产生直到它被热吸收所穿行距离的均方值,故应该用徙动面积 $M^2 = L^2 + \tau$ 来代替 L^2,这样便初步地考虑了慢化过程对泄漏的影响,因而使解的精度得到了改善。

2.2.4.4　有反射层反应堆的单群扩散理论

上面讨论了裸堆的临界计算。但是,在实际情况下,几乎所有反应堆均有不同厚度的反射层。因而,研究有反射层的反应堆是更为必要的。

在裸堆的情况下,堆内的中子一旦逸出芯部外,就不可能再返回芯部内来,这一部分中子就损失掉了。如果在芯部的外围包上一层散射性能好、吸收截面小的非增殖物质(如石墨等),这时由芯部逸出的中子会有一部分被这一层介质散射而返回芯部中。

反射层的作用,首先是可以减少芯部中子的泄漏,从而使得芯部的临界尺寸比无反射层时的小,这样便可以节省一部分燃料。另外,反射层还可以提高反应堆的平均输出功率。这是由于包有反射层的反应堆,其芯部的中子通量密度分布比裸堆的中子通量密度分布更加平坦。对反射层材料,首先,要求它的散射截面 Σ_s 大,因为当 Σ_s 大时,中子逸出芯部后在反射层中发生散射的概率就大,因而返回芯部的机会也就增多;其次,反射层材料的吸收截面 Σ_a 要小,以减少中子的吸收;最后,当然还希望反射层具有良好的慢化能力,以便使能量较高的中子在从反射层返回到芯部时,已经被慢化为能量较低的中子,从而减少了中子在堆芯内共振吸收的概率。综上所述,良好的慢化剂材料,通常也是良好的反射层材料。常用的反射层材料有水、重水、石墨和铍等。

在图 2 - 18 中给出了用单群扩散理论计算得到的裸堆及带反射层的反应堆内中子通量密度分布图。从图 2 - 18 中可以清楚地看到,在靠近堆芯的中心部分,裸堆的中子通量密度分布与带反射层的反应堆的中子通量密度分布基本上一样。但在靠近反射层处,由于一部分中子自反射层返回芯部内,因而有反射层时芯部的中子通量密度分布要比裸堆的平坦一些,从而便提高了反应堆的输出功率。

从前面的讨论知道,当芯部周围有了反射层以后,由于一部分泄漏出芯部的中子被反射层反射而返回芯部,这样就减少了中子的泄漏损失,提高了中子的不泄漏概率。因而有了反射层以后,在芯部性质相同的情况下,它的临界体积要比裸堆的临界体积小。这样,在芯部包有反射层以后,芯部临界尺寸的减少量通常可以用反射层节省 δ 来表示。例如,对于给定芯部成分的球形反应堆,当它是裸堆时,其临界半径为

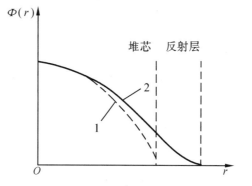

图 2 - 18　裸堆(1)与带反射层反应堆(2)的中子通量密度分布

R_0(包括外推距离),而在围以反射层以后的临界半径为 R,反射层节省 δ 为

$$\delta = R_0 - R \qquad (2-161)$$

2.2.5 温度效应

2.2.5.1 反应性温度系数及其对核反应堆稳定性的影响

新堆在启动过程中须从冷态变为热态,即从室温 20 ℃ 左右提升到反应堆的工作温度。工况变换时,燃料棒的温度将进一步变化。此外,对于压水堆而言,在功率不变而一回路冷却剂流量发生变化的情况下,尽管冷却剂平均温度可以基本不变(有的压水堆用外部控制保证了这一点),堆芯中的温度分布仍会发生变化。总之,在运行过程中,反应堆堆芯温度一般要发生变化。因反应堆温度变化而引起 k_{eff} 发生变化的效应,称为反应性的温度效应,简称温度效应。

我们引入无量纲的反应性:

$$\rho = \frac{k-1}{k} \qquad (2-162)$$

来替代 k。为简便起见,此后有效增殖因数 k_{eff} 的下标 eff,将全都省去不写。按上式定义,反应性 ρ 即是 k 对临界值 1 的相对偏离量。$\rho = 0$ 与临界态 $k = 1$ 相对应。在许多情况下,我们只讨论临界态附近的问题,k 与 1 十分接近,故可有如下近似:

$$\rho \approx k - 1 \qquad (2-163)$$

虽然 ρ 是一个无量纲量,但习惯上常把它的单位记为 $\frac{\Delta k}{k}$ 或 Δk;有时也用缓发中子份额 β 来度量 ρ,用 $\frac{\rho}{\beta}$ 值表示的反应性,其单位称为"元"。有时为方便起见,反应性的单位还定义为

$$1 \text{ PCM} = 10^{-5} \frac{\Delta k}{k}。$$

在反应堆物理计算中,许多问题都以临界态为基准,采用 ρ 这个概念要比采用 k 更方便。这样,温度效应即可用如下定义的反应性温度系数 α_T 来度量:

$$\alpha_T = \frac{d\rho}{dT} \qquad (2-164)$$

式中,T 为反应堆温度。由式(2-162)可得

$$\alpha_T = \frac{d}{dT}\left(1 - \frac{1}{k}\right) = \frac{1}{k^2}\frac{dk}{dT} \qquad (2-165)$$

由于绝大多数实际问题都属于临界态附近的问题,故式(2-165)可近似表示为

$$\alpha_T = \frac{1}{k}\frac{dk}{dT} \qquad (2-166)$$

一般采用式(2-166)作为反应性温度系数的定义。据此,α_T 即是温度增加 1 K 时 k 的相对增加量。按式(2-164)或式(2-165),α_T 的单位为 $\frac{\Delta\rho}{K}$,或按式(2-166)为 $\frac{\frac{\Delta k}{k}}{K}$。但实际上因 $k \approx 1$,故两者差别不大。

应该注意,α_T 的代数符号对于反应堆的温度稳定性、功率调节及安全分析,都有重要意义。例如,设 $\alpha_T > 0$,当反应堆的温度 T 由于某种原因而有所升高时,则按式(2-166)就有 $dk > 0$,k 将增加。于是,堆内中子通量提高,功率密度增加,温度也将进一步升高;而这又将导

致 k 的进一步增加,从而使温度再次上升。若设 $\alpha_T > 0$,则情况正好相反,当反应堆的温度 T 由于某种原因升高时,式(2 - 166) 有 $\mathrm{d}k < 0$,k 将减小,堆内功率密度也将减小,从而使温度也自动下降。这就是说,对于 $\alpha_T > 0$ 的反应堆,一旦出现温度扰动,反应堆就不能自动回到原来的状态;反之,当 $\alpha_T < 0$ 时,反应堆就能有自动回到原来状态的倾向,即反应堆对温度扰动是有稳定性的。

负温度系数对于反应堆安全运行有重要意义。例如,由于误操作或其他原因,在运行过程中控制棒突然失控向上提了一段,致使 k 突然上升,这时中子通量(堆功率) 将骤然增加,温度也将突然上升。若设 $\alpha_T < 0$,则反应堆因具有温度稳定性,从而有自动降温以利于安全的趋势。又如,当一回路发生失水事故时,堆芯导热情况恶化,堆内温度急剧上升,反应堆有可能超出热工安全范围而导致严重后果。但是,若反应堆具有负的温度系数,则随着温度升高,k 值将变小,从而使中子通量(堆功率) 也跟着下降。这样就能在一定程度上减缓或限制反应堆温度的上升,从而有可能减缓或限制这种事故的进一步扩大。可见,负温度系数对反应堆的安全是有利的。

2.2.5.2　燃料温度系数

燃料温度变化 1 K 时所引起的反应性变化称为燃料温度系数,常用符号 α_T^F 表示。

反应堆的热量主要是在燃料中产生的。当功率升高时,燃料的温度立即升高,燃料的温度效应就立刻表现出来,这是一种瞬发效应。所以燃料温度系数属于瞬发温度系数。瞬发温度系数对功率的变化响应很快,它对反应堆的安全起着十分重要的作用。

燃料温度系数主要是由燃料核共振吸收的多普勒效应所引起的。燃料温度升高将使共振峰展宽,吸收增加。在低富集铀的燃料中,$^{238}\mathrm{U}$ 共振吸收峰的展宽是主要的,而 $^{235}\mathrm{U}$ 裂变共振峰展宽的影响与前者相比是次要的。因而,多普勒效应总的结果是使有效共振吸收增加,逃脱共振概率减小,这就产生了负温度效应。

2.2.5.3　慢化剂温度系数

慢化剂温度变化 1 K 时所引起的反应性变化称为慢化剂温度系数,常用符号 α_T^M 表示。由于慢化剂的温度变化要比燃料的温度变化滞后一段时间,因此慢化剂温度效应滞后于功率的变化。

对于慢化剂为液体的反应堆,例如轻水反应堆,当温度升高时,水的密度有显著的改变,这就使反应堆的慢化能力和中子能谱都发生变化,因而引起反应性的显著变化。在轻水反应堆中,α_T^M 值是负的。

慢化剂温度系数还与单位体积内慢化剂与燃料的核密度比值$\left(\text{即水铀比}\dfrac{N_\text{水}}{N_\text{铀}}\right)$有关。图 2 - 19 表示在轻水反应堆中,有效增殖因数 k 与 $\dfrac{N_\text{水}}{N_\text{铀}}$ 的关系曲线。以 $\left(\dfrac{N_\text{水}}{N_\text{铀}}\right)_{k_{\max}}$ 表示与最大有效增殖因数相对应的水铀比。在栅格尺寸已固定的情况下,当水的温度升高时,水的密度减小,这就相当于 $\dfrac{N_\text{水}}{N_\text{铀}}$ 值减小。在设计时,如果取 $\dfrac{N_\text{水}}{N_\text{铀}} > \left(\dfrac{N_\text{水}}{N_\text{铀}}\right)_{k_{\max}}$,当水的温度升高时,有效增殖因数就增大,这就产生了正的温度系数。因此,在设计时,应选取 $\dfrac{N_\text{水}}{N_\text{铀}} < \left(\dfrac{N_\text{水}}{N_\text{铀}}\right)_{k_{\max}}$,以保证出现负的温度系数。

慢化剂负温度系数有利于反应堆功率的自动调节。例如,在压水堆中,当外界负荷减小时,透平的控制阀就自动关小一些,这就使进入堆芯的水温升高。当慢化剂温度系数为负值时,反应堆的反应性减小,功率也随之降低,反应堆在较低功率的情况下又达到平衡。同理,当外界负荷增加时,透平的控制阀自动开大一些,这就使进入堆芯的水温下降,反应堆的反应性增大,功率也随之升高,反应堆在较高的功率下又达到平衡。

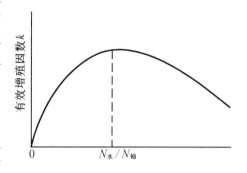

图 2 – 19 轻水反应堆中,k 与 $\dfrac{N_\text{水}}{N_\text{铀}}$ 的

关系曲线

2.2.5.4 空泡系数

在以液体为慢化剂的反应堆中,还需要考虑沸腾的问题,沸水堆允许慢化剂大量沸腾,而压水堆也允许慢化剂局部沸腾。沸腾所产生的气泡,其密度远比液体的小,所以可以当作慢化剂中的空泡来处理。对于水堆,反应性空泡效应是负的。

令堆内空泡所占的慢化剂体积份额为 χ,简称空泡份额或空泡率。于是,空泡对反应性的影响可以用如下定义的反应性空泡系数(简称空泡系数)α_V 来描述,即

$$\alpha_V = \frac{\mathrm{d}\rho}{\mathrm{d}\chi} \qquad (2-167)$$

式中,ρ 为反应堆的反应性。

空泡出现后,慢化剂的等效平均密度有所变化。设 ρ_l,ρ_g 及 ρ_d 分别为液体、气体(水蒸气)及气液混合物的物理密度,则它们之间应满足

$$\rho_d = (1-\chi)\rho_l + \chi\rho_g \qquad (2-168)$$

一般 $\rho_g \ll \rho_l$,故有

$$\rho_d = (1-\chi)\rho_l \qquad (2-169)$$

即空泡份额 χ 增加时,慢化剂平均密度变小。当慢化剂为水时,由于水对中子的慢化作用要比吸收作用更重要,因而当 χ 增加时,中子能谱发生变化,热中子数相对减小。这样,裂变数相对减少,从而 ρ 降低。换言之,由式(2-167)定义的 α_V 对于水堆恒有

$$\alpha_V < 0 \qquad (2-170)$$

这一点对于沸水堆特别重要。设 $\alpha_V > 0$,则一旦堆内发生不正常的沸腾,χ 便增加,从而 ρ 随之增加,功率上升,如果排热不及时,堆内温度上升,沸腾将进一步加剧。这样下去,若不加外部控制,这种恶性循环就会造成严重事故。现在沸水堆的 $\alpha_V < 0$,情况正好相反。一旦空泡份额 χ 增大,反应性变小,堆功率下降,温度就会下降,沸腾因而受到抑制,所以这种堆有内在的安全性。此外,沸水堆还可利用空泡份额与反应性和堆功率的关系,通过改变回路流量的办法,达到对堆功率的控制和调节的目的。

2.2.5.5 功率系数

核反应堆功率每变化 1 MW 所引起的反应性变化称为功率系数,记为 α_P,即

$$\alpha_P = \frac{\partial\rho}{\partial P} \qquad (2-171)$$

当核反应堆功率发生变化时,堆内核燃料温度、慢化剂温度和空泡份额就会发生变化,这些变化又引起反应性的变化,根据功率系数的定义式(2-171)可写成

$$\alpha_P \approx \alpha_T^F \frac{\partial T_F}{\partial P} + \alpha_T^M \frac{\partial T_M}{\partial P} + \alpha_V \frac{\partial\chi}{\partial P} \qquad (2-172)$$

由式(2-172)可知,功率系数不仅与核反应堆的核特性有关,而且还与它的热工、水力特性有关,它是所有反应性系数的综合。应当注意到,由于燃料温度系数是瞬时系数,所以功率系数首先由燃料温度系数表现出来,然后逐渐由慢化剂系数等参加响应。为了使核反应堆安全、稳定地运行,功率系数应是负值。压水堆的功率系数约为 10^{-4} MW 的量级。

2.2.6 中毒效应

热堆运行后,堆内所产生的某些裂变产物,其中子吸收截面较大,故对 ρ 有明显的影响。习惯上,把这种裂变产物分为两大类:稳定或长寿命的,称为"结渣";短寿命的,称为"毒物"。钐(^{149}Sm)是前者的重要例子之一,后者则主要是氙(^{135}Xe)。毒与渣对反应性的影响,称为反应性的毒渣效应,简称中毒效应。

裂变产物的毒物对有效增殖因数 $k = \varepsilon p \eta f \Lambda$ 中的 ε,p 及 η 这三个量基本没有影响。而且由于毒物的浓度相对较小,对中子的散射性质也影响不大,因而对不泄漏概率 Λ 也没有多大影响。影响较大的是热中子利用因数 f。

为简化问题,考虑一个以铀为燃料的均匀热堆。设无毒及有毒时的热中子利用系数分别为 f 及 f',对均匀堆有

$$f = \frac{\Sigma_{aF}^T}{\Sigma_{aF}^T + \Sigma_{aM}^T} = \frac{1}{1 + \frac{\Sigma_{aM}^T}{\Sigma_{aF}^T}} \tag{2-173}$$

及

$$f' = \frac{\Sigma_{aF}^T}{\Sigma_{aF}^T + \Sigma_{aM}^T + \Sigma_{aP}^T} = \frac{1}{1 + \frac{\Sigma_{aM}^T}{\Sigma_{aF}^T} + \frac{\Sigma_{aP}^T}{\Sigma_{aF}^T}} \tag{2-174}$$

式中,Σ_{aF}^T、Σ_{aM}^T 及 Σ_{aP}^T 分别为燃料、慢化剂(包括堆内结构物质)及毒物的热中子宏观吸收截面。再令无毒及有毒时的有效增殖因数分别为 k 和 k',则有

$$\frac{k'-k}{k'} = \frac{f'-f}{f'} = \frac{-r}{1 + \frac{\Sigma_{aM}^T}{\Sigma_{aF}^T}} \tag{2-175}$$

式中,r 为某毒物的毒性,其定义为

$$r = \frac{\Sigma_{aP}^T}{\Sigma_{aF}^T} \tag{2-176}$$

若慢化剂及结构材料对中子的吸收很弱,满足 $\frac{\Sigma_{aM}^T}{\Sigma_{aF}^T} \ll 1$,这时,式(2-175)可进一步简化为

$$\frac{k'-k}{k'} \approx -r \tag{2-177}$$

即毒物引起的有效增殖因数相对降低量等于毒性 r。如果反应堆无毒时正好处于临界状态,$k = 1$,则 $\frac{k'-k}{k'} = \frac{k'-1}{k'}$,毒物产生的反应性 ρ 就等于 $-r$。

2.2.6.1 ^{135}Xe 中毒

^{135}Xe 对热中子的吸收截面大约为 2.7×10^{-22} m^2,而且产额也比较大,所以中毒效应几乎

是由它造成的。

大约有 5% 的 ^{135}Xe 是由裂变直接产生的,而大约有 95% 的 ^{135}Xe 则是由裂变碎片 ^{135}Te 衰变而来的。^{135}Te 核内有过量的中子(与核内质子数相比),故很快就经 β 衰变而成为 ^{135}I。^{135}I 仍不稳定,又经 β 衰变而成为 ^{135}Xe。其过程与半衰期如下:

$$^{135}\mathrm{Te} \xrightarrow[< 0.5\ \mathrm{min}]{\beta^-} {}^{135}\mathrm{I} \xrightarrow[6.7\ \mathrm{h}]{\beta^-} {}^{135}\mathrm{Xe}$$

所得 ^{135}Xe 一方面有可能吸收中子而"烧掉";另一方面也有可能再经 β 衰变而成为 ^{135}Cs。^{135}Cs 则以相当长的半衰期变成基本稳定的 ^{135}Ba:

$$^{135}\mathrm{Xe} \xrightarrow[9.2\ \mathrm{h}]{\beta^-} {}^{135}\mathrm{Cs} \xrightarrow[2.6 \times 10^6\ \mathrm{a}]{\beta^-} {}^{135}\mathrm{Ba}(稳定)$$

根据以上物理过程,可以建立 ^{135}Xe 动力学方程。因为 ^{135}Xe 是由 ^{135}I 衰变而来的,所以 t 时刻 ^{135}Xe 的核密度 N_{Xe} 与 ^{135}I 的核密度 N_{I} 有关,须先建立 N_{I} 的方程。

令 Φ_T 为热中子通量,Σ_{f}^T 为燃料 ^{235}U 的热中子宏观裂变截面,w_{I} 为 ^{135}I 的产额,即每次裂变产生的 ^{135}I 的原子数;则堆内每秒每立方厘米中产生的 ^{135}I 核数为 $w_{\mathrm{I}}\Sigma_{\mathrm{f}}^T\Phi_T$。另一方面,令 ^{135}I 的衰变常量为 λ_{I},则每秒每立方厘米 ^{135}I 核因衰变而消失的数目为 $\lambda_{\mathrm{I}}N_{\mathrm{I}}$。由于 ^{135}I 中子俘获截面只有 $6 \times 10^{-28}\ \mathrm{m}^2$,因而由俘获中子而消失的项可以忽略不计,故 ^{135}I 的平衡方程为

$$\frac{\mathrm{d}N_{\mathrm{I}}}{\mathrm{d}t} = w_{\mathrm{I}}\Sigma_{\mathrm{f}}^T\Phi_T - \lambda_{\mathrm{I}}N_{\mathrm{I}} \tag{2-178}$$

由于 ^{135}Xe 基本上由 ^{135}I 衰变而来,每秒每立方厘米生成数为 $\lambda_{\mathrm{I}}N_{\mathrm{I}}$;另一方面,^{135}Xe 可以经过衰变及直接俘获中子而消失。令其衰变常量为 λ_{Xe},微观热吸收截面为 $\sigma_{\mathrm{a,Xe}}$,则每秒每立方厘米消失的 ^{135}Xe 的核数为 $(\lambda_{\mathrm{Xe}}N_{\mathrm{Xe}} + \sigma_{\mathrm{a,Xe}}^T N_{\mathrm{Xe}}\Phi_T)$,其中 N_{Xe} 为 ^{135}Xe 的核密度。故每立方厘米 ^{135}Xe 核净增长率为

$$\frac{\mathrm{d}N_{\mathrm{Xe}}}{\mathrm{d}t} = \lambda_{\mathrm{I}}N_{\mathrm{I}} - \lambda_{\mathrm{Xe}}N_{\mathrm{Xe}} - \sigma_{\mathrm{a,Xe}}^T N_{\mathrm{Xe}}\Phi_T \tag{2-179}$$

式(2-178)及式(2-179)就是关于氙毒动力学的两个基本方程。式(2-179)中未计及由裂变直接产生的 ^{135}Xe,因其产额仅有 0.003。

对一个新的堆芯,^{135}I 和 ^{135}Xe 的初始浓度都等于零。若反应堆在 $t = 0$ 时刻开始启动,并且很快就达到满功率,那么,就可以近似地认为 $t = 0$ 时刻中子通量密度瞬时达到额定值,并且一直保持不变(图 2-20)。

反应堆启动后,^{135}I 和 ^{135}Xe 的浓度都随着运行时间的增加而增加。当 t 足够大后,^{135}I 和 ^{135}Xe 都达到了平衡(或饱和)浓度,即 ^{135}I 或 ^{135}Xe 的产生率正好等于其消失率,因而它们的浓度将保持不变。堆内 ^{135}I,^{135}Xe 等核的生灭达到动态平衡,N_{I} 及 N_{Xe} 与时间无关,分别记为 $N_{\mathrm{I}}^{(0)}$ 及 $N_{\mathrm{Xe}}^{(0)}$。于是式(2-178)及式(2-179)简化为

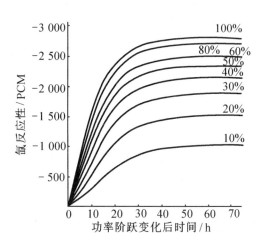

图 2-20 从零功率开始阶跃变化后氙的反应性随时间的变化

$$w_I \Sigma_f^T \boldsymbol{\Phi}_T = \lambda_I N_I^{(0)} \qquad (2-180)$$

及

$$\lambda_I N_I^{(0)} = \lambda_{Xe} N_{Xe}^{(0)} + \sigma_{a,Xe}^T N_{Xe}^{(0)} \boldsymbol{\Phi}_T \qquad (2-181)$$

式中,$\boldsymbol{\Phi}_T$ 为与稳态功率相对应的热中子通量。由这两个方程即可得到平衡时的氙核密度 $N_{Xe}^{(0)}$ 为

$$N_{Xe}^{(0)} = \frac{w_I \Sigma_f^T \boldsymbol{\Phi}_T}{\sigma_{a,Xe}^T \boldsymbol{\Phi}_T + \lambda_{Xe}} \qquad (2-182)$$

按毒性的定义式(2 - 176),平衡氙的毒性为

$$r_{Xe}^{(0)} = \frac{\sigma_{a,Xe}^T N_{Xe}^{(0)}}{\Sigma_{aF}^T} = \frac{w_I \Sigma_f^T}{\Sigma_{aF}^T} \Big(1 + \frac{\lambda_{Xe}}{\sigma_{a,Xe}^T \boldsymbol{\Phi}_T}\Big)^{-1} \qquad (2-183)$$

故按式(2 - 177),可得平衡氙中毒时有效增殖因数的相对增加量(即平衡氙所引起的反应性) 为

$$\rho_{Xe}^{(0)} = -\frac{w_I \Sigma_f^T}{\Sigma_{aF}^T} \Big(1 + \frac{\lambda_{Xe}}{\sigma_{a,Xe}^T \boldsymbol{\Phi}_T}\Big)^{-1} \qquad (2-184)$$

式中已用到了无毒时反应堆正好达到临界 $k=1$ 的条件。可见,功率水平或 $\boldsymbol{\Phi}_T$ 不同时,平衡氙中毒的 $\rho_{Xe}^{(0)}$ 也不同;而且,反应堆燃料耗损情况不同(不同 Σ_{aF}^T),$\rho_{Xe}^{(0)}$ 也不同。

图 2 - 21 中画出了以^{235}U 为燃料的热堆停闭后氙毒引起的负反应性$(-\rho)$ 随 t 的变化曲线。不同曲线与停堆前的不同稳定通量 $\boldsymbol{\Phi}_T$ 相对应。

由图 2 - 21 可见,所有曲线开始时都上升,到了停堆后大约 10 h,出现极大值,之后逐渐下降。这是由堆内^{135}I 及^{135}Xe 的衰变过程共同造成的。刚停堆时,^{235}Xe 基本上不再因吸收中子而消失,而一段时间内,^{135}I 衰变成^{135}Xe 的速率却高于^{135}Xe 的衰变速率。因此,堆内出现^{135}Xe 的积累,^{135}Xe 的核密度随 t 增长,即$|\rho_{Xe}|$ 随 t 上升。但在 $t = 9 \sim 10$ h 之后,堆内^{135}I 浓度已显著降低,氙的生成速率低于衰变速率,故氙的毒性也随 t 降低,其对应的负反应性经过极大值后逐渐变小,$|\rho_{Xe}| - t$ 曲线下弯。值得注意的是,这个负反应性高峰与停堆前通量 $\boldsymbol{\Phi}_T$ 有关。$\boldsymbol{\Phi}_T$ 越大,峰值越显著,当 $\boldsymbol{\Phi}_T \approx 10^{14}$ cm$^{-2} \cdot$ s^{-1} 时,负反应性最大值已达 0.50 以上。

由于停堆后反应性要出现一个最小值,它又与^{135}I 的衰变密切相关,因而这种现象称为碘坑。

碘坑对于设计或运行都有重要意义,例如要求在停堆后一段时间 t_0 后

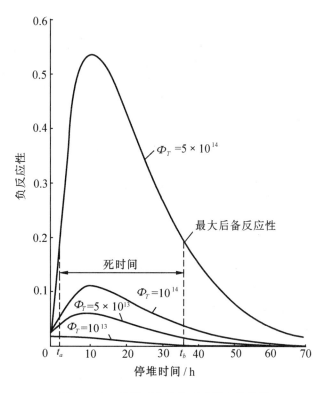

图 2 - 21　停堆后氙毒的反应性变化曲线

重新开堆；若控制棒全部提升到顶所提供的反应性还不足以补偿这时氙毒所引起的负反应性，那么这时反应堆就不能达到临界。图 2 – 21 中也已表示了这个情况。图中假设控制棒全部提升到顶所能提供的反应性为 0.20，则对于 $\Phi_T = 5 \times 10^{14}$ cm^{-2} · s^{-1} 的氙中毒而言，在 t_a 到 t_b 时间内反应堆不可能达到临界。t_a 到 t_b 这段时间称为反应堆（碘坑）的死区。停堆后重新开堆，必须避开死区。一般都力争在 $t < t_a$ 时开堆，否则就需等到 30 h 之后开。显然，对于核动力舰船，注意上述规律合理运行是特别重要的。尤其是临近反应堆工作寿期末，剩余反应性很小的时候，更应注意。从设计上来讲，对于军用核舰船，为了满足必要的机动性要求，后备反应性必须留得更多一些。

假设反应堆在稳定功率下运行了一段时间，而在 $t = 0$ 时刻突然改变它的功率，相应的热中子通量也从 Φ_1 变成 Φ_2。堆芯内的 ^{135}I 和 ^{135}Xe 的浓度也要发生改变。当反应堆功率改变后，^{135}I 和 ^{135}Xe 的浓度与功率变化前后的中子通量值有关，反应堆内不含控制棒和控制毒物时的反应性称为过剩反应性 ρ_{ex}。图 2 – 22 表示反应堆功率变化前后，^{135}I 浓度、^{135}Xe 浓度和过剩反应性随时间的变化。从图中可知，当功率突然降低时，^{135}Xe 浓度和过剩反应性随时间变化的曲线形状与突然停堆的情况很相似，只是在变化程度上有差别。但当功率突然升高时，^{135}I 浓度、^{135}Xe 浓度和过剩反应性随时间变化与功率突然下降情况刚好相反。

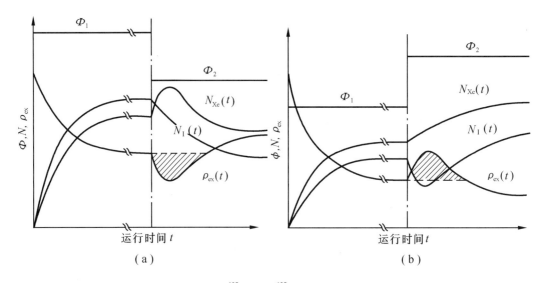

图 2 – 22　反应堆功率变化前后，^{135}I 浓度、^{135}Xe 浓度和过剩反应性随时间变化示意图
(a) 突然降低功率；(b) 突然升高功率

2.2.6.2　^{149}Sm 中毒

在所有的裂变产物中，^{149}Sm 对堆的影响仅次于 ^{135}Xe。对能量为 0.025 eV 的中子，^{149}Sm 的吸收截面为 4.08×10^{-24} m^2。图 2 – 23 表示 ^{149}Sm 裂变产物链。由图可知，^{149}Sm 是从 ^{149}Nd 经过二次 β^- 衰变而来的，^{149}Nd 的裂变产额为 0.011 3，半衰期为 2 h。^{149}Nd 的半衰期与 ^{149}Pm 的半衰期（54 h）相比可忽略不计。所以可以认为 ^{149}Pm 是在裂变时直接产生的，因而略去了 ^{149}Nd 的中间作用，且令 $w_{Pm} = w_{Nd} = 0.011$。

根据图 2 – 23 可以写出 ^{149}Pm 和 ^{149}Sm 的浓度随时间的变化方程：

$$\begin{cases} \dfrac{\mathrm{d}N_{\mathrm{Pm}}(t)}{\mathrm{d}t} = w_{\mathrm{Pm}}\Sigma_{\mathrm{f}}\Phi_T - \lambda_{\mathrm{Pm}}N_{\mathrm{Pm}}(t) \\[3mm] \dfrac{\mathrm{d}N_{\mathrm{Sm}}(t)}{\mathrm{d}t} = \lambda_{\mathrm{Pm}}N_{\mathrm{Pm}}(t) - \sigma_{a,\mathrm{Sm}}^{T}\Phi_T N_{\mathrm{Sm}}(t) \end{cases} \tag{2-185}$$

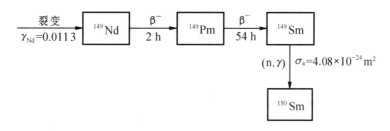

图 2 - 23　$^{149}\mathrm{Sm}$ 裂变产物链

下面将分别分析反应堆启动和停堆后,$^{149}\mathrm{Sm}$ 浓度及中毒随时间变化的情况。

由式(2-185)可求得反应堆启动后 $^{149}\mathrm{Pm}$ 和 $^{149}\mathrm{Sm}$ 的平衡浓度。其中 $^{149}\mathrm{Pm}$ 的平衡浓度与反应堆的热中子通量有关,而 $^{149}\mathrm{Sm}$ 的平衡浓度与热中子通量无关(即与功率无关)。同时,可近似地求得平衡 $^{149}\mathrm{Sm}$ 浓度所引起的反应性变化值,即平衡钐中毒 $\rho_{\mathrm{Sm}}^{(0)}$ 为

$$\rho_{\mathrm{Sm}}^{(0)} \approx \frac{N_{\mathrm{Sm}}^{(0)}\sigma_{a,\mathrm{Sm}}^{T}}{\Sigma_{a\mathrm{F}}^{T}} = \frac{w_{\mathrm{Pm}}\Sigma_{\mathrm{f}}}{\Sigma_{a\mathrm{F}}^{T}} \tag{2-186}$$

虽然平衡钐浓度与热中子通量无关,但是达到平衡钐浓度所需要的时间却与中子通量有密切的关系。

即使对于运行在高中子通量下的反应堆,到达平衡钐的时间至少也要几百小时,这比到达平衡氙的时间要长得多。其主要原因是由于 $^{135}\mathrm{Xe}$ 的吸收截面远远地大于 $^{149}\mathrm{Sm}$ 的吸收截面,而且 $^{135}\mathrm{Xe}$ 还由于放射性衰变而消失,所以它很快就达到了饱和值。

假设反应堆在停堆前已经运行了相当长的时间,堆内的 $^{149}\mathrm{Pm}$ 和 $^{149}\mathrm{Sm}$ 的浓度都已经达到了平衡值,然后在 $t=0$ 时突然停堆,则停堆后 $^{149}\mathrm{Sm}$ 的最大浓度可达停堆前平衡浓度的 2 倍左右。当反应堆再次启动后,这些多余的 $^{149}\mathrm{Sm}$ 很快就被消耗,平衡钐状况又将恢复。若停堆前中子通量比较低,这时停堆后的 $^{149}\mathrm{Sm}$ 浓度基本上保持不变。

2.2.7　燃耗

2.2.7.1　核燃料中重同位素成分随时间的变化

在反应堆的运行过程中,核燃料中的裂变同位素不断地消耗,可转换材料(如 $^{238}\mathrm{U}$ 或 $^{232}\mathrm{Th}$) 俘获中子后又转换成裂变同位素(如 $^{239}\mathrm{Pu}$ 或 $^{233}\mathrm{U}$)。因此,核燃料中各种重同位素的核密度将随反应堆运行时间不断地变化。

假设同位素 A 的产生和消失都有两个途径,根据图 2-24 可直接写出同位素 A 的核密度随时间变化的方程式

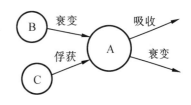

图 2 - 24　同位素 A 的产生和消失示意图

$$\frac{dN_A}{dt} = 产生率 - 消失率 = N_C\sigma_{\gamma,C}\Phi + \lambda_B N_B - N_A\sigma_{a,A}\Phi - \lambda_A N_A \qquad (2-187)$$

式中,右边第一项为同位素 C 吸收中子形成同位素 A 的产生率;第二项为同位素 B 衰变形成同位素 A 的产生率;第三、四项为同位素 A 由于吸收中子和衰变造成的总消失率。

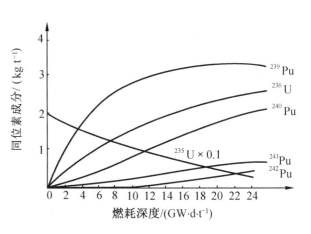

图 2 – 25　燃料中的主要同位素核密度随时间的变化

根据重同位素链对每一个同位素写出如式(2 – 187)的方程,就得一个方程组,称为核燃料中重同位素的燃耗方程。解燃耗方程便可得核燃料中各种重同位核密度随时间的变化(图 2 – 25)。

2.2.7.2　核反应堆堆芯寿期

一个新的堆芯(或换料后的堆芯),它的燃料装载量比临界燃料装载量多,初始有效增殖因数(或过剩反应性)比较大,因此必须用控制毒物来补偿这些过剩反应性。随着反应堆运行时间的加长,有效增殖因数逐渐地减小。当反应堆的有效增殖因数降到 1 时,反应堆满功率运行的时间就称为堆芯寿期。

为了确定堆芯寿期,需要进行燃耗计算,即计算在无控制毒物的情况下堆芯的有效增殖因数(其中包括在平衡氙浓度条件下和最大氙浓度条件下的有效增殖因数)随时间的变化关系。在实际计算时,需考虑在堆芯寿期末,反应堆运行时控制棒调节所需要的一定反应性。因此堆芯寿期末的有效增殖因数应稍大于 1(例如取 $k = 1.005$)。

从图 2 – 26 中可知,在最大氙浓度情况下的堆芯寿期(T_{L1})要比在平衡氙浓度情况下的堆芯寿期(T_{L2})短。当 $t \leq T_{L1}$ 时,反应堆在停堆后随时都可以启动;但在 $T_{L1} \leq t \leq T_{L2}$ 期间,反应堆在停堆后某一段时间(强迫停堆期间)内不能启动。有时,在反应堆设计中预先给出堆芯寿期而要求用倒推法求出堆芯所需要的初始过剩反应性或燃料浓缩度。

在压水堆运行中,通常将堆芯寿期分为寿期初(BOL)、寿期中(MOL)和寿期末(EOL)三个阶段。

2.2.7.3　燃耗深度

通常把单位质量燃料所发出的能量作为燃耗深度的度量,有

$$燃耗深度 = \frac{N_t \cdot t}{W_U} \quad MW \cdot d/t \qquad (2-188)$$

式中,W_U 为核燃料的质量(t),$N_t \cdot t$ 为所发出的能量(MW · d)。若以铀为燃料,则它的单位为(MW · d/tU)。在计算核燃料质量时应该注意:它是指燃料中含有重元素(铀、钚和钍)的质量,例如若以二氧化铀为燃料,在计算 W_U 时,必须把燃料中的氧所占份数扣除。

燃耗深度是燃料贫化的一种度量,它表示了反应堆积分能量的输出。除了采用 MW · d/tU 为单位来度量外,还可以采用有效满功率小时(EFPH)或有效满功率天(EFPD)作为单位,1 个有效满功率小时表示反应堆在 100% 功率下运行 1 h。由于每个反应堆具有不同的额定功率,因此两个反应堆的燃耗不能用 EFPH 来比较,但可以用 MW · d/tU 来比较。

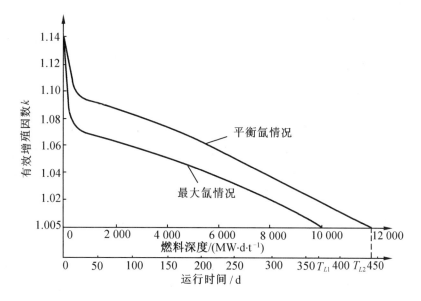

图 2 – 26　有效增殖因数随燃耗深度变化曲线

从堆芯中卸出的燃料所达到的燃耗深度称为卸料燃耗深度,它受反应堆核特性和燃料元件本身性能的影响。

2.2.8　反应性控制

热中子反应堆运行后,使反应性发生变化的主要原因如下:

① 反应堆临界后,需从冷态过渡到热态而后再提升功率,在这一过程中慢化剂及燃料的温度要升高。当温度系数 α_T 为负值时,ρ 要变小。

② 反应堆带功率运行时,由于平衡氙毒的建立及钐毒的逐渐累积,ρ 要变小。

③ 反应堆运行后,燃料不断消耗,其他核素成分也在变化积累,从而 ρ 值也要变化,总的倾向是使它变小。

④ 反应堆工况变化时,ρ 值也要变化。例如,降功率或短期停堆时可出现碘坑。这时,ρ 值先减小,过了碘坑最大深度后,ρ 又回升。

因此,为了保证反应堆有相当的工作寿期,以满足启动、停闭及功率变化的要求,一个反应堆必须有适当的初始后备反应性。同时,必须提供控制和调整这个后备反应性的具体手段,以使反应堆的反应性保持在所需的各种数值上,这是反应性控制的基础。所谓后备反应性,是指冷堆干净堆芯的剩余反应性。

值得指出的是,在反应性控制的具体设计中,必须充分注意安全原则。例如,反应性控制量中一般还须包括停堆深度一项,以保证反应堆停堆时的 k 值与 1 相比有足够小的数值,使反应堆在足够安全的次临界深度上。这样,即使有某些外来干扰(例如外中子源或宇宙射线的干扰),也不会使停闭中的反应堆自发启动。

令停堆时的有效增殖因数为 k_s,对应反应性为

$$\rho_s = \frac{k_s - 1}{k_s} \tag{2-189}$$

一般因 $k_s \approx k_s - 1$，$|\rho_s|$ 可以度量反应堆次临界的程度，也称为停堆深度。其实际数值与给定反应堆的温度、中毒、燃耗及控制棒状态有关。新堆的 $|\rho_s|$ 不宜设计得过小；但设计过大，也是不利的。

2.2.8.1 反应性控制的基本原理与方法

热堆中 $k = \varepsilon p \eta f \Lambda$，所以原则上可以通过控制 ε、p、η、f 及 Λ 这几个因子中的某一因子或某几个因子，来实现对反应性或 k 的控制。当热堆的燃料浓缩度及燃料和慢化剂的相对组分等确定以后，快裂变因数 ε、热中子裂变因数 η 可以认为基本不变，此外，控制 p 不太有效。所以反应性控制主要是通过控制热中子利用系数 f 及不泄漏概率 Λ 来实现的。

绝大多数反应堆，包括快堆及其他类型的热堆，都采用毒物控制法。最常见的是用吸收截面很高的材料制成控制棒，并插入堆芯或反射层内。这样，移动控制棒即可达到控制目的。

对于小型反应堆，通常只用控制棒控制。这种控制的优点是控制的速度快、灵活机动且可靠有效。其较大的缺点：因为它能强烈吸收中子，故移动控制棒对堆内通量分布的扰动较大，而且往往导致中子通量分布不均匀性增大。大型反应堆的后备反应性控制量较大，控制棒数量较多，这个缺点就更为突出。

为此，在大型压水堆中，在采用控制棒的同时，还采用了化学控制剂如硼(^{10}B)的"载硼运行"方案，亦即在水中加硼酸，通过对 ^{10}B 浓度的控制，实现部分反应性的控制。由于硼在慢化剂中分布均匀，因而浓度改变时堆内中子通量变化也比较均匀。这种办法可弥补控制棒的不足，而且也比较经济。

慢化剂中含硼量太高，就会使慢化剂的温度系数变正。以鲁滨孙-2压水堆为例，若反应堆全部采用硼酸控制，则其浓度需达 1 700 mg/kg，这时慢化剂温度系数可达 $1.8 \times 10^{-4} \Delta \rho / K$，这是不利于安全运行的。所以，目前多数压水堆还同时采用了第三种控制设计——可燃毒物管，亦即在堆芯内以一定分布放置硼钢管等强中子吸收剂。随着反应堆运行中燃耗的加深，^{10}B 原子核数目逐渐减少，这就相当于有反应性逐渐"放出"，从而起到了控制反应性的作用。由于毒物含量随燃耗的加深而变小，故称为可燃毒物。

2.2.8.2 控制棒控制

控制棒是强吸收体，其移动速度快、操作可靠、使用灵活、控制反应性的准确度高，是各种类型反应堆中紧急控制和功率调节所不可缺少的控制部件。

对控制棒材料的要求：首先，要求它具有很大的中子吸收截面(不但要求它具有很大的热中子吸收截面，而且要求它具有较大的超热中子吸收截面，特别是对于中子能谱比较硬的反应堆更应如此)。例如，在压水反应堆中，一般采用银-铟-镉合金作为控制棒材料。这是因为镉的热中子吸收截面很大，银和铟对于能量在超热能区的中子又具有较大的共振吸收峰。其次，还要求控制棒材料有较长的寿命，这就要求它在单位体积中含有较多的吸收体的核数，而且要求它吸收中子后形成的子核也具有较大的吸收截面。最后，控制棒材料要具有抗辐照、抗腐蚀性能和良好的机械性能，同时，成本要低等。船用反应堆采用铪作为控制棒材料。

控制棒的反应性价值，简称控制棒价值，是指在堆芯内有控制棒存在时和没控制棒存在时的反应性之差。

在反应堆设计和运行时,不仅需要知道控制棒完全插入时的价值,还需要知道控制棒在插入不同深度时的价值。通常把控制棒移动一步或单位距离所引起的反应性变化称为控制棒的微分价值,其单位常采用 PCM/cm。控制棒的微分价值是随控制棒在堆芯内的位置而变化的。图 2 - 27 给出了典型的控制棒微分价值曲线。

当控制棒从一参考位置移动到某一高度时,所引入的反应性称为控制棒的积分价值。图 2 - 28 给出典型的控制棒积分价值曲线。

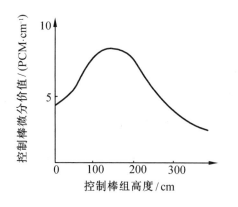

图 2 - 27　典型的控制棒微分价值曲线　　　　图 2 - 28　典型的控制棒积分价值曲线

从图 2 - 27 和图 2 - 28 可知,当控制棒位于靠近堆芯顶部和底部时,控制棒的微分价值很小,并且与控制棒的移动距离呈非线性关系;当控制棒插入到中间一段区间时,控制棒的微分价值比较大,并且与控制棒的移动距离基本上呈线性关系。根据这一原理,反应堆中调节棒的调节带一般都选择在堆芯的轴向中间区段。这样,调节棒移动时引起的价值与它的插入深度呈线性关系。

控制棒插入不同深度不仅影响控制棒的价值,也影响堆芯的功率分布。控制棒是强吸收体,它的插入使中子通量分布和功率分布都产生畸变。在反应堆设计中,要求功率峰因子不超过设计准则所规定的数值,这就需要认真地考虑控制棒插入不同深度时所引起功率分布的变化,使它能符合设计准则的要求。另一方面我们又可以利用这个性质,通过控制棒的合理布置使堆芯中功率分布得到展平。

在主要靠控制棒来控制的反应堆中,在堆芯寿期初,有较大的过剩反应性,控制棒插入比较深。在有控制棒的区域中,中子通量和功率都比较低,但由于要保持整个堆芯的总功率输出为常数,因此在没有控制棒的底部,将形成一个中子通量的峰值,如图 2 - 29 所示。在中子通量高的区域,燃料的燃耗很快。随着反应堆运行时间的加长,控制棒不断地向外移动,到堆芯寿期末时,控制棒都已提到堆芯的顶部,中子通量密度的峰值和功率的峰值也逐渐向顶部方向偏移。

一般情况下,反应堆有较多的控制棒,这些控制棒同时插入堆芯时,总的价值并不等于各根控制棒单独插入堆芯时的价值的总和。这是因为一根控制棒插入堆芯后将引起堆芯中中子通量的畸变,这势必影响到其他控制棒的价值。这种现象称为控制棒间的相互干涉效应。

2.2.8.3 化学控制剂 —— 载硼运行

由于硼酸控制速度不及控制棒,而且水中含硼量要受到正温度系数的限制,所以现代大型压水堆中,化学控制剂控制常与控制棒等配合起来使用。化学控制剂主要用于补偿时间过程较慢的那些反应性变化,如可在整个寿期内补偿:(1)燃耗、裂变产物的反应性效应;(2)从冷态到热态零功率过渡过程中的慢化剂温度效应;(3)^{135}Xe 及 ^{149}Sm 的中毒效应等。

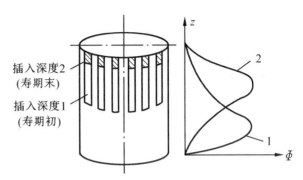

图 2 - 29 控制棒的插入深度对轴向中子通量密度分布的影响

与控制棒价值的定义相同,化学控制剂硼的价值 ρ_B 定义为

$$\rho_B = \frac{k_0 - k}{k} \qquad (2-190)$$

式中,k_0, k 分别为堆内无硼与充硼时的有效增殖因数。

硼酸对热堆反应性的影响,主要也是通过改变热中子利用因数实现的。令 f_0 及 f 分别为堆内无硼及充硼时的热中子利用因数,则有

$$\rho = \frac{f_0 - f}{f} \qquad (2-191)$$

在均匀堆中,有

$$f_0 = \frac{\Sigma_{aF}^T}{\Sigma_{aF}^T + \Sigma_{aM}^T} \qquad (2-192)$$

及

$$f = \frac{\Sigma_{aF}^T}{\Sigma_{aF}^T + \Sigma_{aM}^T + \Sigma_{a,B}^T} \qquad (2-193)$$

式中,Σ_{aF}^T,Σ_{aM}^T 及 $\Sigma_{a,B}^T$ 分别为燃料、慢化剂(包括结构材料等)和硼的热中子宏观吸收截面。把式(2-192)及式(2-193)代入式(2-191),简化后即有

$$\rho_B = \frac{\dfrac{\Sigma_{a,B}^T}{\Sigma_{aM}^T}}{\left(\dfrac{\Sigma_{aF}^T}{\Sigma_{aM}^T}\right) + 1} \qquad (2-194)$$

由式(2-192)可得

$$\frac{\Sigma_{aF}^T}{\Sigma_{aM}^T} = \frac{f_0}{1 - f_0} \qquad (2-195)$$

代入式(2-194),得

$$\rho_B = (1 - f_0)\frac{\Sigma_{a,B}^T}{\Sigma_{aM}^T} \qquad (2-196)$$

它可以用硼浓度来表示。硼浓度一般以 mg/kg 为单位,即每千克水中含 1 mg 硼时的浓度

称为 1 mg/kg。设 c 为以 mg/kg 为单位的硼的浓度,则单位体积中硼的质量 m_B 与单位体积中水的质量 m_W 之比为

$$\frac{m_B}{m_W} = c \times 10^{-6} \qquad (2-197)$$

又因硼的摩尔质量为 10.8 g/mol,故硼原子的密度 $N_B(cm^{-3})$ 与水的分子密度 $N_W(cm^{-3})$ 分别为

$$N_B = \frac{m_B}{10.8}N_A, N_W = \frac{m_W}{18.0}N_A \qquad (2-198)$$

式中,N_A 为阿伏加德罗常数。故

$$\frac{N_B}{N_W} = \frac{m_B}{m_W} \times \frac{18.0}{10.8} = \frac{18.0}{10.8} \times c \times 10^{-6} \qquad (2-199)$$

故式(2-196)中的 $\frac{\Sigma_{a,B}^T}{\Sigma_{aM}^T}$ 为

$$\frac{\Sigma_{a,B}^T}{\Sigma_{aM}^T} = \frac{N_B \sigma_{a,B}^T}{N_W \sigma_{a,W}^T} = \frac{18.0}{10.8} \times c \times 10^{-6} \times \frac{759}{0.66} = 1.92 \times c \times 10^{-3} \qquad (2-200)$$

从而得

$$\rho_B = 1.92c \times 10^{-3}(1-f_0) \qquad (2-201)$$

2.2.8.4　可燃毒物控制

对于新装料的反应堆,由于燃料元件都是新的,所以剩余反应性特别大。为满足反应性控制要求,只能增加控制棒的数目。这将相应增加很多驱动机构装置,不只是经济问题,更重要的是压力容器的封头上要开更多的孔,结构强度不许可;况且机构越多,出现问题的可能性越大,也不安全。在新堆芯内添加一定的可燃毒物,既安全又经济,比较妥善地解决了诸矛盾。

可燃毒物材料要求具有比较大的吸收截面,同时也要求由于消耗了可燃毒物而释放出来的反应性基本上与堆芯中由于燃料燃耗所减少的过剩反应性相等。另外,还要求可燃毒物在吸收中子后,其产物的吸收截面尽可能地小;以及可燃毒物及其结构材料具有良好的机械性能。

根据以上要求,目前作为可燃毒物使用的主要元素有硼和钆。它们既可以与燃料混合在一起,也可以做成管状、棒状或板状插入燃料组件中。在压水反应堆中应用最广泛的是硼玻璃。到堆芯寿期末,硼基本上被烧尽。残留下的玻璃吸收截面比较小,因此对堆芯寿期影响不大。目前在压水堆中还采用在 UO_2 燃料棒中掺氧化钆(Gd_2O_3,质量分数可达10%)。钆是一种非常良好的可燃毒物。通过控制新燃料组件的数量及其中含可燃毒物的燃料元件的数目,以及含可燃毒物组件在堆芯内的布置来控制堆芯功率的分布。

2.3　核反应堆中子动力学

2.3.1　不考虑缓发中子的中子动力学

设 t 时刻堆内平均中子密度为 $n(t)$,堆内有效增殖因数记为 k,经过一代增殖为 $kn(t)$,净增加 $n(t)(k-1)$,如果堆内瞬发中子的平均寿命(即平均每代时间)为 l_0,则堆内中子密度的变化率为

$$\frac{\mathrm{d}n(t)}{\mathrm{d}t} = \frac{k-1}{l_0}n(t) \tag{2-202}$$

如果 k 是阶跃变化的,则 $t \geqslant 0$ 后其为常数。式(2-202)积分后得

$$n(t) = n_0 \exp\left(\frac{k-1}{l_0}t\right) \tag{2-203}$$

式中,n_0 为 $t = 0$ 时的中子密度,l_0 恒正。当 $k > 1$ 时,反应堆处在超临界状态,$n(t)$ 将按指数规律随 t 增长;当 $k < 1$ 时,反应堆处在次临界状态,$n(t)$ 将按指数规律衰减;$k = 1$ 时,反应堆处在临界状态,中子密度达到动态平衡,中子密度不变。

现在讨论一个具体例子,假设 $\delta k = k - 1 = 0.01$,热中子寿期 $l_0 = 10^{-3}$ s,因此反应堆内的中子数(功率)每隔 0.1 s 就增长 e 倍。在 1 s 内总的增加倍数是 $e^{10} = 2.2 \times 10^4$ 倍。反应堆功率这样迅速地增长,使得反应堆控制非常困难。

但是,上面的处理(把所有中子都看作瞬发的)显然是不正确的。因为它只看到缓发中子所占数量很小这个表面现象,没有注意到缓发中子的缓发时间(参阅表 2-2)是相当长的这个事实,它可以达到几十秒钟,比起热中子寿期(10^{-3} s)要大得多,因而不能忽略。缓发效应使得热中子反应堆的平均代时间增大。考虑缓发中子的缓发时间后平均代时间可以写成

$$\bar{l}_0 = \sum_{i=1}^{6} \beta_i(t_i + l_0) + (1-\beta)l_0 \tag{2-204}$$

l_0 即为前面所述之热中子寿期,它与缓发平均时间 0.1 s 相比小得多。因而

$$\bar{l}_0 \approx \sum_{i=1}^{6} \beta_i t_i = 0.1 \text{ s} \tag{2-205}$$

所以考虑了缓发中子效应以后,假如仍然讨论上面的例子 $\delta k = 0.01$,功率增加 e 倍需要大约 10 s。这样对反应堆进行适当的控制就不是很难的事情。通过这个例子,便说明了缓发中子效应对动力学过程的重要影响。

2.3.2 考虑缓发中子效应的反应堆动力学

首先让我们列出考虑缓发中子效应的反应堆内热中子平衡方程。

假定以 $\beta = \sum_{i=1}^{6} \beta_i$ 表示缓发中子的总份额,则 $(1-\beta)$ 便等于瞬发中子的份额。设反应堆内第 i 组缓发中子的先驱核的浓度(即 1 cm³ 内先驱核原子核的数目)为 C_i,而 λ_i 为其衰变常量,则单位时间放出的缓发中子数便等于 $\sum_i \lambda_i C_i$。这样,中子源项便可写成

$$S = k\frac{n}{l}(1-\beta) + \sum_{i=1}^{6} \lambda_i C_i \tag{2-206}$$

其中,$k\dfrac{n}{l}$ 为总的中子产生率,而 $k\dfrac{n}{l}(1-\beta)$ 则表示瞬发中子的产生率,则有

$$\frac{\mathrm{d}n}{\mathrm{d}t} = \frac{k(1-\beta)-1}{l}n + \sum_{i=1}^{6} \lambda_i C_i \tag{2-207}$$

由于第 i 组缓发中子先驱核的产生率为 $\beta_i k\dfrac{n}{l}$,消亡率为 $\lambda_i C_i$,因此第 i 组先驱核浓度的平衡方程可写成

$$\frac{\mathrm{d}C_i}{\mathrm{d}t} = \beta_i k \frac{n}{l} - \lambda_i C_i, i = 1, 2, \cdots, 6 \qquad (2-208)$$

方程(2-207)及方程(2-208)便是考虑缓发中子的反应堆动力学方程。下面我们利用这两个方程来讨论当反应堆内有效增殖因数有一微小的阶跃变化时中子数目的变化情况。

方程(2-207)及方程(2-208)都是一阶线性微分方程,因而它的解具有下列形式:

$$n(t) = n_0 \mathrm{e}^{\frac{t}{T}} \qquad (2-209)$$

$$C_i(t) = C_{i0} \mathrm{e}^{\frac{t}{T}} \qquad (2-210)$$

式中,n_0 及 C_{i0} 为 $t = 0$ 时 n 和 C_i 的数值;T 为待定的参数,它由方程(2-207)及方程(2-208)确定。下面我们就来确定参数 T,为此首先把式(2-209)和式(2-210)代入方程(2-208)便得到

$$C_{i0} \frac{1}{T} \mathrm{e}^{\frac{t}{T}} = k \frac{n_0}{l} \beta_i \mathrm{e}^{\frac{t}{T}} - \lambda_i C_{i0} \mathrm{e}^{\frac{t}{T}} \qquad (2-211)$$

消去 $\mathrm{e}^{\frac{t}{T}}$ 便有

$$C_{i0} = \frac{k \beta_i n_0}{l \left(\lambda_i + \frac{1}{T} \right)} \qquad (2-212)$$

将式(2-212)及式(2-209)、式(2-210)一起代入方程(2-207),并经过整理后可得到

$$k - 1 = \frac{l}{T} + k \sum_{i=1}^{6} \frac{\beta_i}{1 + \lambda_i T} \qquad (2-213)$$

$$\rho = \frac{1}{Tk} + \sum_{i=1}^{6} \frac{\beta_i}{1 + \lambda_i T} \qquad (2-214)$$

这是参数 T 所应满足的特征方程。式(2-214)亦叫倒时方程。当 β_i, λ_i, l 给定时,对应于一定的 k 或 ρ 值,由式(2-213)或式(2-214)便可确定出一组 T 值来。方程(2-213)是一个七次方程式,因此对于一定的 k 值,一般 T 有 7 个根:$T_0, T_1, T_2, \cdots, T_6$。

因而关于 $n(t)$ 的解可以写成

$$n(t) = A_0 \mathrm{e}^{\frac{t}{T_0}} + A_1 \mathrm{e}^{\frac{t}{T_1}} + A_2 \mathrm{e}^{\frac{t}{T_2}} + \cdots + A_6 \mathrm{e}^{\frac{t}{T_6}} + \cdots \qquad (2-215)$$

式中,$T_0, T_1, T_2, \cdots, T_6$ 是方程(2-213)的根;$A_0, A_1, A_2, \cdots$ 是由初始条件决定的常数。

2.3.3　反应性阶跃变化时点堆动态方程的解

下面讨论在几种不同反应性引入情况下,中子数目(或反应堆功率)的变化情况。

2.2.3.1　正反应性($k > 1$)阶跃变化情况

在正反应性引入情况下,除 T_0 是正值以外,其他 $T_1, T_2, \cdots, T_6$ 都是负值。因而当 k_{eff} 骤然增加一个小数量以后,随时间 t 的继续增加,式(2-215)中除第一项外,其他各项的贡献很快地下降而趋近于零。所以 $T_1, T_2, \cdots, T_6$ 这些项对功率的增长只在极短时间内有影响。它们的数值与第一项相比很快就小得可以忽略不计了(图2-30)。这时功率随时间的增长就只剩下第一项,即

$$n(t) = A_0 \mathrm{e}^{\frac{t}{T_0}} \qquad (2-216)$$

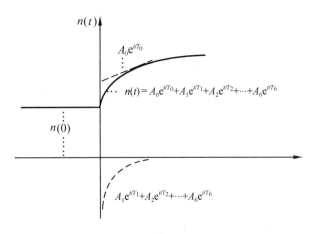

图 2 - 30   反应性阶跃增加时 $n(t)$ 随时间 t 的变化

可以证明,当 $\rho = \dfrac{k-1}{k} = \beta$ 时,完全略去缓发中子不计,仅仅依靠瞬发中子就能达到临界。

为此在方程 $(2-207)$ 中略去缓发中子源项 $\sum\limits_{i=1}^{6} \lambda_i C_i$ 便得到

$$\frac{\mathrm{d}n}{\mathrm{d}t} = \left[k(1-\beta) - 1 \right] \frac{n}{l} \qquad (2-217)$$

反应堆临界时,$\dfrac{\mathrm{d}n}{\mathrm{d}t} = 0$,因而

$$k(1-\beta) - 1 = 0 \qquad (2-218)$$

即

$$k(1-\beta) = 1 \qquad (2-219)$$

或

$$\rho = \frac{k-1}{k} = \beta \qquad (2-220)$$

仅仅依靠瞬发中子就能得到临界的状态叫作瞬发临界。式 $(2-219)$ 或式 $(2-220)$ 便是瞬发临界的条件。当反应堆超过瞬发临界,即 $\rho > \beta$ 时,仅仅依靠瞬发中子也能使反应堆超临界。因而这时反应堆和不考虑缓发中子情况时数值相当,反应堆控制便显得十分困难,亦即在运行调节过程中应该特别注意避免这种情况的发生。一般建议反应性的突增不大于 0.003 是合理的。

2.3.3.2   负反应性($k < 1$)阶跃变化情况

现在讨论当反应堆的有效增殖因数发生突然下降的情况。这时所有 $T_0, T_1, T_2, \cdots, T_6$ 7 个根都是负值,但是 T_0 具有最大的数值。因而经过一定时间之后,除第一项外,其他各项也都更快地衰减,这时中子数目的衰减便以负的稳定周期 T_0 下降(图 2 - 31)。

当引入很大的负反应性时,T_0 约等于 80 s。因而在引入大的负反应性而突然停堆的情况下,在通量迅速下降、短时间内瞬变项衰减之后,通量将按指数规律下降,其周期不小于 80 s。顺便指出,这个周期决定了反应堆关闭的最大速度。

2.3.4 反应堆周期

在前面一节讨论中知道,在引入反应性的阶跃变化后,中子密度立即发生急剧变化(上升或下降)。当引入 ρ 为正值时,倒时方程有一正根 T_0。式(2 – 215)中除第一项外,其余所有指数项都是随时间而衰减的。因而经过一个很短时间后反应堆的特性便由第一个指数项来决定,中子密度随时间比较缓慢地上升。另外,当引入 ρ 为负值时,所有 T 根都是负的,从而所有指数项都是随时间而衰减的。但是,第一个指数项比其他各指数项衰减得慢 $|T_6| < |T_5| < \cdots < |T_0|$,因而中子密度最终仍是式(2 – 215)中第一项起主要作用。

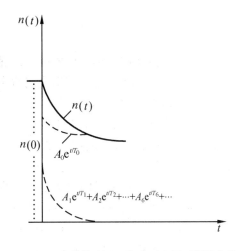

图 2 – 31　反应性阶跃下降时 $n(t)$ 随时间的变化

这样,不论 ρ 是正的还是负的,中子密度的时间特性最终都表现为

$$n(t) \sim \mathrm{e}^{\frac{t}{T}} \tag{2 – 221}$$

当引入反应性为正时,T 为正值,表示中子密度随时间按指数增多;当引入反应性为负时,T 为负值,表示中子密度随时间而衰减。式(2 – 221)中的 T 通常称为反应堆的稳定周期或渐近周期(简称反应堆周期),因为它是当瞬变项作用衰减以后的反应堆周期。

通常还用中子密度的相对变化率直接定义反应堆周期 T,即令

$$T = \frac{n(t)}{\dfrac{\mathrm{d}n}{\mathrm{d}t}} \tag{2 – 222}$$

我们把式(2 – 222)作为 t 时刻反应堆周期的严格定义。可以看出,反应堆周期是一个动态参量,当反应堆的功率水平不变(临界)时,周期为无穷大,只有当功率水平变化时,周期才是一个可测量的有限值。通常测定的是周期的倒数 $\dfrac{\left(\dfrac{\mathrm{d}n}{\mathrm{d}t}\right)}{n}$。实际中测定反应堆周期的仪表是按照式(2 – 222)定义设计的。

正因为反应堆周期的大小直接反映堆内中子增减变化速率,所以在反应堆运行中,特别是在启动或功率提升过程中,对周期的监督十分重要。周期过小(或引入反应性 ρ 过大)时,可能招致反应堆失控。为此,通常在反应堆控制台上都装有专用的周期指示仪表以对周期进行监督。一般都将周期限制在 30 s 以上。与此相对应,堆上还装有周期保护系统。当因操作失误或控制失灵而出现短周期时,保护系统立即自动动作,强迫控制棒插入,以使 k 迅速减小。如果出现更短的周期,则将使安全棒下落,实现紧急停堆。

思　考　题

2－1　简述热中子反应堆内中子的循环过程。

2－2　为什么热中子反应堆中通常选用轻水作为慢化剂?

2－3　解释扩散长度、中子年龄的物理意义。

2－4　简述反射层对反应堆的影响。

2－5　简述反应性负温度系数对反应堆运行安全的作用。

2－6　解释"碘坑"形成的过程。

2－7　什么是反应堆的燃耗深度和堆芯寿期?

2－8　大型压水堆通常采取哪些方法控制反应性?

2－9　简述缓发中子对反应堆的作用。

2－10　简述反应性小阶跃变化时反应堆内中子密度的响应。

习　　题

2－1　求速率为 2 200 m/s 的中子在^{235}U 中的宏观吸收截面。已知:^{235}U 的密度为 18.7 g/cm^3,微观吸收截面为 687 × 10^{-28} m^2。

2－2　反应堆由^{235}U、水和铝组成,其体积百分比分别为 0.2%,60% 和 39.8%;密度分别为 18.7 g/cm^3,1 g/cm^3 和 2.71 g/cm^3;微观吸收截面分别为 6.87 × 10^{-26} m^2,0.33 × 10^{-28} m^2 和 0.23 × 10^{-28} m^2。求能量为 0.025 3 eV 的中子的总宏观吸收截面。

2－3　已知反应堆的功率密度为 20 W/cm^3,宏观裂变截面为 0.05 cm^{-1},每产生 1 W 能量每秒需发生 3.3 × 10^{10} 次裂变,求反应堆的平均热中子通量。

2－4　试计算从无限大平板堆表面泄漏的中子流密度。已知:平板堆的厚度为 150 cm,中子在堆内的平均输运自由程为 2.7 cm,反应堆中心的中子通量为 2 × 10^{12} cm^{-2}·s^{-1}。

2－5　证明:长方体均匀裸堆的中子通量分布为

$$\Phi(x,y,z) = A\cos\frac{\pi x}{a}\cos\frac{\pi y}{b}\cos\frac{\pi z}{c}$$

式中,a,b,c 为长方体的边长。

2－6　在水和^{235}U 组成的球形裸堆中,铀的体积百分比为 0.2%,已知:$\eta = 2.08$,$f = 0.775$,中子年龄 $\tau = 50$ cm^2,$D = 0.223$ cm,$(\Sigma_a)_U = 0.057\ 2$ cm^{-1},$\Sigma_a = 0.073\ 8$ cm^{-1}。试求堆的临界尺寸和^{235}U 的临界质量。

2－7　已知球形裸堆中心处中子通量为 2 × 10^{12} cm^{-2}·s^{-1},根据上题条件计算反应堆功率和热中子泄漏流密度。

2－8　一个立方体石墨慢化反应堆,反射层为厚石墨。已知:$k_\infty = 1.060$,中子年龄 $\tau = 350$ cm^2,堆芯内中子扩散面积 $L_c^2 = 250$ cm^2,反射层内中子扩散度 $L_r = 50$ cm。试求反应堆的临界尺寸及中子平均通量与最大通量之比。

参 考 文 献

[1] 程檀生,钟毓澍. 低能及中高能原子核物理学[M]. 北京:北京大学出版社,1997.

[2] 王子义. 核反应堆中子倍增理论基础[M]. 北京:国防工业出版社,1999.

[3] 谢仲生,张少泓. 核反应堆物理理论与计算方法[M]. 西安:西安交通大学出版社,2000.

[4] 凌备备. 核反应堆工程原理[M]. 2 版. 北京:原子能出版社,1989.

[5] RONALD A K. Nuclear engineering[M]. Washington D C:Hemisphere Publishing Corporation,1992.

[6] RAYMOND L M. Nuclear reactor physics[M]. Upper Saddle River:Prentice-hall, Inc. ,1957.

[7] ALLAN F H. Nuclear reactor analysis[M]. Massa chu setts:MIT Press,1975.

[8] 张法邦,吴清泉. 核反应堆运行物理[M]. 北京:原子能出版社,2000.

第3章 核反应堆结构与材料

3.1 压水堆结构

3.1.1 概述

压水堆的结构形式多种多样,其结构特性要满足物理设计和热工设计的基本要求,既要保证可控的裂变链式反应可靠地进行,又要把裂变产生的热量及时地带出。虽说不同类型的压水堆都有各自的特点,但一般来讲,它主要由反应堆压力容器、堆芯、堆芯支撑结构、控制棒驱动机构等组成。

反应堆的外壳称为压力容器,它是反应堆的一个很重要的部件,运行在很高的压力下,容器内布置着堆芯和若干其他内部构件。压力容器上带有若干个接口管嘴,作为冷却剂的进出口接管,整个容器由出口管嘴下部钢衬与混凝土基座支撑。可移动的上封头用螺栓与筒体固定,筒体与上封头之间由两道 O 形密封圈密封。上封头有几十个贯穿件,用于布置控制棒驱动机构、堆内热电偶出口和排气口等。

堆芯支撑结构由上部支撑结构和下部支撑结构组成。吊篮以悬挂方式吊在压力容器上部的支撑凸缘上,吊篮与压力容器之间形成一个环形腔,称为下降段。冷却剂从入口管嘴进入反应堆,沿下降段流到压力容器下腔室,然后折返向上通过堆芯,在堆芯内吸收核裂变产生的热量,再经由上栅格板、上腔室,经出口管嘴流出。图3-1是一个典型压水堆的纵剖面图。从反应堆流出的冷却剂通过蒸汽发生器将热量传递给二回路侧的水。经冷却的水从蒸汽发生器出来后,经由主泵唧送回堆芯,以此往复循环。

在反应堆堆芯内,冷却剂流量的主要部分用于冷却燃料元件,其中有一小部分旁通流量用来冷却上腔室、上封头和控制棒导向管,使这些地方的水温接近冷却剂入口温度,防止上封头内产生蒸汽。

反应堆堆芯是放置核燃料,实现持续的受控链式反应,从而释放出能量的关键部分。因此,堆芯结构性能的好坏对核动力的安全性、经济性和先进性有很大的影响。一般来说,它应满足下述基本要求:

① 堆芯功率分布应尽量均匀,以便使堆芯有最大的功率输出;
② 尽量减小堆芯内不必要的中子吸收材料,以提高中子经济性;
③ 有最佳的冷却剂流量分配和最小的流动阻力;
④ 有较长的堆芯寿命,以适当减少换料操作次数;
⑤ 堆芯结构紧凑,换料操作简便。

反应堆堆芯位于压力容器内低于进出口管嘴处,根据反应堆的功率不同,堆芯内装有不同数量的燃料组件,压力容器和堆芯的断面如图3-2所示。目前大型压水堆的燃料组件都不设组件盒,冷却剂可以产生横向搅混。堆芯周围由围板包围,围板固定在吊篮上,吊篮外侧固定着

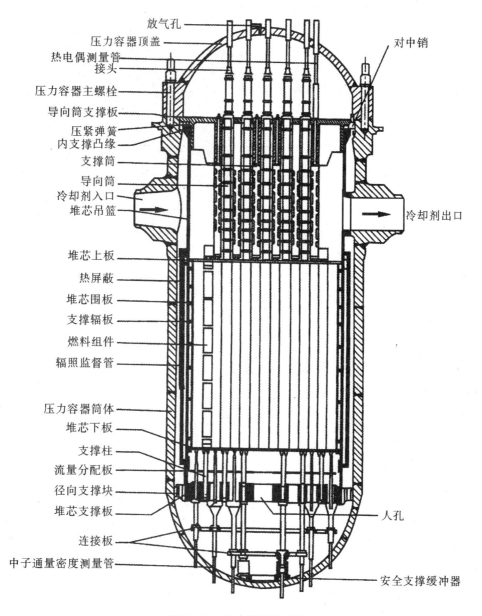

放气孔
压力容器顶盖
热电偶测量管
接头
压力容器主螺栓
导向筒支撑板
压紧弹簧
内支撑凸缘
支撑筒
导向筒
冷却剂入口
堆芯吊篮
对中销
冷却剂出口
堆芯上板
热屏蔽
堆芯围板
支撑辐板
燃料组件
辐照监督管
压力容器筒体
堆芯下板
支撑柱
流量分配板
径向支撑块
堆芯支撑板
连接板
中子通量密度测量管
人孔
安全支撑缓冲器

图 3 – 1　压水堆的纵剖面

热屏蔽,用以减少压力容器可能遭受的中子辐照。

在压水堆中,所有燃料组件内都设有控制棒导向管,约 1/3 的燃料组件的控制棒导向管内布置有控制棒。其他燃料组件的控制棒导向管内布置可燃毒物棒和中子源棒。凡不布置控制棒、可燃毒物棒或中子源棒的导向管,均用节流棒安插在导管内以减少冷却剂旁流,这种棒称为阻力塞。控制棒组件从上部插入堆芯实现反应性控制和停堆。组件中心的仪表管允许从压力容器底部将堆内中子通量测量探头伸入组件内任意高度。

核反应堆运行周期之初,核燃料所具有的产生裂变反应的潜力(称为后备反应性)很大,必须妥善地加以控制。通过在作为慢化剂和冷却剂的水中加硼酸的方式可以控制部分后备反应性,在运行中可以通过调节硼浓度来补偿反应性的慢变化。为了补偿由于负荷、温度变化而引起的反应性的较快变化,以及提供反应堆的停堆能力,反应堆必须布置一定数量的控制棒组件。压水堆一般都采用控制棒组件来控制反应性。反应堆紧急停堆时,控制棒组件会依靠重力快速落入堆芯。

在堆芯内一般还布置一定数量的可燃毒物棒,目的是补偿堆芯的部分后备反应性,使冷却剂中的硼浓度减小,让慢化剂温度系数始终为负值。

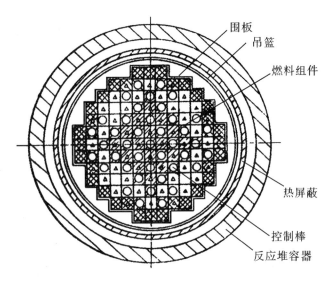

图 3 - 2 压力容器和堆芯的断面

为了启动反应堆,在堆芯内必须布置中子源。中子源有初级中子源和次级中子源两种:初级中子源提供首次装料后反应堆启动所需的中子;次级中子源在反应堆运行中被活化,使一些物质不断产生中子,为反应堆的再启动提供中子源。

3.1.2 反应堆压力容器

反应堆压力容器是用来固定和包容堆芯、堆内构件的,使核燃料的裂变链式反应限制在一个密封的金属壳内进行。一般把燃料元件包壳称为防止放射性物质外逸的第一道屏障,把包容整个堆芯的压力容器及一回路管路系统称为第二道屏障。

压力容器外形尺寸大、质量大,加工制造技术难度大,特别是随着核电站单堆容量增大,压力容器的尺寸也越来越大。例如,电功率为 1 200 MW 的核电站,其压力容器高 13.3 m,内径 5 m,壁厚 240 mm,质量达 540 t。由于锻件大,主焊缝厚达 200 ~ 300 mm,因此焊接质量和检验工序复杂,在制造过程中需进行反复热处理和反复探伤检验。

压力容器在核安全设计标准中是安全一级的设备,它在事故状态下的可靠性和完整性是核反应堆安全的重要保证。正确地选择材料是保证反应堆压力容器安全的关键之一,必须根据它的工作条件和制造工艺选材,才能确保安全合理。选材原则是:① 要保证材质纯度,要求材质中的硫化物、氧化物等非金属杂质尽量少;磷和硫含量及低熔点元素含量尽量低,且分布均匀。② 材料应具有适当的强度和足够的韧性,脆性断裂是反应堆压力容器最严重的失效形式,材料对脆性断裂的基本抗力是材料的韧性,保证并尽力提高材料的韧性是防止脆性断裂的根本途径。③ 材料应具有低的辐照敏感性,反应堆压力容器由于受中子辐照的影响,提高了材料的强度,但降低了塑性,因而加剧了脆性破坏的可能性,为了防止出现脆性破坏,应控制和降低材料的辐照脆化倾向。④ 导热性能好,在温度变化时热应力较小。⑤ 便于加工制造,成本低廉。

当前压水堆的压力容器材料普遍选用低合金钢。低合金钢及其焊缝在快中子积分通量大于 10^{18} cm^2 的辐照后,脆性转变温度明显升高,这是危及反应堆压力容器安全性的重要因素。改善低合金钢抗辐照脆化能力的主要措施有严格限制铜、磷两种元素的含量;添加少量铝、钒、铬、铂、镍等元素;减少钢的辐照损伤。

反应堆压力容器由容器本体及用双头螺栓连接的反应堆容器顶盖组成。反应堆容器由低合金锻钢环形锻件焊接而成。这些无纵焊缝的单个环形锻件用环焊连成一体,便构成了压力容器。反应堆压力容器包容堆内构件、堆芯,以及作为冷却剂和慢化剂的水。为了防止锈蚀,凡是与水接触的容器内表面,都堆焊不锈钢覆面层,其厚度不小于 5 mm。

图 3 - 3 所示为法马通公司 900 MW 核电站压水堆压力容器本体结构,它由反应堆容器顶盖和压力容器筒体两部分组成。下面分别介绍这两部分的结构形式。

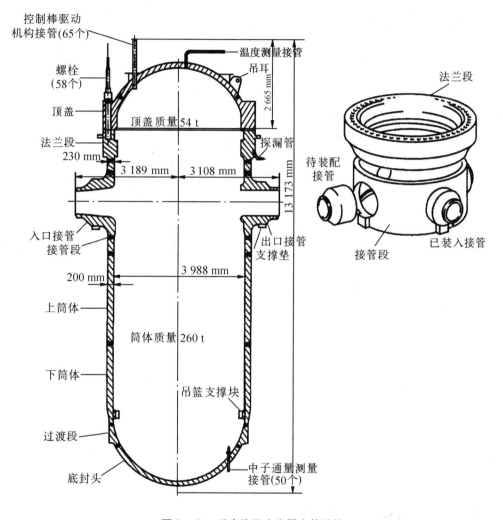

图 3 - 3　反应堆压力容器本体结构

3.1.2.1　反应堆压力容器顶盖

反应堆压力容器顶盖由顶盖法兰和顶盖本体焊接成一个整体。

1. 顶盖法兰

该法兰上钻有若干个螺栓孔,法兰支撑面上有两道放置密封环用的槽。

2. 顶盖本体

压水堆一般都采用半球形顶盖,半球形顶盖用板材热锻成形。焊在顶盖上的部件有吊耳、控制棒驱动机构管座和温度测量接管等。

3.1.2.2 压力容器筒体

压力容器筒体从上而下由以下几个部分组成。

1. 法兰段

在法兰上,钻有若干个未穿透的螺纹孔。法兰段上还包括:① 与反应堆容器顶盖匹配的不锈钢支撑面。② 一根泄漏探测管。为了能进行探漏,这根管子倾斜穿过法兰后,头部露出在两只 O 形密封环之间的支撑面上。内密封环的泄漏是由引漏管线上的一台温度传感器进行探测的。当反应堆在额定功率下稳态运行时,内密封环不允许泄漏;在启动和停堆时,内密封环允许的最大泄漏率为 20 L/h。若泄漏率大于 20 L/h 或泄漏流温度高于 70 ℃ 时,反应堆容器就应加以检查。外密封环也要经常进行目视检查,以便查出其可能发生的泄漏。③ 一个支撑台肩,用来挂吊篮。

2. 接管段

反应堆的进出水口从这里引出,根据一回路环路数量的不同有不同的接口数,例如两个环路就有 4 个接口。由于筒体的这一部分开有大的接口,为了强度补偿,这一部分筒体较厚。出口接管的内侧有一节围筒,使出口接管与堆芯吊篮开口之间形成连续过渡。每个接管的外端焊一段不锈钢接管,这样可以在现场把一回路管道与压力容器接管焊接相连。

3. 筒身段(也称堆芯包容环段)

这部分由上筒体和下筒体两段组成。在筒身段的下部,由因科镍合金制成的导向键焊在内表面上,用来给堆内构件导向并限制位移。

4. 过渡段

过渡段把半球形的下封头和容器的筒体段连接起来。

5. 下封头

由热轧钢板锻压成半球形封头。下封头上装有几十根因科镍导向套管,为堆内中子通量测量系统提供导向,利用部分穿透焊工艺将导向套管焊在下封头内。

3.1.2.3 反应堆容器支撑结构

根据反应堆压力容器在电站或舰船上所处的位置,各自采用不同的支撑结构。早期的压力容器底部无通量测量装置,在堆的底部设有压力容器支撑裙,将支撑裙焊在压力容器的下封头或接管段上,利用支撑裙和支撑柱将压力容器定位。近代压水堆的压力容器较早期的有所增大,并采用上进上出的回路连接,下封头设有中子通量测量管,需要较大的下堆腔。因此,在核电站中,在压力容器支撑结构上取消了支撑裙而利用冷却剂进出口的接管作为压力容器的支撑,整个压力容器依靠接管和与接管相连的钢垫支撑在混凝土的基础上。支撑结构采用强迫通风冷却,使混凝土的表面温度低于允许值。此外,为了减少压力容器热应力及散热损失,压力容器的表面包覆一层绝热材料。

3.1.3 反应堆堆内构件

反应堆堆内构件包括吊篮部件、压紧部件、堆内温度测量系统和中子通量测量管等。堆内构件的作用如下:

① 使堆芯燃料组件、控制棒组件、可燃毒物组件、中子源组件和阻力塞组件定位及压紧，以防止这些组件在运行过程中移动；

② 保证燃料组件和控制棒组件对中，对控制棒组件的运动起导向作用；

③ 分隔堆内冷却剂，使冷却剂按一定方向流动，以导出堆芯热量，冷却堆内各部件；

④ 固定和引导堆芯温度和中子通量测量装置，补偿堆芯和支撑部件的膨胀空间；

⑤ 减弱中子和 γ 射线对压力容器的辐照，保护压力容器，延长压力容器的使用寿命。

下面分别介绍这些部件的结构形式和作用。

3.1.3.1　堆芯下支撑构件

堆芯下支撑构件位于反应堆压力容器封头的下端，它包括吊篮筒体、下栅格板组件、围板和辐板组件、热屏蔽组件和吊篮防断支撑。图 3 - 4 所示为堆芯下支撑构件结构图。

1. 吊篮筒体

吊篮筒体是圆筒形不锈钢构件。它由吊篮筒身、吊篮上法兰、出口水密封法兰和吊篮底板等部分组成。

吊篮筒体的上法兰悬挂在压力容器的内壁支撑凸缘上，当筒体受热后可以向下自由膨胀，同时也便于把筒体的法兰压紧在压力容器法兰的支撑台肩上。吊篮上法兰周边开有 4 个均匀布置的方形槽孔，由 4 个方形键将吊篮部件和压紧部件与压力容器定位。这样，可以保证燃料组件和控制棒驱动机构良好的对中，并限制吊篮部件周向转动。为了防止吊篮下部因水力冲动等原因可能造成的移动，故在吊篮筒体下端底板外表面沿圆周方向留有 4 个对称的定位键，它与固定在压力容器筒体内壁的 4 个凸缘键槽相配作为辅助定位支撑，以限制吊篮底部的摆动。

2. 下栅板组件

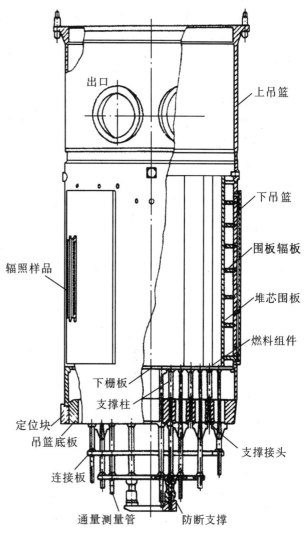

图 3 - 4　堆芯下支撑构件

下栅板组件由吊篮底板、流量分配板、堆芯下栅板和可调整的支撑柱组成。堆芯的燃料组件直立在堆芯下栅板上，每个燃料组件下端的定位销孔与堆芯下栅板上的定位销相配，使燃料组件在堆芯内精确定位。下栅板上开有许多流水孔道，以保证水流过燃料元件。为了提高下栅板的刚性和保持板面的平直，在下栅板与吊篮底板之间设有一定数目的可调整支撑柱。堆芯下栅板通过其周边的 4 个均匀布置的定位键槽与吊篮定位。根据热工水力要求，在堆芯下栅板与吊篮底板之间设有流量分配板,以使冷却剂按一定流量分配要求去冷却燃料元件。

3.围板、辐板组件

围板、辐板组件是指围在堆芯外边缘燃料组件周围的板,围板、辐板组件由直角曲折形状的围板和几块沿轴向直角曲折形成的辐板组成。其间用螺钉连接,并座装在堆芯的下栅板的固定位置上,以此将堆芯包围起来,以保证冷却剂流经燃料组件,有效地将热量带出堆外。围板外围的水层起反射层作用。

4.热屏蔽组件

热屏蔽组件是具有一定厚度的不锈钢圆筒,它吊挂在吊篮位于堆芯部位的筒体外壁上。根据设计需要,可以设置一层或两层,它的作用是与吊篮筒身一起,屏蔽来自堆芯的中子和γ射线,以减少中子和γ射线对压力容器的辐照损伤。较大功率的动力堆也有设置局部热屏蔽或不设置热屏蔽的。

热屏蔽上部内壁焊有沿圆周均匀布置的6个扇形不锈钢块,与吊篮筒体外壁的相应6个扇形块用螺栓刚性连接,采取吊挂固定方法;其下端与焊接在吊篮下部的8个挠性弯杆焊接在一起。在热态时,筒体膨胀,挠性杆允许沿轴向和径向有一定的膨胀位移,以补偿热屏蔽和吊篮热膨胀差额,避免吊篮、热屏蔽组件因膨胀而损坏。

5.防断支撑组件

防断支撑组件是一个安全保护装置,它由支柱、缓冲器、防断中板和防断底板所组成。它是防止吊篮断裂事故的保护部件。在结构布置上使防断支撑的底板与反应堆压力容器底面之间在热态时仍保持十几毫米的间隙,一旦吊篮组件发生断裂,堆芯突然垂直下落时,4只缓冲器靠其产生拉伸变形耗去冲击能量,以防压力容器受撞击而损坏。当吊篮断裂垂直下落后,防断底板对压力容器内壁相对位移为十几毫米,这也相当于控制棒从反应堆堆芯抽出同样的高度,而这个抽出高度引起的反应性变化不至于造成反应堆超临界事故。

3.1.3.2 堆芯上支撑构件

堆芯上支撑构件也称压紧部件。图3-5示出了堆芯上支撑构件结构图。它包括压紧支撑组件、导向筒组件及压紧弹簧等。该构件主要用来压住燃料组件,以防止燃料组件因水力冲击发生上下窜动;同时对控制棒起导向作用并引导冷却剂流出堆芯。上支撑构件通常组装成一个整体,以便在反应堆装卸燃料时整体吊装。堆芯上支撑结构承受的轴向载荷,通过上栅格板和支撑筒传给上支撑板和反应堆顶盖,而横向载荷则由支撑筒分配给上支撑板和上栅格板。因此,上支撑板也是堆内的一个重要受力构件,它应具有良好的刚性和足够的强度。上支撑构件由以下几部分组成。

1.压紧支撑组件

压紧支撑组件由压紧顶帽、支撑筒、控制棒导向筒和堆芯上栅板等组成。压力容器上主螺栓的拧紧力通过压紧支撑组件传给燃料组件上管座的弹簧,从而将燃料组件压紧。

压紧支撑组件的上端称为压紧顶帽,压紧顶帽有帽式,也有平板式。平板式较易加工;帽式受力刚性较好,可减少压紧顶板的厚度。因此,一般选用帽式较多。

堆芯上格板是一个较薄的圆板,板上设有导向筒组件的定位销孔。上格板的流水孔和下栅板一样,它们都与每个燃料组件的位置一一对应。此外,上格板设置有向下的定位销以压配每个燃料组件上管座的定位孔,使燃料组件上端压紧定位。

支撑筒是压紧顶帽和堆芯上格板之间的连接件。它的作用是使两板保持一定距离,并传递

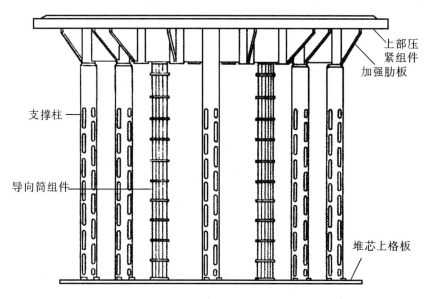

图 3 - 5　堆芯上支撑构件结构图

机械载荷。

2. 导向筒

导向筒内装有导向活塞,当控制棒组件在堆内上下抽插时导向筒起导向作用。要求导向筒有精确的对中尺寸,不允许将控制棒卡住或别弯。它由不锈钢管装配而成,因为尺寸长、装配精度要求高,所以加工制造难度较大。

3. 压紧弹簧

压紧弹簧放置在吊篮筒体上法兰和压紧顶板之间,依靠压力容器顶盖上的主螺栓所产生的压紧力使吊篮和压紧部件轴向固定。同时利用压紧弹簧补偿吊篮和压紧部件的机械加工公差和装配公差,补偿堆内构件热胀和冷缩造成的尺寸偏差及承受水力冲击等产生的附加作用力。

堆芯组装时,先把堆芯下支撑结构吊入压力容器内;同时也把燃料组件装入堆芯,再把压紧弹簧放在吊篮的法兰面上;然后再将堆芯上支撑结构压在环形弹簧上,这时便可盖上堆顶盖。压力容器法兰在均匀分布的大螺栓的锁紧力作用下,使吊篮和堆芯上支撑结构轴向固定。环形弹簧靠它自身的弹性变形来补偿吊篮因装配公差或堆内水力冲击、动载荷、受热不均等产生的附加作用力。

3.1.4　燃料组件

由若干个燃料元件棒组装成的便于装卸、搬运及更换的棒束组合体称为燃料组件,燃料组件在往堆内装载和从堆内卸出的过程中是不拆开的一个整体。压水堆的燃料组件在堆芯中处在高温、高压、强中子辐照、冲刷和水力振动等恶劣条件下长期工作,因此燃料组件性能的好坏直接关系到反应堆的安全可靠性、经济性和先进性。压水反应堆普遍采用低浓铀燃料、弹簧定位格架、无盒的棒束燃料组件。燃料组件由燃料元件棒、定位格架、组件骨架等部件所组成。元

件棒可按 14×14,15×15 或 17×17 排列成正方形的栅格;每个组件设有 $16 \sim 24$ 根控制棒导向管,组件的中心位置为中子通量测管,其余为燃料元件棒的位置。

目前电站压水堆普遍采用 17×17 排列的燃料组件,每个组件有289个栅元,设有24根控制棒导向管和一根堆内中子通量测量管,其余264个栅元装有燃料棒。整个棒束沿高度方向设有 $8 \sim 10$ 层弹簧定位格架,将元件棒按一定间距定位并构成一束。图 3 – 6 给出了典型的燃料组件结构图。

导向管和通量测量管与弹簧定位格架连接成一个刚性的组件骨架结构,元件棒就插入骨架内。骨架上、下端的部件称为上、下管座。上、下管座均设有定位销孔,燃料组件装入堆芯后依靠这些定位销孔与堆内上、下支撑板上的定位销钉相配,使组件在堆芯中按一定间距定位。上管座装有压紧弹簧,通过支撑板将燃料元件压紧,防止冷却剂冲刷使燃料元件上下窜动。燃料组件可分成燃料元件棒和骨架结构两个部分。下面分别介绍核燃料元件棒和骨架的具体结构特点。

3.1.4.1 燃料元件棒

图 3 – 7 所示为压水堆燃料元件棒的典型结构,它由燃料芯块、燃料包壳管、压紧弹簧、上下端塞等几部分组成。

燃料元件棒是堆芯的核心构件,是核裂变链式反应的发生地,也是核动力的热源。为了确保燃料元件棒在整个寿期内的完整性,必须限制燃料和包壳的使用温度。用 UO_2 作燃料的芯块,其最高工作温度应低于 UO_2 的熔点。在目前的设计中,一般取使用温度 $2\,500 \sim 2\,600\ ℃$,锆合金包壳的工作温度限制在 $350\ ℃$ 以下。

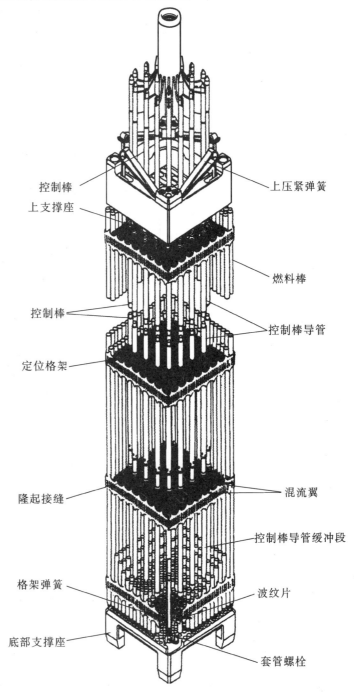

控制棒
上支撑座
控制棒
定位格架
隆起接缝
格架弹簧
底部支撑座
上压紧弹簧
燃料棒
控制棒导管
混流翼
控制棒导管缓冲段
波纹片
套管螺栓

图 3 – 6 典型的燃料组件结构图

UO$_2$ 芯块放置在锆 - 4 合金包壳管中,装上端塞,把燃料芯块封焊在里面,从而构成燃料元件棒。包壳既保证了燃料元件棒的机械强度,又将核燃料及其裂变产物包容住,构成了强放射性的裂变产物与外界环境之间的第一道屏障。

燃料元件棒内有足够的预留空间和间隙,可以容纳燃料裂变时释放出的裂变气体,允许包壳和燃料有不同的热膨胀,保证包壳和端塞焊缝都不会超过允许应力。间隙内充填一定压力的氦气,以改善间隙内的热传导性能。

在燃料芯块柱的两端装有隔热块,以防止燃料产生的热量向两端传出。在燃料芯块柱与上部端塞之间装有一个不锈钢螺旋形压紧弹簧,以防止运输或操作过程中芯块在包壳管内窜动。

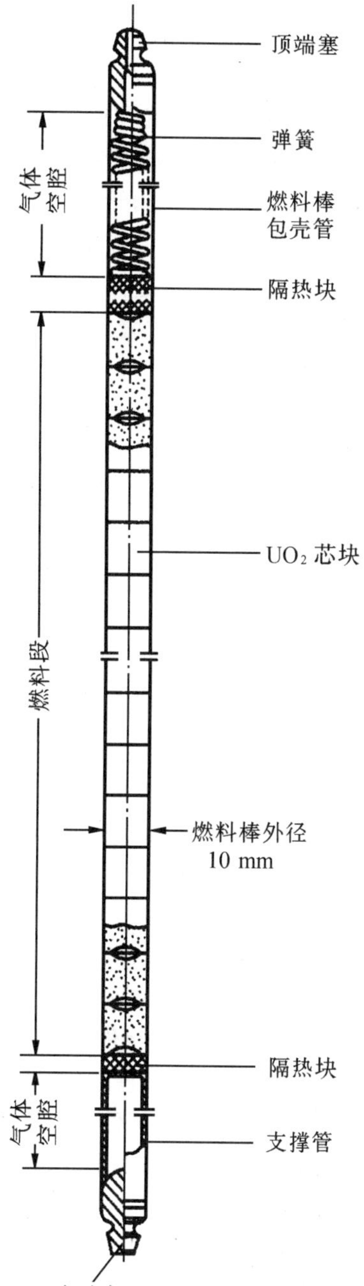

堆芯具有很高的功率密度,为防止元件过热,必须保证元件棒能获得充分的冷却,同时还必须限制堆内燃料元件的最大表面热流密度,实践中通常限定燃料元件棒单位长度发热率。下面分别讨论燃料元件各部分特性。

1. 燃料芯块

燃料芯块设计要综合考虑物理、热工、结构等方面的因素,燃料芯块由低富集度的 UO$_2$ 粉末经冷压后烧结而成,经滚磨成一定尺寸的圆柱体。芯块在高温和辐照作用下会发生不均匀的肿胀,使燃料芯块形成沙漏形,从而使燃料元件变成竹节状,如图 3 - 8 所示。为了解决这一问题,燃料芯块一般都做成两端浅碟形加倒角。另外,为获得合适的芯块显微结构,采用粉末压制的制块工艺并加入一些制孔剂,使烧结后的芯块内部存在一些细孔,既可以容纳绝大部分裂变气体,又使芯块致密化效应减小。这些对于防止燃料芯块的辐照肿胀引起包壳蠕变,导致包壳破损都有明显的效果。

UO$_2$ 芯块容易从它的周围吸收水分,在反应堆启动后,燃料吸收的水分将释放出来,并在辐照作用下分解为氢氧根离子和氢离子,其中氢离子被锆合金吸收形成氢化锆,使材料性能变脆,而产生氢脆效应。许多反应堆内都曾发生过锆的氢脆破坏,因此应该控制芯块的含水量。

2. 芯块密度

芯块的密度对导热系数有很大影响,所以为了使芯块的温度下降,希望密度高,但是在高燃耗的情况下,为了减小肿胀需要有气孔,这种情况下低密度芯块有好处。现代压水堆一般取 95% UO$_2$ 理论密度为芯块的密度。

在径向温度梯度和辐照的影响下,燃料芯块出现收缩,导致燃料密实化,从而造成燃料包

图 3 - 7　燃料元件棒

壳的塌陷。一般来说,燃料密实化的速率取决于燃料的气孔尺寸、密度和晶粒大小等因素。

3.集气空腔和充填气体

芯块和包壳间留有轴向空腔和径向间隙,它们的作用是补偿芯块轴向的热膨胀和肿胀;容纳从芯块中放出的裂变气体,把由于裂变气体造成的内压上升限制在适当的值,以避免包壳或密封焊接处的应力过大。此外,为了降低运行过程中包壳管的内外压差,防止包壳管的蠕变塌陷和改善燃料元件的传热性能,现代压水堆燃料元件棒设计都采用了预充压技术,即在包壳管内腔预先充有 3 MPa 的惰性气体氦,当燃料元件棒工作到接近寿期终了时,包壳管内氦气加上裂变气体的总压力同包壳管外面冷却剂的工作压力值相近。

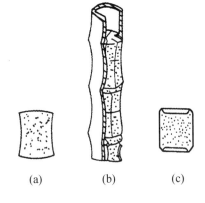

图 3 - 8   辐照变形后的燃料芯块和燃料元件
(a)沙漏状芯块;(b)竹节状元件;
(c)新燃料芯块

4.燃料元件包壳

目前压水堆燃料元件包壳管几乎都是用锆 - 4 合金冷拉而成的。燃料元件包壳的外径一般是根据设计要求定出的,同时还要考虑水铀比等各种因素。压水堆燃料元件包壳的壁厚主要从结构强度和腐蚀两方面考虑。元件是靠包壳本身的强度来抵抗冷却剂的外压,不发生塌陷而保持其形状。随着燃耗的加深,包壳管因燃料肿胀和裂变气体压力而造成的周向变形不应超过设计标准所确定的极限值。

另外要注意下面两点:① 燃料包壳到燃料寿期末的吸氢量不得超过容许值(不应高于 600 mg/kg);② 包壳的腐蚀量不得大到破坏包壳材料完整性程度。元件棒寿期末包壳壁最大腐蚀穿透深度应低于其原来壁厚的10%,或限制氧化层的最大厚度不超过 3 μm。

包壳管内壁和燃料芯块的径向间隙的大小与导热系数有密切关系,所以它是影响芯块温度的重要因素。而芯块的各种特性,如导热系数、裂变气体的释放、蠕变和塑性变形等都随着温度的变化而变化,因此间隙大小必须设计得当。

3.1.4.2   燃料组件的骨架结构

17 × 17 型燃料组件的骨架结构,由定位格架、控制棒导向管、中子通量测量管、上管座和下管座等组成。这些部件组装在一起形成了组件的骨架,保证燃料组件有一定的强度和刚性。下面分别介绍燃料组件中骨架结构的各部件。

1.定位格架

在燃料组件中,沿长度方向布置8 ~ 10层定位格架,这种定位格架使元件棒的间距在组件内得以保持。格架的夹紧力设计成可使振动磨蚀达到最小,又允许有不同的热膨胀滑移,还不致引起包壳的超应力。

定位格架由锆 -4合金或因科镍合金条带制成,呈17×17正方栅格,条带的交叉处用电子束焊双边点焊连接。外条带比内条带厚,内条带的端部焊在外条带上。定位格架能在运输及装卸操作过程中很好地保护燃料棒。

图3 -9为定位格架结构图,在格架栅元中,燃料棒的一边由弹簧施力,另一边顶住锆合金条带上冲出的两个刚性凸起,两边的力共同作用使棒保持在中心位置。弹簧力是由跨夹在锆合金条带上的因科镍718制成的弹簧夹子产生的,弹簧夹子由因科镍718片弯成开口环而制成,

然后把夹子跨放在条带上夹紧定位,并在上下相接面上点焊。控制棒导向管占有一个栅元,它与定位格架点焊相连。

在格架的四周外条带的上缘设有导向翼,并要避免装卸操作时相邻组件格架的相互干扰。在高通量区的格架(即从下至上第 2 至第 7 个格架)在内条带上还设置搅混翼片,以促进冷却剂的混合,有利于燃料棒的冷却和传热。

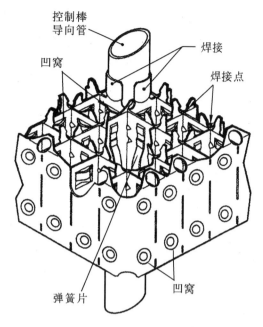

图 3 - 9　　定位格架结构图

2. 控制棒导向管

在标准的 17 × 17 燃料组件中,导向管占据 24 个栅元,它们为控制棒插入和抽出提供导向的通道。导向管由锆 - 4 合金管子制成,其下段在第一和第二个格架之间处直径缩小。在紧急停堆时,当控制棒在导向管内接近行程底部时,缩径将起缓冲作用,缓冲段的过渡区呈锥形,以避免管径过快变化。在过渡区上方开有流水孔,在正常运行时有一定的冷却水流入管内进行冷却,而在紧急停堆时水被部分地从管内挤出,以保证控制棒的下落速度限制在最大的容许速度之内。缓冲段以下,在第一层格架的高度处,导向管扩径至正常管径,使这层格架与上面各层格架以相同的方式与导向管相连。

3. 中子通量测量管

放在燃料组件中心位置的中子通量测量管是用来容纳堆芯中子通量探测器的套管。中子通量测量管由锆 - 4 合金制成,直径上下一致,它与定位格架的固定方法和控制棒导向管相同。

4. 下管座

下管座是一个正方形箱式结构,它是燃料元件棒的底座,同时还对流入燃料组件的冷却剂起着流量分配的作用。下管座由四个支撑脚和一块方形孔板组成,都用 304 型不锈钢制造。方形孔板上的开孔布置,既要起冷却剂流量分配的作用,又不能使燃料棒穿过孔板。

导向管与下管座的连接借助导向管端部的螺纹塞头来实现。螺纹塞头旋紧在锆合金端塞的螺孔中,将导向管锁紧在下管座内,为了防止螺母松动,螺母上紧后要施焊。

组件自身重力和施加在组件上的轴向载荷,经导向管传递,通过下管座分布到堆芯下栅格板上。燃料组件在堆芯中的正确定位由支撑脚上的定位孔来保证,这些定位孔和堆芯下栅格板上的定位销相配合,作用在燃料组件上的水平载荷同样通过定位销传送到堆芯支撑结构上。

5. 上管座

上管座是一个箱式结构,它由承接板、围板、定板、4 个板弹簧和相配的零件组成。除了板弹簧和它们的压紧螺栓用因科镍 718 制造之外,下管座的所有零件均用 304 型不锈钢制造。

承接板呈正方形,它上面加工了许多长孔让冷却剂流过,加工成的圆形孔用于与导向管相连。承接板起燃料组件上格板的作用,既能使燃料保持一定的栅距,又能防止燃料棒从组件中向上弹出。图3-10为燃料组件上管座结构图。

导向管的上端与承接板相配,并用一个不锈钢钉锁住,用导向管与下管座连接的同样方法固定。通过这种连接,作用在燃料组件上的任何轴向载荷都均匀地分布在导向管上。

管座的围板是正方形薄壁壳体,它组成了管座的水腔。顶板是正方形中心带孔的方板,以便控制棒束通过管座插入燃料组件的导向管。顶板的对角线上有两个带有直通孔的凸台,它们使燃料组件顶部定位和对中。与下管座相似,上管座顶板上的定位孔与堆芯上格板的定位销相配。

4个板弹簧通过锁紧钉固定在顶板上,弹簧的形状为向上弯曲凸出,而自由端弯曲朝下插入顶板的键槽内。当堆内构件装入堆内时,在堆芯上格板的压力下引起弹簧挠曲而产生的压紧力将足以抵消冷却剂的水流冲力。当燃料组件在制造厂内搬动和运往使用现场的运输过程中,上管座也为燃料组件的相关部件提供保护。

单根燃料元件刚性很差,为此要将它们组装成燃料组件。全部组件重力最后均由上下管座和导管承受,即

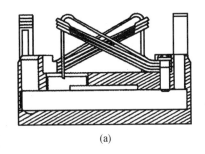

(a)

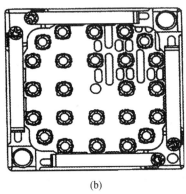

(b)

图3-10 燃料组件上管座结构图

便如此,燃料组件仍然是非常脆弱的,操作中必须处于垂直状态,且不能经受大的冲击。要将燃料组件改变为平躺状态,必须采用专门的托架。

3.1.4.3 控制棒组件

控制棒组件是核反应堆控制部件。在正常运行情况下,用它启动、停堆、调节反应堆的功率;在事故情况下,依靠它快速下插,致使反应堆在极短的时间内紧急停堆,从而保证反应堆的安全。

图3-11示出了一个控制棒组件。控制棒组件包括一组24根吸收棒和用作吸收棒支撑结构的星形架;星形架与安置在反应堆容器封头上的控制棒驱动机构的传动轴相啮合。每一个控制棒组件有其本身的驱动系统,可单独动作或若干个控制棒组件编组动作。

控制棒组件的数目能保证在紧急停堆时,即使有一个组件不能动作亦能安全停堆,它在电站运行时能按适当的功率分布控制堆功率。设计要保证在控制棒组件或其驱动机构的任何零部件发生故障时,组件都不会从堆芯弹出。控制棒组件的设计寿命一般为15年。控制棒组件一般由以下两部分组成。

1. 星形架

星形架由中心毂环、翼片和下部呈圆筒形的指状物等组成,它们之间用钎焊相连接。毂环上端加工有多道凹槽,以便与传动轴相啮合并供吊装用。与毂环底端成整体的圆筒中设置有弹簧组件,以便在紧急停堆时,当控制棒组件与燃料组件上管座的连接板相撞击时吸收冲击能量。

固定弹簧用的螺柱及弹簧托环与毂环之间用螺纹连接,然后施焊,以保证运行时无故障。除弹簧及其支撑环以外,星形架的所有部件均用304型不锈钢制造。图3-11示出了控制棒组件用的星形架结构。控制棒固定在星形架的指状物上,棒与指状物之间先用螺纹连接,然后用销钉锁紧,最后将销钉焊接固定,以保证无运行故障。

2.控制棒

目前,压水反应堆控制棒通常以银 - 铟 - 镉合金(质量分数分别为 80%、15% 和 5%)作为吸收体,做成细棒状,并用不锈钢作为包壳。每个控制棒组件带有 24 根控制棒,每根控制棒插在燃料组件的导向管内,依靠星形架连接成一束,由一台控制棒驱动机构传动,使控制棒在导向管内上下移动。

控制棒的下端塞呈子弹头形状,以便在控制棒组件移动时,控制棒会平稳地导向进入燃料组件中的导向管。当控制棒组件完全从堆芯抽出时,控制棒的总长度能够保证棒的下端仍保持在导向套管之内,使控制棒和导向管保持对中。控制棒的上端塞具有螺纹端头,以便与星形架的指状物相连接。

控制棒组件的优点:① 棒径小、数量多,吸收材料均匀分布在堆芯中,使堆芯内中子通量及功率分布更为均匀。②由于单根控制棒细而长,增大了挠性,在保证控制棒导向管对中的前提下,可相对放宽装配工艺要求,而不致引起卡棒;而且由于提高了单位质量和单位体积内控制棒材料的吸收率,大大减少了控制棒的总质量。③ 因为棒径小,所以控制棒提升时所留下的水隙对功率

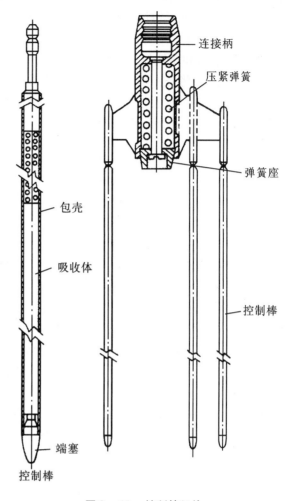

图 3 – 11　控制棒组件

分布畸变影响小;不需另设挤水棒,从而简化了堆内结构,降低了反应堆压力容器的高度。

根据运行要求,控制棒组件分为调节棒和安全棒两组。调节棒组件主要用来调节负荷,抵消部分剩余反应性,补偿运行时各种因素引起的反应性波动。安全棒组件在正常运行工况下提到堆芯之外,当发生紧急事故时,要求在短时间(约为 2 s)内迅速插入堆芯而停堆。此外,控制棒组件应能抑制反应堆可能出现的氙振荡。

3.1.4.4　可燃毒物组件

压水堆中采用硼溶液化学控制可减少控制棒的数量,降低反应堆的功率峰值因子,加深卸料燃耗。但当慢化剂温度升高时,液体毒物硼将随水的体积膨胀而被排出堆芯,如果硼浓度超过一定的数值,将使反应堆出现正的慢化剂温度系数,影响反应堆自稳调节性能。为使反应堆保持有负温度系数,在运行时通常将硼浓度限制在 1 000 mg/kg 之内。因此,在采用硼溶液化学控制的同时,还需要使用一定数量的固体可燃毒物。另外,在船用反应堆中为了使系统简化,也可以不加硼运行,这时主要靠加可燃毒物来控制后备反应性。

固体可燃毒物采用吸收中子能力较强,又能随着反应堆运行与核燃料一起消耗的核素。常

用的有硼玻璃、碳化硼和三氧化二钆等。将这些材料制成棒状或管状,然后外面再加包壳放入堆芯内。固体可燃毒物棒一般设置在燃料组件的导向管内,每个燃料组件内插入可燃毒物棒的数目和布置形式由堆物理设计确定。固体可燃毒物的合理布置,将进一步改善堆芯的功率分布。适当缩短可燃毒物棒的轴向尺寸,非对称地布置偏于堆芯下半部,可起到展平轴向功率分布的作用。

图 3 - 12 示出了固体可燃毒物组件。它由可燃毒物棒、连接板和压紧弹簧等组成。它与控制棒组件不同,装入堆芯后不做上下移动。

3.1.4.5 中子源组件

反应堆初次启动和再次启动都需要有中子源来"点火"。中子源设置在堆芯或堆芯邻近区域,每秒钟放出 $10^7 \sim 10^8$ 个中子。依靠这些中子在堆芯内引起核裂变反应,从而提高堆芯内中子通量,克服核测仪器的盲区,使反应堆能安全、迅速地启动。在反应堆内中子源棒的数量一般不多,它们通常与阻力塞和可燃毒物棒一起组成一束。例如,大亚湾核电站的反应堆有 2 个带中子源的组件,在每组的 24 根棒中有 1 根初级中子源棒,1 根次级中子源棒,16 根可燃毒物棒和 6 根阻力塞。

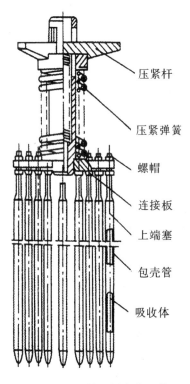

图 3 - 12 固体可燃毒物组件

(图中标注: 压紧杆、压紧弹簧、螺帽、连接板、上端塞、包壳管、吸收体)

常用的初级中子源是钋 – 铍源,^{210}Po 可自然地放出 α 粒子,半衰期 $T_{1/2} = 138$ d。当所放出的 α 粒子打击铍核时会产生中子。其核反应式如下:

$$^{210}_{84}\text{Po} \longrightarrow {}^{206}_{82}\text{Pb} + \alpha$$

$$\alpha + {}^{9}_{4}\text{Be} \longrightarrow {}^{12}_{6}\text{C} + {}^{1}_{0}\text{n}$$

由于钋 – 铍中子源半衰期还不够长,一些大型压水堆核电站(如大亚湾核电站)采用锎(^{252}Cf)作初级中子源,它在自发裂变时放出中子。

次级中子源常用锑 – 铍源。^{123}Sb 在堆内经中子辐照后变成具有 γ 放射性的 ^{124}Te,半衰期 $T_{1/2} = 60$ d,^{124}Te 放出的 γ 射线打击铍核时产生中子,其核反应式为

$$^{123}_{51}\text{Sb} + {}^{1}_{0}\text{n} \longrightarrow {}^{124}_{51}\text{Sb} \xrightarrow{\beta^-} {}^{124}_{52}\text{Te} + \gamma$$

$$^{9}_{4}\text{Be} + \gamma \longrightarrow {}^{8}_{4}\text{Be} + {}^{1}_{0}\text{n}$$

或

$$^{9}_{4}\text{Be} + \gamma \longrightarrow 2{}^{4}_{2}\text{He} + {}^{1}_{0}\text{n}$$

中子源组件由钋 – 铍源棒、锑 – 铍源棒、阻力塞棒及连接柄等组成。为防止受反应堆内的水力冲击或振动,在堆芯上栅板就位时,需通过压紧杆、组合弹簧等将中子源组件压紧,防止它在堆内窜动。

3.1.4.6 阻力塞组件

阻力塞组件主要用来阻止控制棒导向管内冷却剂的漏流,使冷却剂更有效地冷却燃料元件。图 3 - 13 示出了阻力塞组件,它由阻力塞棒、连接板和压紧弹簧等组成。为减少结构材料的中子有害吸收,阻力塞制成短的实心棒。在没有装控制棒、中子源和可燃毒物棒的其他导向管

内插入阻力塞。

3.1.5　控制棒驱动机构

控制棒驱动机构是反应堆的重要动作部件,通过它的动作带动控制棒组件在堆芯内上下移动,以实现反应堆的启动、功率调节、停堆和事故情况下的安全控制。因此,它是确保反应堆安全可控的重要部件。对控制棒驱动机构的主要要求如下:

①控制棒须缓慢提升和快速落下,但最大和最小速度比不应超过100∶1,否则会使驱动机构过于复杂,可靠性降低。

②控制棒在任何事故情况下应朝向使反应堆更加安全的方向动作,例如断电时靠重力作用自行插入堆芯。

③控制棒驱动机构须在反应堆环境的温度、压力条件下可靠地工作;在压水堆中,驱动机构的一部分或全部在耐压密封壳内直接受到高温水和强辐照的作用。

④须有后备的能量储备,以便在事故断电时仍能将控制棒全部插入堆芯,能量储存的形式有重力、弹簧、高压气瓶、水力储能器和蓄电池等。

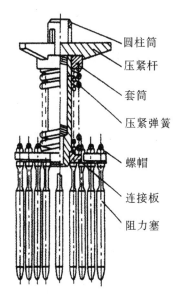

圆柱筒
压紧杆
套筒
压紧弹簧
螺帽
连接板
阻力塞

图 3 - 13　阻力塞组件

⑤为了减小快速落棒时反应堆结构、控制棒驱动机构所受到的机械冲击力和避免发生损坏,在控制棒落下的终端须设置某种缓冲和制动装置。

⑥控制棒驱动机构必须响应快,能使控制棒平滑动作和准确停止在需要的位置上,并给出位置指示。

⑦对船用反应堆,要求控制棒驱动机构在振动、冲击、摇摆和倾斜情况下可靠地工作。对所有反应堆都要求在地震、爆炸等事故情况下能确实安全停堆,同时又避免不必要的频繁停堆。

驱动机构的动力形式有电力、水力和气动三种,各有一定的优缺点。在压水堆中广泛使用的是电力驱动。

压水堆的控制棒驱动机构,通常有长棒控制驱动机构和短棒控制驱动机构两种。长棒控制驱动机构的动作要求:在正常运行情况下棒的移动速度缓慢,每秒钟的行程约为10 mm;在快速停堆或事故情况时驱动机构在得到事故停堆信号后,能自动脱开,使控制棒组件靠自重快速插入堆芯。从得到信号到控制棒完全插入堆芯的紧急停堆时间一般不超过2 s。棒控制驱动机构不参与反应堆的启动、停堆和调节功率,而专门用来抑制反应堆在运行过程中由于氙浓度变化引起堆芯轴向功率分布的畸变和抑制氙振荡现象,以保证堆芯安全运行。

由于反应堆在运行过程中各种内外因素均会引起反应堆的反应性变化,故控制棒动作频繁。要求控制棒驱动机构在反应堆运行过程中进行近百万次的动作而不发生故障,同时,考虑到反应堆装换料时,驱动机构的轴应能使控制棒组件适应远距离拆装,加上压水堆的高压密封要求,这给控制棒驱动机构的设计和制造提出了较高的要求。

目前常见的驱动机构有磁阻马达型、磁力提升型、液压驱动型及齿轮齿条等形式。国外压水堆核电站大多数的长棒驱动机构采用销爪式磁力提升机构,它具有磨损少、寿命长、控制简单、制造方便及使用安全可靠等优点。下面分别介绍磁力提升型控制棒驱动机构和磁阻马达型短棒驱动机构的特点。

3.1.5.1　磁力提升型控制棒驱动机构

磁力提升型控制棒驱动机构是利用电磁力来提升、下降控制棒,或将控制棒保持在某一高度,快插控制棒时靠重力掉落。图 3 – 14 是磁力提升型控制棒驱动机构示意图。

驱动轴组件是带有环形沟槽(节距为 10 mm)的环形杆,上端有上光杆,作为位置指示器铁芯,下端接有下光杆,下光杆通过可拆接头与控制棒组件相连接。

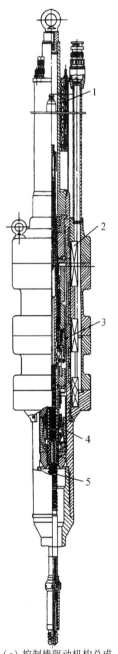

(a) 控制棒驱动机构总成
1— 位置指示器部件;2— 运行线圈部件;3— 耐压管部件;4— 钩锁抓持部件;5— 驱动杆部件

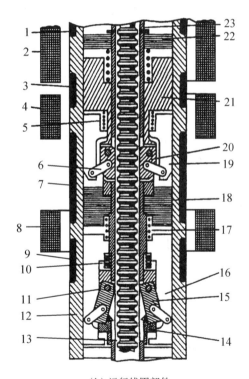

(b) 运行线圈部件
1— 磁通环;2— 提升线圈;3— 磁通环;4— 传递线圈;
5— 复位弹簧;6— 传递爪连杆;7— 磁通环;8— 保持线圈;
9— 磁通环;10— 复位弹簧;11— 销轴;12— 耐压密封管;
13— 驱动杆;13— 钩锁体;15— 保持钩爪;16— 保持衔铁;
17— 保持爪复位弹簧;18— 固定磁极;19— 传递爪衔铁;
20— 传递钩爪;21— 提升衔铁;22— 提升磁极;23— 导向管

图 3 – 14　磁力提升型控制棒驱动机构示意图

销爪组件共有两组,即传递销爪组件与夹持销爪组件。每个销爪组件的3个钩爪通过连杆机构与衔铁连接,利用电磁吸合衔铁以使钩爪收拢啮合于环形杆的沟槽中,钩爪与连杆机构设计成不自锁的,当电磁铁断电时,钩爪便张开,以保证在重力作用下控制棒的可靠快插。因为钩爪在与环形杆啮合和不啮合过程中都不承载,所以这种机构的磨损较小。

密封壳组件是销爪组件及驱动轴组件的包壳,该组件由密封壳及位置指示器套管组成。密封壳与压力壳上的管座用梯形螺纹连接,并用"Ω"形环密封焊接。位置指示器套管上端有排气端塞。

运行线圈组件是由3个装在密封壳外面的运行线圈组成的。线圈组件按一定的程序通电,使密封壳内磁极感应,带动销爪使驱动轴上升或下降。

3.1.5.2　磁阻马达型短棒驱动机构

根据短控制棒的动作要求,一般采用磁阻马达型的驱动机构,其结构由驱动轴、转子组件、定子组件、密封壳及位置指示器等组成。驱动轴构件由丝杠和上、下光杠组成。下光杠通过可拆接头与控制棒组件相连,杠上开有导向槽,使丝杠只能上下移动而不产生转动。

短棒机构不能快插,由短棒控制电源给定子供电,定子绕组一极通电时,转子组件在磁场作用下克服弹簧力,制动键脱离制动槽,定子绕组按一定顺序通电,转子组件在旋转磁场作用下旋转。由于转子组件下部的滚轮螺母与丝杠啮合,滚轮螺母带动丝杠使控制棒上下移动。改变定子绕组通电相序,就可改变控制棒组件的移动方向。正常情况下,转子依靠电磁力自锁,使控制棒保持在所需位置。当事故断电时,转子依靠弹簧力使其制动键进入制动凹槽而不能转动,控制棒即停在原来位置。

3.2　核反应堆材料

核反应堆内使用的材料由于处在高温、高压、高中子通量和射线辐照下,因此对核反应堆内的材料有一些特殊的要求。合理地选择反应堆材料是保证反应堆安全性、可靠性、经济性的关键。在核反应堆的发展过程中,核燃料和堆内结构材料的研究和开发占有很大的比例。由于一些常规工程使用的材料在反应堆内不适用,因此必须开发一些新材料。目前国内外大型的反应堆研究单位都投入较大的精力研究反应堆内的材料问题。反应堆堆芯温度、燃料表面热流密度等都受到材料的限制,在确定反应堆方案过程中也出现过由于材料不能满足要求而放弃一些新的设计和新的方案。反应堆内的材料大致可分为核燃料、结构材料、慢化剂和冷却剂材料及控制材料四种。下面分别对核反应堆内使用的材料进行介绍。

3.2.1　核燃料

在反应堆内,核燃料一般是指 U,Pu,Th 和它们的同位素;易裂变燃料指燃料中易裂变的同位素,如^{235}U,^{233}U 和^{239}Pu 等。在易裂变燃料中,只有^{235}U 是自然界里存在的元素,^{233}U 是在反应堆内由^{232}Th 转换而来的,而^{239}Pu 是由^{238}U 转换而来的。U 的所有同位素具有 α 衰变,在天然铀内^{235}U 的富集度为 0.714%,富集度大于此值的铀称为浓缩铀(或称富集铀)。只有重水慢化的 CANDU 型反应堆和石墨慢化气体冷却的反应堆具有足够低的寄生吸收,可以使用天然铀作燃料;而所有其他形式的反应堆都必须使用浓缩的燃料,对于轻水堆一般要求燃料有 2% ~ 6%^{235}U 的富集度。

天然铀的成分是^{235}U 和^{238}U,铀的浓缩就是从天然铀中把^{238}U 除掉,以增加^{235}U 的含量。但这需要非常复杂的工艺,因为^{235}U和^{238}U是同位素,它们的化学性质完全相同,无法用化学方法将两者分离。因为它们的质量数比较接近,所以用物理的方法也很难分离,要把它们分开需要非常复杂的工艺。

尽管已经开发了很多种铀浓缩工艺,包括电磁分离、气动分离、激光分离和化学方法分离等,但在目前商用规模的浓缩铀工艺中只采用扩散法和离心法。这两种工艺都是使用UF_6气体,利用轻、重同位素之间质量差别进行分离。对于扩散工艺,使UF_6强迫通过一系列多孔膜,或称阻挡层,其孔的尺寸约为气体分子的平均自由程(10 nm)。含有^{235}U的UF_6比含有^{238}U的UF_6具有更高的通过孔膜的扩散率,因而通过阻挡层的数目也就更多。通过阻挡层的扩散是与相对分子质量的平方根成反比,因而通过一层阻挡层的扩散差别是很小的,必须重复很多次才能得到希望的富集度(一般要 1 200 级才能获得 4% 的^{235}U)。气体扩散厂需要巨大的电力来驱动压缩机迫使气体通过多道阻挡层。

离心工艺的方法是在靠近高速转筒的径向中心加入UF_6,在转筒中旋转的UF_6气体承受着比重力大 10 倍的离心加速力,可使靠近转筒外径的压力比轴心处的压力大几百万倍。当把气体加速到转筒速度时,比较重的$^{238}UF_6$分子比$^{235}UF_6$分子有更多的量朝向转筒外壁运动。这样从转筒周边抽出贫化铀(含$^{238}UF_6$多的)气流,从转筒轴心抽出浓缩铀的气流。在一个离心阶段所达到的浓缩程度是一个扩散阶段所达到浓缩程度的 2 倍,因而需要的总电量大大减小(约为扩散工艺的 4%)。然而,离心法需要有大量的旋转机械,需要的维修量大,因此离心法比扩散法用电少这一点要与更大的维修量相权衡。

反应堆内使用的燃料要在反应堆内长期、稳定地工作,应满足:① 热导率高,以承受高的功率密度和高的比功率,而不产生过高的燃料温度梯度;② 抗辐照能力强,以达到高的燃耗;③ 燃料的化学稳定性好,与包壳相容性好,对冷却剂具有抗腐蚀能力;④ 熔点高,且在低于熔点时不发生有害的相变;⑤ 机械性能好,易于加工。

因为燃料成本和发电成本与燃耗有密切关系,为了避免不能允许的辐照损伤,反应堆核设计时应对最大比燃耗加以限制,使之低于某一比燃耗特定值。即应使堆芯燃料循环寿期末反应堆仍达到临界所决定的最大比燃耗值小于由辐照损伤所决定的最大比燃耗特定值,以达到经济利用核燃料的目的。核动力反应堆内通常使用的燃料分成三种类型,即金属型、陶瓷型和弥散体型。下面分别介绍这些类型燃料的特点。

3.2.1.1 金属型燃料

金属型燃料包括金属铀和铀合金两种。金属铀的优点是密度高、导热性能好、单位体积内含易裂变核素多、易加工。其缺点是燃料可使用的工作温度低,一般在 350 ~ 450 ℃;化学活性强,在常温下也会与水起剧烈反应而产生氢气;在空气中会氧化,粉末状态的铀易着火;在高温下只能与少数冷却剂(例如二氧化碳和氦气)相容。

金属铀有三种不同结晶构造的同质异构体,分别为 α,β 和 γ 相铀。当温度低于665 ℃ 时以菱形晶格的 α 相形式存在,强度很高;当温度在 665 ~ 770 ℃ 时变为正方晶格的 β 相,金属铀变脆;当温度超过770 ℃ 时变为体心立方晶格的 γ 相,金属铀变得很柔软,不坚固。金属铀的熔点是 1 133 ℃,沸点约为 3 600 ℃。

由于 α 相铀的物理和力学性能都具有各向异性,因此 α 相铀的机械和物理性质与晶粒的取向有关,在辐照下会发生明显的生长现象,在短时间内就使燃料元件变形,表面起皱,强度降低以致破坏。实验已发现,经高中子通量和 γ 射线辐照后,样品的轴向伸长可达到样品原始长度的 60%。在辐照作用下,α 相铀单晶体沿一个方向发生膨胀,并沿另一方向发生收缩。

金属铀在工作温度较高的情况下会发生气体肿胀,当工作温度大于 450 ℃ 时肿胀比较严重,原因是裂变气体氪和氙在晶格中形成小气泡。气泡中充满着裂变碎片,随燃耗增加,气泡长大,使铀肿胀而导致包壳被破坏。氪和氙在 α 相铀中的溶解度很低,它们由铀的点阵中分离出来,分布到那些晶体点阵发生畸变的地方形成气泡。

金属铀燃料通常应用于天然铀石墨反应堆中,可用来生产钚。钚在 α 相铀中的溶解度可达 16%,α 相铀仍保持着它的各向异性,钚在 β 相铀中可溶解 20%,而在 γ 相铀中可以全部溶解。

在铀中添加少量合金元素如钼、铬、铝、锆、铌、硅等,并经适当热处理(淬火),能使铀稳定在 γ 相或 β 相,即使转变为 α 相仍保持细晶粒的无序结构,从而改善某些机械性能。添加的合金元素形成各种细小的沉淀相,可以控制点缺陷行为和晶格尺寸变化。添加大量合金元素后,从辐照损伤及水腐蚀方面说可以获得十分满意的燃料,但加入合金元素会使中子有害吸收增加,需采用富集铀。锆能较多地溶入 γ 相铀,并可阻滞其结构转变。由于锆的熔点高,中子吸收截面小,抗腐蚀性能好,铀在锆中的溶解度大,因此用于动力反应堆的只有铀 – 锆合金。例如,美国近年发展的铀 – 钚 – 锆金属燃料,不但有较高的增殖比,而且在快堆中应用时有高的比燃耗,如再采用高温电解精炼快速后处理技术,则还可缩短燃料的堆外存放时间,减少燃料倍增期。表 3 – 1 列出了金属铀及其他几种燃料的性能。

表 3 – 1　几种核燃料性质的比较

燃料种类	密度/(g·cm⁻³)	熔点/℃	结晶形态	热导率/[W·(m·K)⁻¹]	热膨胀率/(×10⁻⁶ ℃⁻¹)
U	19.08(α 相)	1 133	斜方晶体(α 相)	25.14	3
UO₂	10.97	2 800	CaF₂ 形面心立方	5.01(200 ℃) 3.25(1 000 ℃)	10
UC	13.62	2 520	NaCl 形体心立方	19.8(200 ℃) 17.5(1 000 ℃)	11.5
NU	14.32	2 630	NaCl 形	15.13(200 ℃) 19.8(1 000 ℃)	9
U₃Si	18.00	1 600(分解)	体心正方晶格(B.C.T.)	23.3	14
Pu	19.82(α 相)	640	单斜晶	4.2 ~ 5.47	51
PuO₂	11.46	2 300	CaF₂ 形	4.65(200 ℃) 2.68(1 000 ℃)	10.4
PuC	13.6	1 650	NaCl 形	10.50	11
PuN	14.25	2 800	NaCl 形	11.63	10

3.2.1.2　陶瓷燃料

陶瓷燃料是指铀、钚、钍的氧化物、碳化物或氮化物,它们通过粉末冶金的方法烧结成耐高温的陶瓷燃料。比较常见的陶瓷燃料有 UO_2,PuO_2,UC,UN 等。

与金属铀相比,陶瓷燃料的优点是:① 熔点高;② 热稳定和辐照稳定性好;③ 化学稳定性好,与包壳和冷却剂材料的相容性好。然而,陶瓷燃料的突出缺点是热导率低。

1.二氧化铀燃料

二氧化铀是经二氧化铀粉末烧结而成的燃料,图 3 – 15 示出了 UO_2 的晶胞,属面心立方点阵。在晶胞的中心存有空间可容纳裂变产物,这种晶胞结构使 UO_2 具有辐照稳定的特点。这种燃料能够容易地获得氧间隙原子,以形成超化学比的 $UO_{2+\xi}$,在高温下 ξ 可高达 0.25;当温度降低时可析出 U_4O_9。在高温和低的氧分压时可形成次化学比的 $UO_{2-\xi}$,当冷却时可复原成正化学

比的 UO_2,并析出金属铀。

在所有核燃料中,UO_2 的热导率最低,图 3 - 16 给出了几种燃料的热导率随温度的变化关系。即使在孔隙较低、非正化学比,或存在氧化钆和有裂变产物生成时,也都是这样。当放在堆内并存在裂变内热源的情况下,这一低的热导率会引起燃料芯块内高温和很陡的温度梯度。由于氧化物的脆性和高的热膨胀率,在反应堆启动和停堆时芯块可能会开裂。由于大部分裂纹是径向的(图 3 - 17),只有少数裂纹垂直于半径,故不影响从堆芯向冷却剂的传热。与金属燃料不一样,UO_2 直到熔点都是单相的,但是存在重结构现象,即在高于 1 400 ℃ 时发生晶粒长大,

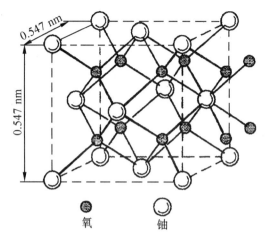

图 3 - 15 UO_2 的晶胞

在高于 1 700 ℃ 时由于蒸发凝结机理产生气孔迁移。与其他影响一起,晶粒长大和气孔迁移可使燃料内部高温区的裂纹愈合,并促进燃料肿胀和非溶性裂变气体 Xe 和 Kr,以及挥发性裂变产物铯(Cs)、碘(I)、溴(Br)和碲(Te)的释放。为了把具有薄壁包壳的轻水反应堆元件的肿胀和裂变气体释放减至最小,限制燃料中心温度是有好处的。

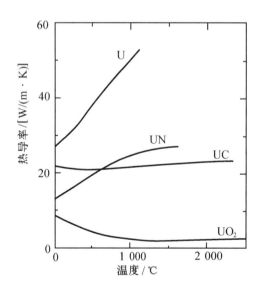

图 3 - 16 燃料的热导率

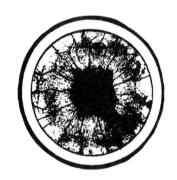

图 3 - 17 经辐照后的燃料横截面

燃料元件内裂变产物的产生使 UO_2 产生轻度肿胀,它与燃耗大致呈线性关系。在超过临界燃耗时,肿胀率有显著增大。目前在轻水反应堆中 UO_2 燃料使用很广泛,对 UO_2 燃料各方面性能的研究已经比较成熟。下面分别介绍二氧化铀的热物性。

(1) 密度

二氧化铀的理论密度是 10.97 g/cm^3,但实际制造出来的二氧化铀由于存在孔隙,还达不

到这个数值。加工方法不同,所得到的二氧化铀制品的密度也就不一样。例如,振动密实的二氧化铀粉末,其密度可达理论密度的82% ～ 91%;烧结的二氧化铀燃料块的密度要高一些,可达理论密度的88% ～ 98%。

（2）热导率

二氧化铀的热导率在燃料元件的传热计算中具有特别重要的意义。因为导热性能的好坏直接影响二氧化铀芯块内整体温度的分布,而温度则是决定二氧化铀的物理性能、机械性能的主要参数,也是支配二氧化铀中裂变气体释放、晶粒长大等动力学过程的主要因素。在温度772 K 时二氧化铀的热导率是4.33 W/(m·K),大约是金属铀的1/4。二氧化铀的热导率主要与二氧化铀的密度和温度有关,100% 理论密度正化学比的二氧化铀的热导率可用下式计算:

$$\kappa(T) = (0.035 + 2.25 \times 10^{-4}T)^{-1} + 83 \times 10^{-12}T^2 \qquad (3-1)$$

式中,T 是燃料的绝对温度,单位为 K。

图 3 - 18 示出了一些研究者提供的100% 理论密度 UO_2 燃料的热导率。虽然各研究者得到的结果有所差别,但从图中可以看出,在 1 800 K 以下时,UO_2 燃料热导率随着温度的升高而减小;温度超过1 800 K 时,UO_2 燃料的热导率则随着温度的升高有所增大。

其他密度下的烧结二氧化铀的热导率可用下式计算,即

$$\kappa_p = \frac{1 - \varepsilon}{1 + \beta}\kappa_{100} \qquad (3-2)$$

式中　κ_p—— 带孔隙的二氧化铀的热导率,W/(m·K)。

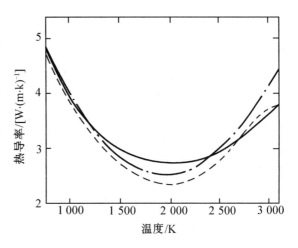

图 3 - 18　100% 理论密度 UO_2 燃料的热导率

κ_{100}—— 100% 理论密度的二氧化铀的热导率,W/(m·K)。

ε—— 燃料的孔隙率,即燃料芯块中的孔隙占燃料芯块的体积份额。

β—— 取决于材料的常数,由实验确定。对于大于或等于90% 理论密度的二氧化铀,取 $\beta = 0.5$;其他密度的二氧化铀取 $\beta = 0.7$。

在已知95% 理论密度的情况下,可得以下关系:

$$\kappa_p = \frac{(1 - \varepsilon)(1 + 0.05\beta)}{0.95(1 + \beta\varepsilon)}\kappa_{95} \qquad (3-3)$$

式中各个符号的物理含义与式(3 - 2)中的相同。

随着燃耗的增加,燃料内存在的固体裂变产物和裂变气体越来越多。固体裂变产物的存在,以及由于裂变气泡所形成的气孔的存在会改变热导率。实验已经观察到在辐照过的 UO_2 中存在气泡和含钡(Ba)及锆(Zr)氧化物的灰色相,在高温燃料中有钼(Mo)、锝(Tc)、钌(Ru)和钯(Pd)等夹杂物。在轻水反应堆中,寿期初的反应堆燃料为 UO_2,后来随着燃耗的增加成为超化学比的 $UO_{2+\xi}$。应该指出,辐照对二氧化铀热导率的影响与辐照时的温度有密切关系。大体来说,温度低于 500 ℃,辐照对热导率的影响比较显著,热导率随着燃耗的增加而有较明显的下降;大于 500 ℃,特别是在 1 600 ℃ 以上,辐照的影响就变得不明显了。图 3 - 19 给出了不

同燃耗下 UO_2 燃料的热导率随温度的变化。

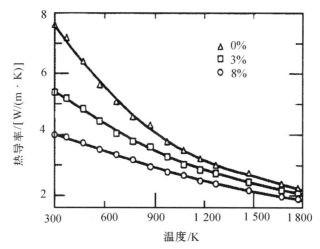

图 3 - 19　不同燃耗下 UO_2 燃料的热导率随温度的变化

（3）熔点

未经辐照的二氧化铀熔点的比较精确的测定值是 $(2\ 805 \pm 15)$ ℃。辐照以后,随着固相裂变产物的积累,二氧化铀的熔点会有所下降,燃耗越深,下降得越多。熔点随燃耗增加而下降的数值约为:燃耗每增加 10^4 MW·d/tU,熔点下降 32 ℃。二氧化铀中氧和铀的原子比(简称氧铀比)的改变,也会影响其熔点的变化。

二氧化铀是从同位素分离浓缩工厂的 UF_6 制取的。首先将 UF_6 水解成 UO_2F_2,然后使它与稀氨水溶液反应得到重铀酸铵 $(NH_5)U_2O_2$,经过过滤、水洗后再将沉淀物烧成 UO_3,然后在约 800 ℃ 温度的氢气气氛下将其还原成粉末状的 UO_2:

$$UO_3 + H_2 \longrightarrow UO_2 + H_2O$$

将粉末状 UO_2 加水或其他黏合剂制成颗粒并压制成芯块的生坯,最后在 1 700 ℃ 下烧结,即得所需的 UO_2 芯块。

从 UF_6 原料制成燃料,最后形成燃料组件的制造过程如图 3 - 20 所示。烧结后的 UO_2 芯块直径为几毫米,长度 1 cm 左右。将芯块放入燃料包壳管内,放入隔热片和弹簧等部件,两端封死后制成燃料元件棒,用这种元件棒就可以组装成不同的燃料组件。

2. 铀钚混合陶瓷燃料

铀钚混合氧化物是 UO_2 和 PuO_2 的单相固溶体,其热物理性能和力学性能随 PuO_2 的含量和氧／金属比(O/M)而有所差别。例如,热导率随 PuO_2 含量的增加而降低,也随氧／金属比的减小而降低。混合氧化物的强度低于 UO_2,蠕变速率随氧／金属比的减小而提高。目前这种铀钚混合陶瓷燃料用于快中子堆中的 PuO_2 含量为 20% ～ 25%,热中子堆中的 PuO_2 的含量为 3.55% ～ 10%。混合氧化燃料的优点是熔点高,与包壳和冷却剂的相容性好,燃耗在 10^4 MW·d/tU 以下时,辐照稳定性好,能较好地保持裂变产物;缺点是金属原子密度低,存在氧的慢化作用,热导率低,深燃耗时肿胀严重。

3. 非氧化物陶瓷燃料

非氧化物陶瓷燃料是指 $(U, Pu)C$ 和 $(U, Pu)N$。碳化物燃料中所含的轻核较氧化物燃料

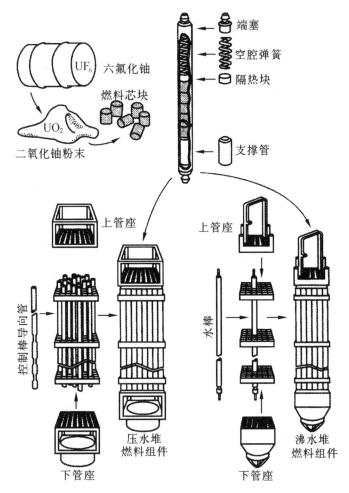

图 3 – 20　燃料组件的制造过程

少,使碳化物燃料具有较高的金属原子密度,在快堆中使用它可以得到更高的增殖比。此外,UC 的热导率比 UO_2 的热导率大得多(前者约是后者的 5 倍),在用碳化铀作燃料的快堆内,即使在功率密度较高的情况下,燃料也不会熔化。在采用石墨包壳材料的高温气冷堆中,其他铀化合物都会与石墨起化学反应生成碳化物,而 UC 是稳定的,因此它被用于氦气冷却的石墨堆中。由于碳化物燃料的热导率高,因此多普勒系数比氧化物燃料低。而多普勒系数在多数事故情况下是保证反应堆负反应性反馈的主要因素,这给反应堆的设计带来困难。这类燃料的缺点是在高温辐照下会发生严重肿胀,为了不使燃料的温度过高,通常在包壳和燃料之间用钠结合。当采用这种工艺时,往往又带来了新的问题,钠会把燃料中的碳迁移到包壳里面,使包壳炭化脆裂。减小这种作用的办法是严格控制燃料中的碳与金属的比例;此外,在燃料中添加某些金属(如钼),也能起到一定的稳定作用。

　　由于 UC 的热导率高,在快堆中 UC 的最高温度为 1 500 ℃,因此由于裂变应力开裂较少发生,裂变气体不易释放。另外,裂变产物的碳化物不像氧化物那样会与包壳材料起化学反应,从而避免了由此引起的燃料 – 包壳化学作用。但较高的铀密度和较多保持在燃料内的裂变气体会加剧燃料的肿胀和开裂,容易导致包壳破损。

氮化物有许多胜过碳化物的优点,例如在使用温度低于1 250 ℃的情况下,燃料与包壳的相容性较好,辐照引起的肿胀也不像碳化物那样严重。氮化铀的熔点高,热导率高,但是氮的中子俘获截面大,燃料循环的价格高。

3.2.1.3　弥散体型燃料

弥散体型燃料是由含高浓缩燃料的颗粒弥散分布在金属、陶瓷或石墨基体中构成的燃料,它区别于早期反应堆所用的金属燃料,也不同于现在大多数动力堆中所用的UO_2(陶瓷芯块)燃料。在弥散体型燃料中,每一个核燃料颗粒可以看作一个微小的燃料元件,基体起着包壳的作用。设计弥散体型燃料的基本想法是把燃料颗粒相互隔离,使基体的大部分不被裂变产物损伤。因此,燃料颗粒能被包围或束缚住,允许达到比大块燃料更高的燃耗,能包容裂变产物,并保持与包壳间的良好热传导性能。另外,基体可以选择热导率高的材料,这样可以克服陶瓷燃料热导率低的问题。通过适当选择基体材料,可设计出一定性能的燃料,例如选用铝作基体材料可获得高的热导率。对于研究堆和实验堆来说,弥散体型燃料的板状元件能达到高燃耗和高的热导率是十分重要的,因为一般来说,这种堆都是高比功率的小堆芯。

弥散体型燃料的优点是:① 陶瓷燃料颗粒的尺寸及颗粒之间的间距均远大于裂变产物的射程,使裂变产物造成的损伤局限于燃料颗粒本身及贴近它的基体材料,整体燃料基本上不受损伤,保持尺寸的稳定和原有的强度,因此可以达到很深的燃耗;② 燃料和冷却剂之间基本没有相互作用的问题,大大减小了冷却剂回路被污染的可能性,而从燃料往冷却剂的传热是通过导热好的材料传递的;③ 弥散体燃料的各种性质基本上与基体材料相同,通常具有较高的强度和延性,良好的导热性能,耐辐照、耐腐蚀并能承受热应力。其缺点是基体所占的百分比大,吸收中子多,需要采用20% ~ 90%的高富集铀颗粒。

研究和实验堆的第一代是从1952年建立的材料实验堆(MTR)开始的,以Al - U合金作为燃料,实质上这种燃料是由UAl_3和UAl_4金属间化合物的沉淀粒子弥散分布在铝中构成的。目前,世界各国的研究和实验堆通常都用铝基弥散燃料,这种燃料用粉末冶金方法制造。在20世纪50年代和60年代,几种其他弥散系列的燃料曾用于一些特殊目的的反应堆,它们包括UO_2弥散在不锈钢中、UO_2弥散在氧化铍中,以及铀弥散在氢化锆中。后者已被广泛用于同位素生产反应堆中。在20世纪60年代初,混合氧化物($PuO_2 - UO_2$)弥散在不锈钢中曾作为快堆燃料研究过。UO_2弥散在锆中通常是用作海军核舰船反应堆的燃料。至今仍在继续发展的包覆燃料颗粒弥散在石墨中的燃料是用于高温气冷/石墨慢化的动力堆中。

二氧化铀能很好地弥散在铝、锆、钼或不锈钢等金属中。但由于铝基弥散体燃料不能耐高温,因此它不适用于动力反应堆。二氧化铀弥散在不锈钢基体的平板型燃料元件已用于美国军用动力堆。但因为不锈钢的中子吸收截面大,所以在商用堆中不适用。把二氧化铀弥散在锆合金中能得到较满意的弥散体型燃料。它所容许的燃耗高于铀 - 锆合金燃料,有较好的抗腐蚀性能,但燃料性能仍受辐照肿胀的限制。为包容裂变产物,通常仍把燃料芯块密封在锆包壳内。

此外,燃料颗粒也可弥散在氧化铝、氧化铍、二氧化锆等材料中构成弥散体型燃料。弥散体型燃料的物理性能随基体及燃料的性质、数量而不同。其比热容及密度值可按各组分的比热容和密度的线性组合求得。对于热导率差的材料均匀地弥散在热导率好的基体情况来说,弥散体总的热导率可按下式计算,即

$$\kappa = \kappa_{s} \frac{1 - \left(\dfrac{1 - ak_{p}}{\kappa_{s}}\right)b}{1 + (a - 1)b} \qquad (3-4)$$

$$a = \frac{3\kappa_{s}}{2\kappa_{s} + \kappa_{p}} \qquad (3-5)$$

$$b = \frac{V_{p}}{V_{s} + V_{p}} \qquad (3-6)$$

式中　　κ——弥散体热导率;

　　　　κ_{s}——连续相热导率;

　　　　κ——分散相热导率;

　　　　V_{s}——连续相总体积;

　　　　V_{p}——分散相总体积。

3.2.2　反应堆结构材料

由于反应堆的类型不同,它们所用的冷却剂和慢化剂种类不一样,堆内的工作条件不同,因此所用的结构材料也有差别。但一般来讲,要求反应堆的结构材料有一定的机械强度、辐照稳定性能好、热导率高、热膨胀率低。

反应堆的结构材料除有常规材料应具有的力学性能、耐腐蚀和热导性外,还应具备抗辐照的特点,即要求辐照损伤引起的性能变化小。辐照损伤是指材料受载能粒子轰击后产生的点缺陷和缺陷团,以及由其演化的离位峰、层错、贫原子区和微空洞及析出的新相等。这些缺陷引起材料性能的宏观变化,称为辐照效应。辐照效应危及反应堆安全,应该受到反应堆设计人员的关注,这也是反应堆结构材料研究的重要内容。辐照效应包含了冶金与辐照的双重影响,即在原有成分、组织和工艺对材料性能影响的基础上又增加了辐照产生的缺陷影响。

在反应堆内射线的种类很多,但对金属材料而言,主要影响来自快中子,而 α,β 和 γ 射线的影响则较小。结构材料在反应堆内受中子辐照后产生的主要效应如下。

1. 电离效应

它是指反应堆内产生的带电粒子和快中子撞出的高能离位原子与靶原子轨道上的电子发生碰撞,而使其跳离轨道的电离现象。从金属键特征可知,电离时原子外层轨道上丢失的电子,很快被金属中公有的电子所补充,所以电离效应对金属性能影响不大;但对高分子材料,电离破坏了它的分子键,故对其性能变化的影响较大。

2. 嬗变效应

它是受撞原子核吸收一个中子变成另外原子的核反应。一般材料因热中子或在低通量下引起的嬗变效应较少,对性能影响不大。高通量的快中子对镍的 (n,α) 反应较明显,因此快堆燃料元件包壳用的奥氏体不锈钢会产生脆化问题。

3. 离位效应

中子与原子碰撞时,若中子传递给原子的能量足够大,原子将脱离点阵节点而留下一个空位。当离位原子停止运动而不能跳回原位时,便停留在晶格间隙之中形成间隙原子。堆内快中子引起的离位效应会产生大量初级离位原子,随之又产生级联碰撞,它们的变化行为和聚集形态是引起结构材料辐照效应的主要原因。

4.离位峰中的相变

有序合金在辐照时转变为无序相或非晶态相,这是在高能快中子或高能离子辐照下,产生液态状离位峰快速冷却的结果。无序或非晶态区被局部淬火保存下来,随着通量增加,这样的区域逐渐扩大,直到整个样品成为无序或非晶态。

3.2.2.1 反应堆压力容器材料

反应堆压力容器是装载堆芯、支撑堆内构件、阻止裂变产物和放射性外逸的重要设备。压力容器是反应堆中最大的不可拆换的部件,现代压水堆的压力容器直径一般为 3.5 ~ 5 m,高 10 ~ 15 m,壁厚 170 ~ 240 mm,重达 220 ~ 600 t。对压力容器威胁较大的是钢材的辐照脆化,如果压力容器产生脆性断裂,会产生爆炸性破坏,一旦发生,后果会十分严重。在美国的 ASME 规范中,把反应堆压力容器规定为核电站中的重要设备,并要求必须安放压力容器钢辐照脆化的随堆辐照监督试样。

由于压力容器工作条件的特殊性,要求它的材料应满足:① 强度高、塑韧性好、抗辐照、耐腐蚀,与冷却剂相容性好;② 材质的纯净度高、偏析和夹杂物少、晶粒细、组织稳定;③ 容易冷热加工,包括焊接性能好和淬透性大;④ 成本低,有使用过的经历。

早期的轻水动力堆压力容器曾采用 A212B 锅炉钢。由于 A212B 钢的淬透性和高温性能差,第二代压力容器改用 Mn - Mo 合金钢 A302B。该钢中的 Mn 是强化基体和提高淬透性的元素,Mo 能提高钢的高温性能及降低回火脆性。随着核电站的大型化,压力容器的体积和厚度也越来越大。为了使它有更好的强度和韧性,20 世纪 60 年代中期对 A302B 钢添加了 Ni,改用淬透性和韧性比较好的 Mn - Mo - Ni 钢 A533B。并采用钢包精炼、真空浇铸等先进炼钢技术,提高钢的纯净度,减少杂质偏聚,以获得强度、塑性和韧性良好配合的综合性能。在这个过程中,压力容器的加工方法也做了改进,由板焊结构改为环锻容器。经过改进后的锻材是 A508 - Ⅲ 钢,目前被广泛采用。

快堆的工作压力虽然不高,但液态钠的腐蚀性较强,容器工作温度较高,所以一般采用 304 或 316 奥氏体不锈钢作压力容器材料。

早期的气冷堆曾采用碳锰钢制作压力容器。后来实行一体化,把一回路包容在压力容器内,使体积增大,其直径达 10 ~ 23 m,超过了钢质压力容器所允许的 8 m 直径制造限制,所以改用预应力混凝土作压力容器材料。混凝土中预应力的产生是对排放在混凝土内的钢筋先施以拉应力,于是在钢筋周围的混凝土内便产生压应力,因它与堆内气压产生的拉应力方向相反,故可以抵消一部分或者是全部作用力。预应力混凝土压力容器壁厚为 3 ~ 8 m,它还有屏蔽堆内放射性的作用。预应力混凝土压力容器是承受气冷堆内气体压力的主体,对密封性要求很高。在预应力混凝土压力容器内表面还有 10 ~ 30 mm 厚的低碳钢层,由焊接组成的低碳钢密封壳体和内绝热层构成了内衬层。

3.2.2.2 堆内构件材料

在水冷反应堆内,除燃料包壳以外,几乎所有的结构材料都是不锈钢,只有少部分材料采用镍基合金。不锈钢在高温下具有良好的抗腐蚀性能和良好的机械性能,因此它不仅用于反应堆的结构材料,而且与反应堆相连接的管路及设备也都是由不锈钢制造的。不锈钢的种类很多,性能各异。其按组织分类有奥氏体不锈钢、马氏体不锈钢和铁素体不锈钢等。不锈钢之所以不锈,主要是钢中含有大量铬(> 12%)。铬是钝化能力很强的元素,可使钢的表面生成一层致密、牢固的氧化膜,并能明显提高铁的电位,从而防止化学和电化学反应引起的腐蚀。铬与镍配合使用,更能有效地提高钢的耐腐蚀性。在反应堆内,结构材料使用的多是奥氏体不锈钢,如1Cr18Ni9Ti,304,347 等。奥氏体不锈钢与马氏体不锈钢相比,其焊接性能较好。另外,奥氏体不锈钢的辐照敏感性比较低,一般经 10^{21} cm^{-2} 辐照后才有明显的辐照效应,相比较铁素体和马氏体不锈钢的辐照的敏感性比较高。奥氏体不锈钢的强度比较低,且不能通过热处理使其强化,但因它的塑性高,加工硬化率大,所以可以通过冷加工提高强度。尽管奥氏体不锈钢具有优良的耐腐蚀性能,但经形变加工和焊接后,以及处于敏感介质中,仍存在着晶间腐蚀、应力腐蚀和点腐蚀等隐患。为了防止不锈钢的晶间腐蚀,可加入少量的 Ti 和 Nb,通过稳定化处理可达到防止晶间腐蚀的目的。另外,研究发现,不锈钢晶间腐蚀的敏感区是在 450 ~ 850 ℃,因此在热加工和焊接后,采用快冷的方法,减少在这一温度区间停留的时间。

奥氏体不锈钢抗应力腐蚀的能力低于其他类型的不锈钢,这主要是与它的基体的晶体结构有关,奥氏体属面心立方晶格,它的耐应力腐蚀能力不如体心立方晶格。原因是在体心立方铁素体晶格中滑移面多,但滑移方向少,易产生交滑移和构成网状位错排列,位错网使裂纹扩展困难;而奥氏体不锈钢的面心立方晶格滑移面因局限在 4 个面上且滑移方向多,有利于生成共面或平行的位错排列,裂纹沿此扩展比较容易。在水中和水蒸气介质中,影响奥氏体不锈钢应力腐蚀破裂的主要因素是氯离子浓度和溶解氧的含量。研究发现,随着水中溶解氧减少,诱发应力腐蚀的氯离子敏感浓度升高,不会产生应力腐蚀破裂。发生应力腐蚀的危险性不仅是氯离子的平均浓度,更多的情况下是因局部区域发生氯离子浓缩偏聚而造成的。例如,结构缝隙和循环水的滞留区,以及水位最高处与空腔交界的干、湿处都容易浓缩氯离子,所以这些地方是容易发生应力腐蚀的危险部位。为了避免不锈钢发生应力腐蚀,应选用碳化物稳定的 Cr – Ni 奥氏体不锈钢或用能提高强度和耐腐蚀性的含 Mo 低碳不锈钢,必要时可选用铁镍基或镍基耐腐蚀合金钢。

奥氏体不锈钢在快中子通量率高的辐照下,抗拉强度会上升,但总延伸率急剧下降。对于热中子反应堆,吊篮及燃料组件的上、下管座等活性区周围,会产生辐照效应,但对反应堆的安全影响不大。

3.2.2.3 燃料元件包壳材料

燃料元件包壳是距核燃料最近的结构材料,它要包容燃料芯体和裂变产物,它在反应堆内的工作环境最恶劣,它同时承受着高温、高压和强烈的中子辐照,同时包壳内壁受到裂变气体压力、腐蚀和燃料肿胀等危害。包壳的外表面受到冷却剂的压力、冲刷、振动和腐蚀,以及氢脆等威胁。为了使传热热阻不增大,一般燃料元件的包壳壁都很薄,一旦包壳破损,整个回路将被裂变产物所污染。另外,包壳与其他结构材料不同,由于它在核燃料周围,因此它的吸收中子截面一定要低。在现有的金属材料中,铝、镁、锆的热中子吸收截面小、导热性好、感生放射性小、容易加工,因此被成功地用作燃料包壳的材料。不锈钢的中子吸收截面较高,尽管它的其他性能较好,但一般不用作燃料元件包壳材料。

1. 铝合金

铝及其合金的生产和工艺技术都比较成熟,它的中子吸收截面小(0.24×10^{-28} m^2)、导热性好、容易加工。但铝及铝合金的熔点低、耐热性能差,在高温水中存在晶间腐蚀,因此它只能用于 250 ℃ 以下的反应堆中。这种反应堆主要是实验用堆和生产用堆,而在动力堆中很少应用。铝及其合金会在水中产生腐蚀,随着温度的升高,出现的腐蚀现象分别是点蚀、均匀腐蚀、晶间腐蚀及氢泡腐蚀等。点蚀会在 100 ℃ 的水中产生,同时也会发生均匀腐蚀,高于 150 ℃ 会发生晶间腐蚀,当温度超过 250 ℃ 以上更为严重。与其他材料一样,铝及其合金受辐照后,产生点缺陷及其衍生物,导致金属晶格畸变,从而引起强度升高,随之塑性和韧性下降、脆性增大。与其他材料不同的是热中子辐照对铝及其合金的影响比快中子大。

2. 镁合金

镁合金的塑性好,热中子吸收截面小(0.069×10^{-28} m²),抗氧化能力强,且容易加工。这种材料多被用于天然铀作燃料、镁合金作包壳材料、二氧化碳作冷却剂的气冷堆,因此这种堆通常也被称为镁诺克斯(Magnox)堆。镁的熔点较低(650 ℃),因此它一般不允许在高于 550 ℃ 的条件下使用。镁合金的延展性高,对辐照和热循环引起的应力变化适应能力强。同时,镁合金还具有抗蠕变能力,这对保证燃料元件的完整性很有利。另外,由于镁合金热中子吸收截面小,因此可以在管外壁上加散热肋,这对气体冷却的反应堆很有好处。

3. 锆合金

纯锆是一种银白色金属,熔点为 1 850 ℃。自然界存在的锆中含有 0.5% ~ 3.0% 的铪,铪的热中子吸收截面大,是做控制棒的好材料,因此做包壳的锆中必须去除铪。纯锆的延展性和抗腐蚀性能较差。因此,第一代压水堆采用不锈钢作包壳材料,而没有采用锆。

第二次世界大战末,在核潜艇反应堆的研究方面开展了大量的工作,其中包括对反应堆材料的系统研究和开发。由于锆的中子吸收截面很低,是一种很有潜力的堆内结构材料,但必须从锆中去除铪,减少中子吸收量,同时严格限制氮、氧、碳、铝等杂质的含量。

在锆中加入 Sn,Nb 和 Ni 等构成锆合金,锆合金化的目的是为了抵消锆中杂质,尤其是氮的有害影响,以使锆合金保持锆原有的优良性能并提高强度。例如,在锆中加入 1.5% 的锡,可以平衡氮的有害作用;加入微量的铁、铬、镍,可以增强锆合金在高温水或蒸汽中的耐腐蚀性。锆 – 2 合金的中子吸收截面小于 0.24×10^{-28} m²,不足不锈钢的 1/10,硬度为纯锆的 2 倍。但锆 – 2 合金有一个缺点,就是在水和水蒸气的环境中会吸氢,产生氢脆现象。为了克服锆 – 2 合金的这一缺点,又开发了锆 – 4 合金。锆 – 4 合金中的铬和锡的含量与锆 – 2 合金相同,只是镍的含量降低至 0.007%,铁的含量由 0.07% ~ 0.2% 增加至 0.24%,这使得锆 – 4 合金在高温水和蒸汽中有良好的耐腐蚀性能。锆 – 4 合金的吸氢率只有锆 – 2 合金的 50% ~ 60%。后来的研究发现,低锡锆 – 4 合金在水中的耐腐蚀性能优于高锡的锆 – 4 合金。使用低锡的锆 – 4 合金可以加深燃料的燃耗。几种锆合金的成分见表 3 – 2。

表 3 – 2 几种锆合金的成分(质量分数 /%)

合金	Sn	Fe	Cr	Ni	Nb	O	C
锆 – 2	1.2 ~ 1.7	0.07 ~ 0.20	0.05 ~ 0.15	0.03 ~ 0.08	—	0.08 ~ 0.15	0.001 5 ~ 0.003
锆 – 4	1.2 ~ 1.7	0.18 ~ 0.24	0.07 ~ 0.13	0.007(最大)	—	0.08 ~ 0.15	0.001 5 ~ 0.003
低锡锆 – 4	1.2 ~ 1.5	0.18 ~ 0.24	0.07 ~ 0.13	Si ≤ 120 × 10⁻⁶	≤ 50 × 10⁻⁶	0.09 ~ 0.16	0.011 ~ 0.014
Zr – 2.5% Nb	—	0.08 ~ 0.15	0.008 ~ 0.02	—	2.5 ± 0.2	0.09 ~ 0.13	—
Zr – 1% Nb	—	0.006 ~ 0.012	N:(30 ~ 60) × 10⁻⁶	0.005 ~ 0.01Si	1 ± 0.15	0.05 ~ 0.07	0.005 ~ 0.01
俄 E635	1.2 ~ 1.30	0.34 ± 0.40	N:(30 ~ 60) × 10⁻⁶	0.005 ~ 0.01Si	0.95 ~ 1.05	0.05 ~ 0.07	0.005 ~ 0.01
ZIRLO	0.8 ~ 1.2	0.09 ~ 0.13	(79 ~ 83) × 10⁻⁶	Si < 40 × 10⁻⁶	0.8 ~ 1.2	0.09 ~ 0.12	0.006 ~ 0.008
M5	—	—	—	—	0.8 ~ 1.2	0.09 ~ 0.16	—
日本 DNA	1.0	0.28	0.16	0.01	0.10	—	—

虽然锆合金作为包壳有很多优点,但锆合金同样也有其不足之处。它的许多性能与温度、辐照等因素关系很大,使用中必须注意下述事项。

① 在862 ℃以下锆为稳定的 α 相密集六方晶体结构,其延展性强且有类似碳钢的机械和切削性能。但当达到862 ℃时,锆由 α 相转变为 β 相(体心立方结构),从而延展性下降。因此,虽然锆的熔点较高,但是锆合金的加工和使用温度都须限制在这个相变温度以下。另外,锆合金用作 UO_2 燃料元件的包壳时,应注意它在冷却剂中的使用温度。实验证实,锆合金包壳在接近400 ℃的水中只需几天的时间,便可发生严重的腐蚀破坏。因此,为了避免高温腐蚀,锆合金包壳表面的工作温度一般应限定在350 ℃以下。

② 锆合金的吸氢与氢脆效应,是水冷动力堆燃料元件的一个重要问题。在高温水或蒸汽介质中工作的锆合金包壳会向周围介质吸氢,介质中的氢会穿过包壳的氧化膜而被锆吸收。锆的吸氢量超过了它的固溶度,就会有氢化锆析出。氢化锆会使锆合金组织变脆,故上述现象称为锆的氢脆效应(引起包壳内氢脆的氢来源于 UO_2 芯块吸收的水分或溶解进去的氢;外侧来源于水辐照分解生成的氢)。为了减少氢脆的影响,除了可以改善合金成分外,还必须严格控制 UO_2 芯块的含氢量和冷却剂中氢的浓度。

③ 辐照将引起锆合金屈服强度和极限强度的增高,但延伸率却大大下降。这种因辐照而使材料强度增高、延性下降的现象称为辐照脆化,它是影响燃料元件寿命的一个重要因素。

④ 锆合金包壳在压水堆工作温度和应力范围内会产生显著蠕变(蠕变是指材料在低于屈服极限的恒定应力作用下所产生的与时间有关的塑性变形)。锆合金的蠕变速率随温度的升高而明显增大,并且还会因堆内辐照而加速。锆合金的蠕变是造成元件包壳塌陷的直接原因。为了防止锆合金包壳的蠕变,除了可对包壳管作消除内应力的处理以提高蠕变强度外,目前广泛采用包壳管内腔充有一定压力氦气的预充压技术。

⑤ 在高温下,锆与水(或蒸汽)将发生放出氢的锆水反应:

$$Zr + 2H_2O(g) \longrightarrow ZrO_2 + 2H_2 \uparrow$$

这是一种放热反应。据估计,1 t 锆合金与水(或蒸汽)完全反应后约可放出 6.74×10^9 J 的热量。在反应堆发生失水事故时,大量的锆合金包壳与蒸汽反应将释放出巨大热量和爆炸性气体,从而加剧了事故的严重性。

虽然锆-2合金和锆-4合金在反应堆内被成功地用作包壳材料,但还不能满足当前为提高燃耗所需的高性能要求。当燃料元件的燃耗增加,锆包壳在水中的腐蚀加重,吸氢增加,这时锆-2合金和锆-4合金就很难满足要求。为此,近年来美国又开发了 ZIRLO 合金,它是 Zr-Sn 和 Zr-Nb 合金的综合,兼顾了二者的优点。ZIRLO 合金严格地控制了锡的含量,使它具有以下优点:① 在360 ℃以下 ZIRLO 合金在纯水或含 70×10^{-6} 锂的水中比锆-4合金的耐腐蚀性能好,尤其抗长期的腐蚀性更明显。② 经平均燃耗 71 GW·d/tU 的实验考验后,ZIRLO 合金的均匀腐蚀比锆-4合金小约50%,辐照增长和辐照蠕变也比锆-4合金小。ZIRLO 合金包壳管的氧化膜厚度在相同的燃耗下比锆-4合金低,是普通锆-4合金的28% ~ 32%。图3-21给出了不同材料氧化膜厚度与燃耗的关系,从图中可以看出低锡 ZIRLO 合金的耐腐蚀性能最好。

3.2.3　慢化剂和冷却剂材料

在热中子反应堆内,为使中子慢化,必须要加慢化剂材料;而要将堆内的热量及时地导出,所有的动力反应堆都必须有冷却剂材料。冷却剂和慢化剂是反应堆的一个重要组成部分,不同类型的反应堆需要不同的冷却剂,只有在热中子反应堆内需要慢化剂。在水冷反应堆内,水既作慢化剂,也作冷却剂。下面分别介绍不同种类慢化剂和冷却剂的性能。

3.2.3.1 慢化剂

反应堆内裂变产生的中子都是快中子,在热中子反应堆内,需要把裂变中子慢化成热中子,因此热中子反应堆内必须有足够的慢化剂,以便使裂变产生的快中子能够充分慢化成热中子,使裂变链式反应得以维持。对慢化剂的要求是:① 中子吸收截面小,质量数低,散射截面大;② 热稳定性及辐射稳定性好;③ 传热性能好;④ 密度高;⑤ 价格低,容易加工。

在反应堆内还应有反射层,使逸出的中子反弹回到堆芯中,这样可减少中子损

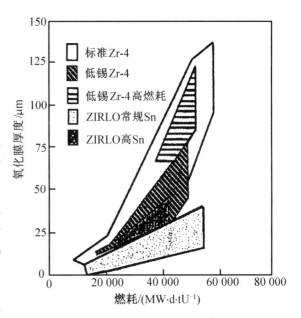

图3 - 21 不同材料氧化膜厚度与燃耗的关系

失,节省燃料消耗,减小堆芯临界体积,从而能改善堆芯及其边界的中子通量和功率分布,增大输出功率,提高反应堆的经济性。就中子慢化和反射层的作用而言,良好的慢化剂也是较好的反射层材料,因为二者都要求采用质量小、中子散射截面大、吸收截面小的材料,以便保证对中子多碰撞少吸收,同时也能起到把泄漏的中子弹回到堆芯的作用。因此,慢化剂和反射层材料大多采用同一材料。例如,压水堆的水既是冷却剂,又兼有慢化剂和反射层的作用。

常用的慢化剂可分为两大类:固体慢化剂和液体慢化剂。常用的固体慢化剂为石墨、铍及氧化铍等;液体慢化剂为普通水和重水。

1. 石墨

石墨是碳的结晶形态之一,它用石油焦或者煤沥青焦作为原料,加入黏合剂,经过压制而成。经多次的浸渍和焙烧,在3 000 ℃左右的温度下进行石墨化处理,得到石墨制品。石墨的中子吸收截面只有$3.4 \times 10^{-31} \text{m}^2$,是非常好的慢化材料,它的熔点为3 727 ℃,化学稳定性好,热导率几乎与黄铜相当,高温强度和耐热性也好。石墨在非氧化气氛下具有好的高温性能。石墨与CO_2相容性好,所以石墨在气冷反应堆中常用作慢化剂和反射层材料,在高温气冷堆中还可以用作堆芯结构材料和燃料颗粒的涂层及其弥散依附的基体材料。如果没有石墨的优良核性能和耐高温性能,就不能制造出高温气冷堆。

石墨是热中子反应堆中最常用的慢化剂,它的生产工艺比较成熟,应用也比较广泛,但堆用石墨的性能要求比非核用的要求高。例如:① 纯度高,碳的质量分数要求高,杂质少,尤其硼、镉含量限制严格;② 强度高,各向异性小,为此,要求采用各向同性的细粒度的煤焦来制成石墨,各向异性因子愈小愈好;③ 耐辐照、抗腐蚀和高温性能好;④ 热导率高,热膨胀率小。

石墨的拉伸强度随温度而增高,在2 500 ℃时达到最大值。这时的拉伸强度为室温时的两倍,但超过2 500 ℃后,拉伸强度就急速下降。石墨制品一般都采用挤压成形或模压成形的方法加工,产品的各种物理性能和机械性能在挤压或模压的平行方向及垂直方向上存在着较大

的差异,即各向是异性的。

石墨的化学惰性很强,在一般情况下不易与其他介质发生化学作用,但在高温时可以与许多物质起化学反应。例如在 1 160 ℃ 以上和铀作用生成 UC,高温时能将 CO_2 还原成 CO。石墨在空气中会被氧化,但低于 400 ℃ 时这种反应可忽略,而高温氧化问题比较严重,它给石墨在反应堆中的使用带来一定困难。

石墨的辐照损伤与金属相似,也是由辐照产生的点缺陷及其聚集或衍生而形成的。研究证明,能量大于 100 eV 的中子就能使碳原子离位。中子碰撞产生的初级离位原子又会发生串级碰撞,此过程一直持续到中子能量低于碳原子高位阈能为止。一个几万电子伏量级的高能中子在形成串级碰撞中,可使200 ~ 400 个碳原子离位,所以在热中子反应堆内,离位原子的生成速率大约为 10^{-7} s^{-1}。辐照会引起石墨的物理性能和机械性能的变化,主要是热导率下降、尺寸变化、积聚潜能。

辐照对石墨的热导率的影响很大,当辐照的中子通量达到 10^{19} cm^{-2} 时,热导率降至原来的 1/40。在中子辐照下会引起石墨尺寸的变化。当温度低于 300 ℃ 时,一般在平行于挤压方向的尺寸增大,在垂直于挤压方向的尺寸减小。长期辐照后,平行方向先是缓慢伸长,然后收缩,且收缩量随辐照而增加。在高温情况下,尺寸的不稳定性就不显著。例如在 400 ~ 510 ℃ 温度下的尺寸变化与室温时的尺寸变化相差小于 5%。当辐照温度很高时,有足够的移动能力使任何原子的位移回到平衡位置。因此,尺寸变化极小,在石墨慢化剂平均温度约为 870 ℃ 的高温气冷堆内就会出现这种情况。

辐照对石墨产生的效应主要是潜能,也称魏格纳能(Wegner energy)。在低温辐照时产生的原子位移会使石墨中积聚大量潜能。这个能量在石墨被加热到 500 ℃ 以上时,由于位移原子复位而释放出能量。例如,在室温下辐照的中子通量达 10^{19} cm^{-2} 时,潜能可达 1.675 kJ/g,此能量可把石墨温度升高约 1 000 ℃。如果在未加控制下发生潜能的释放则会引起堆内构件烧坏。为了避免这种情况发生,可周期性地对辐照损伤进行退火,以使潜能在受控下缓慢地释放出来,或保持石墨工作温度在 500 ℃ 以上(例如高温气冷堆),以避免辐照破坏。英国温斯凯尔(Windscale)反应堆就是因为潜能的突然释放而发生局部过热导致严重核事故。

2. 铍和氧化铍

铍是一种很轻的碱土金属,密度是铝的 2/3,熔点为 1 283 ℃,中子吸收截面为 0.009×10^{-28} m^2,散射截面大。因此,铍是较好的中子慢化和反射层材料。它的慢化能力比石墨大,适用于较小的反应堆,例如航天用的小型核动力反应堆。铍的高温强度好,熔点、热导率、比热容都较高,所以适用于高温反应堆。铍有较强的抗腐蚀能力,尤其在二氧化碳中稳定性良好。但铍较脆、难于加工、辐照稳定性差,中子与铍经(n,2n)、(n,α)反应会使中子增殖,有利于反应堆的经济性。但反应产生的氦和氚聚集成气泡引起铍的局部体积肿胀,另外,铍是有毒性的物质,价格高昂,因此给铍的广泛应用带来困难。

氧化铍是陶瓷材料,它的热中子吸收截面小,慢化能力大,熔点高达 2 550 ℃,可在高温液态金属反应堆和高温气冷堆中作慢化剂、反射层及核材料基体。氧化铍具有良好的化学稳定性,在高温液态金属及 CO_2,He,H_2,O_2 中都是稳定的。但在湿空气中加热时会生成有毒性的氢氧化铍挥发物,氧化铍比金属铍难于加工,这些问题使氧化铍的使用受到一定限制。

3. 重水

重水是由一个氧原子和两个氘原子组成的化合物(D_2O),氘(D)是氢(H)的同位素。重水是很好的慢化剂,它的中子吸收截面很低,大约是水的1/200。因此,重水可以采用天然铀燃料使反应堆达到临界。重水的热中子俘获截面小,慢化比高,是最佳的慢化剂材料。在相同情况下,重水的逃脱共振吸收概率及热中子利用系数都比石墨大。但重水的热中子徙动长度较大,相比相同功率的轻水堆堆芯体积相应增大,由于重水堆一般采用压力管式,慢化剂在压力管外侧,因此不需承受高压的压力容器。重水的初装量较大,且重水价格高昂,为补偿重水泄漏所花的费用相当大。

在自然水中,重水的含量只有0.017%,相当于每7 000个普通水分子中有一个重水分子。制取重水的方法有三种:电解法、蒸馏法和化学交换法。重水的性能与水稍有不同。在大气压下,重水的凝固点为3.82 ℃,沸点为101.43 ℃,在室温下密度为1.1 g/cm³。在高温系统中使用重水时也必须加高压。重水在辐照下也会分解,其分解的机制和轻水相同。重水既可以作慢化剂,也可以作冷却剂。

在反应堆内的辐照作用下,重水和轻水均逐渐分解,分离出爆炸性气体(D_2和O_2,或H_2和O_2的混合气体),这个过程称作辐射分解。在辐射分解的同时,还会发生氢和氧分子的再化合,生成水。从水中分离出来的爆炸性气体的数量,由辐射分解和再化合的共同作用来决定。随着水的温度升高,再化合过程也加剧。

3.2.3.2 冷却剂

反应堆内核裂变释放的绝大部分能量以热量的形式出现,这些热量必须从反应堆内及时带出,否则堆芯温度会很快升高使堆芯金属和燃料熔化。在水冷反应堆中,轻水和重水都可同时作为堆芯的冷却剂和慢化剂,而对使用固体慢化剂的反应堆,则必须采用另外的液体或气体作为冷却剂。

对冷却剂性能的要求与反应堆类型有关,通常必须具备以下特性:① 中子吸收截面和感生放射性小;② 沸点高、熔点低;③ 热容量高(密度和比热容值大),唧送功率低;④ 热导率大;⑤ 有良好的热和辐照稳定性;⑥ 与系统其他材料相容性好;⑦ 价格低。

热中子反应堆还要求冷却剂的慢化能力强,快中子反应堆要求冷却剂的非弹性散射截面小。常用的液态冷却剂有轻水、重水和液态金属(钠或钠钾合金等);气态冷却剂有氦气和二氧化碳等。

1. 轻水

轻水是自然界里存在最多的液体材料,它的慢化能力强,热中子徙动长度小,用轻水慢化的堆芯结构紧凑。水的比热容高、热容量大,在输送热量时所需的质量流速低于许多其他冷却剂,需要泵的唧送功率小。所以轻水既是极好的慢化剂,又是极好的冷却剂。

轻水的热中子俘获截面较大,所以轻水慢化和冷却的堆芯必须要用富集铀作燃料。另外,水的沸点低,如要提高运行温度,就必须加高压。例如,压水堆中运行压力一般为14 ~ 16 MPa,沸水堆一般约为7 MPa。这样,给设备的制造带来一定困难。

在动力反应堆中,水的工作温度为290 ~ 340 ℃。由于碳钢不耐腐蚀,必须采用腐蚀率低的奥氏体不锈钢作设备、管道和容器材料,或在反应堆和蒸汽发生器这些大设备上采用内表面堆焊不锈钢的加工方法。

反应堆内使用的水必须净化,去除其中所含的有害的离子杂质,以减少杂质的中子有害吸收及感生的放射性,即使这样,当水流经堆芯时,在快中子照射下,还会通过(n,p)反应而分别生成具有放射性的^{16}N和^{17}N。此外,水中的可溶性杂质,可溶性或悬浮状的腐蚀产物会发生活化,而使放射性增强。

水的辐照效应主要表现为水的辐照分解。水经堆内强烈的中子流和γ射线照射后,会使水分解而产生氢、氧和过氧化氢等。其过程如下：γ射线主要产生康普顿效应；中子与水发生弹性散射碰撞，产生高速带电粒子。高速带电粒子通过库仑力作用，将水分子轨道上的电子击出，使水分子离子化或处于不同程度的激发状态。此时水中电离了的分子和激发状态的分子很快变为游离基·H和·OH。游离基是沿着带电粒子的路径上产生的。因产生率不均等，沿途会出现游离基浓度起伏。在游离基浓度高的地段，大部分在扩散之前即行结合，当辐照分解产物滞留在溶液中时，将引起辐照感生逆反应，使最后反应产物的浓度达到稳定状态。即分解反应的速度、逆反应的速度和最终达到的稳定状态的浓度具有相互影响的作用，并对射线的作用、温度、溶质形态及浓度的影响敏感。

水中氧的存在会加速对材料的腐蚀，因此在设计时必须考虑如何把氧气移走或使之重新结合。一般设有排气系统和加氢系统，并且在系统中加复合器。在水冷反应堆中，水分解的氢气和氧气影响很大，如不加处理就有发生爆炸的危险。

2. 液态金属

液态金属主要用在快中子反应堆内作冷却剂。因为液态金属有良好的热性质，例如有高的热导率，高的沸点，在高温情况下可以在较低的压力下实现热量传递。用液态金属作冷却剂的反应堆，可在低压下构成冷却剂的高温回路。液态金属在强辐照下是稳定的，主要缺点是在高温时会引起化学反应，必须避免氧化，并应选择合适的结构材料以减少腐蚀。

液态金属冷却剂可以有多种选择，但每一种都有一些缺点。例如，汞有较大的热中子吸收截面，而且有剧毒。铅和铋虽具有较小的热中子吸收截面，但熔点高，弹性散射截面也较大。天然锂的热中子吸收截面为 71×10^{-28} m^2。表 3 - 3 给出了几种液态金属的物理性质。

表 3 - 3　液态金属的物理性质

性质	Bi	Pb	Li	Hg	K	Na	Na - 44% K
熔点 /K	544	600	453.5	234.2	336.7	370.8	292
沸点 /K	1 750	2 010	1 609	630	1 033	1 156	1 098
673 K 时的比热容 /[kJ·(kg·K)$^{-1}$]	0.148 1	0.147 3	4.326 3	0.137 66	0.764 0	1.273 2	1.051 0
熔化温度下的密度 /(kg·m^{-3})	10	10.7	0.61	13.7	0.82	0.93	0.89
673 K 时的热导率 /[W·(m·K)$^{-1}$]	15.59	15.12	47.11	12.62	39.55	68.72	26.87
热中子俘获截面 /($\times 10^{-28}$ m^2)	0.034	0.17	71	374	1.97	0.52	0.66

钠具有较低的熔点，满意的热传导性能，输送的耗功不大。因此，钠是较满意的快中子反应堆的液态金属冷却剂，但钠在常温下是固体状态，为停堆和启动带来很大困难，需要用电或蒸汽进行加热。

在没有氧存在且温度低于 600 ℃ 时，液态钠与结构材料有较好的相容性，不侵蚀不锈钢、钨、镍合金或铍。但钠具有从奥氏体不锈钢表层除去镍和铬的作用，铬形成铬化物，而镍溶解在钠中。图 3 - 22 给出了浸泡在流动钠中的不锈钢表面附近的镍和铬浓度。在此范围内，镍浓度可能被降低到 1% 左右，而铬降到 5% ~ 8%，其结果是形成约 5 μm 厚的铁素体表层。然后，铁素体被溶解,其速率取决于钠中的氧浓度,由于表面层的溶解使表面变得粗糙,氧的浓度越大,产生的粗糙度也就越大。对于 316 不锈钢,若钠中含氧量为 10 mg/kg,粗糙度约为 2 μm;若含氧量为 25 mg/kg,则粗糙度约为 6 μm。对表面腐蚀的程度基本与钠的流速和雷诺数无关。

钠能使碳从浸渍其内的钢中迁入或迁出,这取决于溶解碳的活度。根据钢是增碳或是失碳,称这种过程为渗碳或脱碳。钢失碳或增碳的速率与温度有关,因为碳在钠和钢中的活度以及扩散率都是随温度而变化的。在奥氏体钢中,碳的活度相对来说比较低,所以它倾向于渗碳。由于碳化物沉积在钢的表层,因而可能使低温韧性降低。但是,像含 0.1% 碳的 $Cr_{2.25}Mo$ 那样的低合金铁素体钢则倾向于脱碳,结果使其强度下降。在低温下,碳的活度较高,因此,如果钠回路在低温区域(例如

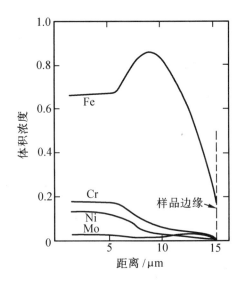

图 3 - 22　浸泡在流动钠中的不锈钢表面附近的镍和铬浓度

热交换器)内包含铁素体钢,脱碳就变得特别重要。在高温区域,要想防止奥氏体钢过度渗碳,则应该谨慎地控制钠中碳的活度。钠在高温或有氧存在时腐蚀速率会增大,因此钠里一定要严格限制氧的含量。腐蚀机理主要是质量迁移,即在系统的高温部位熔解,然后在低温部位沉淀。沉淀结果可能会造成管道堵塞。

钠的化学性质很活泼,很容易被空气或水氧化。在空气中钠会燃烧而生成氧化物,它与水发生激烈反应产生氢氧化钠和氢气。因此,在设计时应注意设备和容器的密封性,以防发生这种反应。使用钠作冷却剂的另一个缺点是俘获中子后生成 ^{24}Na,它是放射性同位素,半衰期为 15 h,衰变时除放出 β 射线外,还放出 γ 射线,因此冷却剂系统必须屏蔽,这样一来也给维修带来一定困难。表 3 - 4 列出了液态钠的物理性能。

表 3 - 4　钠的物理性能(熔点 97.9 ℃,沸点 883 ℃)

$t/℃$	$\rho/(kg/m^3)$	κ /[W·(m·K)$^{-1}$]	c_p /[kJ·(kg·K)$^{-1}$]	μ /(10^{-8} m^2·s^{-1})	$Pr/10^{-2}$
100	928	86.05	1.386	77.0	1.15
150	916	84.07	1.356	59.4	0.88
200	903	81.63	1.327	50.6	0.74
250	891	78.72	1.302	44.2	0.65
300	875	75.47	1.281	39.4	0.59
350	866	71.86	1.273	35.4	0.54
400	854	68.72	1.273	33.0	0.52
450	842	66.05	1.273	30.8	0.50
500	829	63.84	1.273	28.9	0.48
550	817	61.98	1.273	27.2	0.46
600	805	60.58	1.277	25.7	0.44
650	792	59.65	1.277	24.4	0.41
700	780	59.07	1.277	23.2	0.39

钾的熔点比钠低,钾的热物理性能与钠很相近。钠－钾合金在室温下呈液体状态,例如22％钠＋78％钾的合金的熔点为－11 ℃,这样在反应堆启动前就不需要熔化液态金属冷却剂的加热系统。但钾比钠的反应能力强,在空气中会强烈地与氧和水反应,而在高温下会与氢和二氧化碳反应。

3. 气体冷却剂

气体的中子吸收截面低,加热温度不受压力的限制,因此气体是值得推荐作为冷却剂的材料之一。尽管传热性能不如水和液态金属,但它有一些特殊的优点,例如气体作冷却剂的反应堆,其冷却剂的温度可达到很高,从而动力装置的效率高,气冷堆核电站的效率可达到40％以上。气体的热容量和热导率低,这意味着需要大量的气体流过反应堆,使装置复杂化并提高了造价,为输送冷却剂要消耗大量电能。

衡量气体冷却剂的主要指标之一是在其他条件相同情况下,传递相同的热量所需的泵耗功最小。

二氧化碳的中子吸收截面很小,没有毒性及爆炸的危险,在中、低温时是惰性的,不会侵蚀金属。在接近大气压下,二氧化碳在辐照下不分解。随着压力的升高,二氧化碳的稳定性下降。当压力为1 MPa 时,其分解很明显,在辐照作用下,二氧化碳的最初分解反应是

$$2CO_2 \longrightarrow 2CO + O_2$$
$$CO_2 \longrightarrow C + O_2$$

其中第一个反应分解占优势。二氧化碳的感生放射性是由在辐照下生成的核素^{16}N,^{19}O,^{41}Ar 和^{14}C 所决定的。

然而,二氧化碳在高温时会与石墨反应被还原成一氧化碳,尤其在温度达410 ℃ 时会对低碳钢有腐蚀作用。为了限制腐蚀速率而降低出口温度,英国的镁诺克斯型反应堆只得降功率运行。

从几方面性能的比较来看,除氢气、蒸汽和情性气体混合物外,氦气和二氧化碳比其他气体优越。尽管它的传热指标不如氢,然而,氢气有引起金属氢脆等害处。蒸汽用于高温直接循环是很有吸引力的,但由于高温蒸汽对石墨的严重腐蚀使它很难在石墨堆中应用;有些惰性气体如氖等,由于中子吸收截面大、活化较强、成本高、来源困难,在工程上很难被采用,因此至今只有氦气被选作高温气冷堆的冷却剂。

氦冷却剂具有如下优点:① 化学惰性。这在高温反应堆中是一个很重要的优点。纯氦在几千摄氏度的温度下也不会与石墨起反应,它与燃料和其他金属材料有很好的相容性,它跟二回路的水介质和环境空气也不发生反应,这些对提高运行参数和安全性都是十分有利的。② 良好的核性能。氦气的中子俘获截面极小,纯氦气没有感生的放射性,氦气是单原子气体,不会发生辐照分解。③ 容易净化。由于氦气临界温度很低,因此用低温吸附法就能去除其中的放射性裂变裂片(如Kr,Xe 等)及其他杂质,使氦气完全纯化。④ 在气体冷却剂中,氦气具有较好的传热和载热特性,它的热导率约为二氧化碳的10 倍,唧送功率消耗仅略高于氢气而低于其他气体。此外,作为气体冷却剂,它还具有下述优点:冷却剂密度变化对反应性影响很小,有利于堆的控制;气体透明度大,便于从一次冷却系统内观察燃料操作状况等。

当然,氦气冷却剂也有一些缺点,其中除了气体冷却剂所共有的缺点(如传热性能差、唧送功率消耗大等)外,使用氦气还带来一些工程上的问题。主要问题是:① 由于一回路氦气含有微量放射性物质及氦气价格较高,不允许从系统内漏出过量的氦气,因此系统对防漏密封要

求很高;② 在氦气气氛中,金属表面不能生成氧化膜保护层,因此必须注意解决传动部件如何避免咬合或减少磨损等问题。

氦气主要由天然气提取,也可以作为液化空气制取氧气和氮气的副产品,虽然空气中氦气含量很少,但由于氧气的需要量很大,因此氦气的来源是不成问题的。氦气的来源不同,其中的 ³He 同位素含量也不同,而 ³He 是高温气冷堆中产生氚的来源之一,这是需要注意的问题,因为氚是放射性气体。表3-5给出了氦的热物性。

表3-5 氦的热物性

温度 /K	密度 /(kg·m⁻³)	热导率 /[W·(m·K)⁻¹]	比热容 /[kJ·(kg·K)⁻¹]	黏度 /(10⁻³Pa·s)	普朗特数 Pr
273	0.178	0.141	5.20	0.0186	0.68
500	0.0973	0.211	5.20	0.0280	0.69
700	0.0703	0.278	5.20	0.0348	0.65
900	0.0529	0.335	5.20	0.0414	0.64
1100	0.0432	0.389	5.20	0.0460	0.61

注:在 1.013×10^5 Pa(1标准大气压)的压力下。

3.2.4 控制材料

为了使反应堆安全、可靠地连续运行,必须使用控制棒,或将控制材料加入冷却剂中,对反应堆的反应性进行补偿、调节和安全控制。对控制材料的要求除能有效地吸收中子外,还应具有以下性能:① 不但本身的中子吸收截面大,其子代产物也应具有较高的中子吸收截面(可燃毒物除外),以增加控制棒的使用寿命;② 材料对中子的 $1/v$ 吸收和共振吸收能阈广,即对热中子和超热中子都有较高的吸收能力;③ 熔点高、导热性好、热膨胀率小,使用时尺寸稳定并与包壳相容性好;④ 中子活化截面小,含长半衰期同位素少;⑤ 强度高、塑韧性好、抗腐蚀、耐辐照。

反应堆控制材料的选择主要是根据工作温度、反应性的控制要求,并结合材料性能综合考虑来确定。由于工况和堆型的不同,控制材料的种类很多,但大体可分四种:① 元素控制材料,如铪、镉等;② 合金控制材料,如银-铟-镉;③ 稀土元素,如钆、铕等;④ 液体材料,如硼酸溶液。图3-23给出了一些主要吸收材料的中子吸收截面。

3.2.4.1 铪

铪是反应堆内最好的控制材料之一,特别是作水堆控制棒的最好材料。在自然界它与锆共生,其化学性质类似锆,为周期表上同类元素。铪作控制棒材料有以下特点:① 铪对热中子及超热中子均有很大的吸收截面,且在较宽的能谱范围内其中子吸收能力都很强。② 铪的6种同位素都有较大的吸收截面,且一种同位素吸收中子经(n,γ)反应后生成的下一代同位素仍能有效地吸收中子,因此使用寿命长,铪在压水堆中工作期可达20年。③ 从图3-24中看出,铪具有较高的力学性能,塑性好,容易加工成形。另外,耐辐照、抗高温水腐蚀性能好,因此能以金属形式且在不需要包壳的情况下应用。④ 铪在高温水、氦和钠中都具有很好的抗腐蚀性能。

⑤ 铪的熔点高(2 210 ℃),热膨胀系数小,这能增强控制棒使用时的热稳定性,避免控制棒与导向管内壁胀结或粘连。⑥ 铪是稀有金属,价格较高。

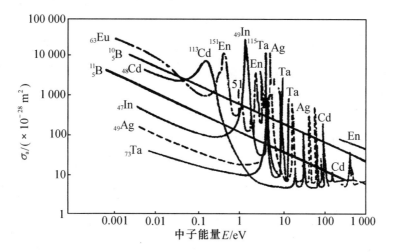

图 3 - 23　一些主要吸收材料的中子吸收截面

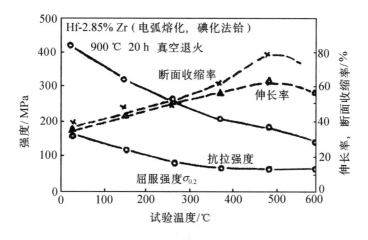

图 3 - 24　铪的力学性能

铪在反应堆发展初期被广泛使用,但因铪是从锆中分离出来的,锆和铪的化学性质相似、分离成本高,后来被银 - 铟 - 镉(Ag - In - Cd)合金所代替。目前,铪一般用作船用动力堆的控制棒材料。

3.2.4.2　银 - 铟 - 镉合金

银 - 铟 - 镉合金是为了取代稀有、昂贵的铪而研制的合金控制材料。镉的热中子吸收截面大,银和铟的共振吸收截面大,把它们制成合金后,在很宽的能谱范围内具有很强的中子吸收能力。

镉是反应堆最早使用的控制棒材料,镉共有 8 种稳定同位素,其中只有富集度 12.3% 的 ^{113}Cd 具有很高的热中子吸收截面(2×10^{-24} m^2),其余的并不高,而且对超热中子没有共振吸收能力。镉的强度小,耐腐蚀性差,熔点低,因此镉单独作为控制材料并不理想,它的主要缺点是燃耗快,寿命短。但镉价格低廉,加工性能好,耐辐照(再结晶温度低,易恢复)。

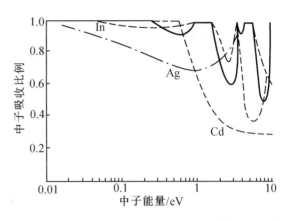

银－铟－镉合金控制棒是在镉控制棒的基础上发展出来的。图 3 - 25 实线表示的是银－铟－镉合金对中子能量的吸收特性,它吸收中子的综合性能与铪相似,而价格比铪低很多。因此,目前银－铟－镉合金控制棒被广泛用于水冷反应堆。

图 3 - 25　银－铟－镉合金对中子能量的吸收特性

3.2.4.3　稀土元素

适合作反应堆控制材料的稀土元素有钆和铕。铕适合做控制调节棒,在长期使用中其效率不会发生变化。当俘获中子后在调节棒中所产生的核素也有很大的中子俘获截面。因此,氧化铕调节棒可长期有效地使用,但氧化铕的价格很高。

钆可作为合金元素加入不锈钢和钛合金中。这种含钆量达25％的合金在360 ℃以下都是稳定的。含钆不锈钢的硬度和脆性随钆含量的增加而增大。

3.2.4.4　硼

在中子吸收截面大的天然元素中,以硼和镉的资源最丰富,最便宜。镉对超热中子的吸收能力不如硼,硼在宽广的中子能量范围内均能有效地吸收中子,所以硼最容易被首先考虑用作反应堆控制材料。但硼吸收中子后,发生$^{10}B(n,\alpha)^7Li$反应,产生 Li 和 He,而易引起晶格损伤、肿胀和内应力,尤其在高燃耗时更严重,这对控制棒的安全和长期使用不利。

$$^{10}_{5}B + ^{1}_{0}n \longrightarrow ^{3}_{1}H + 2^{4}_{2}He$$

$$^{10}_{5}B + ^{1}_{0}n \longrightarrow ^{7}_{3}Li + ^{4}_{2}He$$

以上反应所释放的氦气会使材料体积膨胀,尤其在高燃耗时,辐照损伤更为严重。在水堆中,如果发生因体积膨胀而把控制棒包壳挤破则可能使硼被水浸出而加速硼的消耗。

纯硼质硬而脆,几乎无法加工。因此,在反应堆控制中很少单独应用硼元素,大多数采用含硼化合物。最经常使用的化合物是硼的碳化物 B_4C,碳是密集六方晶胞,硼是正 20 面体,所以碳化硼的晶体结构复杂。在 B_4C 菱面体晶系的每个角上,排列着一个正20面体的硼(由12个硼原子组成),且在菱形晶系最长的对角线上排列着 3 个碳原子,中间那个碳原子易被硼原子所代替。碳化硼较脆,但具有高温稳定性,在包壳破坏的情况下,碳化硼溶于水的速率不高。

将碳化硼做成芯块后装入不锈钢管内可制成控制棒。减少硼的(n,α)反应所引起体积肿胀的影响,可以用以下几种方法:① 在控制棒上部预留储气腔以容纳(n,α)反应所释放的氦气;② 由粉末制成陶瓷芯块,使实际密度低于理论值,从而使陶瓷体内部较均匀地留有空隙以容纳氦气。在高温气冷堆中,也可把 B_4C 弥散在多孔的石墨中以制成控制元件。

硼在压水堆中也用作化学补偿控制,把硼酸溶解在冷却剂中来控制反应堆慢的反应性变化。例如,在反应堆堆芯燃料循环寿期初,在冷却剂水中加入足够的硼酸,随着燃耗的加深,剩余反应性减小,逐渐降低冷却剂中的硼酸浓度使系统维持临界。在事故情况下,应急冷却系统向反应堆内注入高浓度的含硼水,可快速吸收堆内产生的中子。

在反应堆内还可用硼不锈钢或硼硅酸盐玻璃管做成可燃毒物棒,按一定规律插入堆芯以降低堆芯燃料循环寿期初的反应性。随着反应堆的运行,硼的消耗所引入的正反应性部分地补偿了燃料消耗及裂变产物积累所造成的负反应性。此外,通过适当布置固体可燃毒物棒可以展平功率,提高反应堆的平均功率密度。

思 考 题

3 - 1　能用于压水堆的易裂变同位素有哪些,它们分别是怎样生成的?

3 - 2　为什么在压水堆内不直接用金属铀而要用陶瓷 UO_2 作燃料?

3 - 3　简述 UO_2 的熔点和热导率随温度、辐照程度的变化情况。

3 - 4　简述 UO_2 芯块中裂变气体的产生及释放情况。

3 - 5　燃料元件的包壳有什么作用?

3 - 6　对燃料包壳材料有哪些基本要求?目前常用什么材料?

3 - 7　为什么锆合金用作包壳时,其使用温度要限制在 350 ℃ 以下?

3 - 8　何谓锆合金的氢脆效应,引起氢脆效应的氢来源何处?

3 - 9　锆合金包壳的氢脆效应有何危害,应如何减轻这种不利影响?

3 - 10　什么是 UO_2 燃料芯块的肿胀现象,应采取什么防范措施?

3 - 11　控制棒直径较细有什么好处?

3 - 12　定位格架采用什么材料制成,为什么?

3 - 13　定位格架有何功用?

3 - 14　对用作控制棒的材料有什么基本要求?

3 - 15　通常用作控制棒的元素和材料有哪些?

3 - 16　简单说明 Ag - In - Cd 控制材料的核特性。

3 - 17　为什么选用硼酸作为化学控制材料?

3 - 18　试给出可燃毒物的定义。

3 - 19　二氧化铀作燃料主要有哪些优缺点?

3 - 20　燃料芯块端头为什么要加工成倒角,两个端面为什么要加工成碟形?

3 - 21　新的燃料棒中充氦气的作用是什么?

参 考 文 献

[1] 连培生.原子能工业[M].北京:原子能出版社,2002.

[2] 邬国伟.核反应堆工程设计[M].北京:原子能出版社,1997.

[3] 凌备备,杨延洲.核反应堆工程原理[M].北京:原子能出版社,1982.

[4] 杜圣华,等.核电站[M].北京:原子能出版社, 1992.

[5] 王成孝.核能与核技术应用[M].北京:原子能出版社,2002.

[6] 弗罗斯特 B R T.核材料[M].北京:科学技术出版社,1999.

第4章　核反应堆热工学

4.1　核反应堆的释热

在反应堆活性区内,如果有足够的燃料和足够高的燃料富集度,反应堆所能够达到的中子通量是非常高的,因此堆内能够产生的核裂变数也是非常大的,即从核的角度看,堆芯内产生的裂变功率可以非常大。但是,反应堆内裂变产生的热量必须及时排出,否则堆芯内的温度会快速升高到堆芯材料允许使用的温度以上,使堆芯材料熔化。因此,一个反应堆能产生多少功率,是受热工条件限制的,而不是受核方面的约束。另外,反应堆的重大安全事故也都与堆内传热和冷却问题有关,例如燃料包壳烧毁、燃料熔化等重大事故都与堆内的传热和冷却有直接的关系。反应堆热工学主要研究反应堆燃料和结构材料的释热,燃料及包壳的热传导、包壳与冷却剂的对流换热等。为了保证反应堆的运行安全,就必须保证在任何工况下都能及时、有效地输出堆芯热量。

4.1.1　燃料的释热

反应堆的热源来自核裂变过程产生的能量,每次铀核裂变大约产生200 MeV能量。这些能量86% 以上是在裂变的瞬时马上释放出来的,其余是在几秒至几年不等的时间释放出来的,后一部分能量主要来源于各种放射性的核衰变。然而,对于一个以额定功率长时间运行的反应堆,裂变产物和中子俘获产物的衰变功率已基本达到平衡,因此可取裂变能和衰变能的稳定值作为释热计算的依据。核裂变产生的能量可分成以下三大类:

①裂变瞬时产生的能量,它包括裂变碎片的动能、新生裂变中子的动能、裂变时瞬发的γ射线能,这部分能量约占总裂变能的86%;

②裂变后缓发的能量,包括裂变产物的β衰变能和γ衰变能,以及缓发中子和中微子的能量,这部分能量约占总裂变能的10.5%;

③过剩中子引起的(n,γ)反应,反应后产生的瞬发和缓发的β衰变能、γ衰变能,这部分能量约占总裂变能的3.5%。

在反应堆内,裂变能的分布与时间和空间有关。裂变能在空间上的分布与裂变产生的位置和裂变后产物的射程有关。例如,裂变碎片在燃料中的射程约为0.012 7 mm,因此可以认为裂变碎片的能量全部在产生裂变的燃料内转变成热量。在热中子反应堆内,裂变产生的中子慢化成热中子的平均路程是几厘米到几十厘米。这样,裂变中子的能量大部分传递给了燃料元件外面的慢化剂。裂变产物衰变时所发射的β射线,大部分在堆内射程只有1 cm左右,其能量基本上都在燃料中转换成热能。γ射线的穿透能力很强,属于长射程粒子,γ射线的能量一部分被燃料所吸收,另一部分被结构材料、慢化剂和热屏蔽所吸收,这些能量最终转换成热量释放出来。

在反应堆内,用体积释热率表示燃料内产生的热能。体积释热率的定义为

$$q_V = E_f \cdot R_f \tag{4-1}$$

式中　　q_V——燃料的体积释热率，$MeV/(s \cdot cm^3)$；

　　　　E_f——每次核裂变产生的能量，MeV；

　　　　R_f——燃料内的核反应率，$s^{-1} \cdot cm^{-3}$。

由核物理的知识知，核反应率

$$R = \Sigma_f \Phi = N \sigma_f \Phi \tag{4-2}$$

式中，Σ_f 为燃料的宏观裂变截面，单位为 cm^{-1}。

在工程计算中，体积释热率也经常表示成

$$q_V = 1.602 \times 10^{-13} F_a E_f N \overline{\sigma_f} \Phi \quad MW/m^3 \tag{4-3}$$

式中　　F_a——堆芯（燃料元件和慢化剂）的释热量占堆总释热量的份额；

　　　　N——可裂变核的密度，cm^{-3}；

　　　　$\overline{\sigma_f}$——热中子的平均微观裂变截面，cm^2；

　　　　Φ——热中子通量，$cm^{-2} \cdot s^{-1}$。

4.1.2　堆内释热率分布

在反应堆内，由于不同位置处中子通量不同，堆芯不同位置处可裂变核的密度也可能不一样，因此不同位置处体积释热率是不一样的。堆内某点 r 处燃料的体积释热率可以写成

$$q_V(r) = 1.602 \times 10^{-13} F_a E_f \int_0^\infty \Sigma_f(E,r) \Phi(E,r) dE \tag{4-4}$$

式中　　$\Sigma_f(E,r)$——堆芯 r 处，能量为 E 的中子的宏观裂变截面，cm^{-1}；

　　　　$\Phi(E,r)$——堆芯 r 处，能量为 E 的中子通量，$cm^{-2} \cdot s^{-1}$。

分析以上关系可知，燃料的体积释热率主要与三个因素有关：① 可裂变核的密度 N；② 热中子的平均微观裂变截面 $\overline{\sigma_f}$；③ 中子通量 Φ。

在热中子反应堆内，为简化计算，可以认为裂变都是由热中子引起的，这时堆内微观裂变截面可用平均的微观裂变截面 $\overline{\sigma_f}$ 计算。认为平均的微观裂变截面只与核燃料的类型有关，而与空间位置无关。在这种情况下，堆芯内某一点燃料的体积释热率与可裂变核的密度 N 和中子通量 Φ 成正比，即 $q_V \propto N\Phi$。对于均匀堆，可裂变核的密度在堆芯内是常数，不随堆芯的位置变化，这时堆芯内的功率分布只取决于中子通量分布。

堆芯内中子通量的分布与堆芯的几何形状有关。表 4-1 给出了几种有代表性几何形状的均匀裸堆内中子通量的分布。对于圆柱形的均匀裸堆，中子通量在堆芯的径向为贝塞尔函数分布，在堆芯轴向是余弦函数分布，其分布函数为

$$\Phi(r,z) = \Phi_0 J_0\left(\frac{2.405r}{R_e}\right)\cos\frac{\pi z}{L_0} \tag{4-5}$$

式中　　Φ_0——堆芯几何中心的中子通量；

　　　　J_0——零阶贝塞尔函数；

　　　　R_e——堆芯外推半径；

　　　　L_0——堆芯外推长度。

因此，对于均匀的圆柱形裸堆，堆芯内的体积释热率分布为

$$q_V(r,z) = q_{V0} J_0\left(\frac{2.405r}{R_e}\right)\cos\frac{\pi z}{L_0} \tag{4-6}$$

式中,q_{V0} 为堆芯几何中心的最大体积释热率。

表 4 – 1　均匀裸堆内中子通量的分布

几何形状	尺寸	坐标	中子通量分布函数	$\Phi_0/\bar{\Phi}$
无限平板	厚度 δ	x	$\cos\dfrac{\pi x}{\delta_e}$	1.57
长方体	边长 $a\times b\times c$	x,y,z	$\cos\dfrac{\pi z}{a_e}\cos\dfrac{\pi y}{b_e}\cos\dfrac{\pi z}{c_e}$	3.88
球体	半径 R	r	$\dfrac{1}{r}\sin\dfrac{\pi r}{R_e}$	3.29
有限圆柱体	半径 R,高度 L		$J_0\left(\dfrac{2.405r}{R_e}\right)\cos\dfrac{\pi z}{L_0}$	3.64

对于均匀装载的非均匀堆,特别是对于采用低浓缩二氧化铀细棒或薄片元件的压水堆,在不考虑干扰的裸堆情况下,堆内的宏观功率分布也与上式相同。

对于一个给定的通道,如果计算点距堆中心线的距离 r 已知,则 $J_0\left(\dfrac{2.405r}{R_e}\right)$ 就已经确定,因此,对于堆芯内 r 处某一个给定的燃料元件,体积释热率沿长度方向的变化关系为

$$q_V(r) = q_{V,c}(r)\cos\frac{\pi z}{L_0} \tag{4-7}$$

式中,$q_{V,c}(r)$ 为堆芯 r 处燃料元件轴向中央平面($z=0$)处的体积释热率,单位为 $\mathrm{MeV/(s\cdot cm^3)}$。

如果燃料横截面积为 A_U,则 r 处这根元件总释热量为

$$Q_t(r) = A_U\int_{-L/2}^{L/2} q_{V,c}(r)\cos\frac{\pi z}{L_0}\mathrm{d}z = \frac{2A_U}{\pi}L_0 q_{V,c}(r)\sin\frac{\pi L}{2L_0} \tag{4-8}$$

如果忽略外推长度的影响,$L\approx L_0$,则

$$Q_t(r) = \frac{2}{\pi}A_U q_{V,c}(r)L \tag{4-9}$$

式中,$Q_t(r)$ 为堆芯 r 处某根燃料元件的总释热量,单位为 W。

该燃料元件的平均体积释热率为

$$q_{V,a}(r) = \frac{Q_t(r)}{A_U L} = \frac{2}{\pi}q_{V,c}(r) \tag{4-10}$$

4.1.2.1　堆芯功率分布不均匀系数

由于堆芯内的中子通量不是均匀分布的,因此堆芯内的体积释热率或产生的功率也不是均匀分布的。在工程中,常用热流密度核热管因子来描述堆芯内释热率分布的不均匀性,其定义为

$$F_q^N = F_R^N \cdot F_Z^N = \frac{q_{max}}{q_a} \tag{4-11}$$

式中　　F_R^N——径向核热管因子；

　　　　F_Z^N——轴向核热管因子；

　　　　q_{max}——堆芯的最大热流密度；

　　　　q_a——堆芯的平均热流密度。

对于均匀的圆柱形堆芯，因为热流密度与热中子通量成正比，所以式（4 − 11）可写成

$$F_q^N = \frac{q_{max}}{q_a} = \frac{\Phi_0}{\overline{\Phi}} = F_R^N \cdot F_Z^N \tag{4 − 12}$$

式中　　Φ_0——堆芯最大热中子通量，圆柱形的均匀堆就是堆几何中心处的中子通量；

　　　　$\overline{\Phi}$——堆芯平均热中子通量。

堆芯平均热中子通量 $\overline{\Phi}$ 可用下式表示：

$$\overline{\Phi} = \frac{1}{V}\int_V \Phi dV = \frac{1}{\pi R^2 L}\int_0^R \int_{-L/2}^{L/2} \Phi(r,z)(2\pi r)drdz =$$

$$\frac{1}{\pi R^2 L}\int_0^R \int_{-L/2}^{L/2} \Phi_0 J_0\left(\frac{2.405r}{R_e}\right)\cos\frac{\pi z}{L_0}(2\pi r)drdz =$$

$$\frac{\Phi_0}{\pi R^2 L}\left[\int_0^R J_0\left(\frac{2.405r}{R_e}\right)2\pi rdr\right]\left[\int_{-L/2}^{L/2}\cos\frac{\pi z}{L_0}dz\right] \tag{4 − 13}$$

$$\int_0^R J_0\left(\frac{2.405r}{R_e}\right)rdr = \frac{R_e}{2.405}rJ_1\left(\frac{2.405r}{R_e}\right)\bigg|_0^R \tag{4 − 14}$$

把式（4 − 13）积分后得

$$\overline{\Phi} = \frac{\Phi_0}{\pi R^2 L} \cdot \frac{2\pi R R_e \cdot J_1\left(\frac{2.405R}{R_e}\right)}{2.405} \cdot \frac{2L_0\sin\frac{\pi L}{2L_0}}{\pi} \tag{4 − 15}$$

$$F_q^N = \frac{\Phi_0}{\overline{\Phi}} = \frac{2.405R^2}{2RR_e J_1\left(\frac{2.405R}{R_e}\right)} \cdot \frac{\pi L}{2L_0\sin\frac{\pi L}{2L_0}} \tag{4 − 16}$$

对于大型压水堆，可以忽略外推长度的影响，近似地取 $R = R_e, L = L_0$，上式写成

$$F_q^N = \frac{2.405}{2J_1(2.405)} \cdot \frac{\pi}{2} = 3.64 \tag{4 − 17}$$

需要指出的是，以上讨论的堆芯释热率分布和热流密度核热管因子，只适用于无干扰、均匀的圆柱形裸堆。实际反应堆内的宏观功率分布都不同程度地偏离以上所表述的功率分布。不同几何形状的堆芯，由于其中子通量分布的不同，理论上计算出的核热管因子数值也不一样。

在反应堆的设计中，都力求在堆芯的径向和轴向使中子通量展平，从而使反应堆的总功率提高。为了达到这个目的，采用了很多方法减小反应堆的核热管因子。因此，在实际反应堆内，中子通量分布与上述理论分布之间有很大差别。随着科学技术的发展，以及反应堆设计、建造和运行经验的积累，反应堆内的释热不均匀系数越来越小。表 4 − 2 给出了不同年代压水堆内热管因子的取值。

表 4-2　不同年代压水堆内热管因子的取值

名称,符号	20 世纪 60 年代初期设计 20 世纪 60 年代末期运行	20 世纪 60 年代中期设计 20 世纪 70 年代初期运行	20 世纪 60 年代中期设计 20 世纪 70 年代初期运行	20 世纪 80 年代运行
径向核热管因子 F_R^N	1.6	1.46	1.435	1.435
轴向核热管因子 F_Z^N	1.80	1.72	1.67	1.54
计算误差因子 F_u^N	1.08	1.08	1.08	1.05
$F_q^N = F_R^N F_Z^N F_u^N$	3.11	2.71	2.59	2.32

4.1.2.2　影响堆芯内功率分布的主要因素

1. 燃料装载的影响

在早期的压水动力堆中,大多数采用燃料富集度均一的燃料装载方式。这种装载方式的优点是装卸料比较方便,因此在一些小型的舰船用动力堆上目前仍采用这种装料方式。但对于大型电站核反应堆,这种装料方法的一个很大缺点是堆芯中央区会出现很高的功率峰值,使堆芯内释热率不均匀性很大,限制了整个反应堆的热功率输出。另外,即使在堆芯燃料循环寿期末,堆芯最外围的燃料元件由于中子通量较小,换料时燃耗较浅,使得在堆芯换料时内外区燃料的燃耗很不均匀。

为了克服这一缺点,目前在大型的核电站反应堆中通常采用堆芯燃料分区装载的方法。一般是在堆芯装载 3 种或多种不同富集度的燃料组件,富集度最高的燃料组件装在最外层,富集度最低的燃料组件装在中央区。由于燃料的体积释热率近似地正比于热中子通量与可裂变燃料核密度的乘积,这种装料方案可降低堆芯内区的功率水平而提高边缘区的功率水平,从而达到展平堆芯径向功率的目的。图 4-1 给出了分三区装载的情况。

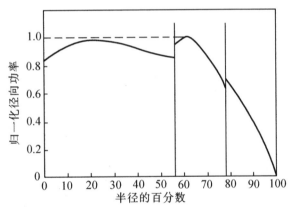

图 4-1　采用分三区装载时的径向功率分布

这种装料方法使功率在堆芯径向上展平,从而可以显著增大堆芯的总功率输出。采用这种燃料装载方式的堆芯,在换料时,每次只更换一部分燃料,即把中心区燃耗最大的燃料从堆芯中卸出,将外区的燃料向内移,把新燃料装载在最外区腾出的空位上。这样,在平衡循环时,所有被取出的燃料都经过了 3 次循环,从而具有较深的燃耗。

这种燃料循环方案还有几种变化形式,例如所谓的"插花"法。在平衡循环中,每次换料时都把新燃料组件均匀分布在整个堆芯中。例如,采用三批装载的插花法时,每隔 3 个组件更换一个,而其他组件留在原位。图 4-2 表示了这种堆芯,堆芯中的燃料组件都分别标上号码,换料时可以按照编号次序更换燃料组件。在一次换料时,将编号 1 的燃料组件全部更换,将编号 2 的燃料组件换到编号 1 的位置,依此类推。这样可使新燃料组件和烧过的燃料组件交错排列,紧密地耦合在一起,从而可以提高烧过的燃料产生的功率。

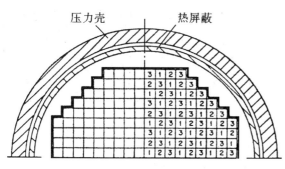

图 4 - 2　插花式装料的堆芯示意图

3. 控制棒的影响

在反应堆中,为了控制反应性的变化,实现停堆,必须要布置控制棒。在有些船用反应堆中,全部的剩余反应性都是通过插入控制棒来进行补偿。控制棒的插入使堆芯内中子通量分布受到很大的扰动,如果控制棒布置得合理,在一定程度上可以改善中子通量在径向的分布。例如,在寿期初,堆芯中央区域内的某几根控制棒插入,可使堆芯中央区域的中子通量降低。为维持一定的反应堆功率,此时外区的中子通量就要提高,这样使堆芯径向上的功率分布比未插入控制棒时更为均匀,见图 4 - 4。

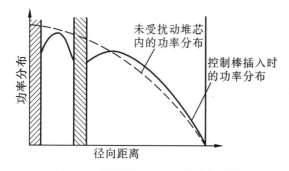

图 4 - 4　控制棒对径向功率分布的影响

值之比高于无控制棒扰动的情况。

4. 结构材料、水隙和空泡的影响

反应堆堆芯内不是一个均匀体,它包括定位格架、支撑结构、控制棒导管等,这些都是附加的材料,而且这些材料都会吸收中子,并会引起中子通量及功率局部降低。如果这些材料的中子吸收截面小,这种影响不大;如果材料的吸收中子截面大,则这种影响就不可忽略。

在热中子反应堆内,水是慢化中子的,因此堆内有水隙的地方相应的热中子通量比其他地

2. 反射层的影响

在反应堆堆芯的周围一般都设有反射层。反射层的作用是使从堆芯内泄漏出的中子返回堆芯,这样可使堆芯外区的中子通量比裸堆的情况大,从而可使中子通量在堆芯的径向有所展平,如图 4 - 3 所示。采用这种方法可改善堆芯径向的中子通量分布不均匀性,从而改善堆芯径向的功率分布,同时也减轻了中子对反应堆压力容器的辐照损伤。

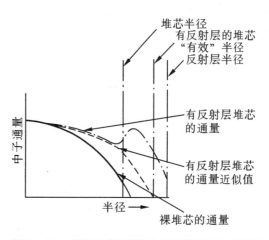

图 4 - 3　反射层对堆芯径向中子通量分布的影响

从轴向功率分布的角度来看,控制棒的插入对轴向功率分布会带来不利的影响。以控制棒从堆芯上部插入的情况为例,在燃料循环的寿期初,部分插入的控制棒使中子通量分布的峰值偏向于堆芯下部。而在堆芯燃料循环的寿期末,控制棒向上提出,这时堆芯下部的燃耗较深,而顶部的燃耗较浅,可裂变核的密度较大,从而使中子通量的峰值偏向堆芯的上部,如图 4 - 5 所示。在这种情况下,轴向功率峰值与平均

方要高。这些水隙会引起局部热中子峰值。在反应堆内,水隙可能是燃料组件之间的间隙、栅格尺寸的变化处,以及提出控制棒后所留下的空腔。水隙造成中子局部峰值的大小与水隙的尺寸有直接关系。图 4－6 给出了水隙尺寸与中子通量相对值之间的关系。从图中可以看出,中子通量会随水隙直径近似呈线性增加。从这个意义上看,控制棒做成"细而多"的比"粗而大"的更有好处。另外,在控制棒的下部可装低吸收中子材料的挤水棒,以避免在控制棒提出后引起大的水隙。

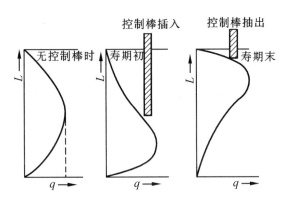

图 4－5　控制棒对轴向功率分布的影响

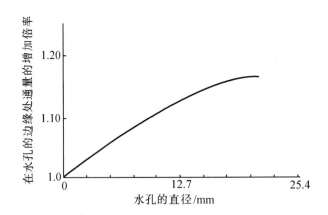

图 4－6　水隙尺寸与中子通量之间的关系

在反应堆堆芯内最热通道或出口产生气泡会使中子通量产生畸变。这是由于气泡慢化中子的能力比水差得多,因此有气泡的地方热中子通量就要降低,气泡多时,这一影响比较显著。水冷反应堆的这一空泡效应,对于稳定反应堆功率,减少某些事故的严重程度是有好处的。

5. 燃料元件自屏蔽效应的影响

均匀反应堆只是一种理论假设,由于反应堆热工、水力、机械、物理等方面的原因,目前动力堆几乎都是非均匀的。在非均匀堆内,中子通量的分布如图 4－7 所示。它可以看成由两部分中子通量叠加而成:一部分是沿整个堆变化的宏观的中子通量分布;另一部分是栅元内微观的中子通量分布。仅当大量燃料元件均匀

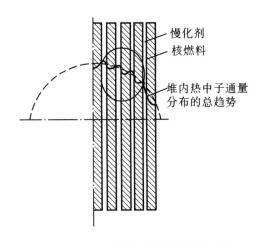

图 4－7　非均匀堆内中子通量分布

分散在堆芯时，从宏观上看，非均匀堆内的中子通量分布和均匀堆内的相同。

但从一个栅元来看，由于裂变中子主要在慢化剂内慢化，热中子主要在慢化剂内产生，因此慢化剂内的热中子通量高。另一方面由于热中子主要被燃料吸收，而且首先被燃料棒外层的燃料吸收，造成燃料棒内层的热中子通量比外层的低，如图4-8所示。由堆物理已知，如果取一个等效栅元，并假设：热中子只在慢化剂内均匀产生，在燃料棒内扩散理论也适用，可导出燃料棒的自屏因子。

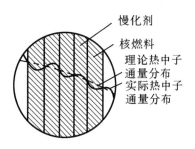

图4-8　栅元内热中子通量分布

4.1.3　结构部件和慢化剂的释热

在燃料元件内产生的热量主要来源于裂变碎片的动能和对β射线的吸收。在燃料之外的结构部件中，释热主要是由于吸收γ射线和中子。γ射线的来源包括裂变瞬时放出的γ射线，裂变产物衰变时释放的γ射线，以及堆芯材料吸收中子发生(n,γ)反应所释放的γ射线。另外，中子在慢化过程中也会产生热量。

4.1.3.1　结构部件的释热

反应堆的结构材料大体上可由两部分组成：一部分是堆芯内的结构材料，包括定位格架，燃料组件的上、下管座和栅格板等；另一部分是堆芯外围的厚壁构件，包括热屏蔽和压力容器等。

堆芯内结构部件的释热，基本上都是由吸收堆内的γ射线引起的。由于堆内构件的壁都比较薄，因此可以忽略γ射线在这些构件内的衰减。根据裂变能的分布比率，每次裂变时的总γ射线能约占可回收能量的10.5%，如果忽略γ射线在堆芯内的衰减，并认为结构材料对γ射线的吸收正比于材料的密度，堆芯内结构材料某处γ射线的体积释热率可表示为

$$q_{V,\gamma} = 0.105 q_{V,t} \frac{\rho}{\rho_a} \tag{4-18}$$

式中　$q_{V,\gamma}$——堆芯内某结构材料吸收γ射线引起的体积释热率，W/cm³；

$q_{V,t}$——该处的体积释热率，W/cm³；

ρ——该处结构材料的密度，g/cm³；

ρ_a——堆芯材料的平均密度，g/cm³。

在堆芯外的热屏蔽和压力容器的一侧，如果存在一个源强为$S_{\gamma i}$的γ射线源，具有给定能级的γ射线未经碰撞而贯穿时，第i能群的γ能量密度$\Phi_{\gamma i}(x)$的变化规律为

$$\Phi_{\gamma i}(x) = S_{\gamma i}\exp(-\mu_i x) \tag{4-19}$$

式中　$S_{\gamma i}$——在有源一侧表面处第i能群的γ能量密度，MeV/(s·cm²)；

x——离开表面的距离，cm；

μ_i——第i能群的能量吸收系数，cm⁻¹。

材料对单能γ射线的吸收主要有3个过程，即光电吸收、康普顿散射和电子对生成。能量吸收系数μ_i是这3个能量吸收系数的总和，它是γ射线能量的函数。表4-3给出了一些材料的能量吸收系数μ_i值。

γ射线在 x 处 $\mathrm{d}x$ 距离上的衰减部分 $\mathrm{d}\Phi_{\gamma i}(x)$ 全部转化为热量,因此在 x 处材料吸收 γ 射线产生的体积释热率为

$$q_{V,\gamma i}(x) = -\frac{\mathrm{d}\Phi_{\gamma i}(x)}{\mathrm{d}x} \tag{4-20}$$

由式(4-19)可得

$$q_{V,\gamma i}(x) = \mu_i S_{\gamma i} \exp(-\mu_i x) \tag{4-21}$$

式中,$q_{V,\gamma i}(x)$ 为材料吸收 γ 射线产生的体积释热率,单位为 $\mathrm{MeV}/(\mathrm{s} \cdot \mathrm{cm}^3)$。

表4-3　一些材料的能量吸收系数

材　　料	密度 $/(\mathrm{g} \cdot \mathrm{cm}^{-3})$	能量吸收系数 $/(\mathrm{cm}^{-1})$		
		1 MeV	3 MeV	5 MeV
铍	1.85	1.04	0.057 9	0.039 2
铝	2.7	0.166	0.095 3	0.071 8
空气	0.001 294	7.66×10^{-5}	4.3×10^{-5}	3.04×10^{-5}
铁	7.86	0.470	0.282	0.240
铅	11.34	0.797	0.468	0.505
不锈钢	7.8	0.462	0.279	0.236
铀	18.7	1.46	0.813	0.881
水	1	0.070 6	0.039 6	0.027 7
硅酸硼玻璃	2.23	0.141	0.080 5	0.059 1

如果反应堆中的 γ 源发射几种不同能级的 γ 射线,那么未经碰撞的 γ 射线所形成的总释热率是各个能级的 γ 射线所形成的释热率之和,因此有

$$\Phi_{\gamma t}(x) = S_{\gamma 1} \exp(-\mu_1 x) + S_{\gamma 2} \exp(-\mu_2 x) + \cdots \tag{4-22}$$

$$q_{V,\gamma t}(x) = \mu_1 S_{\gamma 1} \exp(-\mu_1 x) + \mu_2 S_{\gamma 2} \exp(-\mu_2 x) + \cdots \tag{4-23}$$

材料的康普顿散射会发出二次 γ 射线,因此实际的释热率要比上面方程给出的大,大的部分释热率用积累因子 B 来考虑,因此总释热率可由下式表示,即

$$q_{V,\gamma t}(x) = B_1 q_{V,\gamma 1}(x) + B_2 q_{V,\gamma 2}(x) + \cdots \tag{4-24}$$

积累因子对不同材料有不同的值,并且是 μx 和 γ 射线能级的函数。

在反应堆内,为了减少 γ 射线对压力容器的辐照损伤,在压力容器和堆芯之间设有热屏蔽。它的功用主要是吸收来自堆芯的 γ 射线,使压力容器和生物屏蔽所受到的辐照不超过允许值。

热屏蔽一般都做成圆筒形状,由于筒的直径较大,相对直径而言壁厚较薄,因此可以按平板处理。假设热屏蔽内表面的 γ 射线是单能的,则热屏蔽的释热率可按下式计算,即

$$q_{V,\gamma}(x) = q_{V,\gamma}(0) B e^{-\mu x} \tag{4-25}$$

式中　　$q_{V,\gamma}(x)$——距内表面 x 处热屏蔽的体积释热率,$\mathrm{MeV}/(\mathrm{s} \cdot \mathrm{cm}^3)$;

　　　　$q_{V,\gamma}(0)$——$x = 0$ 处(筒内表面)的体积释热率,$\mathrm{MeV}/(\mathrm{s} \cdot \mathrm{cm}^3)$。

4.1.3.2　控制棒内的释热

在反应堆运行过程中控制棒会释热,其热源是控制棒吸收 γ 射线和吸收中子后的(n,α)反应和(n,γ)反应。在反应堆内要对控制棒进行适当的冷却,以保证控制棒的材料温度不超过允许温度。控制棒的释热计算一般分成两部分,即吸收 γ 射线产生的释热和吸收中子产生的释热。这两部分释热要分别计算,吸收 γ 射线产生的热量可按上述结构材料的释热计算,吸收中子产生的释热由下述方法计算。

控制棒材料吸收中子是发生(n,α)反应还是发生(n,γ)反应,要根据所采用的材料而定,计算时可分别用不同的公式计算。如果中子与控制棒材料发生(n,α)反应,则由于 α 粒子的射程短,α 粒子的能量都被控制棒所吸收,因此由(n,α)反应引起的控制棒释热可表示为

$$q_{V,(n,\alpha)}(r) = 1.602 \times 10^{-13} \int N \sigma_{n,\alpha}(E) \Phi(r,E) E_\alpha dE \qquad (4-26)$$

式中　$q_{V,(n,\alpha)}(r)$——空间位置 r 处(n,α)反应的体积释热率,MW/m³;

　　　N——控制棒材料的核密度,cm⁻³;

　　　$\sigma_{n,\alpha}(E)$——中子能量为 E 的(n,α)微观截面,cm²;

　　　$\Phi(r,E)$——空间位置 r 处能量为 E 的中子通量,s⁻¹·cm⁻²;

　　　E_α——(n,α)反应释放的能量,MeV。

如果控制棒材料和中子发生(n,γ)反应,则由于(n,γ)反应所引起的控制棒释热为

$$q_{V,(n,\gamma)}(r) = 1.602 \times 10^{-13} \int E_\gamma \mu_a(r,E) \Phi_\gamma(r,E) dE \qquad (4-27)$$

式中　$q_{V,(n,\gamma)}(r)$——空间 r 处(n,γ)反应的释热率,MW/m³;

　　　E_γ——γ 射线能量,MeV;

　　　$\Phi_\gamma(r,E)$——r 处能量为 E 的 γ 射线注量率,s⁻¹·cm⁻²;

　　　$\mu_a(r,E)$——r 处材料对能量为 E 的 γ 射线的能量吸收系数,cm⁻¹。

控制棒的总释热量是以上两部分释热量的叠加,然后根据具有内热源的热传导方程求出控制棒内的温度分布。如果控制棒周围的冷却条件相同,则控制棒内的最高温度在棒的中心。工作时应该保证控制棒中心的温度低于允许值。

4.1.3.3　慢化剂的释热

在热中子反应堆内,慢化剂的主要功能是慢化中子,中子在慢化过程中将其动能传递给慢化剂,因此慢化剂会产生热量;慢化剂释热的另一个热源是吸收 γ 射线的能量。慢化剂内的体积释热率可按下式计算,即

$$q_{V,M} = 0.105 q_{V,m}(\rho_M/\rho_a) + 1.062 \times 10^{-13} (\Sigma_s \Phi_F) \Delta E \qquad (4-28)$$

式中　$q_{V,M}$——慢化剂的体积释热率,MW/m³;

　　　$q_{V,m}$——均匀处理后堆芯内特定位置处的体积释热率,MW/m³;

　　　ρ_M——慢化剂密度,g/cm³;

　　　ρ_a——堆芯材料平均密度,g/cm³;

　　　Σ_s——快中子宏观弹性散射截面,cm⁻¹;

　　　Φ_F——快中子通量,s⁻¹·cm⁻²;

　　　ΔE——中子每次弹性散射时的平均能量损失,MeV。ΔE 可由下式求出:

$$\Delta E = \frac{E_F - E_T}{n} \tag{4-29}$$

式中 E_F—— 快中子能量,MeV;

        E_T—— 热中子能量,MeV;

        n—— 裂变中子慢化成热中子所需的平均碰撞次数,n 由下式求得

$$n = \frac{\ln(E_F/E_T)}{\xi}$$

ξ 是对数平均能量损失,对于轻水取 $\xi = 0.92$。

4.1.4　反应堆停堆后的释热

反应堆运行一段时间停堆以后,其功率并不会立刻降到零,而是在开始时以很快的速度下降,在达到一定数值后,就以较慢的速度下降。反应堆在停堆以后继续产生的功率虽然只有稳态功率的百分之几,但是其绝对值却仍然是一个不小的数字。例如,大亚湾核电站的反应堆,其稳态运行的热功率为 2 895 MW,在反应堆紧急停堆 5 min 内反应堆可产生 3.0×10^5 MJ 的剩余能量。其中停堆 1 h 产生的功率为 40 MW;停堆一天时产生的功率为 16 MW;停堆一个月时产生的功率为 4 MW;停堆一年时产生的功率为 0.8 MW。从这个例子可以看出, 在反应堆停堆后的一段时间里还会产生很大的热量,这些热量若不及时地从堆芯输出,就会很快把堆芯烧毁。所以在反应堆停堆以后,还必须继续对堆芯进行冷却,以便带走这些热量。一般来说,反应堆都设有专门的余热排出系统, 以便对停堆后的堆芯进行冷却。反应堆停堆以后释出功率的大小对事故工况下反应堆的安全影响极大,因为许多反应堆事故都伴随着堆芯冷却剂流量的下降或燃料元件表面传热的恶化,这些都会使堆芯的传热能力降低。如果事故停堆后堆芯内传热能力下降的速度比反应堆功率下降的速度快(例如失水事故,冷却剂不能进入堆芯),则一部分热能就会在燃料元件中积累起来,堆芯的温度就要升高。如果这种情况延续下去,就会把燃料元件烧毁。

反应堆停堆后的功率主要由以下三部分组成。

4.1.4.1　剩余裂变功率

在反应堆刚停堆时,堆内的缓发中子在短时间(几十秒)内还会引起裂变。裂变时瞬间放出的功率与堆芯内的中子密度成正比。中子密度可由中子动力学方程解出。对于单群点堆模型,中子动力学方程为

$$\begin{cases} \dfrac{\mathrm{d}n(t)}{\mathrm{d}(t)} = \dfrac{k_{\mathrm{eff}}(1-\beta)-1}{l_p}n(t) + \displaystyle\sum_{i=1}^{6} \lambda_i C_i(t) \\ \dfrac{\mathrm{d}C_i(t)}{\mathrm{d}t} = \dfrac{k_{\mathrm{eff}}\beta_i}{l_p}n(t) - \lambda_i C_i(t), i = 1,2,\cdots,6 \end{cases} \tag{4-30}$$

式中 $n(t)$——t 时刻的中子密度;

        β,β_i—— 分别表示缓发中子的总份额和第 i 组缓发中子的份额,$\beta = \displaystyle\sum_i \beta_i$;

        l_p—— 瞬发中子平均寿命;

        λ_i—— 第 i 组缓发中子先驱核衰变常量,s^{-1};

        $C_i(t)$——t 时刻的第 i 组缓发中子先驱核浓度,cm^{-3};

k_{eff}——t 时刻的有效增殖因数。

假定停堆时有效增殖因数先经一阶跃降低而后就保持常数,则方程组(4-30)是一个常系数一阶线性微分方程组,它的解是7个指数项的和,即

$$n(t) = n(0)\left[A_0\exp(\omega_0 t) + A_1\exp(\omega_1 t) + A_2\exp(\omega_2 t) + \cdots + A_6\exp(\omega_6 t)\right]$$

$$(4-31)$$

式中,$A_0, A_1, A_2, \cdots, A_6$ 是待定常数,可由方程的初始条件求出。$\omega_0, \omega_1, \omega_2, \cdots, \omega_6$ 由下列代数方程解出,即

$$\rho = \frac{l_p\omega}{1 + l_p\omega} + \frac{1}{1 + l_p\omega}\sum_{i=1}^{6}\frac{\omega\beta_i}{\lambda_i + \omega}$$

$$(4-32)$$

式中,ρ 表示有效增殖因数 k_{eff} 阶跃变化时所引入的反应性。

在反应堆发生事故之后,引入的反应性一般很大。可以证明,当 $(\beta/|\rho|) \ll 1$ 时,利用式(4-32)可以得到

$$\frac{n(t)}{n(0)} = A_0\exp\left(-\frac{t}{l_p}\right) + A_1\exp(-\lambda_1 t) + A_2\exp(-\lambda_2 t) + \cdots + A_6\exp(-\lambda_6 t)$$

$$(4-33)$$

式中等号右边第一项是瞬发中子的贡献,它的衰减周期近似为 l_p,l_p 的数值很小,压水堆的 l_p 为 10^{-4} s 量级,所以瞬发中子衰减得非常快。式中其余各项是6组缓发中子的贡献,它们的衰减周期近似为相应各组衰变常量 λ_i 的倒数。衰减最慢的1组缓发中子的衰变常量为 0.0124 s^{-1},衰减周期近似为80.7 s。

对于以恒定功率运行了很长时间的轻水反应堆,如果引入的负反应性绝对值大于4%,则在剩余裂变功率起重要作用的期间内,也可以用下式来估算它的相对中子密度随时间的变化,即

$$\frac{n(t)}{n(0)} = 0.15\exp(-0.1t)$$

$$(4-34)$$

对于重水堆

$$\frac{n(t)}{n(0)} = 0.15\exp(-0.06t)$$

$$(4-35)$$

式中,t 的单位为 s。以上两个关系式只适用于用 ^{235}U 作燃料的反应堆,不适用于 ^{239}Pu 作燃料的反应堆,因为 ^{239}U 的缓发中子份额只有 0.21%,故由钚的缓发中子引起的裂变功率大约只有 ^{235}U 的 1/3。

4.1.4.2 裂变产物的衰变功率

在反应堆稳定运行了无限长时间的情况下,停堆后裂变产物衰变能的大小可以从图4-9和图4-10查出。这两个图中的曲线是综合许多人的实验结果得出来的。图中纵坐标 $M(\infty, t)$ 是反应堆在稳定运行无限长时间以后每一次裂变产生的裂变产物释放的衰变能量随停堆时间 t 的变化。由于在反应堆运行时每次裂变所产生的总能量大约是 200 MeV,因而反应堆运行了无限长时间停堆 t 时刻裂变产物的衰变功率 $N_{S1}(\infty, t)$ 与停堆前运行功率 $N(0)$ 的比值为

$$\frac{N_{S1}(\infty, t)}{N(0)} = \frac{M(\infty, t)}{200}$$

$$(4-36)$$

因此

$$N_{S1}(\infty,t) = N(0)\frac{M(\infty,t)}{200} \quad W = 3 \times 10^{10}N(0)M(\infty,t) \quad \text{MeV/s} \qquad (4-37)$$

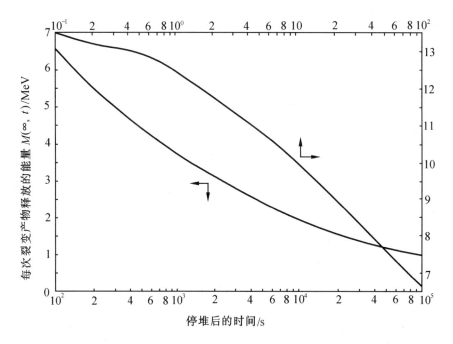

图 4 - 9　反应堆稳定运行无限长时间后裂变产物释放的能量

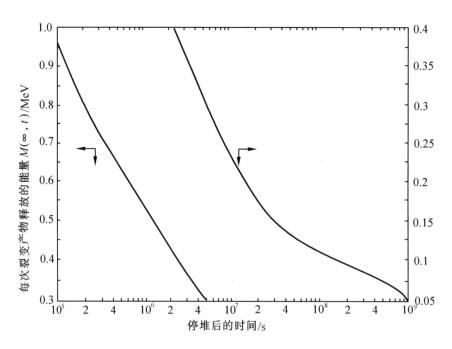

图 4 - 10　反应堆稳定运行无限长时间后裂变产物释放的能量

如果反应堆在功率 $N(0)$ 下只运行了有限长时间 t_0,则停堆后 t 时刻每次裂变所产生的衰变能量可由下式求出:

$$M(t_0,t) = M(\infty,t) - M[\infty,(t_0+t)] \qquad (4-38)$$

式中,$M[\infty,(t_0+t)]$ 和 $M(\infty,t)$ 可以从图 4-9 或图 4-10 中查出。需要指出的是,式(4-38)并非理论推导出的公式,它是由实验和经验整理的关系式。由式(4-38)可得反应堆运行了 t_0 时间停堆 t 时刻的裂变产物衰变功率为

$$N_{S1}(t_0,t) = \frac{N(0)}{200}\{M(\infty,t) - M[\infty,(t+t_0)]\} \qquad (4-39)$$

图 4-9 和图 4-10 中的曲线也可以表示成下列解析表达式

$$M(\infty,t) = At^{-a} \qquad (4-40)$$

式中,t 的单位为 s。表 4-4 给出了各种停堆时间间隔的 A 和 a 值,并给出了在对应时间间隔内,由解析表达式(4-40)算出的数值与曲线数值的最大偏差。由式(4-39)可以得出

$$N_{S1}(t_0,t) = \frac{N(0)}{200}\left[A_1 t^{-a_1} - A_2(t+t_0)^{-a_2}\right] \qquad (4-41)$$

式中,$A_1,a_1;A_2,a_2$ 分别为对应于时间 t 和 $(t+t_0)$ 的 A,a 值。由式(4-41),通过积分可求出某时间间隔内的裂变产物衰变功率的总和

$$N_{S1}(t_0,t_{1-2}) = \frac{N(0)}{200}\int_{t_1}^{t_2}\left[A_1 t^{-a_1} - A_2(t+t_0)^{-a_2}\right]\mathrm{d}t \qquad (4-42)$$

表 4-4 式(4-41) 中的常数

时间间隔 t/s	A	a	最大正偏差		最大负偏差	
$10^{-1} \leqslant t \leqslant 10^3$	12.05	0.063 9	在 10^0	4%	在 10^1 s	3%
$10^3 \leqslant t \leqslant 1.5 \times 10^2$	15.31	0.180 7	在 1.5×10^2 s	3%	在 3×10^1 s	1%
$1.5 \times 10^2 < t < 4 \times 10^5$	26.02	0.283 4	在 1.5×10^2 s	5%	在 3×10^3 s	5%
$4 \times 10^6 \leqslant t \leqslant 2 \times 10^8$	53.18	0.335 0	在 4×10^7 s	8%	在 2×10^8 s	9%

4.1.4.3 中子俘获产物的衰变功率

在用天然铀或低浓缩铀作燃料的反应堆中,对中子俘获产物衰变功率贡献最大的是 ^{238}U 吸收中子后产生的 ^{239}U($T_{1/2} = 23.5$ min) 和由它衰变成的 ^{239}Np($T_{1/2} = 2.35$ d) 的 β,γ 辐射。除此之外,其他产物的衰变功率都很小。因而反应堆内俘获产物的衰变功率 N_{S2} 可以表示为

$$N_{S2} = N'_{S2} + N''_{S2} \qquad (4-43)$$

式中,N'_{S2} 为 ^{239}U 的衰变功率,其衰变规律为

$$\frac{N'_{S2}(t_0,t)}{N(0)} = 2.28 \times 10^{-3}C(1+\alpha)\left[1 - \exp(-4.91 \times 10^{-4}t_0)\right]\cdot \exp(-4.91 \times 10^{-4}t)$$

$$(4-44)$$

N''_{S2} 为 ^{239}Np 的衰变功率,其衰变规律为

$$\frac{N''_{S2}(t_0,t)}{N(0)} = 2.17 \times 10^{-3}C(1+\alpha)\{7.0 \times 10^{-3} \times \left[1 - \exp(-4.91 \times 10^{-4}t_0)\right] \times$$

$$\left[\exp(-3.41 \times 10^{-6}t) - \exp(-4.91 \times 10^{-4}t_0)\right] +$$

$$[1 - \exp(-3.14 \times 10^{-6}t_0)]\exp(-3.41 \times 10^{-6}t)\} \tag{4-45}$$

如果 $t_0 \to \infty$,即在停堆前反应堆运行了很长时间,则由式(4-44)和式(4-45)可得上述两种物质的总衰变功率为

$$\frac{N_{S2}}{N(0)} = 2.28 \times 10^{-3} C(1+\alpha)\exp(-4.91 \times 10^{-4}t) +$$
$$2.19 \times 10^{-3} C(1+\alpha)\exp(-3.14 \times 10^{-6}t) \tag{4-46}$$

式中,C 是转换比,$C =$ 生成^{239}Pu 核数／消耗^{235}U 核数,对于低浓缩铀作燃料的压水堆,可取 $C = 0.6$;α 是^{235}U 的辐射俘获数与裂变数之比,$\alpha = {}^{235}$U 俘获／^{235}U 裂变,对于低浓缩铀作燃料的压水堆 $\alpha = 0.2$。将 C 和 α 代入式(4-46),得

$$\frac{N_{S2}}{N(0)} = 1.64 \times 10^{-3}\exp(-4.91 \times 10^{-4}t) + 1.58 \times 10^{-3}\exp(-3.14 \times 10^{-6}t) \tag{4-47}$$

由于忽略了其他俘获产物的衰变功率,所以在利用上式计算衰变功率时,一般还要把它的计算结果再乘以安全系数1.1。

图4-11给出了压水堆停堆后各项功率和总功率衰减的大致过程。由图可以看出,在停堆以后,剩余裂变功率和剩余衰变功率的衰减规律不同,要分别进行计算。

停堆后 t 时刻的功率 $N(t)$ 与停堆前的功率 $N(0)$ 的相对变化可以表示为

$$\frac{N(t)}{N(0)} = \frac{N_f(t)}{N(0)} + \frac{N_s(t)}{N(0)} \tag{4-48}$$

式中　$N_f(t)$——停堆后 t 时刻的裂变功率;

　　　t——从停堆时刻算起的时间,s;

　　　$N_s(t)$——停堆后 t 时刻的衰变功率。

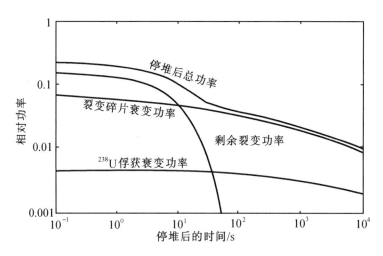

图4-11　压水堆停堆后功率的衰减(停堆前运行了无限长时间)

由停堆前的功率 $N(0) = N_f(0) + N_s(0)$,式(4-48)可写成

$$\frac{N(t)}{N(0)} = \frac{N_f(t)[N(0) - N_s(0)]}{N_f(0)N(0)} + \frac{N_s(t)}{N(0)} \tag{4-49}$$

由于停堆前的裂变功率 $N_f(0) \propto \Sigma_f n(0) v_c$，停堆后 t 时刻的裂变功率 $N_f(t) \propto \Sigma_f n(t) v_c$，可得 $N_f(t)/N_f(0) = n(t)/n(0)$。式(4 – 49)经整理后可得

$$\frac{N(t)}{N(0)} = \left[1 - \frac{N_S(0)}{N(0)}\right]\frac{n(t)}{n(0)} + \frac{N_S(t)}{N(0)} \tag{4 – 50}$$

式中　　$N_S(0)$——停堆前的衰变功率；

　　　　$n(0)$，$n(t)$——停堆前的中子密度和停堆后 t 时刻的中子密度，cm^{-3}。

可以看出，式(4 – 50)等号右边的第一项是剩余裂变功率的贡献，第二项是衰变功率的贡献。

反应堆停堆后，仍然存在比较大的衰变功率，特别是刚一停堆的短时间内，堆内仍然具有很大的释热能力。这时如果反应堆的燃料元件得不到很好的冷却，堆芯产生的余热就完全可以将反应堆烧毁。为此在失去主泵动力的情况下，动力反应堆一般都有多重的冷却措施，以保证堆芯的安全。这些措施包括：

① 利用堆芯余热排出系统或堆芯应急冷却系统；

② 增加主循环泵的转动惯量，例如在电机轴上加飞轮；

③ 利用自然循环冷却堆芯，现代压水堆设计都在努力提高反应堆的自然循环能力，以便在失去主循环泵动力时排出堆内热量。

4.2　核反应堆部件的热传导

将反应堆内核燃料产生的热量输出到堆外，一般要经过三个过程：燃料及元件包壳的热传导，元件壁面与冷却剂之间的对流传热，以及冷却剂将热量传出到堆外的输热。燃料芯块的热传导是一个具有内热源的固体热传导问题，具体的传热计算公式与燃料的形状有关。

4.2.1　棒状元件的热传导

4.2.1.1　燃料元件横截面上的温度分布

燃料元件内的核燃料裂变产生的热量，要不断地从燃料元件表面传导出去，以保证燃料芯块内的温度始终保持低于燃料的熔化温度。在动力反应堆内，大多数燃料元件为棒状元件。棒状元件具有加工简单、使用方便、传热性能好等优点。棒状元件的热传导问题，可用圆柱坐标系的导热微分方程求解，圆柱坐标的导热微分方程的一般表达式为

$$\frac{\partial^2 T}{\partial r^2} + \frac{1}{r}\frac{\partial T}{\partial r} + \frac{1}{r^2}\frac{\partial^2 T}{\partial \theta^2} + \frac{\partial^2 T}{\partial z^2} + \frac{q_V}{\kappa_U} = \frac{1}{a}\frac{\partial T}{\partial t} \tag{4 – 51}$$

式中　　q_V——燃料的体积释热率，W/m^3；

　　　　κ_U——燃料的热导率，$W/(m \cdot K)$；

　　　　a——材料的热扩散率，$a = \kappa_U/\rho c$，m^2/s。

由于燃料元件的直径较小(6 ~ 10 mm)，长度较长(3 ~ 6 m)，因此一般只考虑元件径向的传热，忽略长度方向的传热，实际计算时可取 $\frac{\partial^2 T}{\partial z^2} = 0$。在反应堆内，通常情况下燃料元件周围的冷却条件是一样的，可以不考虑方位上的温度变化，即 $\frac{\partial^2 T}{\partial \theta^2} = 0$。这样，可把传热简化成一维的热传导问题，即采用下面形式的热传导方程

$$\frac{\partial^2 T}{\partial r^2} + \frac{1}{r}\frac{\partial T}{\partial r} + \frac{q_V}{\kappa_U} = \frac{1}{a}\frac{\partial T}{\partial t} \tag{4 - 52}$$

对于稳态情况$\frac{\partial T}{\partial t} = 0$，得圆柱坐标的一维稳态的导热微分方程

$$\frac{\mathrm{d}^2 T}{\mathrm{d}r^2} + \frac{1}{r}\frac{\mathrm{d}T}{\mathrm{d}r} + \frac{q_V}{\kappa_U} = 0 \tag{4 - 53}$$

令 $\mathrm{d}T/\mathrm{d}r = y$，代入上式得

$$\frac{\mathrm{d}y}{\mathrm{d}r} + \frac{1}{r}y = \frac{-q_V}{\kappa_U} \tag{4 - 54}$$

两端同乘以 $r\mathrm{d}r$，得

$$r\mathrm{d}y + y\mathrm{d}r = -\frac{q_V}{\kappa_U}r\mathrm{d}r \tag{4 - 55}$$

$$\mathrm{d}(yr) = -\frac{q_V}{\kappa_U}r\mathrm{d}r \tag{4 - 56}$$

在这里假设燃料的热导率 κ_U 为常数，上式积分两次得

$$T(r) = -\frac{q_V}{4\kappa_U}r^2 + c_1\ln r + c_2 \tag{4 - 57}$$

解的边界条件是

$$\begin{cases} r = 0, \mathrm{d}T/\mathrm{d}r = 0 \\ r = 0, T = T_m \end{cases}$$

从而得到

$$c_1 = 0, c_2 = T_m$$

T_m 是元件中心的温度，由以上边界条件得到燃料芯块内的温度分布函数为

$$T(r) = T_m - \frac{q_V r^2}{4\kappa_U} \tag{4 - 58}$$

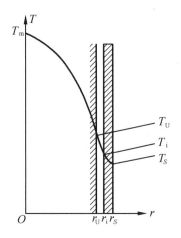

4.2.1.2 从燃料芯块表面导出的热流

从图 4 - 12 可以看出，燃料芯块内的温度分布为抛物线形。式（4 - 58）中令 $r = r_U$（r_U 为燃料芯块半径），可得燃料芯块的表面温度 T_U，即

$$T_U = T_m - \frac{q_V r_U^2}{4\kappa_U} \tag{4 - 59}$$

图 4 - 12　燃料元件内的温度分布

根据热量平衡的关系，通过芯块内任意半径 r 的圆柱面所导出的热流率 $Q(r)$（单位为 W），等于单位时间内由该半径范围内燃料释放出的总热量，即

$$Q(r) = \pi r^2 L q_V \tag{4 - 60}$$

由式（4 - 60），得燃料芯块表面导出的热流率为

$$Q_S = \pi r_U^2 L q_V \tag{4 - 61}$$

由式（4 - 59）有 $q_V = (T_m - T_U)4\kappa_U/r_U^2$，可写出上式的另一种表达形式：

$$Q_S = 4\pi\kappa_U L(T_m - T_U) \tag{4 - 62}$$

或

$$q_l = \frac{Q_S}{L} = 4\pi\kappa_U(T_m - T_U) \tag{4-63}$$

q_l 为线功率密度,它表示单位元件长度,单位时间燃料芯块表面传递出的热量,单位为 W/m。

4.2.1.3　燃料芯块与包壳之间间隙的传热

棒状燃料元件的燃料芯块与包壳之间有一间隙,该间隙内充有氦气,传热的热阻较大,在燃料元件的传热计算时应给予考虑。在传热计算时可把间隙看作一个均匀环形薄层,热量通过这一薄层是靠气体的导热,这一层导热体是没有内热源的,其一维的导热微分方程为

$$\frac{\mathrm{d}^2 T}{\mathrm{d}r^2} + \frac{1}{r}\frac{\mathrm{d}T}{\mathrm{d}r} = 0 \tag{4-64}$$

如果间隙厚度用 δ_g 表示,则 $\delta_g = r_i - r_U$,r_i 为元件包壳的内径。上式可写成

$$\frac{1}{r}\frac{\mathrm{d}}{\mathrm{d}r}\left(r\frac{\mathrm{d}T}{\mathrm{d}r}\right) = 0 \tag{4-65}$$

积分两次得通解

$$T(r) = c_1\ln r + c_2 \tag{4-66}$$

边界条件为

$$\begin{cases} r = r_U, T = T_U \\ r = r_U + \delta_g, T = T_i \end{cases}$$

T_i 是包壳内表面的温度,代入边界条件后得出两个积分常数

$$c_1 = -\frac{T_U - T_i}{\ln\left(1 + \dfrac{\delta_g}{r_U}\right)} \tag{4-67}$$

$$c_2 = T_U + \frac{T_U - T_i}{\ln\left(1 + \dfrac{\delta_g}{r_U}\right)}\ln r_U \tag{4-68}$$

代入原式,可得间隙内温度分布的表达式为

$$T(r) = T_U - \frac{T_U - T_i}{\ln\left(1 + \dfrac{\delta_g}{r_U}\right)}\ln\frac{r}{r_U}, r_U \leqslant r \leqslant (r_U + \delta_g) \tag{4-69}$$

根据傅里叶定律

$$q = -\kappa_g\frac{\mathrm{d}T}{\mathrm{d}r} \tag{4-70}$$

$$\left.\frac{\mathrm{d}T}{\mathrm{d}r}\right|_{r_i} = -\frac{T_U - T_i}{\ln\left(1 + \dfrac{\delta_g}{r_U}\right)} \cdot \frac{1}{r_i} \tag{4-71}$$

得

$$T_U - T_i = \frac{qr_i}{\kappa_g}\ln\frac{r_i}{r_U} = \frac{q_l}{2\pi\kappa_g}\ln\frac{r_i}{r_U} \tag{4-72}$$

式中　　κ_g——间隙内气体的热导率,W/(m·K);

　　　　q——燃料表面的热流密度,W/m²;

　　　　q_l——燃料表面的线功率密度,W/m。

以上处理间隙传热问题时,假设间隙是一个均匀的环隙。这只是一种理想状态,实际情况要与此有所差别。因为燃料会因工作温度升高而肿胀,同时,会因辐照而产生变形,这样就可能与包壳的内表面产生接触。接触面积的大小与很多因素有关,目前还不能从理论上描述接触面的情况,由于接触面的情况与传热关系很大,因此还不能很准确地计算这一间隙内的导热问题,一般用以下的关系式计算间隙的温差,即

$$T_U - T_i = \frac{q}{h_g} \tag{4-73}$$

式中,h_g 是间隙的等效传热系数,单位为 $W/(m^2 \cdot K)$。h_g 与燃料和包壳接触面的大小有关,而接触面的大小与燃耗引起的燃料肿胀有关。当燃耗在 10 000 MW·d/t 左右时,间隙的传热系数可取 $h_g = 7\ 000\ W/(m^2 \cdot K)$;在高燃耗情况下,芯块与包壳有较多的接触,这时 h_g 可达 $2 \times 10^4\ W/(m^2 \cdot K)$。在实际反应堆热工设计计算时,往往选用较保守的取值,典型的情况取 $h_g = 5\ 678\ W/(m^2 \cdot K)$。

4.2.1.4 包壳管内的传热

燃料包壳管是一个无内热源的导体,由一维柱坐标的稳态导热微分方程

$$\frac{d^2 T}{dr^2} + \frac{1}{r}\frac{dT}{dr} = 0, \quad r_i \leqslant r \leqslant r_i + \delta_c \tag{4-74}$$

δ_c 是包壳的厚度。采用与前面同样的处理方法,得包壳内的温度分布函数为

$$T(r) = T_i - \frac{T_i - T_S}{\ln \frac{r_o}{r_i}}\ln \frac{r}{r_i}, \quad r_i \leqslant r \leqslant r_i + \delta_c \tag{4-75}$$

T_S 是包壳的外表面温度;$r_S = r_i + \delta_c$ 为包壳外表面的半径。由傅里叶定律可得包壳内外表面的温差为

$$T_i - T_S = \frac{q_l}{2\pi\kappa_c}\ln \frac{r_S}{r_i} \tag{4-76}$$

式中,κ_c 是包壳的热导率。

4.2.2 板状元件的传热

板状元件一般都做得很薄,有利于燃料内的热量导出,适用于功率密度较高的堆芯。板状元件的传热计算可通过下面的直角坐标系下的导热微分方程:

$$\frac{\partial^2 T}{\partial x^2} + \frac{\partial^2 T}{\partial y^2} + \frac{\partial^2 T}{\partial z^2} + \frac{q_V}{\kappa_U} = \frac{1}{a}\frac{\partial T}{\partial t} \tag{4-77}$$

板状元件的长度方向和宽度方向的尺寸都较大,因此可以认为热量都是由厚度方向传导出来的,此时有 $\frac{\partial^2 T}{\partial y^2} = 0, \frac{\partial^2 T}{\partial z^2} = 0$;如果考虑稳态传热情况,导热微分方程可写成

$$\frac{d^2 T}{dx^2} + \frac{q_V}{\kappa_U} = 0 \tag{4-78}$$

积分两次得

$$T(x) = -\frac{q_V}{2\kappa_U}x^2 + c_1 x + c_2 \tag{4-79}$$

燃料元件两侧的冷却条件是一样的,因此最高温度点是在板的中心线上。如果把坐标原点确定

在板的中心线上,有边界条件

$$\begin{cases} x = 0, \mathrm{d}T/\mathrm{d}x = 0 \\ x = 0, T = T_m \end{cases}$$

式中,T_m 是燃料中心的最高温度。由以上边界条件得 $c_1 = 0, c_2 = T_m$。于是板状燃料内温度分布函数为

$$T(x) = T_m - \frac{q_V}{2\kappa_U} x^2 \tag{4-80}$$

在燃料表面 $x = S$ 处(S 为半厚度),得燃料表面的温度

$$T_S = T_m - \frac{q_V}{2\kappa_U} S^2 \tag{4-81}$$

从燃料一侧表面 F 上单位时间内导出的总热流率 Q_S,等于在 $x = 0$ 与 S 之间燃料内的总释热率,即

$$Q_S = q_V F S \tag{4-82}$$

再由傅里叶定律,得出由燃料表面上传出的热流率为

$$Q_S = 2\kappa_U F \frac{T_m - T_S}{S} \tag{4-83}$$

4.2.3　球形燃料的传热

在有些高温气冷堆中采用球形燃料,它的传热计算与以上两种元件有些类似之处。设一个裸的球形元件,半径为 R,它有均匀的体积释热率 q_V。这种情况可使用球面坐标的导热微分方程。一维球面坐标的稳态导热微分方程为

$$\frac{\mathrm{d}^2 T}{\mathrm{d}r^2} + \frac{2}{r} \frac{\mathrm{d}T}{\mathrm{d}r} + \frac{q_V}{\kappa_U} = 0 \tag{4-84}$$

边界条件是

$$\begin{cases} r = 0, T = T_m \\ r = R, T = T_S \end{cases}$$

式(4-84)积分两次后,代入边界条件,解出

$$T(r) = T_m - \frac{q_V r^2}{6\kappa_U} \tag{4-85}$$

球心与球面的温差为

$$(T_m - T_S) = \frac{q_V R^2}{6\kappa_U} \tag{4-86}$$

从该球表面传出的总热量为

$$Q_S = \frac{4}{3} \pi R^3 q_V \tag{4-87}$$

或

$$Q_S = 8\pi R \kappa_U (T_m - T_S) \tag{4-88}$$

球形元件的表面积为 $F_S = 4\pi R^2$,将以上方程整理后给出

$$Q_S = 2\kappa_U F_S \frac{T_m - T_S}{R} \tag{4-89}$$

4.2.4 热屏蔽的传热

热屏蔽内产生的热量主要是吸收堆内射线产生的。热屏蔽是一个直径很大的圆筒,它的厚度与半径之比很小,因此其释热和热传导问题都可以当作平板来处理。

图 4-13 表示一块厚度为 L 的平板,它遭受从一侧来的 γ 射线辐照。如果假定在 x 方向的热流为正值,则进入和离开一个微元厚度 Δx 的热量为

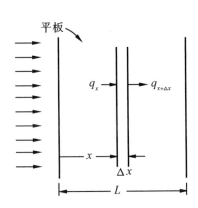

图 4-13 一侧受辐照平板内的传热和释热

$$q_x = -\kappa \frac{\mathrm{d}T}{\mathrm{d}x} \tag{4-90}$$

和

$$q_{x+\Delta x} = q_x + \frac{\mathrm{d}q_x}{\mathrm{d}x}\Delta x = -\kappa \frac{\mathrm{d}T}{\mathrm{d}x} - \kappa \frac{\mathrm{d}^2 T}{\mathrm{d}x^2}\Delta x \tag{4-91}$$

式中　T——x 处的温度;

　　　q_x—— 在 x 平面上的热流密度,W/m^2;

　　　κ—— 屏蔽材料的热导率,假设为常数。

在微元厚度 Δx 中释出的热量是

$$q_{x+\Delta x} - q_x = -\kappa \frac{\mathrm{d}^2 T}{\mathrm{d}x^2}\Delta x \tag{4-92}$$

和

$$q_{x+\Delta x} - q_x = q_{V,\gamma}\Delta x \tag{4-93}$$

将以上方程合并处理后得

$$\frac{\mathrm{d}^2 T}{\mathrm{d}x^2} = -\frac{q_{V,\gamma}}{\kappa} \tag{4-94}$$

方程中的 $q_{V,\gamma}$ 用式(4-25)的表达式代入,并取 $B=1$,则得到

$$\kappa \frac{\mathrm{d}^2 T}{\mathrm{d}x^2} = -q_{V,\gamma}(0)\mathrm{e}^{-\mu x} \tag{4-95}$$

将上式积分两次有

$$T(x) = -\frac{q_{V,\gamma}(0)}{\kappa\mu^2}\mathrm{e}^{-\mu x} + c_1 x + c_2 \tag{4-96}$$

边界条件是

$$\begin{cases} x = 0, T = T_i \\ x = L, T = T_S \end{cases}$$

式中　T_i—— 受辐照的内表面温度;

　　　μ—— 材料的吸收系数,cm^{-1};

　　　T_S—— 外表面温度。

由以上边界条件,得

$$c_1 = \frac{1}{L}\left[(T_S - T_i) + \frac{q_{V,\gamma}(0)}{\mu^2\kappa}(\mathrm{e}^{-\mu L} - 1) \right] \tag{4-97}$$

$$c_2 = T_i + \frac{q_{V,\gamma}(0)}{\mu^2 \kappa} \tag{4-98}$$

代入原式,得

$$T(x) = T_i + (T_S - T_i)\frac{x}{L} + \frac{q_{V,\gamma}(0)}{\mu^2\kappa}\left[\frac{x}{L}(e^{-\mu L} - 1) - (e^{-\mu x} - 1)\right] \tag{4-99}$$

$$\frac{dT(x)}{dx} = (T_S - T_i)\frac{1}{L} + \frac{q_{V,\gamma}(0)}{\mu\kappa}\left[\frac{1}{\mu L}(e^{-\mu L} - 1) + e^{-\mu x}\right] \tag{4-100}$$

令 $\dfrac{dT(x)}{dx} = 0$,并对 x 求解,可得出最高温度点距内表面的距离 x_m。

$$x_m = -\frac{1}{\mu}\ln\left[\frac{\mu\kappa}{q_{V,\gamma}(0)L}(T_i - T_S) + \frac{1}{\mu L}(1 - e^{-\mu L})\right] \tag{4-101}$$

将 x_m 代入温度分布的表达式中,可求出最高温度 T_m。热屏蔽内的温度分布见图 4-14。

在热屏蔽的两侧都有冷却剂流过,把热量带走。在稳态情况下,冷却剂排走的热量等于平板中释出的热量。平板内产生的总热量为

$$Q_t = \int_0^L q_{V,\gamma}(x)F\,dx$$

$$= \int_0^L q_{V,\gamma}(0)Fe^{-\mu x}\,dx \tag{4-102}$$

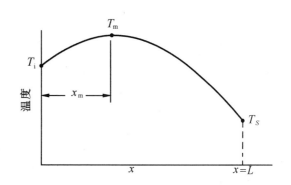

图 4-14　热屏蔽内的温度分布

积分后得

$$Q_t = \frac{q_{V,\gamma}(0)F}{\mu}(1 - e^{-\mu L}) \tag{4-103}$$

在平板内侧排走的热量

$$q_{x=0} = -\kappa\left.\frac{dT}{dx}\right|_{x=0} \tag{4-104}$$

在 $\dfrac{dT}{dx}$ 的表达式(4-100)中令 $x=0$,整理后给出

$$q_{x=0} = \frac{\kappa(T_i - T_S)}{L} - \frac{q_{V,\gamma}(0)}{\mu}\left(1 + \frac{e^{-\mu L} - 1}{\mu L}\right) \tag{4-105}$$

平板外侧排出的热流密度为

$$q_{x=L} = -\kappa\left.\frac{dT}{dx}\right|_{x=L} \tag{4-106}$$

用上述同样的处理方法有

$$q_{x=L} = \frac{\kappa(T_i - T_S)}{L} - \frac{q_{V,\gamma}(0)}{\mu}\left(e^{-\mu L} + \frac{e^{-\mu L} - 1}{\mu L}\right) \tag{4-107}$$

4.2.5　体积释热率与燃料温度有关时的泊松方程解

我们在前面处理燃料的导热问题时,都假定燃料内的释热是均匀的。但是,在有些情况下

体积释热率是燃料温度的函数。这类情况会发生在中子与易裂变核之间的反应率随着温度有明显改变的条件下,假设释热与温度呈线性函数关系:

$$q_V = a + bT \tag{4-108}$$

式中,a 和 b 是常数。泊松方程可以写成

$$\nabla^2 T + \frac{a + bT}{\kappa_U} = 0 \tag{4-109}$$

为了便于解这个方程,设

$$T' = a + bT \tag{4-110}$$

有

$$\nabla^2 T' = b \nabla^2 T \tag{4-111}$$

把方程(4-109)至方程(4-111)合并重新整理后给出

$$\nabla^2 T' + \frac{b}{\kappa_U} T' = 0 \tag{4-112}$$

对于平板、圆柱和球形这三种一维导热情况,利用拉普拉斯算符的不同形式,可得到以下关系式:

平板

$$\frac{d^2 T'}{dx^2} + \frac{b}{\kappa_U} T' = 0 \tag{4-113}$$

圆柱

$$\frac{d^2 T'}{dr^2} + \frac{1}{r} \frac{dT'}{dr} + \frac{b}{\kappa_U} T' = 0 \tag{4-114}$$

球形

$$\frac{d^2 T'}{dr^2} + \frac{2}{r} \frac{dT'}{dr} + \frac{b}{\kappa_U} T' = 0 \tag{4-115}$$

上述方程分别有以下的通解:

平板

$$T' = A\cos\left(\sqrt{\frac{b}{\kappa_U}} x\right) + B\sin\left(\sqrt{\frac{b}{\kappa_U}} x\right) \tag{4-116}$$

圆柱

$$T' = AJ_0\left(\sqrt{\frac{b}{\kappa_U}} r\right) + BY_0\left(\sqrt{\frac{b}{\kappa_U}} r\right) \tag{4-117}$$

球形

$$T' = A \frac{\cos\left(\sqrt{\frac{b}{\kappa_U}} r\right)}{\sqrt{\frac{b}{\kappa_U}} r} + B \frac{\sin\left(\sqrt{\frac{b}{\kappa_U}} r\right)}{\sqrt{\frac{b}{\kappa_U}} r} \tag{4-118}$$

式中,A 和 B 为常数,可以根据边界条件求出。圆柱的解中 J_0 和 Y_0 分别是第一类和第二类的零阶贝塞尔函数。

设有一个无包壳的燃料棒,半径为 r_U,被温度为 T_f 的冷却剂所冷却,传热系数为 h_f,对这种情况求解一维圆柱体的方程,此时边界条件为在 $r = 0$ 处,T 是有限值,并且

$$-\kappa_U \frac{dT}{dr}\bigg|_{r=r_U} = h_f(T_S - T_f) \tag{4-119}$$

式中,T_S 是燃料的表面温度,由于

$$T'_S = a + bT_S \tag{4-120}$$

$$T'_f = a + bT_f \tag{4-121}$$

第二个边界条件变为

$$-\kappa_U \frac{dT'}{dr}\Big|_{r=r_U} = h_f(T'_S - T'_f) \tag{4-122}$$

把第一个边界条件引入温度分布的表达函数中,并由 $Y_0(0) = -\infty$,得 $B=0$。由第二个边界条件可得

$$A = \frac{h_f(a+bT_f)}{h_f J_0(\sqrt{b/\kappa_U}\cdot r_U) - \kappa_U \sqrt{b/\kappa_U}\cdot J_1(\sqrt{b/\kappa_U}\cdot r_U)} \tag{4-123}$$

把 A 的表达式代回方程(4-117)中,可导出燃料内的温度分布函数

$$T(r) = \frac{\left(\frac{a}{b}+T_f\right)J_0\left(\sqrt{\frac{b}{\kappa_U}}r\right)}{J_0\left(\sqrt{\frac{b}{\kappa_U}}r_U\right) - \left(\frac{\kappa_U}{h_f}\right)\sqrt{\frac{b}{\kappa_U}}\cdot J_1\left(\sqrt{\frac{b}{\kappa_U}}r_U\right)} - \frac{a}{b} \tag{4-124}$$

4.2.6　瞬态工况燃料元件内温度分布

在反应堆运行过程中,燃料元件要经受许多热力瞬变过程,其中包括反应堆的正常启动、停堆和功率调节,还包括各种事故工况下的瞬态过程。为了保证反应堆的安全,必须分析燃料元件在这些过程中的温度场随时间的变化。

温度场随时间的变化可由导热微分方程解出。方程的一般形式是

$$c\rho \frac{\partial T}{\partial t} = \nabla \cdot \kappa \nabla T + q_V \tag{4-125}$$

对棒状燃料元件,可以假定导热是轴对称的,即假定棒的材料是均匀的,棒周围的传热系数相等。若忽略轴向导热,则燃料芯块的导热微分方程变成

$$c_U \rho_U \frac{\partial T(r,t)}{\partial t} = \frac{1}{r}\frac{1}{\partial r}\left[\kappa_U(T) r \frac{\partial T(r,t)}{\partial r}\right] + q_V(r,t) \tag{4-126}$$

式中,$\kappa_U(T)$ 表示燃料芯块材料(例如二氧化铀)的热导率,一般它是随温度变化的。

对燃料包壳,一般可把它的热导率看作常数,并可忽略其中的内热源。这样,包壳的导热微分方程可写成

$$c_c \rho_c \frac{\partial T(r,t)}{\partial t} = \kappa_c\left[\frac{\partial^2 T(r,t)}{\partial r^2} + \frac{1}{r}\frac{\partial T(r,t)}{\partial r}\right] \tag{4-127}$$

以上两个方程的边界条件如下。

(1) 包壳外表面上的传热条件:

$$-\kappa_c \frac{\partial T}{\partial r}\Big|_{r=r_S} = h_f(T_S - T_f) + q_R \tag{4-128}$$

(2) 燃料芯块和包壳的连续性条件:

$$-\kappa_c \frac{\partial T}{\partial r}\Big|_{r=r_i} = q(r_i,t) = h_g(T_U - T_i) \tag{4-129}$$

$$-\kappa_U \frac{\partial T}{\partial r}\Big|_{r=r_U} = q(r_U,t) = \frac{r_i}{r_U}q(r_i,t) \tag{4-130}$$

(3) 轴对称条件:

$$\frac{\partial T}{\partial r}\Big|_{r=0} = 0 \tag{4-131}$$

式中　h_f—— 包壳表面的对流传热系数；

$\quad\quad$ h_g—— 燃料芯块与包壳之间的气隙等效传热系数；

$\quad\quad$ q_R—— 辐射热流量,当燃料元件表面温度很高时要考虑这一项。

对于板状燃料元件,仍可做与棒状元件类似的假设,认为导热对板的中界面是对称的,并忽略平板边缘导热。如果 x 坐标原点取在中界面上,则燃料芯板的导热微分方程为

$$c_U\rho_U\frac{\partial T(x,t)}{\partial t} = \frac{\partial}{\partial x}\Big[\kappa_U(T)\,\frac{\partial T(x,t)}{\partial x}\Big] + q_V(x,t) \qquad (4-132)$$

若令该方程的 $q_V(x,t) = 0$,并把物性参数改用包壳的值,便得到平板形包壳的导热微分方程。方程的边界条件与棒状元件的相似,只是板状元件的包壳与燃料芯块是压实在一起的,不存在气隙,所以气隙处的连续性条件要做一些改变。

上述方程虽然都是一维的,但是在一般情况下只能用差分法求数值解。只是在某些特定的情况下,对问题进行简化处理后,才可能得到近似的解析解。下面讨论一种能得到渐近解析解的情况。

假定有一厚度为 $2S$ 的板状燃料元件,在均匀释热率 $q_{V,0}$ 下稳定运行,这时其内部温度分布呈抛物线形。在某一时刻反应堆内突然引入一个正反应性,使堆芯中的中子通量按一定的周期遵循指数规律随时间上升,因而燃料元件中的内热源也按同一规律上升。这种变化可以写成

$$q_V(t) = q_{V,0}\exp\Big(\frac{t}{T_z}\Big) \qquad (4-133)$$

式中,T_z 是周期,时间 t 从正反应性引入的时刻算起。

为求解这时的温度场随时间的变化,我们假定燃料元件包壳的热阻可以忽略;元件周围冷却剂的温度 T_f 变化很慢,可看作常数,并引入

$$\theta(x,t) = T(x,t) - T_f \qquad (4-134)$$

则板状燃料元件的导热微分方程(4-132)变成

$$\frac{\partial\theta}{\partial t} = a\frac{\partial^2\theta}{\partial x^2} + \frac{q_{V,0}}{c_U\rho_U}\exp\Big(\frac{t}{T_z}\Big) \qquad (4-135)$$

式中,a 为热扩散率,$a = \kappa_U/(c_U\rho_U)$。

方程的边界条件是

$$\frac{\partial\theta}{\partial x}\Big|_{x=0} = 0 \qquad (4-136)$$

$$\kappa_U\frac{\partial\theta}{\partial x}\Big|_{x=S} = -h_f\theta(S,t) \qquad (4-137)$$

在内热源发生变化以后,燃料元件各点的温度开始以不同的速度发生变化。但到后来,各点的温度会逐渐趋近于一个渐近温度分布,各点温度的变化速度都近似相同,与初始条件无关。这时方程的解的形式为

$$\theta(x,t) = \frac{q_{V,0}}{c_U\rho_U}\phi(x)\exp\Big(\frac{t}{T_z}\Big) \qquad (4-138)$$

把式(4-138)代入式(4-135),可得到描述板状元件中渐近温度分布函数 $\phi(x)$ 的微分方程

$$\phi'' - \frac{1}{aT_z}\phi + \frac{1}{a} = 0 \qquad (4-139)$$

它的解是

$$\phi(x) = C_1\mathrm{ch}\frac{x}{\sqrt{aT_z}} + C_2\mathrm{sh}\frac{x}{\sqrt{aT_z}} + T_z \qquad (4-140)$$

将式(4-140)代入式(4-138),并利用边界条件,可确定待定系数 C_1 和 C_2 的数值,最后得到式(4-135)的解为

$$\theta(x,t) = \frac{q_{V,0}T_z}{c_\mathrm{U}\rho_\mathrm{U}}\exp\left(\frac{t}{T_z}\right)\left(1 - \frac{\mathrm{ch}\dfrac{x}{\sqrt{aT_z}}}{\mathrm{ch}\dfrac{S}{\sqrt{aT_z}} + \dfrac{\kappa_\mathrm{U}}{h_\mathrm{f}}\cdot\dfrac{1}{\sqrt{aT_z}}\mathrm{sh}\dfrac{S}{\sqrt{aT_z}}}\right) \qquad (4-141)$$

将上式代入式(4-134),即可求得板状燃料元件内部各点温度随时间变化的渐近解。式(4-141)中, $q_{V,0}/(c_\mathrm{U}\rho_\mathrm{U})$ 反映瞬态过程初始时刻平板内温度升高的速度(℃/s)。中括号左边的乘积 $[q_{V,0}T_z/(c_\mathrm{U}\rho_\mathrm{U})]\exp\left(\dfrac{t}{T_z}\right)$ 反映 t 时刻温度升高的总幅度。中括号内的各项描述平板内的温度分布, $x=0$ 表示中界面位置,此处的温度最高; $x=S$ 表示表面的位置,温度最低。为了说明各量对温升的影响, 我们把上式写成

$$\varepsilon(x,t) = \frac{\theta(x,t)}{\dfrac{q_{V,0}T_z}{c_\mathrm{U}\rho_\mathrm{U}}\exp\left(\dfrac{t}{T_z}\right)} = \left[1 - \frac{\mathrm{ch}\left(\dfrac{1}{\sqrt{Fo}}\dfrac{x}{S}\right)}{\mathrm{ch}\dfrac{1}{\sqrt{Fo}} + \dfrac{1}{Bi}\dfrac{1}{\sqrt{Fo}}\mathrm{sh}\dfrac{1}{\sqrt{Fo}}}\right] \qquad (4-142)$$

式中　　Fo——傅里叶准则, $Fo = \dfrac{aT_z}{S^2}$;

Bi——毕奥准则, $Bi = \dfrac{h_\mathrm{f}S}{\kappa}$;

$\varepsilon(x,t)$—— t 时刻元件内的相对温度分布。

应该指出,式(4-141)只是热源按指数规律上升(即正周期)时的解,不适用于指数规律下降时的情况。另外,它只是一个渐近解,在瞬态过程的初期并不适用。

4.2.7　积分热导率

在进行金属部件的热传导计算时,往往假设热导率为常数,这种处理一般不会带来很大误差。对于 UO_2 燃料,其热导率随温度变化很大,如果用燃料的算术平均温度来求 κ_U ,误差很大。因此,在这种情况下不可忽略 κ_U 随温度的变化。可是, UO_2 的热导率又是温度的非线性函数,很难算出它在不同温度时的准确值。因此,引出积分热导率的概念,即把 $\kappa_\mathrm{U}(T)$ 对温度的积分 $\int\kappa_\mathrm{U}(T)\mathrm{d}T$ (称为积分热导率)作为温度 T 的函数,然后依靠实验测出 $\int\kappa_\mathrm{U}(T)\mathrm{d}T$ 与温度 T 之间的关系曲线或列成表格数据。这样,在热工设计中,就可利用它们比较容易地求得燃料元件的线功率密度或工作温度,而不需要对 $\int\kappa_\mathrm{U}(T)\mathrm{d}T$ 做积分计算,这对设计者来说是极其方便的。

现以棒状元件为例(板状元件有类似的推导与结论),讨论积分导率的确定。 UO_2 的热

导率为温度的强函数，即 $\kappa_U = \kappa_U(T)$，其他符号参看图4 – 15。

在芯块内取半径为 r 的等温圆柱面，则可写出热平衡关系

$$Q_r = \pi r^2 L q_V \qquad (4 - 143)$$

式中　Q_r—— 通过半径为 r 的表面传递出的热量，W；

　　　L—— 燃料芯块长度，m。

再借助傅里叶定律将上式变为

$$-\kappa_U(T)2\pi r L dT = \pi r^2 L q_V dr \qquad (4 - 144)$$

将上式整理并两边分别从 T_m 到 T_U 和从 0 到 r_U（燃料芯块半径）积分，得

$$-\int_{T_m}^{T_U} \kappa_U(T)dT = \int_0^{r_U} \frac{q_V}{2} r dr \qquad (4 - 145)$$

于是，积分热导率可表示为

$$\int_{T_m}^{T_U} \kappa_U(T)dT = \frac{q_V}{4}r_U^2 \qquad (4 - 146)$$

圆柱形燃料元件的线功率密度 q_l 可写为

$$q_l = Q_U/L = \pi r_U^2 q_V \qquad (4 - 147)$$

故得

$$q_l = 4\pi \int_{T_U}^{T_m} \kappa_U(T)dT \qquad (4 - 148)$$

这就是变热导率棒状元件的线功率密度表达式。当热导率为常数时，式(4 – 148)表明，棒状元件的线功率密度与积分热导率成正比。为了计算方便，通常将积分热导率表示成

$$\int_{T_U}^{T_m} \kappa_U(T)dT = \int_0^{T_m} \kappa_U(T)dT - \int_0^{T_U} \kappa_U(T)dT \qquad (4 - 149)$$

根据该式便可通过实验将某种核燃料在不同温度下 $\int_0^T \kappa_U(T)dT$ 的值测定出来，然后再将 $\int_0^T \kappa_U(T)dT$ 随温度变化关系列成表格或绘制成曲线。表4 – 5给出的是95% 理论密度的 UO_2 燃料的积分热导率与温度的关系。若已知 UO_2 芯块的中心和表面温度，则由表4 – 5可分别查出对应温度下的 $\int_0^T \kappa_U(T)dT$ 值，然后根据

$$\int_0^{T_m} \kappa_U(T)dT - \int_0^{T_U} \kappa_U(T)dT = q_l/(4\pi) \qquad (4 - 150)$$

便可求得 q_l 值；反之，如果已知 q_l 和 T_U，则可用它来求得 T_m。

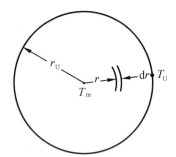

图 4 – 15　燃料芯块的横截面

表 4 – 5　UO₂ 积分热导率

$T/℃$	$\int_0^T \kappa_U(T)\,dT$ /(W·cm⁻¹)	$T/℃$	$\int_0^T \kappa_U(T)\,dT$ /(W·cm⁻¹)	$T/℃$	$\int_0^T \kappa_U(T)\,dT$ /(W·cm⁻¹)
50	4.48	800	42.02		
100	8.49	900	45.14	1 738	66.87
200	15.44	1 000	48.06	1 876	68.86
300	21.32	1 100	50.81	1 990	71.31
400	26.42	1 200	53.41	2 155	74.88
500	30.93	1 298	55.84	2 348	79.16
600	34.97	1 405	58.40	2 432	81.07
700	38.65	1 560	61.95	2 805	90.00

例　已知元件棒的线功率密度 $q_l = 60\ \text{kW/m}$，UO₂ 芯块（95% 理论密度）的表面温度 $T_U = 450\ ℃$，设燃料均匀释热，试求燃料元件的中心温度。

解　由式(4 – 150) 得

$$\int_0^{T_m} \kappa_U(T)\,dT = \int_0^{T_U} \kappa_U(T)\,dT + q_l/(4\pi)$$

又由表 4 – 5 查得 $\int_0^{450} \kappa_U(T)\,dT = 28.675\ \text{W/cm}$，所以

$$\int_0^{T_m} \kappa_U(T)\,dT = 28.675 + \frac{600}{4\pi} = 76.445\ \text{W/cm}$$

再由表 4 – 5 即可查得燃料的中心温度 $T_m = 2\ 168\ ℃$。如果燃料的释热不均匀，q_l 应做适当修正。

4.3　输热和单相对流传热

在反应堆内，冷却剂把通过对流换热和沸腾换热从燃料元件传出的热量从堆芯带走。在压水堆内，这些热量被输送到蒸汽发生器。燃料元件表面与冷却剂之间的传热速率，与冷却剂的焓升及其他一些热工参数和流动参数有关。冷却剂在堆芯内的焓值变化对传热过程影响较大，因此，有必要先确定冷却剂沿堆芯轴向的焓值变化，从而可以确定冷却剂和燃料包壳沿轴向的温度分布。

4.3.1　冷却剂沿通道的焓升及温度分布

反应堆内的输热过程由两部分构成，一部分是冷却剂通过堆芯吸收堆芯产生的热量，另一部分是冷却剂通过一定的设备将热量传递出去。在反应堆内，比较关心的是冷却剂吸收燃料裂变产生的热量后在流动过程中的焓升问题。

在压力壳式反应堆内，冷却剂的通道都是开式的，各通道之间会产生一些横向的交混。但在一些初步计算时，通常可以把通道看成闭式的，即不考虑通道之间流体的交混，这样可以简化计算，这种计算方法可为设计人员提供指导性的结果。

冷却剂由入口流到堆芯某一高度 z 处吸收的热量可由下式给出

$$G\Delta H = \frac{P_h}{A}\int_{-\frac{L}{2}}^{z} q(z)\,\mathrm{d}z \qquad\qquad (4-151)$$

式中　G——冷却剂的质量流速,kg/$(m^2 \cdot s)$;

　　　ΔH——从堆芯入口到 z 处冷却剂的焓升,J/kg;

　　　P_h——通道的加热周长,也是通道内流体的湿润周长,m;

　　　A——流道的横截面积,m^2;

　　　$q(z)$——在轴向位置 z 处加热面的平均热流密度,W/m^2。

在反应堆热工计算时,经常使用当量直径 D_e

$$D_e = \frac{4 \times 流通截面}{湿润周长} = \frac{4 \times A}{P_h} \qquad\qquad (4-152)$$

因此式(4 – 151)经常可以写成

$$\Delta H = \frac{4}{D_e G}\int_{-\frac{L}{2}}^{z} q(z)\,\mathrm{d}z \qquad\qquad (4-153)$$

在无相变的情况下,可写成

$$c_p\left[T_f(z) - T_{in} \right] = \frac{4}{D_e G}\int_{-\frac{L}{2}}^{z} q(z)\,\mathrm{d}z \qquad\qquad (4-154)$$

式中　c_p——比定压热容,J/$(kg \cdot K)$;

　　　$T_f(z)$——z 处冷却剂的温度,K;

　　　T_{in}——通道入口处的冷却剂温度,K。

在没有控制棒等干扰的情况下,堆芯轴向的热流密度分布有以下的关系(图 4 – 16):

$$q(z) = q_c\cos\frac{\pi z}{L_0} \qquad\qquad (4-155)$$

式中　q_c——通道中央($z = 0$)的热流密度,W/m^2;

　　　L_0——通道的外推长度,m。

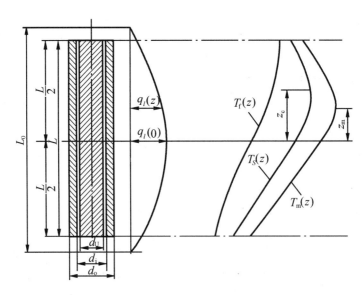

图 4 – 16　燃料包壳表面及冷却剂的轴向温度分布

这样,式(4 – 154) 可写成

$$T_f(z) = T_{in} + \frac{4}{D_e G c_p} \int_{-\frac{L}{2}}^{z} q_c \cos \frac{\pi z}{L_0} dz \qquad (4 - 156)$$

积分后得

$$T_f(z) = T_{in} + \frac{4 L_0 q_c}{D_e G c_p \pi} \left(\sin \frac{\pi z}{L_0} + \sin \frac{\pi L}{2 L_0} \right) \qquad (4 - 157)$$

如果忽略外推长度的影响,即 $L = L_0$,则

$$T_f(z) = T_{in} + \frac{4 L_0 q_c}{D_e G c_p \pi} \left(1 + \sin \frac{\pi z}{L_0} \right) \qquad (4 - 158)$$

4.3.2 燃料包壳表面温度及燃料中心温度的轴向分布

4.3.2.1 燃料包壳表面温度的轴向分布

根据热量平衡的关系,燃料元件微元段 dz 所释放出的热量等于 dz 段包壳表面传给冷却剂的热量,有以下关系:

$$q_V(z) A_U dz = q(z) P_h dz = h_f P_h dz (T_S - T_f)_z \qquad (4 - 159)$$

和

$$q_{V,c} A_U dz = q_c P_h dz = h_f P_h dz (T_S - T_f)_0 \qquad (4 - 160)$$

由式(4 – 160) 可得

$$(T_S - T_f)_0 = \frac{q_c}{h_f} \qquad (4 - 161)$$

式中　　$q_{V,c}$——$z = 0$ 处的体积释热率,W/m^3;

$\quad\quad A_U$——燃料芯块的横截面积,m^2;

$\quad\quad h_f$——对流传热系数,W/(m^2 · K);

$\quad\quad (T_S - T_f)_z$——z 处的燃料元件表面与冷却剂之间的温差,K;

$\quad\quad (T_S - T_f)_0$——$z = 0$ 处的燃料元件表面与冷却剂之间的温差,K。

将式(4 – 159)、式(4 – 160) 和式(4 – 161) 合并整理后,有以下关系:

$$(T_S - T_f)_z = (T_S - T_f)_0 \cos \frac{\pi z}{L_0} = T_S(z) - T_f(z) \qquad (4 - 162)$$

由以上关系可给出包壳表面温度的轴向分布:

$$T_S(z) = T_{in} + \frac{4 L_0 q_c}{D_e G c_p \pi} \left(\sin \frac{\pi z}{L_0} + \sin \frac{\pi L}{2 L_0} \right) + \frac{q_c}{h_f} \cos \frac{\pi z}{L_0} \qquad (4 - 163)$$

如果忽略外推长度,即 $L \approx L_0$, 则式(4 – 163) 可写成

$$T_S(z) = T_{in} + \frac{4 L_0 q_c}{D_e G c_p \pi} \left(1 + \sin \frac{\pi z}{L} \right) + \frac{q_c}{h_f} \cos \frac{\pi z}{L} \qquad (4 - 164)$$

其温度沿轴向的分布见图 4 – 16。上式可写成

$$T_S(z) = A_0 + B_0 \sin \frac{\pi z}{L_0} + C_0 \cos \frac{\pi z}{L_0} \qquad (4 - 165)$$

其中

$$A_0 = T_{in} + \frac{4L_0 q_c}{D_e G c_p \pi} \sin \frac{\pi L}{L_0} \qquad (4-166)$$

$$B_0 = \frac{4L_0 q_c}{D_e G c_p \pi} \qquad (4-167)$$

$$C_0 = \frac{q_c}{h_f} \qquad (4-168)$$

令 $dT_c(z)/dz = 0$，可求出包壳表面最高温度点所在的位置 z_c，由

$$B_0 \cos \frac{\pi z_c}{L_0} - C_0 \sin \frac{\pi z_c}{L_0} = 0 \qquad (4-169)$$

$$\tan \frac{\pi z_c}{L_0} = \frac{B_0}{C_0} \qquad (4-170)$$

可解出

$$z_c = \frac{L_0}{\pi} \arctan \frac{h_f 4 L_0}{\pi c_p D_e G} \qquad (4-171)$$

由式（4 – 170）中的三角函数关系可写出

$$\sin \frac{\pi z_c}{L_0} = B_0 \Big/ \sqrt{B_0^2 + C_0^2} \text{ 和 } \cos \frac{\pi z_c}{L_0} = C_0 \Big/ \sqrt{B_0^2 + C_0^2} \qquad (4-172)$$

将 A_0 和式（4 – 172）的两个函数值代入式（4 – 165），得到包壳的最高温度为

$$T_{S,\max} = T_{in} + \frac{q_{V,c} A_U L_0}{\pi c_p M} \sin \frac{\pi L}{2 L_0} + \sqrt{\left(\frac{q_{V,c} A_U L_0}{\pi c_p M}\right)^2 + \left[\frac{q_{V,c} A_U}{2\pi (r_U + \delta_c) h_f}\right]^2} \qquad (4-173)$$

式中　　M——冷却剂质量流量，kg/s；

　　　　r_U——燃料芯块半径，m；

　　　　A_U——燃料芯块横截面积，m^2；

　　　　δ_c——包壳厚度，m。

4.3.2.2　燃料中心温度 T_m 的轴向分布

T_m 轴向分布的分析方法与上述 T_S 的完全相同。在燃料元件高度上任取微元段 dz，稳态时 dz 段燃料内的释热率经燃料芯块和包壳导出并传给周围冷却剂，其轴向任意点的传热方程为

$$Q(z) = q_{V,c} A_U dz \cos \frac{\pi z}{L_0} = \frac{T_m(z) - T_f(z)}{\dfrac{1}{4\pi \kappa_U dz} + \dfrac{\ln\left(1 + \dfrac{\delta_c}{r_U}\right)}{2\pi \kappa_c dz} + \dfrac{1}{2\pi (r_U + \delta_c) h_f dz}} \qquad (4-174)$$

该式经简化后变为

$$T_m(z) - T_f(z) = \left[\frac{1}{4\pi \kappa_U} + \frac{\ln\left(1 + \dfrac{\delta_c}{r_U}\right)}{2\pi \kappa_c} + \frac{1}{2\pi (r_U + \delta_c) h_f}\right] q_{V,c} A_U \cos \frac{\pi z}{L_0} \qquad (4-175)$$

式（4 – 175）表明，温差 $[T_m(z) - T_f(z)]$ 也是 z 的余弦函数。同理可断定：燃料元件任意点的中心温度 $T_m(z)$ 等于对应点冷却剂的温度 $T_f(z)$ 加上温差 $[T_m(z) - T_f(z)]$。于是可将式（4 – 157）与式（4 – 175）合并为

$$T_{\mathrm{m}}(z) = T_{\mathrm{in}} + \frac{q_{V,\mathrm{c}}A_{\mathrm{U}}L_0}{\pi c_p M}\Big(\sin\frac{\pi z}{L_0} + \sin\frac{\pi L}{2L_0}\Big) +$$

$$\left[\frac{1}{4\pi\kappa_{\mathrm{U}}} + \frac{\ln\Big(1 + \dfrac{\delta_{\mathrm{c}}}{r_{\mathrm{U}}}\Big)}{2\pi\kappa_{\mathrm{c}}} + \frac{1}{2\pi(r_{\mathrm{U}} + \delta_{\mathrm{c}})h_{\mathrm{f}}}\right]q_{V,\mathrm{c}}A_{\mathrm{U}}\cos\frac{\pi z}{L_0} \qquad (4-176)$$

如果忽略外推长度,即 $L \approx L_0$,上式变为

$$T_{\mathrm{m}}(z) = T_{\mathrm{in}} + \frac{q_{V,\mathrm{c}}V_{\mathrm{F}}}{\pi c_p M}\Big(1 + \sin\frac{\pi z}{L}\Big) + q_{V,\mathrm{c}}V_{\mathrm{F}}R_{\mathrm{E}}\cos\frac{\pi z}{L} \qquad (4-177)$$

式中,$V_{\mathrm{F}} = A_{\mathrm{U}}L$ 是整根元件内燃料的体积。

热阻

$$R_{\mathrm{E}} = 1/(4\pi\kappa_{\mathrm{U}}L) + \ln\Big(1 + \frac{\delta_{\mathrm{c}}}{r_{\mathrm{U}}}\Big)/(2\pi\kappa_{\mathrm{c}}L) + 1/\big[2\pi(r_{\mathrm{U}} + \delta_{\mathrm{c}})h_{\mathrm{f}}L\big] \qquad (4-178)$$

燃料中心最高温度所在位置 z_{m} 和最高温度 $T_{\mathrm{m,max}}$ 的求法与包壳的 z_{c} 和 $T_{\mathrm{c,max}}$ 的求法相类似,结果分别为

$$z_{\mathrm{m}} = \frac{L_0}{\pi}\arctan\frac{L_0}{c_p M\left\{\dfrac{1}{4\kappa_{\mathrm{U}}} + \dfrac{1}{2}\Big[\dfrac{1}{\kappa_{\mathrm{c}}}\ln\Big(\dfrac{r_{\mathrm{U}} + \delta_{\mathrm{c}}}{r_{\mathrm{U}}}\Big) + \dfrac{1}{h_{\mathrm{f}}(r_{\mathrm{U}} + \delta_{\mathrm{c}})}\Big]\right\}} \qquad (4-179)$$

和

$$T_{\mathrm{m,max}} = T_{\mathrm{in}} + \frac{q_{V,\mathrm{c}}A_{\mathrm{U}}L_0}{\pi c_p M}\sin\frac{\pi L}{2L_0} +$$

$$\sqrt{\Big(\frac{q_{V,\mathrm{c}}A_{\mathrm{U}}L_0}{\pi c_p M}\Big)^2 + \left\{q_{V,\mathrm{c}}A_{\mathrm{U}}\left[\frac{1}{4\pi\kappa_{\mathrm{U}}} + \frac{\ln\Big(1 + \dfrac{\delta_{\mathrm{c}}}{r_{\mathrm{U}}}\Big)}{2\pi\kappa_{\mathrm{c}}} + \frac{1}{2\pi(r_{\mathrm{U}} + \delta_{\mathrm{c}})h_{\mathrm{f}}}\right]\right\}^2} \qquad (4-180)$$

式中,κ_{U} 和 κ_{c} 分别为燃料和包壳材料的热导率,单位为 $\mathrm{W/(m \cdot K)}$;其他符号同前。

比较式(4-179)、式(4-180)与式(4-171)、式(4-173)可以发现:只要在 z_{c} 和 $T_{\mathrm{c,max}}$ 表达式的热阻项中加上燃料和包壳的热阻,便可得到 z_{m} 和 $T_{\mathrm{m,max}}$ 的关系式。同理也可给出燃料表面的 z_S 和 $T_{S,\max}$ 的表达式。

4.3.3　瞬态输热过程

对于一个独立的闭式通道,通过对一个微元体进行能量平衡建立关系,可以得到描述冷却剂焓 H 随高度 z 和时间 t 变化的偏微分方程。在不产生相变的情况下,密度值的变化不大,可得下面的方程

$$\rho\frac{\partial U}{\partial t} + G\frac{\partial H}{\partial z} = \frac{qP_h}{A} \qquad (4-181)$$

式中　q—— 热流密度,$\mathrm{W/m^2}$;

　　　A—— 通道的流通横截面积,$\mathrm{m^2}$;

　　　P_h—— 通道的加热周长,m;

　　　ρ—— 流体的密度,$\mathrm{kg/m^3}$;

　　　U—— 流体在位置 z 处的内能,$\mathrm{J/(kg \cdot m^3)}$;

　　　H—— 流体的焓值,$\mathrm{J/kg}$。

当系统压力不变时,有

$$\frac{P_h q}{A} = G\frac{\partial H}{\partial z} + \rho\frac{\partial H}{\partial t} \qquad (4-182)$$

上面的方程可写成有限差分式,用数值法求解。

当冷却剂的过冷度较大时,密度变化可以忽略不计,这时可应用特征法对输热的瞬态方程进行求解。

特征法适用于以下形式的一阶线性偏微分方程:

$$S\frac{\partial z}{\partial x} + Q\frac{\partial z}{\partial y} = R \qquad (4-183)$$

式中,S,Q 和 R 均为 x 和 y 的函数。可以证明式(4-183)的通解形式为

$$F(U_1, U_2) = 0 \qquad (4-184)$$

式中,$U_1(x,y,z) = c_1$ 和 $U_2(x,y,z) = c_2$ 均系下式的两个独立解:

$$\frac{\mathrm{d}x}{S} = \frac{\mathrm{d}y}{Q} = \frac{\mathrm{d}z}{R} \qquad (4-185)$$

这里 U_1 和 U_2 的交线是具有正切方向数为 $S:Q:R$ 的一条特征曲线。

下面我们研究一个质量流速 G 按下式变化的流动瞬态过程

$$G = G_0/(1+t), \quad t > 0 \qquad (4-186)$$

式中,G_0 是一个常数,且热流密度和流道入口焓这两个参数不随时间变化。与方程(4-185)相似的辅助方程是

$$\frac{\mathrm{d}t}{\rho} = \frac{\mathrm{d}z}{G} = \frac{\mathrm{d}H}{q''P_h/A} \quad (4-187)$$

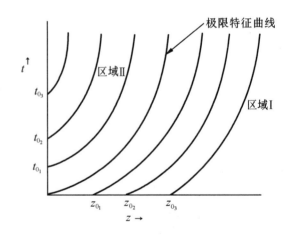

图 4 - 17　流动瞬态中的时间 - 距离相互关系

这个微分方程有两个解。我们首先看当瞬态开始时已在堆内的某个流体团的行为。这可以用瞬态开始时这个流体团的位置来描述。像这样一个指定的流体团随后所占的位置如图4-17中区域 Ⅰ 内的那些适当的线所示。当瞬态开始时尚未进入反应堆的流体团,可以用从瞬态开始到流体团进入反应堆所经历的时间 t_0 来描述。所指定的某个流体团的位置随时间变化如图4-17中区域 Ⅱ 内的线所示。可以预料到,描述区域 Ⅰ 和 Ⅱ 的解的方程是不同的。这两个区域被极限特征曲线所分开,它相当于瞬态开始时正好进入反应堆的流体团的位置随时间变化的曲线。

为了求得区域 Ⅰ 的解,首先对下式积分:

$$\frac{\mathrm{d}t}{\rho} = \frac{\mathrm{d}z}{G} \qquad (4-188)$$

可得

$$z - z_0 = \int_0^t \frac{G_0}{\rho(1+t)}\mathrm{d}t = \frac{G_0}{\rho}\ln(1+t) \qquad (4-189)$$

式中,z_0 是在 0 时刻流体团的轴向位置。对式 $\mathrm{d}z/G = \mathrm{d}H/(qP_h/A)$ 进行积分,可得到

$$H - H_0(z_0) = \int_{z_0}^{z} \frac{1+t}{G_0} \frac{qP_h}{A} \mathrm{d}z \tag{4-190}$$

式中,$H_0(z_0)$ 是在 0 时刻,轴向位置 z_0 处的冷却剂焓。可以用稳态工况来计算这个量,并代入上式,得到

$$H(z) = H_{in} + \frac{P_h}{AG_0}\int_{0}^{z_0} q\mathrm{d}z + \frac{P_h}{AG_0}\int_{z_0}^{z} (1+t)q\mathrm{d}z \tag{4-191}$$

式中,H_{in} 是通道入口焓,由方程(4 – 189),有

$$(1+t) = \exp[\rho(z-z_0)/G_0] \tag{4-192}$$

因此

$$H(z) = H_{in} + \frac{P_h}{AG_0}\int_{0}^{z_0} q\mathrm{d}z + \frac{P_h}{AG_0}\int_{z_0}^{z} q\exp\left[\frac{\rho(z-z_0)}{G_0}\right]\mathrm{d}z \tag{4-193}$$

按实际的中子通量分布对此方程进行积分,并把由方程(4 – 189)得到的 z 值代入其中,就可得到欲求的区域 I 之解。

为了得到区域 II 的解,需要从积分方程(4 – 188)开始,但我们首先考虑在瞬态开始之后,首先进入堆内的那个流体团。因为 t_0 是给定的流体团进入反应堆的时间,所以有

$$z = (G_0/\rho)\int_{t_0}^{t} \mathrm{d}t/(1+t) = (G_0/\rho)\ln[(1+t)/(1+t_0)] \tag{4-194}$$

再整理后得

$$(1+t) = (1+t_0)\exp(\rho z/G_0) \tag{4-195}$$

又由

$$\mathrm{d}z/G = \mathrm{d}H/(qP_h/A) \tag{4-196}$$

$$H(z) - H_{in} = [P_h/(AG_0)]\int_{0}^{z_0} q(1+t)\mathrm{d}z \tag{4-197}$$

对 $(1+t)$ 进行代换,可得

$$H(z) = H_{in} + \frac{P_h}{G_0 A}(1+t_0)\int_{0}^{z} \exp(\rho z/G_0)q\mathrm{d}z \tag{4-198}$$

极限特征曲线是通过用 G_0 和 t 来代替方程(4 – 188)中的 G,然后将所得方程对 z 和 t 进行积分求得的,即

$$\int_{0}^{T} \frac{\mathrm{d}t}{1+t} = \int_{0}^{z} \frac{\rho}{G_0}\mathrm{d}z \tag{4-199}$$

$$\ln(1+T) = \frac{\rho z}{G_0} \tag{4-200}$$

对于 $t \le T$,方程(4 – 193)作为区域 I 的解是成立的;对于 $t \ge T$,方程(4 – 198)作为区域 II 的解是成立的。

4.3.4　冷却剂的单相对流换热

在核反应堆内,核燃料裂变所产生的热量主要通过元件包壳表面传给冷却剂。这种由流体和固体壁面直接接触的换热过程称为对流换热。

对流换热过程的热量传递是靠两种作用完成的:一是对流,流体质点的运动和混合,把热

量由一处带到另一处；二是由于流体与壁面及流体各处存在温差，热量会以导热方式传递，而且温差越大的地方，导热作用也越显著。显然，一切支配这两种作用的因素和规律，诸如流动起因、流动状态、流体种类、流体的物性、壁面几何参数等都会影响换热过程，可见它是一个比较复杂的物理现象。对流换热主要采用牛顿在 1701 年提出的公式，即

$$Q = h_f A(T_S - T_f) \qquad \text{W} \tag{4-201}$$

$$q = h_f(T_S - T_f) \qquad \text{W/m}^2 \tag{4-202}$$

式中　　T_S——固体表面温度，℃；

　　　　T_f——流体温度，℃；

　　　　h_f——对流换热系数，$\text{J}/(\text{m}^2 \cdot \text{s})$。

h_f 的物理含义是指 1 m^2 加热表面上，当流体与壁面之间的温差为 1 ℃ 时，每秒时间所传递的热量。h_f 值的大小反映了对流换热过程的强弱。

计算固体加热面与流体之间的单相对流换热关键是计算对流换热系数 h_f。h_f 只是从数值上反映了各方面因素对换热过程的影响。影响 h_f 的因素很多，但是主要的影响因素有以下几个。

4.3.4.1　流动状态的影响

流动状态的影响由雷诺数 Re 反映出来，在其他条件相同时，流速增加，Re 也增大，h_f 将随之变大，这是由于 Re 大时换热过程中的对流传递作用将相应得到加强。因此紊流时的换热比层流强。

在分析流动状态影响时，还必须注意到流体在流道内流动的原因。其原因有两种：一种是自然对流条件下的换热，即流体因各部分温度不同而引起的密度差异所产生的流动；另一种是流体在外力的驱动下受迫流动。一般来讲，受迫流动的流速高，而自然流动的流速低，故受迫流动的换热系数高，而自然流动的换热系数低。

4.3.4.2　流体物性对换热的影响

不同的流体，由于其物性不一样，因此在其他条件相同的情况下，它们的换热系数会不同。例如水的换热系数一般为 100 ~ 10 000 $\text{W}/(\text{m}^2 \cdot \text{K})$，比空气的 10 ~ 100 $\text{W}/(\text{m}^2 \cdot \text{K})$ 要高得多。影响换热的流体物性主要是比热容、热导率、密度、黏度等。热导率较大的流体，流体内和流体与壁面之间的热导率大，换热能力就强。以水和空气为例，水的热导率是空气的 20 多倍，故水的对流换热系数远比空气高。比热容和密度大的流体，单位体积能够携带更多的热量，故以对流作用转移热量的能力就大，例如常温下水的 $\rho c_p \approx 4\ 186\ \text{kJ}/(\text{m}^3 \cdot \text{K})$，而空气为 121 $\text{kJ}/(\text{m}^3 \cdot \text{K})$，两者相差很大，这就造成了它们的对流换热系数的巨大差别。另一个影响因素是黏度，一般来说，黏度大，换热系数将降低。但是除了流体种类不同会有黏度大小的差别之处，还要注意温度对黏度的影响。有些流体温度对黏度影响很大，而有些流体温度对黏度的影响较小。对于液体，黏度随温度升高而降低，气体的黏度则随温度升高而升高。这一现象可用气体分子运动理论来解释。由于气体分子间距离比较大，分子内聚力小，故黏度主要由分子传递动量的能力来决定。温度升高，分子运动加快，传递动量的能力升高，黏度也相应升高。

由于流体的物性随温度变化，在换热条件下，流场内各处温度不同，各处的物性亦有差别。因此，在对流换热计算时，如何选取确定物性的温度，是一个很重要的问题。一般是根据经验，按某一特征温度来确定，从而把物性作为一个常量来处理。这个特征温度称为定性温度，定性

温度的选择有多种方案,主要是:① 流体通道进出口的平均温度;② 壁面温度;③ 壁面与流体的算术平均温度 $T_m = (T_S + T_f)/2$。

在对流换热计算中,常用的物性参数有以下几个:

① 动力黏度 μ,单位为(Pa·s),以及运动黏度 ν($\nu = \mu/\rho$),单位为 m²/s;

② 热扩散率 a,$a = \kappa/(\rho c_p)$,单位为 m²/s;

③ 容积膨胀率 β,定义为 $\beta = -\frac{1}{\rho}\left(\frac{\partial \rho}{\partial T}\right)_p$,理想气体 $\beta = \frac{1}{T}$。

在处理物性参数对换热的影响问题时,一般是由几个物性参数组合成一个无因次量 Pr,称为普朗特数,它可以综合地表示热物性对换热系数的影响。Pr 的定义为

$$Pr = \frac{\nu}{a} = \frac{\mu c_p}{\kappa} \tag{4-203}$$

不同的流体有不同的普朗特数,水和液态金属的普朗特数大,其对流换热系数也大。

4.3.4.3　换热表面条件的影响

换热表面的几何因素对流体在壁面上的运动状态、速度分布、温度分布都有很大影响,从而影响换热。在进行对流换热量计算时,应针对换热表面的几何条件做具体分析。典型的单相对流换热问题将分为流体掠过平板时的换热、外掠管束时的换热和管内流动的换热等。在反应堆内,大部分情况属于流体纵向流过管束。在换热计算时,应采用对换热有决定影响的特征尺寸作为计算的依据,这个尺寸称为定性尺寸。例如,在纵向流过棒束时可选栅元的当量直径作为定性尺寸。在图 4-18 所示的栅元中,根据式(4-152),可得当量直径为

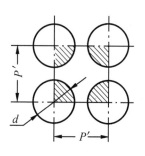

图 4-18　正方形排列的栅元

$$D_e = \frac{4 \times \left(P'^2 - \frac{\pi d^2}{4}\right)}{\pi d} \tag{4-204}$$

式中　P'——燃料元件间的节距,m;

　　　d——燃料元件棒的直径,m。

4.3.5　强迫对流换热系数计算

在对流换热的计算中,关键问题是确定式(4-202)中的对流换热系数 h_f。h_f 值一般由下式求出

$$h_f = \frac{\kappa_f}{D_e}Nu \tag{4-205}$$

式中,Nu 是努塞尔(Nusselt)数,是无因次量。在无相变的强迫对流系统中,努塞尔数一般可表示成

$$Nu = CRe^n Pr^m \tag{4-206}$$

4.3.5.1　管内流动强迫对流换热系数的计算

对于管内流动,比较常用的计算公式是迪图斯-贝尔特公式,即

$$Nu = 0.023 Re^{0.8} Pr^{0.4} \tag{4-207}$$

该公式的适用范围 $Re = 10^4 \sim 12 \times 10^4, Pr = 0.7 \sim 120, \dfrac{L}{d} > 60$,壁温大于液体温度(壁面加热流体),当液体温度大于壁面温度时,普朗特数的指数为 0.3,其他各系数不变。对于非圆形通道,可以采用式(4 - 207),但定性尺寸采用当量直径 D_e。

迪图斯 - 贝尔特公式适用于加热表面温度与流体温度差值不是很大的情况。当流体与壁面之间存在较大温差,且流体的黏度变化很大时,用下式计算努塞尔数:

$$Nu = 0.027 Re^{0.8} Pr^{1/3} \left(\frac{\mu_f}{\mu_c} \right)^{0.14} \qquad (4 - 208)$$

式中,μ_f, μ_c 分别为流体温度下和壁温下流体的动力黏度,单位为 $(N \cdot s)/m^2$。

对于大多数气体来说,Pr 数的范围一般为 $0.65 \sim 0.8$,因此在努塞尔数的计算时可取 Pr 的指数项作为一个常数处理。因此,对于气体,努塞尔数可用下式求得:

$$Nu = 0.02 Re^{0.8} \qquad (4 - 209)$$

对于液态金属,努塞尔数用下式求得

$$Nu = a + bPe^c \qquad (4 - 210)$$

式中　　Pe—— 贝克来数,$Pe = Re \cdot Pr$;

　　　　a, b, c—— 常数,常数是由实验给出的,不同的研究人员给出不同的实验常数,见表 4 - 6。

表 4 - 6　式(4 - 210) 中的常数

作者	a	b	c
Seban Shimazaki	5	0.025	0.8
Martinlli Lyon	7	0.025	0.8
Baker Sesonske	6.05	0.007 4	0.95

4.3.5.2　流体平行流经棒束时的换热系数

在反应堆芯内,冷却剂平行流经燃料元件棒束,过去在计算这种情况的传热系数时,往往采用圆管内流动的传热系数公式,只是用当量直径代替圆管的直径。但由于冷却剂流经棒束时所形成的速度场和温度场与圆管的情况有区别,计算圆管的传热系数公式不能简单地适用棒束。影响棒束内传热的主要因素是元件棒的节距 P'(两棒之间的中心距)和元件棒直径 d 的比值 P'/d。在目前的传热系数计算公式中,仍然采用式(4 - 206)的形式,但 C 值的计算方法不同,C 由下式给出,即

$$C = a \frac{P'}{d} + b \qquad (4 - 211)$$

式中,a 和 b 是常数,可在表 4 - 7 中查出。

液态金属流经三角形排列的棒束时的换热系数可采用 Dwyer 的公式,即

$$Nu = 6.66 + 3.126 \left(\frac{P'}{d} \right) + 1.184 \left(\frac{P'}{d} \right)^2 \qquad (4 - 212)$$

表 4 - 7　式(4 - 206) 和式(4 - 211) 中的常数值

作者	n	m	C	适用范围
Weisman	0.8	0.4	$a = 0.026$ $b = -0.006$ $a = 0.042$ $b = -0.024$	三角形排列 $1.1 \leq \dfrac{P'}{d} \leq 1.5$ 正方形排列 $1.1 \leq \dfrac{P'}{d} \leq 1.3$
Miller	0.8	0.3	0.036	$P'/d = 1.46, Pr = 1.1 \sim 2.752$ $Re = 90\,000 \sim 7 \times 10^5$
Rieger	0.86	0.4	$0.122 + 0.002\,45\dfrac{P'}{d}$	$1.5 \leq \dfrac{P'}{d} \leq 1.6$
Simoned	0.8	0.4	0.026	$P'/d = 1.4, Pr = 0.7$ $Re = 2 \times 10^5 \sim 7 \times 10^5$

4.3.5.3　层流换热

当管内层流时,西得和塔特提出用下式计算努塞尔数:

$$Nu = 1.86 Re^{0.33} Pr^{0.33} \left(\frac{d}{L}\right)^{0.33} \left(\frac{\mu_f}{\mu_c}\right)^{0.14} \tag{4-213}$$

式中　μ_f, μ_c—— 分别为流体温度下和壁温下的黏度,$kg/(m \cdot s)$;

d—— 管内径,m;

L—— 管长度,m。

4.3.5.4　过渡流区换热

在层流和旺盛紊流区之间存在一个过渡区。由于流动中出现了紊流涡旋,过渡区的换热系数将随 Re 数而增大,而且随着紊流的传递作用的增长,在整个过渡区,换热规律是多变的。对于液体和气体分别采用下面的经验关联式:

对于液体,$1.5 < Pr_f < 500; 0.05 \leq \frac{Pr_f}{Pr_S} < 20; 2\,300 < Re < 10^4$;有

$$Nu = 0.012(Re^{0.87} - 287)Pr_f^{0.4}\left[1 + \left(\frac{d}{L}\right)^{\frac{2}{3}}\right]\left(\frac{Pr_f}{Pr_S}\right)^{0.11} \tag{4-214}$$

式中,Pr_f, Pr_S 分别为流体温度下和壁温下的普朗特数。

对于气体,$0.6 < Pr_f < 1.5; 0.5 < T_f/T_S < 1.5; 2\,300 < Re < 10^4$;有

$$Nu = 0.021\,4(Re^{0.8} - 100)Pr_f^{0.4}\left[1 + \left(\frac{d}{L}\right)^{\frac{2}{3}}\right]\left(\frac{T_f}{T_S}\right)^{0.45} \tag{4-215}$$

式中　T_f—— 流体温度;

T_S—— 壁面温度。

4.4　核反应堆内的沸腾换热

在目前的大型电站压水堆中,正常工况下都允许堆芯内出现泡核沸腾。这样不但可以提高燃料元件的传热效率,还可以提高堆芯的平均出口温度,从而使电站的总体热效率提高。对于

沸水堆,沸腾换热是堆芯内的主要传热方式,堆芯内不但存在欠热沸腾,也产生饱和沸腾。

在沸腾换热过程中,伴随有气泡的生成、脱离加热面等现象,这些对沸腾换热都有较大影响。另外,沸腾传热过程常伴随有热力学不平衡现象,并受流道的结构参数和流体运动参数的影响,因此使沸腾换热的过程相当复杂。沸腾换热中的沸腾起始点、沸腾临界点,都是很难确定的参数,但这些参数在工程中又占有很重要的地位。例如,沸腾临界点的确定不但影响核动力装置的热效率,还与核反应堆安全有重要关系。因此,目前在反应堆热工研究中,沸腾换热的研究占有很大的比例。

4.4.1　沸腾换热曲线

沸腾换热的最早研究是从大容积沸腾开始的,早期的研究结果发现,在大容积沸腾情况下,加热表面的热流密度q与壁面和流体的温差ΔT之间存在着确定的关系,图4-19给出了它们之间的关系。曲线的AB段表示对纯液相加热,在这种情况下,加热面的温度高于冷却剂的工作温度,但低于冷却剂工作压力下的饱和温度,因而不会有气泡产生。在自然对流情况下q大约与ΔT的1.25次方成正比,在这一段,热流密度q随着ΔT的增高而缓慢增加。当加热面的温度升高,ΔT会相应提高,如果壁面温度超过饱和温度时,在加热表面上会有气泡产生。气泡产生的密度随着壁面过热度$(T_S - T_{fS})$的升高而增加。BC段称泡核沸腾工况。这一段的传热特点是在加热面上不断有气泡产生和脱离,使流体产生很大搅动,因此该段的传热系数较大。从图4-19中可以看出,BC段的斜率明显比AB段的陡峭,即热流密度对温度的变化率dq/dT较大。在BC段中,由于气泡搅混使传热系数提高,故在中等的$(T_S - T_{fS})$值下,可以给出很大的热流密度。

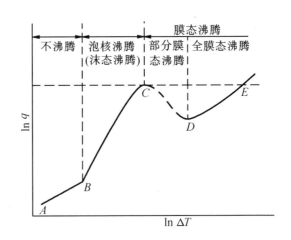

图4-19　沸腾曲线

图4-19中的C点是沸腾传热中的很重要一点,也是核反应堆设计中的关键计算点。这一点是由泡核沸腾转变成膜态沸腾的点。当热流密度达到该点所对应的值时,加热表面上的气泡很多,以致使很多气泡连成一片,覆盖了部分加热面。由于气膜的传热系数低,加热面的温度会很快升高,而使加热面烧毁。C点有许多不同的名字,诸如沸腾临界点、偏离泡核沸腾(departure from nuclear boiling, DNB)或临界热流密度(critical heat flux, CHF)。

当加热壁面与冷却剂之间的温差超过C点所对应的值时,沸腾传热的特征由图4-19中的CD表示。此时加热表面上的气泡很多,这些气泡在加热面附近合并成一片一片的气泡膜,这些气泡膜是不稳定的,加热面是间断湿润的。由于气泡膜起了部分热绝缘的作用,因此这一区内随温差的升高表面热流密度下降。这一过程也称过渡沸腾,在过渡沸腾段中,膜态沸腾和泡核沸腾共存并交替转换。随着壁温的不断升高,气膜覆盖的百分比增加,达到D点时,加热面上形成稳定的气膜。当加热面上形成稳定的气膜后,气膜周期性地释放出蒸汽,不断地有气泡逸出气膜。由于液体主流与加热壁面之间被气膜隔开,所以对流换热强度大大削弱。但随着壁温的迅速升高,辐射换热量增加,所以沸腾曲线又恢复为上升形式,即热流密度随温差的升高而增加。但曲线的斜率较泡核沸腾阶段低,即热流密度增长缓慢。

4.4.2　流动沸腾起始点的确定

在核反应堆内出现的沸腾大多数是流动沸腾。在流动沸腾中,影响沸腾传热的因素比大容积沸腾还多。例如欠热沸腾(也称为冷沸腾)问题,对流动沸腾有很大的影响,而欠热沸腾起始点的确定在传热计算中有重要意义。

4.4.2.1　加热通道内流动区域的划分

当欠热液体进入加热通道时,由壁面输入的热量把欠热液体加热,变成气 - 水两相混合物,其过程如图4 - 20所示。整个过程大致经过以下几个区域。

1. 单相流区 Ⅰ

在 Ⅰ 区中,加热面上和通道内主流液体都没有达到饱和温度,通道中不存在气泡,此时为液体单相流。

2. 深度欠热区 Ⅱ(由 A 点到 B 点)

在此区中,主流的大部分仍然是欠热的,但是贴近加热壁面的液膜达到了饱和温度,这时,壁面上开始生成气泡。因为此区中欠热度还很大,小气泡附在壁面上,不能跃离壁面而在主流中生存,所以表现为"壁面效应"。

3. 轻度欠热区 Ⅲ(B 点到 D 点)

随着深度欠热区内的流体在流动中不断被加热,壁面上产生的气泡会越来越多。在 B 点以后,由于主流的欠热度降低了,因此气泡可以脱离壁面在主流中生存。B 点称为气泡脱离壁面起始点,也称净蒸汽产生起始点。在 B 点后的第 Ⅲ 区中,截面含气率急剧增长,表现为"容积效应"。此时气泡不断进入主流,一部分被主流中欠热液体冷凝变为液体,另一部分则来不及冷凝而被主流带出 Ⅲ 区。

4. 饱和沸腾区 Ⅳ

图4 - 20中 C 点是用热平衡原理计算得到的主流达到饱和温度的点,但实际上该点主流没有达到饱和温度。这是由于在 C 点以前壁面传给流体的热量没有全部用来提高液体温度,有一部分变成了生成气泡的汽化潜热,所以主流只有在 C 点以后的 D 点才完全达到饱和温度。D 点以后称为饱和沸腾区,此区中加入的热量完全用来产生蒸汽。

在20世纪60年代以前,对欠热沸腾问题没有进行过深入的研究。当时都回避了这一问题,即忽略欠热沸腾区气泡的影响。后来,随着核反应堆及高热流密度换热器的出现,人们越来越认识到欠热沸腾问题的重要性。因为在反应堆堆芯通道内,欠热沸腾产生的空泡会达到很高值,对流道内的压降特性及中子慢化特性都有明显的影响,所以不能忽略不计。这样,在20世纪60年代以后,国内外很多核反应堆热工研究部门对这个问题进行了大

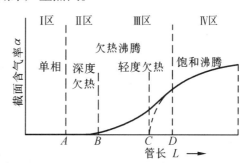

图4 - 20　流动欠热沸腾分区

量的研究,并取得了一定的研究成果。从其结果看,可以得到以下两点定性的结论:

① 随着热流密度 q 升高,欠热沸腾影响变大;

② 随着系统的质量流速 G 和压力 p 升高,欠热沸腾影响变小。

4.4.2.2　欠热沸腾起始点 A 的确定

关于 A 点的定义,各种文献的说法不一,很多文献认为,第一个气泡开始出现的那一点就是欠热沸腾起始点。这种论点理论上是正确的,但是没有实际意义。因为气泡的产生是一个统计过程,第一个气泡产生点是不确定的,往往与液体中溶解气体的情况、加热面的性质和清洁度等许多不确定的因素有关。因此,实际上的欠热沸腾起始点往往是用欠热沸腾表现出来的对热工参数的实际影响来间接确定。目前,主要是用壁温的变平或局部欠热度来判定 A 点。下面介绍一种确定方法。

由热平衡关系式

$$q\pi D z_A = M c_p (T_A - T_{in}) \tag{4-216}$$

式中　z_A——由入口到 A 点的通道长度,m;

　　M——流体的质量流量,kg/s;

　　c_p——水的比定压热容,J/(kg·K);

　　T_A——A 点的主流温度,K;

　　T_{in}——入口温度,K;

　　q——表面热流密度,W/m²。

由上式得

$$T_A = \frac{q\pi D z_A}{M c_p} + T_{in} \tag{4-217}$$

$$\Delta T_A = T_{fs} - T_A = T_{fs} - \frac{q\pi D z_A}{M c_p} - T_{in} \tag{4-218}$$

T_{fs} 为流体的饱和温度,式(4-218)中 ΔT_A 和 z_A 都是未知量,因此通过式(4-218)还不能确定 A 点。詹斯-洛特斯(Jens-Lottes)经过大量的实验工作,给出了欠热沸腾区传热计算的经验公式,即

$$\Delta T_S = T_S - T_{fs} = 25\left(\frac{q}{10^6}\right)^{0.25}\exp(-p/6.2) \tag{4-219}$$

得

$$T_S = T_{fs} + 25\left(\frac{q}{10^6}\right)^{0.25}\exp(-p/6.2) \tag{4-220}$$

由对流换热计算公式有

$$T_S = \frac{q}{h_f} + T_f \tag{4-221}$$

式中,T_S 为加热表面温度,单位为 K。

在沸腾起始点处壁温 T_S 应该相等,由以上两式得

$$T_{fs} + 25\left(\frac{q}{10^6}\right)^{0.25}\exp(-p/6.2) = \frac{q}{h_f} + T_f$$

式中　h_f——对流换热系数,W/(m²·K);

p—— 系统压力,MPa。

由上式可得到

$$T_{fS} - T_f = \Delta T_A = \frac{q}{h_f} - 25\left(\frac{q}{10^6}\right)^{0.25}\exp(-p/6.2) = T_{fS} - \frac{q\pi Dz_A}{Mc_p} - T_{in} \quad (4-222)$$

$$z_A = \frac{Mc_p\left[T_{fS} - T_{in} - \dfrac{q}{h_f} + 25\left(\dfrac{q}{10^6}\right)^{0.25}\exp(-p/6.2)\right]}{\pi Dq} \quad (4-223)$$

式中,z_A 是由入口到 A 点的通道长度,如果把此长度计算出来,A 点也就确定了。

4.4.2.3　深度欠热区截面含气率的确定

截面含气率也称空泡份额,它是两相流的一个重要参数,它表示流道内气相所占截面与通道总面积的比值($\alpha = A_g/A$)。深度欠热区的特点是气泡都附在壁面上,α 值很小并沿加热通道长度线性分布,在欠热沸腾起始点 A 以前,α 为零。如能确定 B 点的截面含气率,则此区中任一点的截面含气率就可以确定了。

B 点一般是这样定义的,当气泡充满整个加热壁面,这时就达到了 B 点,即气泡从该点开始脱离壁面。B 点处的截面含气率可由下式确定:

$$\alpha_B = \frac{P_h}{A}\delta' \quad (4-224)$$

式中　P_h—— 湿周长度;

δ'—— 气泡膜平均厚度,要按下式计算,即

$$\delta' = q_B c_{pf}\mu_f/[B_1 h_f(T_{fS} - T_f)] \quad (4-225)$$

式中　c_{pf}—— 水的比定压热容;

μ_f—— 水的动力黏度;

B_1—— 常数,取 $B_1 = 1.07$。

$$q_B = q - q_{spl} \quad (4-226)$$

式中　q—— 传给两相流体的热流密度,W/m^2;

q_{spl}—— 传给单相水的热流密度,W/m^2。

由于 A 点到 B 点的截面含气率是线性变化的,因此存在下列关系:

$$\frac{\alpha}{\alpha_B} = \frac{\Delta T_A - \Delta T}{\Delta T_A - \Delta T_B} \quad (4-227)$$

式中　α—— 此区任意点的截面含气率;

ΔT_A——A 点所对应的欠热度;

ΔT_B——B 点所对应的欠热度。

深度欠热区的气泡都附在壁面上,在进行这一区的压降计算时,可以认为是表面的粗糙度增大了。此区中壁面剪切应力可按以下公式计算,即

$$\tau_W = \frac{1}{2}\rho_f W_0^2\left[2.87 + 1.58\ln\left(\frac{1}{d_a}\right)\right]^{-0.25} \quad \text{Pa} \quad (4-228)$$

式中　W_0—— 水的流速,m/s;

d_a—— 气泡平均直径,可取 $d_a = 0.75\delta'$。

4.4.2.4　气泡脱离壁面起点 B 的确定

B 点也称净蒸汽产生起始点。这一点的确定对欠热沸腾的研究有十分重要的意义。在计算轻度欠热区截面含气率时,要首先确定 B 点,然后才能计算此区的截面含气率。目前,国外在这方面研究的资料比较多,这里我们介绍萨哈－朱伯的方法。

1979 年,萨哈和朱伯(Saha and Zuber)在第五届国际热工会议上提出了一种计算 B 点及其轻度欠热区含气量的方法。这是目前被认为是比较好的一种方法,被许多学者所引用。

萨哈和朱伯等人认为,净蒸汽产生点必须满足热力学和流体动力学两个方面的限制,在低质量流量时,气泡的冷凝取决于扩散过程,因此,对于热支配区,即在低质量流量时,可以认为局部努塞尔数

$$Nu = \frac{qD_e}{\kappa_f(T_{fS} - T_B)} \tag{4-229}$$

是一个相似参数。

另一方面,在高质量流量时,即在流体动力支配区,如果认为附在壁面上的气泡像表面粗糙度那样影响流动,那么脱离的气泡应当相应于某个特定的粗糙度。在高质量流量情况下,可以认为局部斯坦顿数

$$St = \frac{q}{Gc_p(T_S - T_B)} \tag{4-230}$$

将是合适的准则数。

为了确定方程(4-229)还是方程(4-230)是合适的准则数,需要消去相关变量,即在两个方程中消去局部欠热度。引入贝克来数 Pe 可以做到这一点。萨哈和朱伯把他们得到的实验数据绘在 $St-Pe$ 坐标系中(图4-21),从图中可以很容易地辨认出两个不同的区域。当贝克来数小于 70 000 时,实验数据落在斜率为 －1 的直线上,这意味着局部努塞尔数是一个常数。当贝克来数大于 70 000 时,数据点落在斯坦顿数为常数的直线上。由以上分析可以得到净蒸汽产生点完整的表达式:

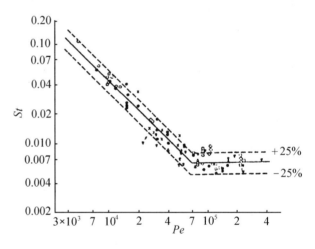

图 4-21　气泡脱离壁面的条件

当 $Pe \leqslant 70\ 000$ 时

$$Nu = \frac{qD_e}{\kappa_f\Delta T_B} = 455 \tag{4-231}$$

$$\Delta T_B = 0.002\ 2\frac{qD_e}{\kappa_f} \tag{4-232}$$

当 $Pe > 70\ 000$ 时

$$St = \frac{q}{Gc_p\Delta T_B} = 0.006\ 5 \tag{4-233}$$

$$\Delta T_B = 154 \frac{q}{Gc_p} \qquad (4-234)$$

因为 $Pe = Re \cdot Pr$，所以在判断流动工况时根据雷诺数很容易算出贝克来数，然后用以上公式把 B 点的欠热度计算出来，从而可以确定入口距 B 点的长度 z_B。

4.4.2.5　轻度欠热区截面含气率的计算

B 点的欠热度 ΔT_B 确定后就可以算出该点的热平衡含气率，从而可以计算出轻度欠热区内任意点的截面含气率。

由热量平衡方程可以得到 B 点的热平衡含气率

$$x_B = \frac{H_B - H_{fS}}{H_{fg}} = -\frac{c_p \Delta T_B}{H_{fg}} \qquad (4-235)$$

式中，ΔT_B 为 B 点所对应的欠热度，单位为 ℃。

将式（4 - 232）和式（4 - 234）代入式（4 - 235），得出以下关系：

当 $Pe \leqslant 70\ 000$ 时

$$x_B = -0.002\ 2 \frac{c_p q D_e}{\kappa_f H_{fg}} \qquad (4-236)$$

当 $Pe > 70\ 000$ 时

$$x_B = -154 \frac{q}{G H_{fg}} \qquad (4-237)$$

轻度欠热区任一点的热平衡含气率都可以由热平衡方程算出来，即

$$x' = \frac{H - H'}{H_{fg}} \qquad (4-238)$$

式中　x'——轻度欠热区任意点的含气率；

　　　　H'——饱和水的焓；

　　　　H_{fg}——汽化潜热；

　　　　H——该点的流体总焓值。

由于通道内存在欠热沸腾，因此用这种热平衡算出的含气率还不是真实的含气率。确定了 x_B 和 x' 后就可以得到轻度欠热区任意点的真实含气率。萨哈和朱伯建议用以下公式计算真实含气率：

$$x_T = \frac{x' - x_B \exp(x'/x_B - 1)}{1 - x_B \exp(x'/x_B - 1)} \qquad (4-239)$$

式中　x_T——轻度欠热区的真实含气率；

　　　　x'——计算点的热平衡含气率。

x_T 算出后，就可以计算该点的截面含气率 α。萨哈和朱伯建议用下式计算欠热区的 α 值：

$$\langle \alpha \rangle = \frac{x_T}{C_0 \left[\dfrac{x_T(\rho_f - \rho_g)}{\rho_f} + \dfrac{\rho_g}{\rho_f} \right] + \dfrac{\rho_g \overline{W_{gm}}}{G}} \qquad (4-240)$$

式中，$\overline{W_{gm}}$ 为加权漂移通量，计算公式为

$$\overline{W_{gm}} = 1.41 \left[\frac{\sigma g(\rho_f - \rho_g)}{\rho_f^2} \right]^{1/4} \qquad (4-241)$$

C_0 可取 1.13。

4.4.3 流动沸腾传热与沸腾临界

4.4.3.1 流动沸腾传热

由于沸腾换热过程十分复杂,沸腾换热过程的机理还没有彻底弄清,该过程中的一些物理现象还不能完全用理论来解释。因此,目前沸腾换热的计算主要依赖经验公式。下面分别介绍用于反应堆热工计算的沸腾传热计算公式。

1. 欠热沸腾区的传热计算

在压水反应堆堆芯内,正常工况下的流动沸腾主要是欠热沸腾,这种情况可以用以下关系式计算传热。

(1) Rohsenow 关系式

Rohsenow 给出的计算欠热泡核沸腾的经验关系式为

$$\frac{c_p \Delta T_{sat}}{H_{fg}} = C_{fS} \left[\frac{q}{\mu_f H_{fg}} \sqrt{\frac{\sigma}{g(\rho_f - \rho_g)}} \right]^{0.33} \left(\frac{c_p \mu_f}{\kappa_f} \right)^{1.7} \quad (4-242)$$

式中　　ΔT_{sat}——壁面温度与流体饱和温度的差值;

　　　　C_{fS}——特性常数,取 $C_{fS} = 0.006$。

(2) Thom 关系式

Thom 给出轻度欠热沸腾区换热温差和表面热流密度之间的关系:

$$\Delta T_{sat} = 0.022\,55 q^{0.5} e^{-p/8.7} \quad (4-243)$$

式中　　p——系统压力,MPa;

　　　　q——表面热流密度,MW/m^2。

公式的适用范围:5.2 ~ 14 MPa。

2. 饱和沸腾区的传热

饱和沸腾区的传热计算公式较多,但目前在反应堆热工分析中使用较多的是 Chen 公式。Chen 认为在饱和沸腾区沸腾传热的热流密度可表示为

$$q = h_{TP}(T_S - T_{fS}) \quad (4-244)$$

式中　　T_S——壁面温度;

　　　　T_{fS}——饱和温度;

　　　　h_{TP}——总传热系数,它由两部分组成。

$$h_{TP} = h_b + h_f \quad (4-245)$$

式中　　h_b——泡核沸腾传热系数;

　　　　h_f——强迫对流传热系数。

强迫对流传热系数可用修正后的 Ditus - Boelter 关系式计算:

$$h_f = 0.023 F \left[\frac{G(1-x)D_e}{\mu_f} \right]^{0.8} Pr^{0.4} \frac{\kappa_f}{D_e} \quad (4-246)$$

对于沸腾传热,传热系数表达式为

$$h_b = 0.001\,22 S \left(\frac{\kappa_f^{0.79} c_p^{0.45} \rho_f^{0.49}}{\sigma^{0.5} \mu_f^{0.29} H_{fg}^{0.24} \rho_g^{0.24}} \right) \Delta T_{sat}^{0.24} (p_S - p_{fS})^{0.75} \quad (4-247)$$

式中　　ΔT_{sat}——表面过热度;

p_S—— 对应于表面温度 T_S 的饱和压力,Pa;

p_{fs}—— 对应于液体饱和温度 T_S 的饱和压力,Pa。

以上两式中 F 和 S 都是图解函数,由图 4 – 22 给出。

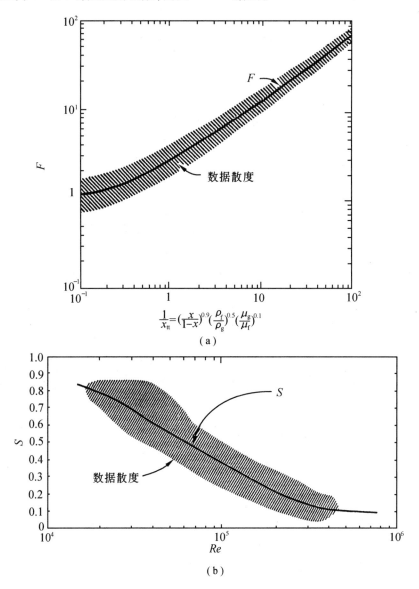

$$\frac{1}{x_{\mathrm{tt}}} = \left(\frac{x}{1-x}\right)^{0.9}\left(\frac{\rho_{\mathrm{f}}}{\rho_{\mathrm{g}}}\right)^{0.5}\left(\frac{\mu_{\mathrm{g}}}{\mu_{\mathrm{f}}}\right)^{0.1}$$

(a)

(b)

图 4 – 22 F 和 S 函数

F 和 S 也可用以下公式计算:

$$F = \begin{cases} 1.0, & \dfrac{1}{x_{\mathrm{tt}}} \leqslant 0.10 \\[2mm] 2.35\left(\dfrac{1}{x_{\mathrm{tt}}} + 0.213\right)^{0.736}, & \dfrac{1}{x_{\mathrm{tt}}} > 0.10 \end{cases} \tag{4-248}$$

x_{tt} 是 Martinelli 参数,有

$$\frac{1}{x_{tt}} = \left(\frac{x}{1-x}\right)^{0.9}\left(\frac{\rho_f}{\rho_g}\right)^{0.5}\left(\frac{\mu_g}{\mu_f}\right)^{0.1} \tag{4-249}$$

S 用以下方法计算:

$$S = \begin{cases} \left[1 + 0.12(Re_{TP})^{1.14}\right]^{-1}, & Re_{TP} < 32.5 \\ \left[1 + 0.42(Re_{TP})^{0.78}\right]^{-1}, & 32.5 \leqslant Re_{TP} < 70 \\ 0.1, & Re_{TP} \geqslant 70 \end{cases} \tag{4-250}$$

$$Re_{TP} = \left[\frac{G(1-x)D_e}{\mu_f}\right]F^{1.25} \times 10^{-4} \tag{4-251}$$

以上的 Chen 公式是经过大量的实验数据整理得出的,在目前大型反应堆热工水力计算程序中使用比较多。

4.4.3.2 流动沸腾临界

沸腾临界一般是指加热壁面温度突然升高,壁面与流体传热受到阻滞的现象。在池式沸腾中,由于介质的物性是定值,沸腾的临界状态只与热流密度有关。而在流动沸腾中,沸腾的临界状态很复杂,它不但与流体物性有关,还与介质的流速、局部含气率、通道形状等因素有关。与大容积沸腾的情况不同,影响流动沸腾临界的因素很多,这些都为流动沸腾临界的确定带来困难。目前有关沸腾临界的假说比较多,各假说之间也有一些分歧,以下介绍一种典型的假说。

1. 低含气率时的沸腾临界

当加热表面的热流密度很高时,在通道内含气率较低的情况下就会出现沸腾临界。其出现的机理如图 4-23(a)和图 4-23(b)所示。图 4-23(a)的情况一般是出现在热流密度很高的情况下,这时主流体往往是处于欠热状态。在这种情况下,由于高热流密度的作用,壁面上的气泡受热后急剧长大,热量没有及时传到主流中,从而使气泡覆盖下的局部加热面温度快速升高而造成沸腾临界。图 4-23(b)的情况往往出现在热流密度比图 4-23(a)低时,这时上游壁面产生的气泡滑动到下游,使下游气泡产生堆积,使加热面形

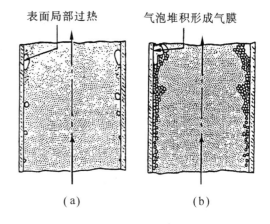

图 4-23 低含气率时的沸腾临界

成气泡层,该气泡层阻碍了液体与加热面的接触,使壁面不能得到很好的冷却,壁温迅速升高,从而达到沸腾临界。这种情况就是比较典型的偏离泡核沸腾(DNB),这种情况下主流体也往往是处于欠热状态,但也可能是饱和状态。

2. 高含气率时的沸腾临界

当加热表面热流密度不太高、在低含气率时,一般不会出现沸腾临界。沸腾临界一般出现在高含气率时,这时加热通道往往是环状流,由于气相密度较小,介质流动速度较高,在加热表面热流密度和介质动量冲击的双重作用下,会使局部液膜从加热表面消失,液层被撕裂成液滴,于是传热减弱、壁温升高,如图 4-24(a)所示。

这种沸腾临界工况主要受两个因素的影响:一个是介质的流速;另一个是表面热流密度。如果通道内的质量流速和表面热流密度都很低,一般会出现图 4-24(b)的情况,此时通道的

含气率很高,壁面的液膜被全部蒸干,使壁面与流体之间的传热减弱,从而造成壁温升高。由于在高含气率区沸腾临界的出现都是由于壁面上液膜消失造成的,因此,这种沸腾临界往往被称为"干涸"(dryout)。

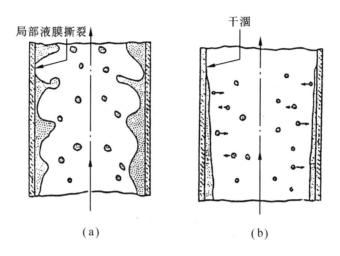

图 4 - 24　高含气率时的沸腾临界

4.4.3.3　临界热流密度计算关系式

在核反应堆内,燃料元件内的核燃料释热率的限制主要来自临界热流密度。当燃料元件的热流密度超过临界热流密度时,燃料元件表面温度快速升高,燃料元件就会出现烧毁现象而造成放射性外漏。为此,临界热流密度的确定是反应堆热工设计最重要的内容。目前各种资料发表的计算临界热流密度的公式很多,这些公式都是根据实验数据拟合整理而成的,它们各自都有一定的使用条件和范围,一般不能外推使用,因此在选用这些公式时应加以注意。

在水冷核反应堆中,堆芯的输出功率能力受到沸腾临界的限制。而绝大部分情况下,在反应堆内出现的沸腾临界是 DNB。因此,对于反应堆热工设计来讲,DNB 点热流密度的计算十分重要。下面介绍目前在反应堆设计中常用的临界热流密度的计算关系式。

1. W - 3 关系式

汤炇孙(L. S. Tong)等人,对动力反应堆运行参数范围的沸腾临界数据进行了分析处理。他们认为沸腾临界与关系函数 $F(x,p)$,$F(x,G)$,$F(D_e)$ 和 $F(H_{in})$ 有关。他们在确定其他参量不变的情况下,建立这些关系函数与临界热流密度之间的关系。最后得到的均匀热流密度情况下的 W - 3 公式为

$$q_{crit,EU} = F(x,p)F(x,G)F(D_e)F(H_{in}) \tag{4 - 252}$$

式中的关系函数分别为

$$F(x,p) = [(2.022 - 0.000\ 430\ 2p) + (0.172\ 2 - 0.000\ 098\ 4p)$$
$$\exp(18.177 - 0.004\ 129p)x](1.157 - 0.869x) \tag{4 - 253}$$

$$F(x,G) = (0.148\ 4 - 1.596x + 0.172\ 9|x|)\left(\frac{G}{10^6}\right) + 1.037 \tag{4 - 254}$$

$$F(D_e) = 0.266\ 4 + 0.835\ 7\exp(-3.151D_e) \tag{4 - 255}$$

$$F(H_{in}) = 0.825\ 8 + 0.000\ 794(H' - H_{in}) \tag{4 - 256}$$

式(4-253)～式(4-255)中各有因次的量均为英制单位,把英制单位转化为国际单位,代入式(4-252)中,经整理后得

$$q_{crit,EU} = 3.154 \times 10^6 \{ (2.022 - 6.238 \times 10^{-8}p) + (0.172\,2 - 1.43 \times 10^{-8}p) \times$$
$$\exp[(18.177 - 5.987 \times 10^{-7}p)x] \} [1.157 - 0.869x] \times$$
$$\left[(0.148\,4 - 1.596x + 0.172\,9x|x|) \left(\frac{G}{10^6} \right) \times 0.204\,8 + 1.037 \right] \times$$
$$[0.266\,4 + 0.835\,7\exp(-124D_e)] \times$$
$$[0.825\,8 + 0.341 \times 10^{-6}(H' - H_{in})]F_S \qquad (4-257)$$

式中　$q_{crit,EU}$——轴向均匀加热时的临界热流密度,W/m^2;

　　　p——系统压力,MPa;

　　　G——冷却剂的质量流密度,$kg/(m^2 \cdot h)$;

　　　H_{sat}——饱和水的焓,J/kg;

　　　F_S——定位格架修正因子。

定位格架修正因子 F_S 是考虑定位格架搅混因素对临界热流密度影响的修正系数。对于目前通常使用的蜂窝状定位格架,该修正因子可用下式计算,即

$$F_S = 1.0 + 0.03 \left(\frac{G}{4.882 \times 10^6} \right) \left(\frac{a}{0.019} \right)^{0.35} \qquad (4-258)$$

式中,a 是定位格架的混流扩散系数

$$a = \frac{\varepsilon}{WP'} \qquad (4-259)$$

其中　ε——交混系数,m^2/s;

　　　W——冷却剂轴向流速,m/s;

　　　P'——两相邻棒间的节距,m。

当温度为 $260 \sim 300$ ℃ 时,有 $a = 0.019 \sim 0.060$。

式(4-258)的适用范围:$G = 2.44 \times 10^6 \sim 24.4 \times 10^6 \ kg/(m^2 \cdot h)$;$p = 6.677 \sim 15.39 \ MPa$;通道高度 $L = 0.254 \sim 3.66 \ m$;通道当量直径 $D_e = 0.53 \times 10^{-3} \sim 1.78 \times 10^{-3} \ m$;加热周长与湿润周长之比为 $0.88 \sim 1.0$;入口焓 $H_{in} \geq 9.3 \times 10^5 \ J/kg$;计算点含气率 x 为 $-0.15 \sim 0.15$。

式(4-257)是根据均匀加热的实验数据整理得出的,对于非均匀加热情况,有

$$q_{crit,n} = \frac{q_{crit,EU}}{F_c} \qquad (4-260)$$

式中,F_c 是热流密度不均匀修正因子,由下式给出

$$F_c = \frac{c}{q_{LOC}[1 - \exp(-cL_{DNB})]} \int_0^{L_{DNB}} q(z) \exp[-c(L_{DNB} - z)] dz \qquad (4-261)$$

其中　$c = 12.64(1 - x_{DNB})^{4.31}/(G \times 10^{-6})^{0.478}$,$m^{-1}$;

　　　x_{DNB}——发生沸腾临界处的含气率;

　　　L_{DNB}——从通道入口至发生沸腾临界处的长度,m;

　　　q_{LOC}——均匀加热时 L_{DNB} 处的热流密度,W/m^2。

如果流动通道含有不加热表面,例如堆芯边缘的通道,对 W-3 公式要进行冷壁修正,使用下面的冷壁修正因子:

$$\frac{q_{\text{crit. unhwall}}}{q_{\text{crit},EU}} = F_{\text{uh}} = 1 - R_{\text{U}}\left[13.76 - 1.372e^{1.78x} - 5.15\left(\frac{G}{10^6}\right)^{-0.0535} - \right.$$

$$\left. 0.01796\left(\frac{p}{10^3}\right)^{0.14} - 12.6D_h^{0.107}\right] \qquad (4-262)$$

式中
$$R_{\text{U}} = 1 - \frac{D_e}{D_h} \qquad (4-263)$$

其中，D_h 为用通道的加热周长(不计冷壁部分)求得的当量直径，

$$D_h = \frac{4 \times 冷却剂流通截面积}{加热周长} \quad \text{m}$$

W-3 公式是在不同的实验回路上测得的几千个实验数据回归后得到的，将 W-3 公式的计算值作为横坐标，实验测量值作为纵坐标，绘出公式与实验点的符合情况如图 4-25 所示。

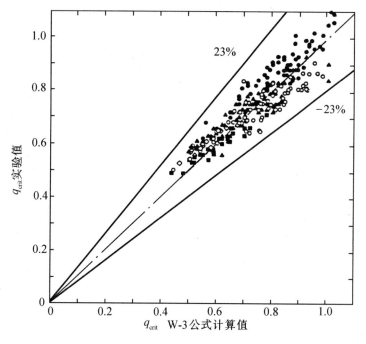

图 4 - 25　W - 3 公式与实验点的符合情况

2. W - 2 公式

W - 3 公式中含气率 x 的限制范围是 ±15%，当含气率超出这一范围，一般要使用 W - 2 公式。W - 2 公式用加热通道内气水混合物的焓升来计算临界热流密度，在临界热流密度下的焓升 ΔH_{BO} 用下式表示：

$$\Delta H_{\text{BO}} = H_{\text{f}}(z) - H_{\text{in}} = 2216.51\left(\frac{H' - H_{\text{in}}}{4190}\right) + H_{\text{fg}}\left\{\left[0.825 + 2.3\exp(-670D_e)\right] \times\right.$$

$$\left.\exp\left(\frac{-0.308G}{10^6}\right) - 0.41\exp\left(\frac{-0.0048z}{D_e}\right) - 1.12\frac{\rho_{\text{g}}}{\rho_{\text{f}}} + 0.548\right\} \qquad (4-264)$$

式中，z 是冷却剂通道的轴向坐标。W - 2 公式的适用范围：工作压力 $p = 5.488 \sim 18.914$ MPa；

质量流密度 $G = (2 \sim 12.5) \times 10^6 \ \text{kg}/(\text{m}^2 \cdot \text{h})$;当量直径 $D_e = 0.002\,54 \sim 0.013\,7 \ \text{m}$;通道长度 $L = 0.228 \sim 1.93 \ \text{m}$;出口含气率 $x_{out} = 0 \sim 0.9$。

4.4.4 再湿传热

当反应堆冷却剂系统出现大破口事故时,堆芯的冷却剂会大量外泄,此时堆芯的压力和水位降低。在这种情况下堆芯应急冷却系统投入,将应急冷却水注入反应堆。与此同时,主冷却剂系统的水继续外流,一直到反应堆主冷却剂系统的压力与安全壳大厅内的压力相平衡时为止。随后,注入堆芯的冷却水逐渐上升到燃料区并淹没堆芯,从而带出燃料的衰变热。这一过程的传热称再湿传热,也称再淹没传热。

再湿传热的特点是从高温的固体表面到水的传热,类似于淬火过程。图4-26所示为再淹没过程中通道内的流动状态,以及通道壁面温度分布情况。水按一定速度从通道下端流入通道内,水与高温壁面接触时,管壁周围形成蒸汽层,随着水继续向上流动,蒸汽层会迅速地扩展,在通道中心形成液柱。在液柱的上方还有气泡和液团的飞散流。

再湿过程中燃料元件壁温随时间的变化如图4-27所示。再湿的初期,由于传热较弱,冷却剂不能带走全部衰变热,因此通道上部温度上升,只有下部冷却较好。经过大约500 s,滴状流带走的热量才等于衰变热,随后膜态沸腾状态继续冷却,达到局部再湿温度为止。

在研究再湿传热中,最关心的是骤冷前沿的推进速度,因为它决定了燃料包壳表面被冷却的推进速度。骤冷前沿的推进速度与流体的

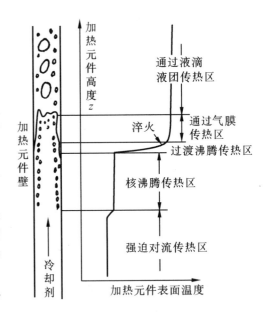

图4-26 再淹没过程中通道内的流动状态

特性、表面特性等多种因素有关,其过程比较复杂。这一过程的影响因素如下:① 淹没速度的影响:当进入堆芯的冷却剂流量越大,淹没速度就越快,骤冷前沿的推进速度也越快。② 应急冷却水欠热度的影响:冷却水的欠热度越高,表面与冷却水的温差越大,则骤冷越快。③ 注水方式的影响:实验发现,如果从反应堆的入口端和出口端同时注水,骤冷前沿的推进速度比只从入口端注水要快得多。这是由于从堆芯下端产生的蒸汽到堆芯上端遇到冷却水会凝结下来,使堆芯内压力降低,从而加速了冷却水进入堆芯的过程。④ 冷却剂压力的影响:当冷却剂的压力增大时,蒸汽的密度增加,这可以使未润湿区的冷却能力提高,也会使蒸汽中夹带的液滴增多,这些都会增加传热,使骤冷前沿推进速度加快。⑤ 衰变热的影响:燃料元件产生的衰变热越大,表面的温度越高,能量平衡就越困难,骤冷前沿推进的速度就越慢。

再湿过程的传热和骤冷前沿推进速度可利用"传导型再湿模型"来表述。该分析模型以Fourier热传导方程及壁面与冷却剂之间的传热边界条件为基础,该模型有以下的基本假设。

(1) 包壳在骤冷前沿推进方向上的传热可以等效成一个厚度为 δ 的均匀无限长平板内的传热。平板的物性是常数,与温度无关。

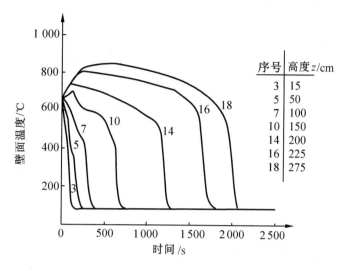

图 4 - 27　再湿过程中燃料元件壁温随时间的变化

（2）平板的干侧（$y = 0$）是绝热的，湿侧（$y = \delta$）是被水冷却的，包壳内无热源。

（3）在表面温度等于再湿温度 T_0 处，液体润湿壁面。再湿温度 T_0 与空间、时间无关，是一个常数。

（4）骤冷前沿位置只在 z 方向上与时间 t 有关。

根据以上假设，热传导微分方程简化为

$$\frac{\partial^2 T}{\partial y^2} + \frac{\partial^2 T}{\partial z^2} = \frac{1}{a} \cdot \frac{\partial T}{\partial t} \tag{4 - 265}$$

式中，a 为热扩散率，骤冷前沿速度 V 基本上不随时间变化，可以认为是一个常数。这样，为了处理方便可以选一个新的坐标系 $z' = z - VT$。这个坐标的原点跟着再湿前沿移动，并以再湿前沿为原点。这样方程变为

$$\frac{\partial^2 T}{\partial y^2} + \frac{\partial^2 T}{\partial z'^2} + \frac{V}{a}\frac{\partial T}{\partial z'} = 0 \tag{4 - 266}$$

方程的边界条件如下：

（1）$z' = -\infty$，冷却剂温度为饱和温度，$T = T_{fs}$；

（2）$z' = +\infty$，初始壁温 $T = T_s$；

（3）$z' = 0$，壁温等于再湿温度 $T = T_0$；

（4）$y = 0$，绝热 $\dfrac{\partial T}{\partial y} = 0$；

（5）$y = \delta$，$-\kappa\dfrac{\partial T}{\partial y} = h_f(z')(T - T_{fs})$。

如果假设在任何高度上包壳温度在厚度上是均匀的，则方程（4 - 266）可化为一维方程。由边界条件（4）和（5）可以得出

$$\frac{\partial^2 T}{\partial y^2} = \frac{\partial}{\partial y}\left(\frac{\partial T}{\partial y}\right) = \frac{\left.\dfrac{\partial T}{\partial y}\right|_y - \left.\dfrac{\partial T}{\partial y}\right|_0}{\delta} = -\frac{h_f(z')}{\kappa\delta}(T - T_s) \tag{4 - 267}$$

利用这种关系,式(4-266)变成

$$\frac{\mathrm{d}^2 T}{\mathrm{d}(z')^2} + \frac{V}{a}\frac{\mathrm{d}T}{\mathrm{d}z'} - \frac{h_\mathrm{f}}{\kappa\delta}(T - T_S) = 0 \qquad (4-268)$$

假定湿区($z' \leqslant 0$)传热系数为常数,干区($z' > 0$)的传热系数等于零,并利用边界条件(1)(2)和(3),可以得到方程(4-268)在湿区的解

$$T - T_\mathrm{fs} = (T_0 - T_\mathrm{fs})\exp\left\{z'\left[\left(\frac{\rho^2 c_p^2 V^2}{4\kappa^2} + \frac{h_\mathrm{f}}{\kappa\delta}\right)^{0.5} - \frac{\rho c_p V}{2\kappa}\right]\right\} \qquad (4-269)$$

在热平衡状态下,单位时间内通过包壳表面传给水的热量等于包壳单位时间的焓降。焓降的表达式为$\rho c_p \delta l V(T_S - T_0)$,其中$P_h$为包壳的周界长度。而包壳传给水的热量为

$$\int_{-\infty}^0 h_\mathrm{f} P_h(T - T_\mathrm{fs})\mathrm{d}z' = \frac{h_\mathrm{f}P_h(T_0 - T_\mathrm{fs})}{\left(\frac{\rho^2 c_p^2 V^2}{4\kappa^2} + \frac{h_\mathrm{f}}{\kappa\delta}\right)^{0.5} - \frac{\rho c_p V}{2\kappa}} \qquad (4-270)$$

根据式(4-270)等式右半部与焓降表达式相等的关系,可解得

$$V^{-1} = \rho c_p\left(\frac{\delta}{h_\mathrm{f}\kappa}\right)^{0.5}\frac{(T_S - T_\mathrm{fs})^{0.5}(T_S - T_0)^{0.5}}{T_0 - T_\mathrm{fs}} \qquad (4-271)$$

如果骤冷前的壁温很高,致使$T_S - T_\mathrm{fs} \gg T_0 - T_\mathrm{fs}$,则$T_S - T_\mathrm{fs} \approx T_S - T_0$,这时上式简化为

$$V^{-1} \approx \rho c_p\left(\frac{\delta}{h_\mathrm{f}\kappa}\right)^{0.5}\frac{T_S - T_0}{T_0 - T_\mathrm{fs}} \qquad (4-272)$$

上式表明,再湿前沿速度的倒数与初始温度是线性关系。这些已被许多实验所证实。式(4-271)隐含一个不合理的成分,用该式拟合实验数据时,导出的传热系数为10^6 W/(m²·K) 的量级,传热系数如此之大是不合理的。

为了得出更完善的解,后来许多人采用了传热系数$h_\mathrm{f}(z)$随位置变化的假设。为了适应这种做法,需要求出方程的一般解。方程(4-268)可写成下列无因次形式

$$\frac{\mathrm{d}^2\theta}{\mathrm{d}\eta^2} + Pe\frac{\mathrm{d}\theta}{\mathrm{d}\eta} - Bi\theta = 0 \qquad (4-273)$$

式中,$\theta = \dfrac{T - T_\mathrm{fs}}{T_0 - T_\mathrm{fs}}$;$\eta = \dfrac{z'}{\delta}$;Biot 数 $Bi = \dfrac{h_\mathrm{f}(z')\delta}{\kappa}$;贝克莱数 $Pe = \dfrac{V\delta}{a}$,$a = \dfrac{\kappa}{\rho c_p}$。边界条件变成

$\eta = -\infty$,$\theta = 0$;$\eta = +\infty$,$\theta = \theta_S = \dfrac{T_S - T_\mathrm{fs}}{T_0 - T_\mathrm{fs}}$;$\eta = 0$,$\theta = 1$。方程(4-273)的一般解为

$$\theta = A\exp\left(-\nu Pe\frac{\eta}{2}\right) + B\exp\left(-\beta Pe\frac{\eta}{2}\right) \qquad (4-274)$$

式中A,B是常数,而

$$\nu = 1 - \left(1 + 4\frac{Bi}{Pe^2}\right)^{0.5} < 0 \qquad (4-275)$$

$$\beta = 1 - \left(1 + 4\frac{Bi}{Pe^2}\right)^{0.5} > 0 \qquad (4-276)$$

这个解对于$Pe < 1$和$Bi < 1$是可信的。在利用方程的这种解法时,一般把包壳沿轴向分成几个区域,合理地选用每一个区域的传热系数,分段求解热传导微分方程,然后通过轴向热流密度连续的条件和各段间边界上温度连续的条件将各区的解联立起来。

在用以上方法求解再湿前沿速度时,把再湿温度作为已知参数。实际上这一温度是比较难

确定的量,因为表面骤冷是一个很快的瞬态过程,再湿温度不容易测准。目前虽然也有一些理论,但还不能通用,实验数据之间也存在一定的分歧。但一般的实验结果认为,在低压下($p \leqslant 4\ \text{MPa}$),再湿温度 T_0 大约比饱和温度高 100 ℃;而高压下,再湿温度 T_0 比饱和温度高 20 ~ 100 ℃。

思　考　题

4 - 1　说明反应堆热源的由来及其分布。

4 - 2　停堆后的核反应堆释热包括哪几部分?

4 - 3　将堆芯燃料核反应释热量传输到反应堆外,依次经过哪三个过程?

4 - 4　燃料元件的导热过程遵循什么定律或方程?

4 - 5　影响堆芯功率分布的因素有哪些?

4 - 6　什么叫核热管因子,F_q^N 是怎样计算的?

4 - 7　控制棒、结构材料释热的热源是什么?

4 - 8　简述积分热导率的概念。对棒状芯块其具体表达式是怎样的?

4 - 9　简述热屏蔽热源的由来及其计算。

4 - 10　什么是载热方程?写出载热方程数学表达式。

4 - 11　一个均匀无干扰的圆柱形反应堆,其径向和轴向的功率分布是怎样的?

4 - 12　何谓欠热沸腾,何谓欠热度?

4 - 13　W - 3 公式和 W - 2 公式的适用范围有何差别?

4 - 14　稳定膜态沸腾传热的主要机理是什么?

4 - 15　何谓临界热流密度?

4 - 16　反应堆堆芯燃料采用分区装载有什么好处?

4 - 17　堆芯进口冷却剂平均温度 $T_{f,in}$,出口冷却剂平均温度 $T_{f,out}$,冷却剂总流量为 M,写出堆芯功率的表达式。

4 - 18　何谓泡核沸腾,它有什么特点?

4 - 19　沸腾临界分几类,它们可能分别发生在什么样的情况下?

4 - 20　为什么在高热流密度下(例如压水堆情况)会发生 DNB?

习　题

4 - 1　设有一段长为 Δz、直径为 d_S 的燃料元件棒,其燃料芯块的直径为 d_U,如果该小段燃料芯块的体积释热率 q_V 是均匀的,试写出在稳态工况下体积释热率 q_V、线功率 q_l、元件表面热流密度 q 和该段热功率 $N_{th,\Delta z}$ 之间的关系?

4 - 2　设棒状燃料元件的燃料芯块半径为 r_U,其热导率 κ_U = 常数;包壳厚度为 δ_c,其热导率 κ_c = 常数,并假定燃料芯块与包壳内表面之间的热阻可以忽略,燃料芯块的体积释热率 q_V = 常数,请写出元件棒线功率 q_l 与燃料芯块中心温度 T_m 和芯块表面温度 T_U 之间的关系。

4 - 3　设棒状燃料元件的燃料芯块半径为 r_U,其热导率 κ_U = 常数;包壳厚度为 δ_c,其热导率 κ_c = 常数,并假定燃料芯块与包壳内表面之间的热阻可以忽略,燃料芯块的体积释热率

q_V = 常数,写出 q_l 与($T_U - T_S$)之间的关系。其中 T_U 是燃料芯块外表面温度,T_S 是包壳外表面温度。

4 - 4   试计算堆芯内中子通量为 10^{13} cm^{-2}·s^{-1} 处燃料元件内的体积释热率。堆芯内所含燃料为富集度 3% 的 UO$_2$,慢化剂为 D$_2$O,其温度为 260 ℃,假设中子是全部热能化的,在整个中子能谱范围内都适用 $1/v$ 定律。

4 - 5   试推导半径为 R、高度为 H,包含 n 根垂直燃料元件的圆柱形堆芯的总释热功率 Q_t 的方程。

4 - 6   某圆柱形非均匀热中子堆,燃料是富集度为 3% 的 UO$_2$,慢化剂为水,堆芯内装有 1 万根燃料元件。堆中心最大的热中子通量 $\Phi_{\max} = 10^{13}$ cm^{-2}·s^{-1},慢化剂的平均温度为 260 ℃,燃料芯块的直径为 12 mm,堆芯高度为 3.2 m,试计算堆芯的总释热功率。

4 - 7   有一板状燃料元件,芯块由 UO$_2$ 制成,厚度为 1 mm,铀的富集度为 10%,包壳用 0.5 mm 厚的铝制成。元件两边用 40 ℃ 的水冷却,对流传热系数 h_f = 40 000 W/(m^2·K),试求元件在稳态下的径向温度分布(设间隙热阻可以忽略)。铝的热导率 κ_{Al} = 221.5 W/(m·K);$\sigma_f = 520 \times 10^{-24}$ cm^2;中子通量 $\Phi = 5 \times 10^{-12}$ cm^{-2}·s^{-1}。

4 - 8   某压力壳型水堆(圆柱形堆芯)中的某根燃料元件,其芯块直径 d_U = 8.8 mm,燃料元件外径 d_o = 10 mm,包壳厚度为 0.5 mm,最大线功率 $q_l(0) = 4.2 \times 10^4$ W/m,冷却剂进口温度 $T_{f,in}$ = 245 ℃,冷却剂出口温度 $T_{f,out}$ = 267 ℃,堆芯高度 $L_R = L_{Re}$ = 2.6 m,冷却该燃料元件的冷却剂流量 M_1 = 1 200 kg/h,冷却剂与元件壁面间的传热系数 $\bar{h}_f = 2.7 \times 10^4$ W/(m^2·K)。在芯块与包壳之间充气体。试求燃料元件轴向 z = 650 mm 处(轴向坐标的原点取在元件的半高度处)的燃料中心温度。设包壳热导率 κ_c = 20 W/(m·K),气体的热导率 κ_g = 0.23 W/(m·K),芯块热导率 κ_U = 2.1 W/(m·K)。

4 - 9   某反应堆采用板状元件,包壳材料为 1Cr18Ni9Ti,包壳厚 1.5 mm。包壳外表面为 300 ℃。热点处包壳的表面热流密度 5.53×10^5 W/m^2。试求包壳内外表面间的温差。若包壳改用锆 - 2 合金,这时包壳内外表面间的温差又是多少?

4 - 10   压力壳型水堆燃料(UO$_2$)元件外径 d_o = 10.45 mm,芯块直径 d_U = 9.53 mm,包壳材料为 1Cr18Ni9Ti,厚度为 0.41 mm。满功率时,热点处包壳与芯块刚好接触,接触压力为零,热点处包壳外表面温度 T_S = 342 ℃,包壳外表面热流密度 $q = 1.395 \times 10^6$ W/m^2。试求热点处芯块的中心温度。

4 - 11   某压水堆的棒束状燃料组件为纵向流过的水所冷却,若在元件沿高度(纵向)方向的某一个小的间隔内冷却水的平均温度为 T_f = 300 ℃,水的平均流速 W = 4 m/s,$q = 1.74 \times 10^6$ W/m^2,堆的运行压力为 14.7 MPa。试求该小间隔内的平均对流放热系数及元件壁面的平均温度。元件的外径为 9.8 mm,栅距为 12.5 mm,呈正方形栅格排列。

4 - 12   某压力壳型动力水堆,为使压力壳不致受到过大的辐照,在压力壳的内壁与堆芯之间放置了数层钢制的热屏蔽,其中有一层热屏蔽厚度为 6 cm,它的内外两个表面的温度均保持在 280 ℃,试算出该热屏蔽在受到 10^{14} cm^{-2}·s^{-1} γ 射线的辐照下(γ 光子能量为 3 MeV)热屏蔽中的最大温度及其所产生的位置。设钢的热导率为 40 W/(m·K),吸收系数 μ 为 0.27 cm^{-1}。

参 考 文 献

［1］邬国伟. 核反应堆工程设计［M］. 北京:原子能出版社,1997.

［2］任功祖. 动力反应堆热工水力分析［M］. 北京:原子能出版社,1982.

［3］于平安,朱瑞安,喻真烷,等. 核反应堆热工分析［M］. 北京:原子能出版社,1981.

［4］WEISMAN J. Elements of nuclear reactor design［M］. Amsterdam-Oxford-New York: Elsevier Scientific Publishing Company,1977.

［5］韦基尔. 核反应堆热工学［M］. 北京:原子能出版社,1977.

［6］汤烺孙,韦斯曼. 压水反应堆热工分析［M］. 北京:原子能出版社,1983.

［7］SHIGABUMI A. Current liquid metal heat transfer research in japan［M］. Pregress in Heat and Mass Transfer,Royal Aeronautical Society,1973.

［8］徐济鋆. 沸腾传热和气液两相流［M］. 北京:原子能出版社,2001.

［9］SAHA P,ZUBER N. Point of net vapor generation and vapor volumetric steam content with subcooled boiling［J］. Teloenerge tika 1970,17(12).

［10］ COLLIER J G,THOME J R. Covective boiling and Condensation［M］.3rd ed. Oxford:Charedon Press. 1994.

［11］TONG L S. Boiling Heat Transfer and Two-phase flow［M］. Publishing Office Taylor & Franis,1997.

［12］赵兆颐,朱瑞安. 反应堆热工流体力学［M］. 北京:清华大学出版社,1992.

第5章 核反应堆流体力学

5.1 冷却剂单相流动

反应堆堆芯内燃料释放出的热量要由冷却剂带出堆外。堆芯内燃料允许的释热率与冷却剂的流动特性密切相关,例如,当冷却剂的流速提高时,相应的对流换热系数就会提高,燃料的释热率也可能随之提高。但流速提高后,通道的流动阻力增加,带来的结果是冷却剂泵的功率需要加大。因此,在反应堆热工分析中,不仅要弄清堆芯内的传热问题,还要弄清与堆内冷却剂流动有关的流体力学问题。这样,才能使反应堆的设计具有先进性。

反应堆稳态水力计算一般包括以下内容:

① 冷却剂的压降计算　冷却剂流经反应堆的沿程阻力损失和局部阻力损失都是压降的计算内容。通过堆芯压降的计算,可以确定冷却剂通道内的流量和焓升。通过堆芯设计计算,使各通道的焓升与冷却剂流量相匹配,以保证最大限度地输出堆内的释热量。通过回路系统的水力计算,可以确定一回路系统的管路及部件的尺寸,确定冷却剂泵的功率。

② 自然循环的计算　反应堆自然循环能力的提高,对提高反应堆的安全性有很大影响,目前各国的反应堆设计者都为提高反应堆的自然循环能力寻求新的方法。对于船用反应堆,提高其自然循环的能力更有特殊的意义,它不但可以提高核动力的安全性,还可以降低核动力装置的噪音。自然循环过程中流动阻力的计算、自然循环流量的确定等,都需要水力计算来完成。

③ 流动不稳定性的确定　在反应堆堆芯内,冷却剂被加热并可能产生两相流动,因此会出现流量漂移或流动振荡等流动不稳定性问题。这些流动不稳定性对反应堆的安全有很大影响。通过水力计算,可以确定堆芯通道内的流动特性,从而确定出改善和消除流动不稳定性的方法。

5.1.1 单相流基本方程

在反应堆的水力计算中,经常遇到的流动计算问题属于一维流动问题。流动参数基本上都可以根据一维的流动方程求解,或者将两维或者三维的问题简化为一维的问题。下面介绍常用的单相流体的一维流动基本方程。

5.1.1.1 质量守恒方程

在流体通道内取出一个微元体,该微元体的长度为 dz,与水平面的夹角为 θ,进口截面积为 A,流体速度为 W,密度为 ρ,压力为 p;流过 dz 长度后,出口截面积为 $[A + (dA/dz)dz]$,流体的速度为 $[W + (dW/dz)dz]$,密度为 $[\rho + (d\rho/dz)dz]$,压力为 $[p + (dp/dz)dz]$。在无源和稳态流动情况下,根据质量守恒定律,可得

$$\rho WA = (\rho + \mathrm{d}\rho)(W + \mathrm{d}W)(A + \mathrm{d}A) \tag{5-1}$$

将上式展开,略去微分的乘积项,得

$$\rho W\mathrm{d}A + \rho A\mathrm{d}W + WA\mathrm{d}\rho = 0 \tag{5-2}$$

由上式得到

$$\mathrm{d}(\rho WA) = 0 \tag{5-3}$$

如果流体通道的流通截面不变,有

$$\rho W = G = 常数 \tag{5-4}$$

5.1.1.2　动量守恒方程

在流体通道内取出一个微元体,作用于该微元上的力的变化等于动量的变化率,根据这一原理,有

$$[pA - (p + \mathrm{d}p)(A + \mathrm{d}A)] - \tau P_h \mathrm{d}z - \rho A\mathrm{d}zg\sin\theta = \rho WA[(W + \mathrm{d}W) - W] \tag{5-5}$$

将上式展开,略去微分的乘积项,得

$$- \mathrm{d}(pA) - \tau P_h \mathrm{d}z - \rho Ag\sin\theta\mathrm{d}z = \rho WA\mathrm{d}W \tag{5-6}$$

如果流道的流通截面不变,有

$$-\frac{\mathrm{d}p}{\mathrm{d}z} = \frac{P_h}{A}\tau + \rho g\sin\theta + G\frac{\mathrm{d}W}{\mathrm{d}z} \tag{5-7}$$

式中,P_h 为微元体的周界长度。

5.1.1.3　能量守恒方程

由能量守恒原理,不考虑微元体对外做功,可得出以下的能量守恒方程:

$$\mathrm{d}(pv) + \mathrm{d}U + \mathrm{d}\left(\frac{1}{2}W^2\right) + \mathrm{d}(zg\sin\theta) = \mathrm{d}Q \tag{5-8}$$

式中,$\mathrm{d}U$ 是内能的变化,可写成 $\mathrm{d}U = \mathrm{d}Q + \mathrm{d}F - p\mathrm{d}v$;$\mathrm{d}F$ 是不可逆摩擦损失。以上的能量方程变为

$$v\mathrm{d}p + W\mathrm{d}W + g\sin\theta\mathrm{d}z + \mathrm{d}F = 0 \tag{5-9}$$

或写成

$$-\frac{\mathrm{d}p}{\mathrm{d}z} = \rho\frac{\mathrm{d}F}{\mathrm{d}z} + \rho g\sin\theta + G\frac{\mathrm{d}W}{\mathrm{d}z} \tag{5-10}$$

方程(5-7)和方程(5-10)应该是相等的,因此有 $(P_h/A)\tau = \rho(\mathrm{d}F/\mathrm{d}z)$,方程(5-7)和方程(5-10)也可以表示成以下形式:

$$-\frac{\mathrm{d}p}{\mathrm{d}z} = \frac{\mathrm{d}F}{\mathrm{d}z} + \rho g\sin\theta + G\frac{\mathrm{d}W}{\mathrm{d}z} = \frac{\mathrm{d}p_f}{\mathrm{d}z} + \frac{\mathrm{d}p_{l,e}}{\mathrm{d}z} + \frac{\mathrm{d}p_a}{\mathrm{d}z} \tag{5-11}$$

5.1.2　单相流沿程阻力计算

当流体通过一个管路系统时,1 和 2 两个截面之间的总压降可写成如下形式:

$$\Delta p = p_1 - p_2 = \Delta p_{l,e} + \Delta p_a + \Delta p_f + \Delta p_c \tag{5-12}$$

式中　$\Delta p_{l,e}$——重位压降,表示流体由截面 1 流至截面 2 时由于位置变化而引起的压力变化;

Δp_a——加速压降,表示由于流体速度变化引起的静压力变化,例如流体密度的变化

和流通截面的变化引起的速度变化等；

Δp_f——摩擦压降，也称沿程阻力；

Δp_c——局部压降。

5.1.2.1　重位压降

重位压降是流体在流动过程中位置发生变化引起的，因此只有当计算的两个截面之间有一定的垂直高度差时才会出现。水平管无重位压降。重位压降一般的表达式为

$$\Delta p_{l,e} = \int_{z_1}^{z_2} \rho g \sin \theta \, dz \qquad (5-13)$$

式中，θ 为流动方向与水平面的夹角，对于垂直管 $\sin \theta = 1$；对于单相水，不沸腾时密度变化不大，可用平均值表示，重位压降可写成

$$\Delta p_{l,e} = \bar{\rho} g (z_2 - z_1) \qquad (5-14)$$

5.1.2.2　加速压降

在直管段，加速压降主要是由流体密度变化引起的，其表达式为

$$\Delta p_a = \int_{W_1}^{W_2} \rho W \, dW = G(W_2 - W_1) \qquad (5-15)$$

式中，$\rho W = G$，为质量流速，在通道中为常数。式（5-15）也可以写成

$$\Delta p_a = G\left(\frac{\rho_2 W_2}{\rho_2} - \frac{\rho_1 W_1}{\rho_1}\right) = G^2\left(\frac{1}{\rho_2} - \frac{1}{\rho_1}\right) = G^2(v_2 - v_1) \qquad (5-16)$$

式中　ρ_1, ρ_2——分别为 1 和 2 两截面上的流体密度，kg/m³；

v_1, v_2——分别为 1 和 2 两截面上的流体比体积，m³/kg。

5.1.2.3　摩擦压降

单相流的摩擦压降通常采用以下的达西（Darcy）公式来计算：

$$\Delta p_f = f \frac{L}{D_e} \frac{\rho W^2}{2} \qquad (5-17)$$

用达西公式计算摩擦压降的关键在于摩擦系数 f 的计算。根据流道情况和流动状态，f 可由不同的公式计算。

1. 等温流动的摩擦系数

壁面无加热的流动称等温流动，其流动阻力系数由下列关系式计算。

（1）圆形通道

层流状态的摩擦系数

$$f = 64/Re = 64/(D_e W \rho / \mu) \qquad (5-18)$$

适用的雷诺数范围：$Re < 2\,300$。

在湍流流动状态下，采用麦克亚当斯公式

$$f = \frac{0.184}{Re^{0.2}} \qquad (5-19)$$

或 Blausius 关系式

$$f = \frac{0.316\,4}{Re^{0.25}} \qquad (5-20)$$

适用的雷诺数范围:$4\,000 < Re \leqslant 10^5$。

（2）非圆形通道

非圆形通道的摩擦压降计算,一般采用与圆管压降同样的公式,只是用通道的当量直径代替圆管直径。对于棒束情况,当元件棒的中心距（节距）P' 与棒径 d 之比（P'/d）小于 1.1 或大于 2 时,棒束的摩擦阻力系数与圆管的摩擦阻力系数有较大差别。在这种情况下,摩擦阻力系数不仅与雷诺数有关,还与栅格的排列形式及（P'/d）值有关。湍流状态棒束的摩擦阻力系数 f_b 可由下式计算

$$f_b = f\left[1 + a(P'/d)^{4/3}\right](0.58 + 0.42\mathrm{e}^{-b}) \tag{5-21}$$

式中,f 是用圆管公式计算的摩擦系数;a 和 b 为常数,对于正方形排列的管束

$$a = 0.116\,6$$

$$b = \frac{740.3 \times 10^{-6}(P'/d)^3\left[1.273(P'/d)^2 - 1\right]^{3/4}}{\left[1.122(P'/d) - 1\right]^{9/2}}$$

对于三角形排列

$$a = 0.106\,6$$

$$b = \frac{28.45 \times 10^{-6}(P'/d)^3\left[1.102(P'/d)^2 - 1\right]^{3/4}}{\left[1.044(P'/d) - 1\right]^{9/2}}$$

2. 非等温流动的摩擦系数

前面介绍的都是不加热情况下摩擦阻力系数的计算,反应堆中冷却剂是处在加热状态下。这种情况下流体温度和壁面温度都沿流动方向变化,沿横截面上也有温度差。在计算这种情况的摩擦阻力系数时,轴向温度的定性值采用以下的进出口平均温度

$$\overline{T}_f = \frac{T_{f,in} + T_{f,out}}{2} \tag{5-22}$$

在确定流体参数（如 μ_f）时,可采用以上的平均温度。非等温流动时的阻力系数可由下式给出:

$$f_{no} = f(\mu_S/\mu_f)^n \tag{5-23}$$

对压力为 $10.34 \sim 13.79$ MPa 时的水,$n = 0.6$。

非等温流动时的阻力系数的另一种计算方法为

$$f_{no} = fC_1(1 - 0.004\,5\theta^*)\left\{1 + C_2\left[(24.13 - p)/10.346\right](10^6/G)^{2/3}\varPsi\right\} \tag{5-24}$$

式中　　C_1, C_2——实验常数,$C_1 = 1.05$,$C_2 = 0.011$;

　　　　θ^*——欠热沸腾时的膜温压,由下式给出:

$$\theta^* = T_S - T_f + 25\left(\frac{q}{10^6}\right)\exp\left(\frac{-p}{6.2}\right)$$

$$\varPsi = 1 - \frac{\theta^*}{0.76(T_S - T_f)}$$

式（5-24）的适用范围:$p \geqslant 13.02$ MPa;入口温度 $T_{in} = 205 \sim 330$ ℃;$G = 0.94 \times 10^3 \sim 6.8 \times 10^3$ kg/(m²·s);平均热流密度 $q = 0 \sim 3.6 \times 10^6$ W/m²。

气体非等温流动时的摩擦系数可由下式表示:

$$f_{no} = \left(0.002\,8 + \frac{0.25}{Re_S^{0.32}}\right)\left(\frac{T_f}{T_S}\right)^{0.5} \tag{5-25}$$

式中,Re_S 为修正雷诺数,计算 Re_S 时按主流温度计算密度,按流道表面温度计算黏度。

3. 通道进口长度对摩擦系数的影响

前面所讲摩擦系数的计算式都是稳定段的,在入口段,由于流体的流动还未定型,使用以上关系式计算摩擦系数误差较大。入口段的摩擦系数比定型流动的阻力系数大,这是由于入口处速度分布是均匀的,故边界层处的速度梯度大,导致流体与壁面的剪切力大。计算时这一段可用特殊的计算公式,其长度与管的直径有关,直径越大,影响的长度也就越大;还与流动状态有关,层流时,入口段长度 $L_e = 0.028\,8DRe$,湍流时,$L_e = 40D$。

5.1.3 局部压降

在反应堆中,产生局部压降的部位有很多,例如,压力容器的进出口、各处的弯头、定位格架等。当流体通过这些局部阻力件时,产生的压降主要取决于局部区段的几何形状变化。局部压降的计算主要是局部阻力系数的计算,而局部阻力系数往往由实验来确定。局部压降公式的通常形式为

$$\Delta p_c = K\frac{\rho W^2}{2} \tag{5-26}$$

式中,K 为局部阻力系数,一些典型的部件局部阻力系数可以在相关的文献中查出。

5.1.3.1 突扩接口的局部阻力

通道突然扩大时的流动状况如图 5-1 所示。在压降的计算式中一般忽略高度变化和摩擦阻力,1 和 2 两截面之间的压差计算公式可写成

$$p_1 - p_2 = \frac{\rho}{2}(W_2^2 - W_1^2) + \Delta p_{c,e} \tag{5-27}$$

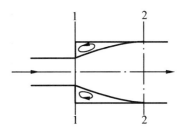

图 5-1 通道突然扩大

式中,$\Delta p_{c,e}$ 为形阻压降。等式右端第一项为通过突扩接口的速度变化引起的压降。假设 p_1 的作用面积是 A_1,p_2 的作用面积是 A_2;同时 1-1 面上壁面对流体的压力也是 p_1。由动量守恒方程,可得以下关系:

$$p_1A_1 + p_1(A_2 - A_1) - p_2A_2 = (p_1 - p_2)A_2 = M(W_2 - W_1) = \rho(W_2^2 - W_1W_2)A_2 \tag{5-28}$$

由式(5-27)和式(5-28)得

$$\Delta p_{c,e} = \left(1 - \frac{A_1}{A_2}\right)^2 \frac{\rho W_1^2}{2} = K_e\frac{\rho W_1^2}{2} \tag{5-29}$$

式中,$K_e = \left(1 - \dfrac{A_1}{A_2}\right)^2$ 为突扩接口形阻系数。

由连续方程,$A_1W_1 = A_2W_2 = $ 常数, 代入式(5-27),得

$$p_1 - p_2 = \frac{\rho}{2}(W_2^2 - W_1^2) + \Delta p_{c,e} = \frac{\rho}{2}\left(\frac{A_2^2W_2^2}{A_2^2} - \frac{A_1^2W_1^2}{A_1^2}\right) + \Delta p_{c,e}$$

$$= \frac{\rho}{2}W_1^2\left[\left(\frac{A_1}{A_2}\right)^2 - 1\right] + \left(1 - \frac{A_1}{A_2}\right)^2\frac{\rho W_1^2}{2}$$

$$= \frac{\rho}{2}W_1^2 \cdot 2\Big[\Big(\frac{A_1}{A_2}\Big)^2 - \frac{A_1}{A_2}\Big]$$

$$= \Big[\Big(\frac{1}{A_2}\Big)^2 - \frac{1}{A_1 A_2}\Big]A_1^2 W_1^2 \rho \tag{5-30}$$

由连续方程 $AW\rho = M$ 得

$$p_1 - p_2 = \Big[\Big(\frac{1}{A_2}\Big)^2 - \frac{1}{A_1 A_2}\Big]\frac{M^2}{\rho} \tag{5-31}$$

由于 $A_1 < A_2$,故方程右端为负值,说明 $p_1 < p_2$, 通过这样的扩口产生一个压力升高,这是由于流速降低动能变成压力能所造成的。

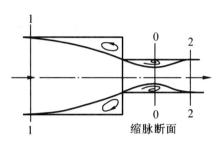

图 5-2　通道突然缩小

5.1.3.2　突缩接口的局部阻力

通道截面突然缩小的流动情况如图 5-2 所示。从图中可以看出,在缩口断面后,流线的断面先缩小到 A_0(缩脉断面),然后再扩大到面积 A_2。截面突然缩小的形阻压降是流体从界面 A_1 收缩到 A_0,然后再扩大到 A_2 时所产生的。截面 1 和 2 之间的压差可以写成

$$p_1 - p_2 = \frac{\rho}{2}(W_2^2 - W_1^2) + \Delta p_{c,e} \tag{5-32}$$

$$\Delta p_{c,e} = K_e \frac{\rho W_2^2}{2} = a\Big[1 - \Big(\frac{A_2}{A_1}\Big)^2\Big]\frac{\rho W_2^2}{2} \tag{5-33}$$

式中,a 是无因次系数,取 $a = 0.4 \sim 0.5$。

$$p_1 - p_2 = \frac{\rho}{2}(W_2^2 - W_1^2) + a\Big[1 - \Big(\frac{A_2}{A_1}\Big)^2\Big]\frac{\rho W_2^2}{2}$$

$$= \frac{\rho}{2}\Big\{\Big(\frac{A_2^2 W_2^2}{A_2^2} - \frac{W_1^2 A_1^2}{A_1^2}\Big) + a\Big[1 - \Big(\frac{A_2}{A_1}\Big)^2\Big]W_2^2\Big\}$$

$$= 0.7\rho W_2^2\Big[1 - \Big(\frac{A_2}{A_1}\Big)^2\Big] = 0.7\rho W_2^2 A_2^2\Big(\frac{1}{A_2^2} - \frac{1}{A_1^2}\Big) \tag{5-34}$$

上式计算中取 $a = 0.4$,根据连续方程 $M = A_1 W_1 \rho = A_2 W_2 \rho$,上式简化为

$$p_1 - p_2 = 0.7\Big(\frac{1}{A_2^2} - \frac{1}{A_1^2}\Big)\frac{M^2}{\rho} \tag{5-35}$$

由于 $A_2 < A_1$,$(p_1 - p_2)$ 为正值,因此流过突缩截面引起静压力降低。

5.1.3.3　定位格架的局部阻力

目前电站压水堆所用的定位格架大多是蜂窝状的,影响这一局部阻力的因素较多,其局部压降的计算式都是经验公式。一般采用的公式为

$$\Delta p_{gd} = K_s \psi^2 \frac{\rho W_b^2}{2} = K_{gd} \frac{\rho W_b^2}{2} \tag{5-36}$$

式中　K_s——定位架的形阻系数,可由图 5-3 查得;

　　　ψ——定位架的投影面积与棒束中的自由流通截面之比;

W_b——棒束中的平均流速；

K_{gd}——定位格架的阻力系数，$K_{gd} = K_s\psi^2$。

图 5 – 3 中的 Re_b 是棒束内流体的雷诺数，由下式给出

$$Re_b = \rho W_b D_e / \mu \tag{5 – 37}$$

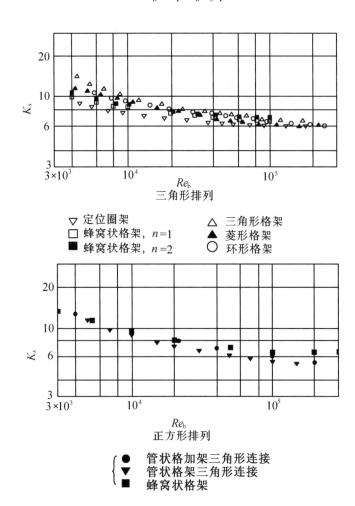

三角形排列

▽ 定位圈架   △ 三角形格架
□ 蜂窝状格架，$n=1$ ▲ 菱形格架
■ 蜂窝状格架，$n=2$ ○ 环形格架

正方形排列

● 管状格加架三角形连接
▼ 管状格架三角形连接
■ 蜂窝状格架

图 5 – 3   定位格架的形阻系数

5.2   气 – 水 两 相 流

5.2.1   两相流的基本概念和基本参数

在反应堆内,水被加热产生沸腾,形成两相流动。这一过程中的许多两相流动特征,如流动不稳定性、空泡的分布特性、阻力特性等,对水冷核反应堆的工作过程都有重要影响。气体和液体都是流体,当它们单独流动时,其流动规律基本相同。但是,它们共同流动时与单独流动时有

许多不同之处。这使得单相流中的许多准则和关系式不能直接用来描述两相流。

在气 - 液两相流动中,两相介质都是流体,各自都有相应的流动参数。另外,由于两相介质之间的相互作用,还出现了一些相互关联的参数。为了便于两相流动计算和实验数据的处理,还常常使用折算参数(或称虚拟参数)。这使得两相流的参数比单相流复杂得多。下面就两相流中的一些主要参数予以讨论,并给出计算关系式。

5.2.1.1 气相介质含量

气相介质含量,表示两相流中气相所占的份额,它有以下几种表示方法。

1. 质量含气率 x

质量含气率是指单位时间内,流过通道某一截面的两相流体总质量 M 中气相所占的份额。

$$x = \frac{M''}{M} = \frac{M''}{M'' + M'} \qquad (5 - 38)$$

式中,M'' 和 M' 分别表示气相和液相的质量流量,单位为 kg/s。

2. 热力学含气率 x_e

在有热量输入的两相流系统中,经常使用热力学含气率的概念。热力学含气率在有些文献中也称热平衡含气率,它是由热平衡方程定义的含气率,可根据加入通道的热量算出气相的含量。由热平衡方程

$$H = H' + H_{fg}x_e \qquad (5 - 39)$$

式中 H—— 流道某截面上两相流体的焓值;

H'—— 饱和水的焓值;

H_{fg}—— 汽化潜热。

则
$$x_e = \frac{H - H'}{H_{fg}} \qquad (5 - 40)$$

在欠热沸腾的情况下,两相流体的焓 H 小于饱和水的焓 H',x_e 小于 0。对于过热蒸汽,$H > H''$,此时 x_e 大于 1。因此热力学含气率可以小于 0,也可以大于 1,这是它与质量含气率的主要差别。

3. 容积含气率 β

容积含气率是指单位时间内,流过通道某一截面的两相流总容积中,气相所占的容积份额。其表达式为

$$\beta = \frac{V''}{V} = \frac{V''}{V' + V''} \qquad (5 - 41)$$

式中,V'' 和 V' 分别表示气相和液相介质的容积流量。

根据定义可以导出质量含气率 x 与 β 的关系

$$\beta = \frac{\dfrac{x}{\rho''}}{\dfrac{x}{\rho''} + \dfrac{1 - x}{\rho'}} \qquad (5 - 42)$$

式中,ρ'' 和 ρ' 分别表示气相和液相流体的密度。

4. 截面含气率 α

截面含气率也称空泡份额,是指两相流中某一截面上,气相所占截面与总流道截面之比。其表达式为

$$\alpha = \frac{A''}{A} = \frac{A''}{A' + A''} \qquad (5 - 43)$$

式中,A'' 和 A' 分别为气相和液相所占的流道截面积。

根据以上定义可以看出,β 表示流过通道的气相容积份额,而 α 则表示存在于流道中的气相容积份额,两者的意义是不同的。这一点可以由 β 和 α 的定义直接导出。

$$\beta = \frac{\dfrac{M''}{\rho''}}{\dfrac{M''}{\rho''} + \dfrac{M'}{\rho'}} = \frac{1}{1 + \dfrac{1-x}{x} \cdot \dfrac{\rho''}{\rho'}} \qquad (5-44)$$

而

$$\alpha = \frac{A''}{A'' + A'} = \frac{1}{1 + \dfrac{1-x}{x} \cdot \dfrac{\rho''W''}{\rho'W'}} \qquad (5-45)$$

式中,W'' 和 W' 分别表示气相和液相的流速。比较式(5-44)、式(5-45)可以看出,如果两相流体中气相速度 W'' 等于液相速度 W',亦即两相之间没有相对滑动时,则 α 等于 β 值。

在两相流通道中求出 x 后,可利用式(5-42)很容易求出相应的 β 值。但是,截面含气率 α 的计算涉及气液两相真实速度的比值 W''/W',这就给 α 的计算带来很多困难。

5.2.1.2　两相流的流量和流速

两相流的流量和流速的表达形式较多,各相的流量和流速、两相混合物的流量和流速,还定义了一些折算流量和流速。这使得两相流的流量和流速的表达形式很复杂,容易混淆,下面分别给出一些主要的定义和表达式。

1. 质量流量和质量流速

两相流的总质量流量为 M,它表示单位时间流过某一流道横截面的气-液混合物的总质量,单位为 kg/s。每一相的质量流量与总质量流量的关系为

$$M = M' + M'' \qquad (5-46)$$

流道单位截面通过的质量流量,称为质量流速,或质量流密度,单位为 kg/($m^2 \cdot s$),用 G 表示

$$G = \frac{M}{A} \qquad (5-47)$$

2. 容积流量和折算速度

(1) 容积流量

两相流的总容积流量 V,定义为单位时间内流经通道任一流通截面的气-液混合物的总容积,单位为 m^3/s。总容积流量为每一相容积流量之和

$$V = V' + V'' \qquad (5-48)$$

式中

$$V' = \frac{M'}{\rho'} \qquad (5-49)$$

$$V'' = \frac{M''}{\rho''} \qquad (5-50)$$

(2) 折算速度

折算速度 j 又称容积流密度,定义为每单位流道截面上的两相流容积流量,单位为 m/s,它也表示两相流的平均速度。

$$j = \frac{V}{A} = \frac{V' + V''}{A} = j_g + j_l \qquad (5-51)$$

$j_g = V''/A$,称为气相折算速度,它的意义是假定两相介质中的气相单独流过同一通道时的速度。$j_1 = V'/A$,称为液相折算速度,它表示两相介质中的液相单独流过同一通道时的速度。由折算速度的定义

$$j_1 = \frac{V'}{A} = \frac{V'}{A'}(1 - \alpha) \tag{5-52}$$

同样

$$j_g = \frac{V''}{A} = \frac{V''}{A''}\alpha = \alpha W'' \tag{5-53}$$

3. 漂移速度和漂移通量

在解决两相流动问题时,经常要用到漂移速度和漂移通量的概念。漂移速度是指各相的真实速度与两相混合物平均速度的差值。气相漂移速度为

$$W_{gm} = W'' - j \tag{5-54}$$

式中,j 表示两相混合物的平均速度。液相漂移速度为

$$W_{lm} = W' - j \tag{5-55}$$

漂移通量表示各相相对于平均速度 j 运动的截面所流过的体积通量。气相漂移通量为

$$j_{gm} = \frac{A''}{A}(W'' - j) = j_g - \alpha j \tag{5-56}$$

液相漂移通量为

$$j_{lm} = (1 - \alpha)(W' - j) = j_1 - (1 - \alpha)j = \alpha j - j_g \tag{5-57}$$

4. 循环速度

循环速度是指与两相混合物总质量流量 M 相等的液相介质流过同一截面时的速度。根据质量守恒原理,入口为欠热水或饱和水的沸腾通道,进口处水的质量流量等于气-液混合物的质量流量。因此,对于这样的等截面通道,循环速度在数值上等于通道入口处的水速。由定义可得

$$W_0 = \frac{M'' + M'}{\rho'A} = \frac{\rho''V''}{\rho'A} + \frac{V'}{A} = \frac{\rho''}{\rho'}j_g + j_1 \tag{5-58}$$

于是有

$$j = j_1 + j_g = W_0 + (1 - \frac{\rho''}{\rho'})j_g \tag{5-59}$$

5. 滑速比

气体的速度与液体的速度之比称为滑速比,其计算式为

$$S = \frac{W''}{W'} = \frac{\dfrac{(\rho W)x}{\rho''\alpha}}{\dfrac{(\rho W)(1-x)}{\rho'(1-\alpha)}} = \left(\frac{x}{1-x}\right)\left(\frac{\rho'}{\rho''}\right)\left(\frac{1-\alpha}{\alpha}\right) \tag{5-60}$$

影响 S 值的因素非常多,无法直接从流动参数计算来确定 S,目前多是根据实验得到的经验公式来确定。当两相流体垂直上升流动时,由于浮力的作用,使 $W'' > W'$,则 $\beta > \alpha$;下降流动时一般 $W'' < W'$,则 $\alpha > \beta$。

5.2.1.3　两相介质密度

根据气、液两相介质经过流道的流动情况和在流道中存在的情况,两相介质密度有以下两种表示方法。

1. 两相介质的流动密度 ρ_m

两相介质的流动密度 ρ_m,是指单位时间内,流过流道某一截面的两相介质质量和体积之比。

$$\rho_m = \frac{M}{V} = \frac{M}{Aj} = \frac{\dfrac{M}{A}}{W_0 + \left(1 - \dfrac{\rho''}{\rho'}\right)j_g} = \frac{\rho'}{1 + \left(1 - \dfrac{\rho''}{\rho'}\right)\dfrac{j_g}{W_0}} \qquad (5-61)$$

还可以写成

$$\rho_m = \frac{M}{V} = \frac{V''\rho'' + V'\rho'}{V} = \beta\rho'' + (1 - \beta)\rho' \qquad (5-62)$$

流动密度是用流过通道某一截面的两相介质的质量与体积之比得到的,它反映了两相介质在流动中的密度。流动密度与两相介质的流动参数直接相关,所以常用来计算两相介质在流动过程中的压降和其他一些问题。

2. 两相介质的真实密度 ρ_0

两相介质的真实密度是根据密度的定义(即单位体积内两相介质的质量)而得到的,它反映了存在于流道中的两相介质的实际密度,用它可以计算存在于流道当中两相介质的质量。

在绝热的两相流通道中取微小长度 ΔL,则在该微小长度中流道的体积为 $A\Delta L$,在这段管长中两相介质的质量为

$$\rho''A''\Delta L + \rho'A'\Delta L = \rho''\alpha A\Delta L + \rho'(1 - \alpha)A\Delta L \qquad (5-63)$$

真实密度

$$\rho_0 = \frac{\rho''\alpha A\Delta L + \rho'(1 - \alpha)A\Delta L}{A\Delta L} = \alpha\rho'' + (1 - \alpha)\rho' \qquad (5-64)$$

5.2.2 两相流的基本方程

与单相流相比,两相流不仅变量多,而且变量之间的关系复杂。在两相流场中,某时间域内,空间任一位置上表现出不均匀性、不连续性及不确定性。尽管如此,原则上仍可以运用流体力学的基本分析方法建立分析两相流动的计算关系。从现有的两相流计算方法看,可以大致分为两大类:一类为简化模型分析法;另一类为数学解析模型分析法。

简化模型分析法是一种工程实用模型分析法,与实验或经验值有密切关系,根据实验观察或实验结果分析,提出两相流动体系的简化物理模型。下面主要讨论简化模型分析法。

5.2.2.1 分相流模型—元流动的基本方程

分相流模型是把两相流看成分开的两股流体流动,把两相分别按单相流处理并计入两相之间的相互作用,然后将各相的方程加以合并。这种处理两相流的方法通常称为分相流动模型。这种模型适用于层状流型、波状流型和环状流型等。

1. 连续方程

根据图 5-4,对各相列出连续方程:

气相

$$\frac{\partial(\rho''\alpha A)}{\partial t} + \frac{\partial(\rho''W''\alpha A)}{\partial z} = \delta m \qquad (5-65)$$

液相

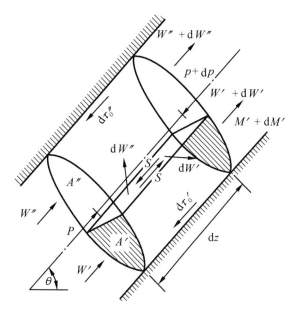

图 5 - 4　微元管段的两相流简化模型

$$\frac{\partial[\rho'(1-\alpha)A]}{\partial t} + \frac{\partial[\rho'W'(1-\alpha)A]}{\partial z} = -\delta m \tag{5-66}$$

将上列两式同单相流的连续方程对比后可看出,两相流中各相的连续方程中多了一项 δm。δm 表示在控制体内单位长度的相间质量交换率。若两相流中无相变,则 $\delta m = 0$。

将上两式相加,即得两相混合物的连续方程

$$\frac{\partial(\rho A)}{\partial t} + \frac{\partial(GA)}{\partial z} = 0 \tag{5-67}$$

其中混合物密度为

$$\rho_0 = \rho''\alpha + \rho'(1-\alpha) \tag{5-68}$$

混合物质量流速为

$$G = \frac{M}{A} = \rho''W''\alpha + \rho'W'(1-\alpha) \tag{5-69}$$

稳定流动时

$$M = M' + M'' = \rho''W''\alpha A + \rho'W'(1-\alpha)A = 常数 \tag{5-70}$$

2. 动量方程

液相的动量方程为

$$A(1-\alpha)\frac{\partial p}{\partial z} + \tau_0'P_h' - \tau_i P_{hi} + \rho'g(1-\alpha)A\sin\theta +$$

$$\frac{\partial}{\partial t}[\rho'A(1-\alpha)W'] + \frac{\partial}{\partial z}[\rho'A(1-\alpha)W'^2] + \delta mW_i = 0 \tag{5-71}$$

同单相流动量方程相比,上式多了两项,其中一项 $\tau_i P_{hi}$ 表示气、液间的剪切力,另一项 δmW_i 为两相间的动量交换率。W_i 表示气液界面上的流速。

用管子截面积 A 除全式,即得

$$(1 - \alpha) \frac{\partial p}{\partial z} + \frac{\tau_0' P_h'}{A} - \frac{\tau_i P_{hi}}{A} + \rho' g (1 - \alpha) \sin \theta +$$

$$\frac{\partial}{\partial t} \left[\rho' (1 - \alpha) W' \right] + \frac{1}{A} \frac{\partial}{\partial z} \left[\rho' A (1 - \alpha) W'^2 \right] + \frac{\delta m}{A} W_i = 0 \qquad (5 - 72)$$

同理,可得气相的动量方程

$$\alpha \frac{\partial p}{\partial z} + \frac{\tau'' P_h''}{A} + \frac{\tau_i P_{hi}}{A} + \rho'' g \alpha \sin \theta + \frac{\partial}{\partial t} (\rho'' \alpha W'') +$$

$$\frac{1}{A} \frac{\partial}{\partial z} (\rho'' A \alpha W''^2) - \frac{\delta m}{A} W_i = 0 \qquad (5 - 73)$$

管壁对气 - 液两相流的阻力可定义为

$$\tau_0 P_h = \tau_0' P_h' + \tau_0'' P_h'' \qquad (5 - 74)$$

合并式(5 - 72)和式(5 - 73)即得两相混合物的动量方程

$$\frac{\partial p}{\partial z} + \frac{\tau_0 P_h}{A} + \rho_0 g \sin \theta + \frac{\partial}{\partial t} \left[\rho' (1 - \alpha) W' + \rho'' \alpha W'' \right] +$$

$$\frac{1}{A} \frac{\partial}{\partial z} \{ A [\rho' W'^2 (1 - \alpha) + \rho'' W''^2 \alpha] \} = 0 \qquad (5 - 75)$$

因为

$$\rho' (1 - \alpha) W' = \frac{M'}{A} = \frac{(1 - x) M}{A} = (1 - x) G \qquad (5 - 76)$$

$$\rho'' \alpha W'' = \frac{M''}{A} = \frac{x M}{A} = x G \qquad (5 - 77)$$

把上两式代入式(5 - 75),即得分相流动模型的两相混合物动量方程的另一表达式

$$-\frac{\partial p}{\partial z} = \frac{\tau_0 P_h}{A} + \rho_0 g \sin \theta + \frac{\partial G}{\partial t} + \frac{1}{A} \frac{\partial}{\partial z} \left\{ A G^2 \left[\frac{(1 - x)^2}{\rho' (1 - \alpha)} + \frac{x^2}{\rho'' \alpha} \right] \right\} \qquad (5 - 78)$$

当两相混合物在等直径直圆管中稳定流动时,$\frac{\partial G}{\partial t} = 0$,$A$ 为常数,则动量方程成为

$$-\frac{\mathrm{d} p}{\mathrm{d} z} = \frac{\tau_0 P_h}{A} + \rho_0 g \sin \theta + G^2 \frac{\mathrm{d}}{\mathrm{d} z} \left[\frac{(1 - x)^2}{\rho' (1 - \alpha)} + \frac{x^2}{\rho'' \alpha} \right] \qquad (5 - 79)$$

从上式可看出,压降梯度由三部分组成:摩阻、重位和加速压降梯度,即

$$-\frac{\mathrm{d} p}{\mathrm{d} z} = \frac{\mathrm{d} p_f}{\mathrm{d} z} + \frac{\mathrm{d} p_{l,e}}{\mathrm{d} z} + \frac{\mathrm{d} p_a}{\mathrm{d} z} \qquad (5 - 80)$$

3. 能量方程

依照单相流的能量方程,并考虑到两相间的作用,当控制体对外不做功时,两相流中的液相能量方程为

$$\mathrm{d} Q' = \frac{\partial}{\partial t} \left[\rho' A (1 - \alpha) \left(U' + \frac{W'^2}{2} \right) \right] \mathrm{d} z + \frac{\partial}{\partial z} \left[\rho' A (1 - \alpha) W' \left(U' + \frac{W'^2}{2} \right) \right] \mathrm{d} z +$$

$$\frac{\partial}{\partial z} \left[p A (1 - \alpha) W' \right] \mathrm{d} z + \rho' A (1 - \alpha) W' g \sin \theta \mathrm{d} z -$$

$$\tau_i P_{hi} W_i \mathrm{d} z + \frac{W_i^2}{2} \delta m \mathrm{d} z - q_i P_{hi} \mathrm{d} z \qquad (5 - 81)$$

将上式同单相流能量方程对比后可看出,上式中多了三项,等式右边第五项表示两相间摩

阻力所耗的功,第六项为由于相变引起的能量传递,最后一项为通过两相界面的热量。

同理,气相的能量方程为

$$dQ'' = \frac{\partial}{\partial t}\left[\rho''A\alpha\left(U'' + \frac{W''^2}{2}\right)\right]dz + \frac{\partial}{\partial z}\left[\rho''A\alpha W''\left(U'' + \frac{W''^2}{2}\right)\right]dz +$$

$$\frac{\partial}{\partial z}(pA\alpha W'')dz + \rho''A\alpha W''g\sin\theta dz + \tau_i P_{hi} W_i dz - \frac{W_i^2}{2}\delta mdz + q_i P_{hi}dz \qquad (5-82)$$

以上两式相加即得两相混合物的能量方程

$$dQ = dQ' + dQ'' = \frac{\partial}{\partial t}\left[\rho'A(1-\alpha)\left(U' + \frac{W'^2}{2}\right) + \rho''A\alpha\left(U'' + \frac{W''^2}{2}\right)\right]dz +$$

$$\frac{\partial}{\partial z}\left[\rho'A(1-\alpha)W'\left(U' + \frac{W'^2}{2}\right) + \rho''A\alpha W''\left(U'' + \frac{W''^2}{2}\right)\right]dz +$$

$$\frac{\partial}{\partial z}\{p[A(1-\alpha)W' + A\alpha W'']\}dz + g\sin\theta[\rho'(1-\alpha)AW' + \rho''\alpha AW'']dz$$

$$(5-83)$$

考虑到关系式(5-76)和式(5-77),以及 $v_m = v'(1-x) + v''x$,上式可改写成

$$dQ = \frac{\partial}{\partial t}\left[\rho'A(1-\alpha)\left(U' + \frac{W'^2}{2}\right) + \rho''A\alpha\left(U'' + \frac{W''^2}{2}\right)\right]dz +$$

$$\frac{\partial}{\partial z}\left\{GA\left[(1-x)\left(U' + \frac{W'^2}{2}\right) + x\left(U'' + \frac{W''^2}{2}\right)\right]\right\}dz +$$

$$GA\frac{\partial(pv_m)}{\partial z}dz + GAg\sin\theta dz \qquad (5-84)$$

稳定流动时,能量方程为

$$d\dot{Q}_0 = d\left[(1-x)\left(U' + \frac{W'^2}{2}\right) + x\left(U'' + \frac{W''^2}{2}\right)\right] + d(pv_m) + g\sin\theta dz \qquad (5-85)$$

或

$$d\dot{Q}_0 = d[(1-x)U' + xU''] + d\left[(1-x)\frac{W'^2}{2} + x\frac{W''^2}{2}\right] + d(pv_m) + g\sin\theta dz$$

$$(5-86)$$

式中 $\dot{Q}$ 为加给每千克工质的热量,单位为 W/kg。

已知内能的增量可表示成

$$dU = d\dot{Q} - pdv_m = d\dot{Q}_0 + dF - pdv_m$$

式(5-86)右边第一项可表示成 dU,则式(5-86)成为

$$d\dot{Q}_0 = d\dot{Q}_0 + dF - pdv_m + d(pv_m) + g\sin\theta dz + d\left[(1-x)\frac{W'^2}{2} + x\frac{W''^2}{2}\right]$$

即

$$-\frac{dp}{dz} = \rho_m\frac{dF}{dz} + \rho_m g\sin\theta + \rho_m\frac{d}{dz}\left[\frac{1}{2}xW''^2 + \frac{1}{2}(1-x)W'^2\right] \qquad (5-87)$$

为了应用方便,现将上式中的加速压降梯度变换成另一种形式。因为

$$W'' = \frac{M''}{\rho''A\alpha} = \frac{xM}{\rho''A\alpha} = G\frac{x}{\rho''\alpha}$$

$$W' = \frac{G(1-x)}{\rho'(1-\alpha)}$$

代入式(5-87)后得

$$-\frac{\mathrm{d}p}{\mathrm{d}z} = \rho_{\mathrm{m}}\frac{\mathrm{d}F}{\mathrm{d}z} + \rho_{\mathrm{m}}g\sin\theta + \frac{\rho_{\mathrm{m}}G^2}{2}\frac{\mathrm{d}}{\mathrm{d}z}\left[\frac{(1-x)^3}{\rho'^2(1-\alpha)^2} + \frac{x^3}{\rho''^2\alpha^2}\right] \qquad (5-88)$$

在以上能量方程中,静压降梯度也由摩阻、重位和加速压降梯度三部分组成,但比较式(5-79)和式(5-88)可看出,在两个方程中各个对应项是不相同的。

应当特别指出,以上各节所讨论的各方程中的参数,如速度 W' 和 W'',以及空泡份额 α 等都不是局部值,而是同一截面上的平均值。

5.2.2.2　均相流模型的基本方程

均相流模型是一种最简单的模型分析方法,其基本思想是通过合理地定义两相混合物的平均值,把两相流当作具有这种平均特性、遵守单相流体基本方程的均匀介质。这样,一旦确定了两相混合物的平均特性,便可应用所有的经典流体力学方法进行研究。实际上是单相流体力学的拓延。这种模型的基本假设是:两相流具有相等的速度,即 $W' = W'' = W$;两相之间处于热力学平衡状态;可使用合理确定的单相摩阻系数表征两相流动。

1. 连续方程

由上一节的质量守恒关系式

$$\rho''W''\alpha + \rho'W'(1-\alpha) = \frac{M}{A} = G \qquad (5-89)$$

在均匀流模型中,滑速比 $S = 1$,则 $\alpha = \beta$,得到

$$\rho_0 = \beta\rho'' + (1-\beta)\rho' = \rho_{\mathrm{m}}$$

由式(5-44)可得到

$$x = \frac{\beta\rho''}{\beta\rho'' + (1-\beta)\rho'} = \frac{\beta\rho''}{\rho_{\mathrm{m}}} \qquad (5-90)$$

于是

$$x\rho_{\mathrm{m}} = \beta\rho'' \qquad (5-91)$$

同理可得

$$(1-x)\rho_{\mathrm{m}} = (1-\beta)\rho' \qquad (5-92)$$

将上两式整理后得到

$$\frac{x}{\rho''} + \frac{1-x}{\rho'} = \frac{1}{\rho_{\mathrm{m}}} = v_{\mathrm{m}} \qquad (5-93)$$

用每一项的质量份额作为权重函数去计算混合物的物性,从而获得计算均匀混合物物性的公式。例如,均相混合物的焓可写成 $H = xH'' + (1-x)H'$ 等。

2. 动量方程

均相流的动量方程可写成三个压降梯度的形式,即

$$-\frac{\mathrm{d}p}{\mathrm{d}z} = \frac{\mathrm{d}p_f}{\mathrm{d}z} + \frac{\mathrm{d}p_a}{\mathrm{d}z} + \frac{\mathrm{d}p_{l,e}}{\mathrm{d}z} \qquad (5-94)$$

其中加速度压力梯度为

$$\frac{\mathrm{d}p_a}{\mathrm{d}z} = G^2\frac{\mathrm{d}}{\mathrm{d}z}\left[\frac{(1-x)^2}{\rho'(1-\beta)} + \frac{x^2}{\rho''\beta}\right] \qquad (5-95)$$

上式还可写成

$$\frac{\mathrm{d}p_a}{\mathrm{d}z} = G^2 \frac{\mathrm{d}\upsilon_\mathrm{m}}{\mathrm{d}z} \tag{5-96}$$

均相流的重位压力梯度为

$$\frac{\mathrm{d}p_{l,e}}{\mathrm{d}z} = \rho_\mathrm{m} g \sin\theta \tag{5-97}$$

经整理后,动量方程可表示为

$$-\frac{\mathrm{d}p}{\mathrm{d}z} = \frac{P_h \tau_0}{A} + \rho_\mathrm{m} g \sin\theta + G^2 \frac{\mathrm{d}\upsilon_\mathrm{m}}{\mathrm{d}z} \tag{5-98}$$

3. 能量方程

在均相流模型中,式(5-88)可写成

$$-\frac{\mathrm{d}p}{\mathrm{d}z} = \rho_\mathrm{m} \frac{\mathrm{d}F}{\mathrm{d}z} + \rho_\mathrm{m} g \sin\theta + \frac{\rho_\mathrm{m} G^2}{2} \frac{\mathrm{d}}{\mathrm{d}z} \left[\frac{(1-x)^3}{\rho'^2 (1-\beta)^2} + \frac{x^3}{\rho''^2 \beta^2} \right] \tag{5-99}$$

其中,加速度压力梯度为

$$\frac{\mathrm{d}p_a}{\mathrm{d}z} = \frac{\rho_\mathrm{m} G^2}{2} \frac{\mathrm{d}}{\mathrm{d}z} \left[\frac{(1-x)^3}{\rho'^2 (1-\beta)^2} + \frac{x^3}{\rho''^2 \beta^2} \right] \tag{5-100}$$

将式(5-90)代入上式,可写成

$$\frac{\mathrm{d}p_a}{\mathrm{d}z} = \frac{\rho_\mathrm{m} G^2}{2} \frac{\mathrm{d}}{\mathrm{d}z} \left[\frac{\rho'(1-\beta)}{\rho_\mathrm{m}^3} + \frac{\rho''\beta}{\rho_\mathrm{m}^3} \right] \tag{5-101}$$

整理后得到式(5-96),最后可得到以下形式的均相流能量方程

$$-\frac{\mathrm{d}p}{\mathrm{d}z} = \rho_\mathrm{m} \frac{\mathrm{d}F}{\mathrm{d}z} + \rho_\mathrm{m} g \sin\theta + G^2 \frac{\mathrm{d}\upsilon_\mathrm{m}}{\mathrm{d}z} \tag{5-102}$$

比较式(5-98)和式(5-102)可见,与单相流一样,在均相流模型中,动量方程和能量方程中各对应项是相同的。

5.2.2.3　动量方程的积分形式

在动量方程中的各项都表示成压降梯度,但在工程中往往要求计算在一给定长度 L 内的压降。因此,需要将动量方程加以积分。

1. 分相流模型动量方程的积分

当采用分相流模型计算通道压降时,对式(5-80)积分

$$-\int_0^L \mathrm{d}p = \int_0^L \frac{\mathrm{d}p_f}{\mathrm{d}z} \mathrm{d}z + g\sin\theta \int_0^L [\rho''\alpha + \rho'(1-\alpha)] \mathrm{d}z + G^2 \int_0^L \mathrm{d} \left[\frac{x^2}{\rho''\alpha} + \frac{(1-x)^2}{\rho'(1-\alpha)} \right] \tag{5-103}$$

当沿管长输入的热流不变时,在两相流区,干度 x 和管长 z 存在线性关系。在这种条件下,从开始沸腾点($x=0$)算起的一段管长 z 内,工质吸收的热量为

$$Q_z = q_1 = H_\mathrm{fg} x$$

式中　　H_fg—— 汽化潜热;

q_1—— 在单位长度上单位质量工质所吸收的热量。

设两相流区出口含气率为 x_out,则整个两相流区的长度应为

$$L = \frac{H_\mathrm{fg}}{q_1} x_\mathrm{out} \tag{5-104}$$

从以上两式可得

$$\frac{z}{L} = \frac{x}{x_{\text{out}}}$$

则

$$\mathrm{d}z = \frac{L}{x_{\text{out}}}\mathrm{d}x$$

把此式代入式(5 – 103)后积分得

$$\Delta p = \frac{L}{x_{\text{out}}}\int_0^{x_{\text{out}}}\frac{\mathrm{d}p_f}{\mathrm{d}z}\mathrm{d}x + g\sin\theta\frac{L}{x_{\text{out}}}\int_0^{x_{\text{out}}}\left[\rho''\alpha + \rho'(1-\alpha)\right]\mathrm{d}x + \frac{G^2}{\rho'}\left[\frac{x_{\text{out}}^2}{\alpha_{\text{out}}}\cdot\frac{\rho'}{\rho''} + \frac{(1-x_{\text{out}})^2}{(1-\alpha_{\text{out}})} - 1\right]$$

$$(5 – 105)$$

显然,上式不适用于沿管长非均匀加热的情况。

2. 均相流模型动量方程的积分

当采用均相流模型计算通道压降时,对式(5 – 94)积分

$$-\int_0^L\mathrm{d}p = \int_0^L\frac{\mathrm{d}p_f}{\mathrm{d}z}\mathrm{d}z + g\sin\theta\int_0^L\left[\rho''\beta + \rho'(1-\beta)\right]\mathrm{d}z + G^2\int_0^L\mathrm{d}\left[\frac{x^2}{\rho''\beta} + \frac{(1-x)^2}{\rho'(1-\beta)}\right]$$

$$(5 – 106)$$

当沿管长均匀加热,积分后可得以下表达式

$$\Delta p = \frac{L}{x_{\text{out}}}\int_0^{x_{\text{out}}}\frac{\mathrm{d}p_f}{\mathrm{d}z}\mathrm{d}x + g\sin\theta\frac{L}{x_{\text{out}}}\int_0^{x_{\text{out}}}\left[\rho''\beta + \rho'(1-\beta)\right]\mathrm{d}x + \frac{G^2}{\rho'}\left[\frac{x_{\text{out}}^2}{\beta_{\text{out}}}\cdot\frac{\rho'}{\rho''} + \frac{(1-x_e)^2}{(1-\beta_e)} - 1\right]$$

$$(5 – 107)$$

对于绝热流动的等截面通道,不存在加速度压降,总压降可表示为

$$\Delta p = \int_0^L\frac{\mathrm{d}p_f}{\mathrm{d}z}\mathrm{d}z + g\sin\theta\rho_{\text{m}}L \qquad (5 – 108)$$

5.2.3 两相流压降计算

在两相流的研究中,压降问题的研究开展得最早,最为广泛。从 20 世纪 40 年代以来,人们对两相流的压降问题就进行了广泛的实验研究,得到了大量的研究结果,提供了很多实验数据和计算方法。但是,由于影响两相流压降的因素繁多,没有一个关系式能够包含全部影响因素,且有些因素极难在经验关系式中表示。因此,尽管在两相流压降研究方面做了大量工作,但尚未得到十分准确和通用的计算关系式。

两相流在直管内流动的总压降一般都表示成三部分压降(即摩擦压降、提升压降和加速压降)之和。三个压降分量的具体计算式随采用的分析模型而异,它反映了不同计算模型物理假定间的差别。在三个压降分量中,最难确定的应属摩擦压降,这主要是影响摩擦压降的不确定因素太多,极难用一般的关系式描述这些影响因素。研究两相流摩擦压降的传统方法是用一些专门定义的系数乘以相对应的单相摩擦压降,这些系数称为"因子"或"倍率"。利用这些系数就可以由单相摩擦压降计算出两相摩擦压降。

5.2.3.1 均相流模型的摩擦压降计算

1. 基本关系式

在均相流模型中,把两相流体看作一种均匀混合的介质,其物性参数是相应的两相流参数

的平均值,由摩擦压力梯度的关系式

$$\frac{\mathrm{d}p_f}{\mathrm{d}z} = \frac{P_h\tau_0}{A} \tag{5-109}$$

可得在圆管单位截面上流体与壁面的摩擦阻力

$$\mathrm{d}p_f = \frac{\pi D\tau_0}{\pi D^2/4}\mathrm{d}z = \frac{4}{D}\tau_0\mathrm{d}z \tag{5-110}$$

$$\tau_0 = f\frac{\rho_{\mathrm{m}}j^2}{2} \tag{5-111}$$

式中,f 是摩阻系数(称为范宁摩擦系数)。引入摩阻系数后摩擦压力梯度可表示为

$$\frac{\mathrm{d}p_f}{\mathrm{d}z} = \frac{4f}{D}\frac{\rho_{\mathrm{m}}j^2}{2} = \frac{\lambda}{D}\frac{\rho_{\mathrm{m}}j^2}{2} \tag{5-112}$$

式中,λ 也是摩阻系数,它在我国和俄罗斯用得较多,而 f 在英、美等国家用得较多,两者的关系为

$$\lambda = 4f \tag{5-113}$$

由流体力学知识,与两相流总质量流量相同的液体质量流过通道时的压力梯度为

$$\left(\frac{\mathrm{d}p_f}{\mathrm{d}z}\right)_{\mathrm{lo}} = \frac{\lambda_{\mathrm{lo}}}{D}\frac{\rho'}{2}\left(\frac{M}{AP'}\right)^2 = \frac{\lambda_{\mathrm{lo}}}{D}\frac{G^2}{2}v' \tag{5-114}$$

由式(5-112)和式(5-113)可得

$$\frac{\dfrac{\mathrm{d}p_f}{\mathrm{d}z}}{\left(\dfrac{\mathrm{d}p_f}{\mathrm{d}z}\right)_{\mathrm{lo}}} = \frac{\lambda}{\lambda_{\mathrm{lo}}}\left[1 + x\left(\frac{v''}{v'} - 1\right)\right] \tag{5-115}$$

方程(5-115)左端定义为两相流摩阻全液相倍增系数,用 Φ_{lo}^2 表示。式(5-115)可改写成

$$\Phi_{\mathrm{lo}}^2 = \frac{\lambda}{\lambda_{\mathrm{lo}}}\left[1 + x\left(\frac{v''}{v'} - 1\right)\right] \tag{5-116}$$

在上式中,如果求出两相流的摩阻系数 λ,就很容易求出倍增系数 Φ_{lo}^2。

在均相流模型中,计算两相流摩擦压降的最简单的方法就是设定单相摩阻系数与两相摩阻系数相等,即 $\lambda = \lambda_{\mathrm{lo}}$。这样,倍增系数 Φ_{lo}^2 只是通道内含气率 x 与压力 p 的函数。这种方法可用于一些简单的估算。

2. 采用平均黏度计算摩阻系数法

单相水的摩阻系数一般都按布拉修斯(Blasius)公式计算

$$\lambda_{\mathrm{lo}} = 0.3164Re_f^{-0.25} = 0.3164\left(\frac{GD}{\mu'}\right)^{-0.25} \tag{5-117}$$

从上式可以看出,与摩阻系数有关的流体物性主要是黏性系数 μ'。因此有很多人建议在计算两相流的摩阻系数时,采用平均黏度来计算两相流的雷诺数。为此,提出了许多计算两相流平均黏度 μ 的公式,例如麦克达姆(Mecadam)计算式为

$$\frac{1}{\mu} = \frac{x}{\mu''} + \frac{1-x}{\mu'} \tag{5-118}$$

对于两相流体

$$\lambda = 0.3164Re^{-0.25} = 0.3164\left(\frac{GD}{\mu}\right)^{-0.25}$$

合并式(5 - 116)、式(5 - 117) 和式(5 - 118),得

$$\Phi_{\mathrm{lo}}^2 = \left[1 + x\left(\frac{v''}{v'} - 1 \right) \right]\left[1 + x\left(\frac{\mu'}{\mu''} - 1 \right) \right]^{-1/4} \tag{5 - 119}$$

以气相摩阻作为基础,还可以得到全气相摩阻梯度$\left(\frac{\mathrm{d}p_f}{\mathrm{d}z} \right)_{\mathrm{go}}$,它表示气相质量流量与两相流总质量流量相同时的气相摩阻梯度。则全气相倍增系数可定义为

$$\Phi_{\mathrm{go}}^2 = \frac{\mathrm{d}p_f}{\mathrm{d}z} \Big/ \left(\frac{\mathrm{d}p_f}{\mathrm{d}z} \right)_{\mathrm{go}} \tag{5 - 120}$$

按全气相摩阻梯度的定义

$$\left(\frac{\mathrm{d}p_f}{\mathrm{d}z} \right)_{\mathrm{go}} = \frac{\lambda_{\mathrm{go}}}{D} \frac{G^2 v''}{2} \tag{5 - 121}$$

气相的摩阻系数仍按布拉修斯公式计算

$$\lambda_{\mathrm{go}} = 0.316\,4 Re_{\mathrm{g}}^{-1/4} = 0.316\,4\left(\frac{GD}{\mu_{\mathrm{g}}} \right)^{-1/4} \tag{5 - 122}$$

全气相倍增系数则可表示成

$$\Phi_{\mathrm{go}}^2 = \frac{\lambda}{\lambda_{\mathrm{go}}} \frac{v''}{v''}\left[1 + x\left(\frac{v''}{v'} - 1 \right) \right] = \left(\frac{\mu''}{\mu} \right)^{-1/4}\left[\frac{v'}{v''} + x\left(1 - \frac{v'}{v''} \right) \right] \tag{5 - 123}$$

利用式(5 - 118),上式可写为

$$\Phi_{\mathrm{go}}^2 = \left[\frac{v'}{v''} + x\left(1 - \frac{v'}{v''} \right) \right]\left[\frac{\mu''}{\mu'} + x\left(1 - \frac{\mu''}{\mu'} \right) \right]^{-0.25} \tag{5 - 124}$$

在蒸发管两相流阻力计算中,以上公式的 x 应取平均值。

5.2.3.2　分相流模型的摩擦压降计算

两相流的摩擦压降最早是根据分相流模型研究的,因此按分相流模型整理出的两相流摩擦压降计算式很多,择要介绍如下。

1. 洛克哈特 - 马蒂内里关系式(简称 L - M 法)

这一关系式是最早的两相流摩擦压降计算式。洛克哈特 - 马蒂内里研究了空气和不同液体在水平管道中绝热流动的摩擦压降。对实验结果分析时,他们第一次提出了分相流模型的想法,并提出了两点基本假设:

① 两相之间无相互作用,气相压降等于液相压降,且沿管子径向不存在静压差;

② 液相所占管道体积与气相所占的管道体积之和等于管道的总体积。

根据以上假设,各相的压降梯度彼此相等,也等于整个两相流的摩擦压降梯度,即

$$\frac{\mathrm{d}p_f}{\mathrm{d}z} = \frac{\mathrm{d}p_{fl}}{\mathrm{d}z} = \frac{\mathrm{d}p_{fg}}{\mathrm{d}z} \tag{5 - 125}$$

液相部分的压降梯度可表示为

$$\frac{\mathrm{d}p_{fl}}{\mathrm{d}z} = \frac{\lambda_{\mathrm{lof}}}{D_e'} \frac{\rho' W'^2}{2} = \frac{\lambda_{\mathrm{lof}}}{D_e'} \frac{G^2(1 - x)^2 v'}{2(1 - \alpha)^2} \tag{5 - 126}$$

式中,D_e' 为液相在两相流通道中所占截面的当量直径,单位为 m。

气相部分的压降梯度为

$$\frac{\mathrm{d}p_{fg}}{\mathrm{d}z} = \frac{\lambda_{\mathrm{gof}}}{D_e''} \frac{\rho'' W''^2}{2} = \frac{\lambda_{\mathrm{gof}}}{D_e''} \frac{G^2 x^2 v''}{2\alpha^2} \tag{5 - 127}$$

式中, D''_e 为气相在两相流中所占截面的当量直径,单位为 m。

定义的分液相倍增系数为

$$\Phi_1^2 = \frac{\dfrac{\mathrm{d}p_f}{\mathrm{d}z}}{\left(\dfrac{\mathrm{d}p_f}{\mathrm{d}z}\right)_1} \tag{5-128}$$

分气相倍增系数

$$\Phi_g^2 = \frac{\dfrac{\mathrm{d}p_f}{\mathrm{d}z}}{\left(\dfrac{\mathrm{d}p_f}{\mathrm{d}z}\right)_g} \tag{5-129}$$

式中, $\left(\dfrac{\mathrm{d}p_f}{\mathrm{d}z}\right)_1$ 和 $\left(\dfrac{\mathrm{d}p_f}{\mathrm{d}z}\right)_g$ 分别表示液相和气相单独流过同一管道时的摩阻压降梯度。它们的表达式分别为

$$\left(\frac{\mathrm{d}p_f}{\mathrm{d}z}\right)_1 = \frac{\lambda_1}{D}\frac{\rho'j_1'^2}{2} = \frac{\lambda_1}{D}\frac{G^2(1-x)^2 v'}{2} \tag{5-130}$$

和

$$\left(\frac{\mathrm{d}p_f}{\mathrm{d}z}\right)_g = \frac{\lambda_g}{D}\frac{\rho''j_g'^2}{2} = \frac{\lambda_g}{D}\frac{G^2 x^2 v''}{2} \tag{5-131}$$

把式(5-125)、式(5-126)、式(5-130)代入式(5-128)后得分液相倍增系数

$$\Phi_1^2 = \frac{\lambda_{1of}}{\lambda_1}\frac{D}{D_e'}\frac{1}{(1-\alpha)^2} \tag{5-132}$$

液相流通截面与当量直径的关系可表示成

$$A' = \frac{\pi D_e'^2}{4} \tag{5-133}$$

两种摩阻系数都与各自的 Re 数有关,并按通用的 $\lambda = cR_e^{-n}$ 公式计算

$$\lambda_{1of} = C\left(\frac{\rho'W'D_e'}{\mu'}\right)^{-n} \tag{5-134}$$

$$\lambda_1 = C\left(\frac{\rho'j_1}{\mu'}\right)^{-n} \tag{5-135}$$

将式(5-134)和式(5-135)代入式(5-132)后得

$$\Phi_1^2 = \left(\frac{W'}{j_1}\right)^{-n}\left(\frac{D_e'}{D}\right)^{-(n+1)}\frac{1}{(1-\alpha)^2} \tag{5-136}$$

因为

$$\frac{A'}{A} = \left(\frac{D_e'}{D}\right)^2 = (1-\alpha), \quad j_1 = (1-\alpha)W' \tag{5-137}$$

代入上式可得

$$\Phi_1^2 = (1-\alpha)^{\frac{n-5}{2}} \tag{5-138}$$

同理,可得分气相倍增系数

$$\Phi_g^2 = \alpha^{\frac{n-5}{2}} \tag{5-139}$$

洛克哈特和马蒂内里提出了下列参数

$$X^2 = \frac{\left(\dfrac{\mathrm{d}p_f}{\mathrm{d}z}\right)_1}{\left(\dfrac{\mathrm{d}p_f}{\mathrm{d}z}\right)_g} \tag{5-140}$$

根据式(5-128)和式(5-129),上式可表示成

$$X^2 = \frac{\varPhi_g^2}{\varPhi_1^2} \tag{5-141}$$

把式(5-138)和式(5-139)代入上式后得

$$X^2 = \left(\frac{\alpha}{1-\alpha}\right)^{(n-5)/2} \tag{5-142}$$

移项后得

$$\alpha = \frac{1}{1 + X^{4/(5-n)}} \tag{5-143}$$

把上式代入式(5-138)和式(5-139)后得

$$\varPhi_1^2 = \left[X^{4/(n-5)} + 1\right]^{(5-n)/2} \tag{5-144}$$

$$\varPhi_g^2 = \left[X^{4/(5-n)} + 1\right]^{(5-n)/2} \tag{5-145}$$

上述结果表明,两相流的分相折算系数可以用参数 X 加以整理,而且对于一定的 n 值(主要取决于流态),$\varPhi_1^2$(或 $\varPhi_g^2$)及截面含气率 α 只是参数 X 的函数。这就为整理两相流摩阻和截面含气率的数据提供了很大方便。

图5-5所示为根据试验数据所绘成的 $\varPhi_1$(或 $\varPhi_g$)与参数 X,以及截面含气率 α 与 X 的关系曲线,即洛克哈特-马蒂纳里关系曲线。上述数据被分成四组,分组原则是看各相单独流过相同管径管子时是层流还是紊流而定,得

层流-层流(ll)　$Re_1 = \dfrac{\rho' j_1 D}{\mu'} \leqslant 1\,000; Re_g = \dfrac{\rho'' j_g D}{\mu''} \leqslant 1\,000$

层流-紊流(lt)　$Re_1 \leqslant 1\,000; Re_g > 2\,000$

紊流-层流(tl)　$Re_1 > 2\,000; Re_g \leqslant 1\,000$

紊流-紊流(tt)　$Re_1 > 2\,000; Re_g > 2\,000$

2. 马蒂内里-纳尔逊(Martinelli-Nelson)关系式

前面介绍的 L-M 法是根据双组分两相流的试验数据得到的。在这个基础上,马蒂内里和纳尔逊设法把 L-M 法推广应用于从大气压力到临界压力下的气-水混合物。他们假定两相流体均为紊流。在这种条件下,参数 X 用符号 X_{tt} 表示,其表达式可写成

$$X_{tt}^2 = \frac{\lambda_1}{\lambda_g}\left(\frac{1-x}{x}\right)^2 \frac{\rho''}{\rho'} \tag{5-146}$$

利用 $\lambda = cR_e^{-n}$ 公式,摩阻系数比可表示成

$$\frac{\lambda_1}{\lambda_g} = \left(\frac{\mu'}{\mu''}\right)^n \left(\frac{1-x}{x}\right)^{-n} \tag{5-147}$$

因此

$$X_{tt} = \left(\frac{1-x}{x}\right)^{(2-n)/2} \left(\frac{\mu'}{\mu''}\right)^{n/2} \left(\frac{\rho''}{\rho'}\right)^{1/2} \tag{5-148}$$

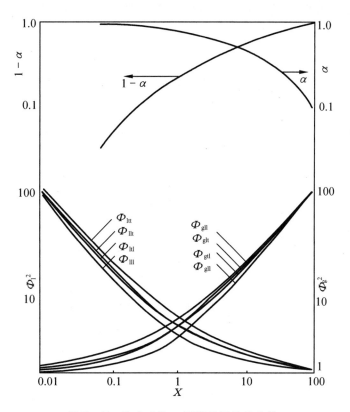

图 5 – 5　洛克哈特 – 马蒂纳里关系曲线

若取 $n = 0.2$，则得

$$X_{tt} = \left(\frac{1-x}{x}\right)^{0.9}\left(\frac{\mu'}{\mu''}\right)^{0.1}\left(\frac{\rho''}{\rho'}\right)^{0.5} \tag{5-149}$$

合并式(5 – 114)、式(5 – 116)、式(5 – 142) 和式(5 – 144)，得全液相和分液相倍增系数的关系式

$$\Phi_{lo}^2 = \Phi_l^2 \frac{\lambda_l}{\lambda_{lo}}(1-x)^2 \tag{5-150}$$

利用 $\lambda = cR_e^{-n}$ 公式，可得摩阻系数之比

$$\frac{\lambda_l}{\lambda_{lo}} = (1-x)^{-n} \tag{5-151}$$

若取 $n = 0.25$，则式(5 – 150) 为

$$\Phi_{lo}^2 = \Phi_l^2(1-x)^{1.75} \tag{5-152}$$

若取 $n = 0.2$，则式(5 – 150) 为

$$\Phi_{lo}^2 = \Phi_l^2(1-x)^{1.8} \tag{5-153}$$

利用上列关系式，便易于实现分液相和全液折算系数之间的互换。

马蒂内里和纳尔逊利用 L – M 曲线作为大气压力下的基准，而在临界参数状态时可看作单相流，中间压力的数值用内插法决定，并用戴维逊的气 – 水混合物实验数据进行校核。由此得到压力为 0.1 ~ 22.12 MPa，x 从 1% 到 100% 的分液相折算系数 Φ_l 与参数 X_{tt} 之间的一系列关系曲线,然后据此转换成全液相折算系数 Φ_{lo} 与质量含气率 x 的关系曲线,如图 5 - 6 所示。

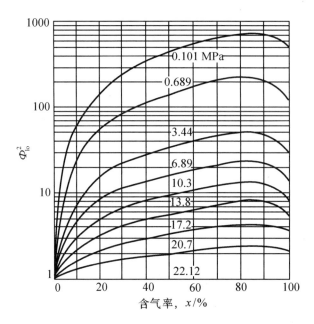

图 5 - 6 马蒂内里 - 纳尔逊关系曲线

对沿管长均匀受热的蒸发管,为了求得该管段的平均摩擦阻力压降 dp_f,有必要进行积分(从 $x = 0$ 到 $x = x_{out}$)。由于在这种情况下,x 与管长 z 之间存在线性关系,故有

$$\overline{\Phi_{lo}^2} = \frac{\Delta p_f}{\Delta p_{lo}} = \frac{1}{L}\int_0^L \Phi_{lo}^2 dz = \frac{1}{x_{out}}\int_0^{x_{out}} (1-x)^{2-n}\Phi_l^2 dx \qquad (5-154)$$

对于气 - 水系统,其积分结果表示在图 5 - 7 中。M - N 法应用相当广泛,但因只提供了曲线,故用起来不太方便。日本学者植田辰洋为 M - N 法提出了下列公式,两者符合得相当好,即

$$\frac{\Delta p_f}{\Delta p_{lo}} = 1 + 1.20 x_{out}^{0.75[1+0.01(\rho'/\rho'')^{1/2}]} \times \left[\left(\frac{\rho'}{\rho''}\right)^{0.8} - 1\right] \qquad (5-155)$$

当压力 $p > 0.68$ MPa 时,上式可用下列近似公式代替。

当 $x_{out} = 0 \sim 0.5$ 时

$$\frac{\Delta p_f}{\Delta p_{lo}} = 1 + 1.3 x_{out}\left[\left(\frac{\rho'}{\rho''}\right)^{0.85} - 1\right] \qquad (5-156)$$

当 $x_{out} = 0.5 \sim 1.0$ 时

$$\frac{\Delta p_f}{\Delta p_{lo}} = 1 + x_{out}\left[\left(\frac{\rho'}{\rho''}\right)^{0.9} - 1\right] \qquad (5-157)$$

5.2.3.3 质量流速对两相流摩擦压降的影响

在质量含气率相同的情况下,质量流速不同会得到不同的两相流摩擦因子。这一点已被许多研究者所证明。在选用有关公式计算两相流摩擦倍增分数时,应注意公式应用的质量流速范围。一般认为 M - N 法比较适用于低质量流速范围($G < 1\ 360$ kg/(m² · s));在高质量流速范围

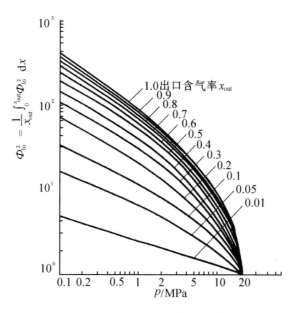

图 5 − 7　均匀受热通道的平均两相摩擦倍增系数（M − N 法）

$(G > 2\,000 \sim 2\,500\ \mathrm{kg/(m^2 \cdot s)})$，采用均相模型较为适宜。

巴罗塞整理了大量的两相流实验数据,提出了计入质量流速影响的两相流摩阻的计算方法。他提出了两组曲线,其中第一组曲线（图 5 − 8）是在质量流速不变并且等于 $1\,356\ \mathrm{kg/(m^2 \cdot s)}$ 的条件下,以质量含气率 x 为参数,两相流摩阻全液相倍增系数 $\varPhi_{lo(1\,356)}^2$ 与物性指数 $\left(\dfrac{\mu'}{\mu''}\right)^{0.2}\left(\dfrac{\rho''}{\rho'}\right)$ 的关系曲线;第二组曲线（图 5 − 9）为计入质量流速对全液相倍增系数影响的修正系数 $\varOmega$ 与物性指数 $\left(\dfrac{\mu'}{\mu''}\right)^{0.2}\left(\dfrac{\rho''}{\rho'}\right)$ 的关系曲线。两相流摩阻梯度按下式计算：

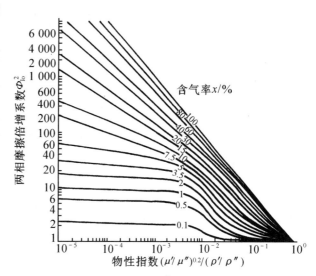

图 5 − 8　$G = 1\,356\ \mathrm{kg/(m^2 \cdot s)}$ 时的摩擦倍增系数

$$\frac{\mathrm{d}p_f}{\mathrm{d}z} = \frac{\lambda_{lo}}{D}\frac{G^2}{2\rho'} \cdot \varOmega\varPhi_{lo(1\,356)}^2 \tag{5 − 158}$$

式中,$\varPhi_{lo}^2$ 和 $\varOmega$ 可分别从图 5 − 8 和图 5 − 9 求得。

在图 5 − 8 和图 5 − 9 中,只提供了 5 种质量流速下的修正系数 $\varOmega$ 值,其中图 5 − 8 中的 $\varOmega = 1$。若计算中给定的质量流速 G 不同于图中所用的 5 种质量流速值,则可先按与 G 最邻近的 2 个质量流速 G_1 和 $G_2(G_1 < G < G_2)$,从图中查得 $\varOmega_1$ 和 $\varOmega_2$,然后按下式求出所需的修正系数 $\varOmega$ 值。

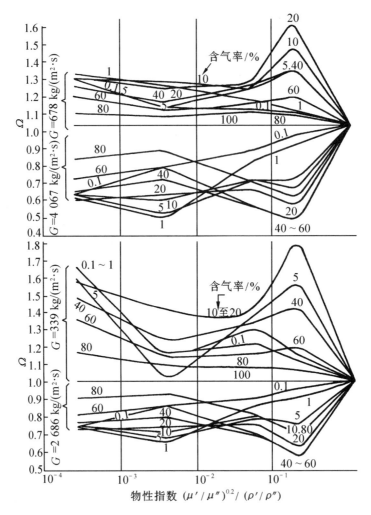

图 5 - 9   修正系数 Ω 与物性指数的关系

$$\Omega = \Omega_2 + \frac{\lg\left(\dfrac{G_2}{G}\right)}{\lg\left(\dfrac{G_2}{G_1}\right)}(\Omega_1 - \Omega_2) \qquad (5-159)$$

5.2.3.4   重位压降计算

1. 均相流模型的重位压降

由前面的两相流基本方程知道,气 - 液两相流体流过直管时的总压降由三部分组成,即摩擦压降 Δp_f、重位压降 $\Delta p_{l,e}$ 和加速度压降 Δp_a。动量方程的重位压力梯度为

$$\frac{\mathrm{d}p_{l,e}}{\mathrm{d}z} = \rho_0 g \sin\theta \qquad (5-160)$$

在均相流模型中,两相的平均速度相等,故 $\alpha = \beta$,两相混合物的密度为

$$\rho_0 = \rho_m = \rho''\beta + \rho'(1-\beta)$$

则重位压降为

$$\Delta p_{l,e} = \int_0^L \rho_0 g\sin\theta \mathrm{d}z = \int_0^L [\rho''\beta + \rho'(1-\beta)]g\sin\theta \mathrm{d}z \qquad (5-161)$$

均相流模型主要用于低质量含气率、高质量流速的情况。根据有关文献建议，只要符合下列条件之一，便可考虑采用均相模型，即

$$\frac{\rho'}{\rho''} \leqslant 100, D \leqslant 80 \text{ mm 或 } G \geqslant 200 \text{ kg}/(\text{m}^2 \cdot \text{s})$$

对于绝热的气 - 液两相流系统，式(5 - 161)可表示为

$$\Delta p_{l,e} = [\rho''\beta + \rho'(1-\beta)]gL\sin\theta \qquad (5-162)$$

对于沿管长均匀加热的情况，对式(5 - 161)积分后可求得重位压降

$$\Delta p_{l,e} = \frac{g\sin\theta L}{x_e(v''-v')}\ln\left[1 + x_e\left(\frac{v''}{v'}-1\right)\right] \qquad (5-163)$$

对于沿管长非均匀加热的情况，管内含气率的变化与加热方式有关，重位压降应根据具体的加热方式求得。

2. 分相流模型的重位压降计算

由分相流模型的动量方程(5 - 103)可得重位压降的计算式

$$\Delta p_{l,e} = \int_0^L \rho_0 g\sin\theta \mathrm{d}z = \int_0^L [\rho''\alpha + \rho'(1-\alpha)]g\sin\theta \mathrm{d}z \qquad (5-164)$$

重位压降与两相流的密度沿通道长度变化有关，即与通道的加热方式有关。对于绝热通道，α沿通道长度不变，则重位压降为

$$\Delta p_{l,e} = [\rho''\alpha + \rho'(1-\alpha)]g\sin\theta L \qquad (5-165)$$

在均匀加热情况下有 $z/L = x/x_{\text{out}}$ 则 $\mathrm{d}z = (L/x_{\text{out}})\mathrm{d}x$，式(5 - 164)可表示为

$$\Delta p_{l,e} = \frac{L}{x_{\text{out}}}g\sin\theta \int_0^{x_{\text{out}}} [\rho' + \alpha(\rho''-\rho')]\mathrm{d}x \qquad (5-166)$$

如果已知 α 与 x 的关系，上式可积分求解。由截面含气率的基本关系式

$$\alpha = \frac{x}{x + (1-x)\dfrac{\rho''}{\rho'}S}$$

令$(\rho''/\rho')S = \psi$，则

$$\alpha = \frac{x}{\psi + (1-\psi)x} \qquad (5-167)$$

把这一关系代入式(5 - 166)，得到

$$\Delta p_{l,e} = g\sin\theta L\rho' + g\sin\theta(\rho''-\rho')\frac{L_B}{x_{\text{out}}}\int_0^{x_{\text{out}}}\frac{x}{\psi + (1-\psi)x}\mathrm{d}x$$

$$= g\sin\theta L\rho' - \frac{(\rho'-\rho'')}{(1-\psi)}g\sin\theta L_B\left\{1 - \frac{\psi}{(1-\psi)x_{\text{out}}}\ln\left[1 + \left(\frac{1}{\psi}-1\right)x_{\text{out}}\right]\right\} \qquad (5-168)$$

3. 沿通道长度正弦加热情况的重位压降

在无干扰的圆柱形反应堆的活性区内，如果将坐标原点定在堆芯入口处，则沿通道长度的加热方式是正弦函数。在这种情况下有

$$q_l = q_{l,c}\sin\frac{\pi z}{L} \qquad (5-169)$$

式中　q_l——通道单位长度上加入的热量，J/m；

$q_{l,c}$——通道中心($z = \dfrac{L}{2}$)处单位长度上加入的热量,J/m。

由入口至 z 处加入的热量与通道总长度上的加热量之比为

$$\frac{Q_z}{Q_t} = \frac{\int_0^z q_{l,c}\sin\dfrac{\pi z}{L}\mathrm{d}z}{\int_0^L q_{l,c}\sin\dfrac{\pi z}{L}\mathrm{d}z} = \frac{1}{2}\left(1 - \cos\frac{\pi z}{L}\right) \tag{5-170}$$

其中

$$Q_z = (H' + x_z H_{fg}) - H_i \tag{5-171}$$
$$Q_t = (H' + x_{out} H_{fg}) - H_i \tag{5-172}$$

式中　Q_z——到高度 z 为止壁面传给冷却剂的热量,J/kg;

x_z——z 处的含气率,可表示为

$$x_z = C_1 + C_2\cos\frac{\pi z}{L} \tag{5-173}$$

式中

$$C_1 = \frac{Q_t}{2H_{fg}} - \frac{H' - H_i}{H_{fg}} \tag{5-174}$$

$$C_2 = -\frac{Q_t}{2H_{fg}} \tag{5-175}$$

这样由式(5-164)、式(5-167)和式(5-173)可得

$$\Delta p_{l,e} = g\sin\theta\int_{L_0}^L \rho'\mathrm{d}z - (\rho' - \rho'')g\sin\theta\int_{L_0}^L \frac{C_1 + C_2\cos\dfrac{\pi z}{L}}{C_3 + C_4\cos\dfrac{\pi z}{L}}\mathrm{d}z \tag{5-176}$$

式中

$$C_3 = \psi + (1 - \psi)C_1 \tag{5-177}$$
$$C_4 = (1 - \psi)C_2 \tag{5-178}$$

令

$$y = \frac{\pi z}{L} \tag{5-179}$$

和

$$\mathrm{d}z = \frac{L}{\pi}\mathrm{d}y \tag{5-180}$$

则式(5-176)就可以积分。于是

$$\Delta p_{l,e} = g\sin\theta\rho'L_B - (\rho' - \rho'')g\sin\theta\frac{L}{\pi}\int\frac{C_1 + C_2\cos y}{C_3 + C_4\cos y}\mathrm{d}y \tag{5-181}$$

该方程可分解为

$$\Delta p_{l,e} = g\sin\theta\rho'L_B - (\rho' - \rho'')g\sin\theta\frac{L}{\pi}\left(C_1\int\frac{\mathrm{d}y}{C_3 + C_4\cos y} + C_2\int\frac{\cos y\,\mathrm{d}y}{C_3 + C_4\cos y}\right)$$
$$\tag{5-182}$$

简化后为

$$\Delta p_{l,e} = g\sin\theta\rho'L_B - g\sin\theta(\rho' - \rho'')\frac{L}{\pi}\left(C_1\int\frac{\mathrm{d}y}{C_3 + C_4\cos y} + \frac{C_2}{C_4}y - \frac{C_2C_3}{C_4}\int\frac{\mathrm{d}y}{C_3 + C_4\cos y}\right) =$$

$$g\sin\theta\rho'L_B - g\sin\theta(\rho' - \rho'')\frac{L}{\pi}\left[\frac{C_2}{C_4}y + \left(C_1 - \frac{C_2C_3}{C_4}\right)\int\frac{\mathrm{d}y}{C_3 + C_4\cos y}\right] \tag{5-183}$$

积分限为 $z = L_0$ 到 $z = L$，$y = \pi\dfrac{L_0}{L}$ 到 $y = \pi$，方程(5 – 183) 的积分有两个解，即

（1）当 $C_3^2 > C_4^2$ 时

$$\Delta p_{l,e} = g\sin\theta\rho'L_B - g\sin\theta(\rho' - \rho'')\frac{L}{\pi}\times$$

$$\left[\frac{C_2}{C_4}y + \left(C_1 - \frac{C_2C_3}{C_4}\right)\frac{2}{\sqrt{C_3^2 - C_4^2}}\tan^{-1}\frac{(C_3 - C_4)\tan\dfrac{y}{2}}{\sqrt{C_3^2 - C_4^2}}\right] \tag{5-184}$$

引入积分限和重新整理后

$$L_B\Delta p_{l,e} = g\sin\theta\rho'L_B - g\sin\theta(\rho' - \rho'')\times$$

$$L_B\left\{\frac{C_2}{C_4} + \frac{C_1C_4 - C_2C_3}{C_4\sqrt{C_3^2 - C_4^2}}\frac{L}{L_B}\left[1 - \frac{2}{\pi}\tan^{-1}\frac{(C_3 - C_4)\tan\dfrac{\pi L_0}{2L}}{\sqrt{C_3^2 - C_4^2}}\right]\right\} \tag{5-185}$$

（2）当 $C_4^2 > C_3^2$ 时

$$\Delta p_{l,e} = g\sin\theta\rho'L_B - g\sin\theta(\rho' - \rho'')\frac{L}{\pi}\times$$

$$\left[\frac{C_3}{C_4}y + \left(C_1 - \frac{C_2C_3}{C_4}\right)\frac{1}{\sqrt{C_4^2 - C_3^2}}\ln\frac{(C_4 - C_3)\tan\dfrac{y}{2} + \sqrt{C_4^2 - C_3^2}}{(C_4 - C_3)\tan\dfrac{y}{2} - \sqrt{C_4^2 - C_3^2}}\right] \tag{5-186}$$

重新整理后

$$L_B\Delta p_{l,e} = \sin\theta\rho'L_B - g\sin\theta(\rho' - \rho'')\times$$

$$L_B\left[\frac{C_2}{C_4} - \frac{C_1C_4 - C_2C_3}{C_4\sqrt{C_4^2 - C_3^2}}\frac{L}{L_B}\frac{1}{\pi}\ln\frac{(C_4 - C_3)\tan\dfrac{\pi L_0}{2L} + \sqrt{C_4^2 - C_3^2}}{(C_4 - C_3)\tan\dfrac{\pi L_0}{2L} - \sqrt{C_4^2 - C_3^2}}\right] \tag{5-187}$$

5.2.3.5　加速压降计算

1. 均相流模型的加速压降

由加速度压力梯度的方程式(5 – 95) 知道，稳定流动时两相流的加速压力梯度为

$$\frac{\mathrm{d}p_a}{\mathrm{d}z} = \frac{1}{A}\frac{\mathrm{d}}{\mathrm{d}z}\left\{AG^2\left[\frac{(1 - x)^2}{\rho'(1 - \beta)} + \frac{x^2}{\rho''\beta}\right]\right\} \tag{5-188}$$

对于等截面通道，加速压降可写成

$$\Delta p_a = G^2\left\{\left[\frac{(1 - x_2)^2}{\rho'(1 - \beta_2)} + \frac{x_2^2}{\rho''\beta_2}\right] - \left[\frac{(1 - x_1)^2}{\rho'(1 - \beta_1)} + \frac{x_1^2}{\rho''\beta_1}\right]\right\} \tag{5-189}$$

式中，x_1，β_1 和 x_2，β_2 分别表示对应于位置 z_1 和 z_2 的质量含气率和容积含气率。

若所研究的管段入口为饱和液体($x = 0$)，沿管段长度有热量输入，出口含气率为 x_{out}，则式(5 – 189) 可写成

$$\Delta p_a = G^2\left[\frac{(1-x_{\text{out}})^2}{\rho'(1-\beta_{\text{out}})} + \frac{x_{\text{out}}^2}{\rho''\beta_{\text{out}}} - \frac{1}{\rho'}\right] \qquad (5-190)$$

代入 β_{out} 与 x_{out} 之间的关系,上式成为

$$\Delta p_a = G^2\left[x_{\text{out}}\left(\frac{1}{\rho''} - \frac{1}{\rho'}\right)\right] \qquad (5-191)$$

从以上表达式可以看出,一个管段的加速压降只与管段的进出口密度有关,即只与气相含量有关,而与含气量沿管道的变化方式无关。因此,在等截面的加热通道内,加速压降只与进出口的含气率有关,而与沿管道的加热方式无关。

2. 分相流模型的加速压降

由式(5-79)可得稳定流动时的分相流模型的加速压降梯度

$$\frac{\mathrm{d}p_a}{\mathrm{d}z} = \frac{1}{A}\frac{\mathrm{d}}{\mathrm{d}z}\left\{AG^2\left[\frac{(1-x)^2}{\rho'(1-\alpha)} + \frac{x^2}{\rho''\alpha}\right]\right\} \qquad (5-192)$$

对于等截面通道,将上式积分后可得两相流从位置 z_1 流到 z_2 的加速压降

$$\Delta p_a = G^2\left\{\left[\frac{(1-x_2)^2}{\rho'(1-\alpha_2)} + \frac{x_2^2}{\rho''\alpha_2}\right] - \left[\frac{(1-x_1)^2}{\rho'(1-\alpha_1)} + \frac{x_1^2}{\rho''\alpha_1}\right]\right\} \qquad (5-193)$$

式中,下角标1表示 z_1 处的参数,下角标2表示 z_2 处的参数。

若计算的管段入口为饱和液体($x=0$),出口质量含气率为 x_{out} 的通道,则上式可写成

$$\Delta p_a = G^2\left[\frac{(1-x_{\text{out}})^2}{\rho'(1-\alpha_{\text{out}})} + \frac{x_{\text{out}}^2}{\rho''\alpha_{\text{out}}} - \frac{1}{\rho'}\right] \qquad (5-194)$$

5.3　临界流动

在一个充满流体的系统中,如果上游压力为 p_0,背压为 p_b,当背压 p_b 下降到低于 p_0 时,流动就开始了,并在上游压力 p_0 与背压 p_b 之间建立起一个压力梯度。当 p_b 进一步降低时,流量增加,如果 p_b 降低得足够多,会使通道出口处的质量流量达到最大值。背压 p_b 的进一步降低不再会使质量流量增加。我们把上述这种流量保持最大值的流动叫临界流动。它的定义是:当系统的某一部分流动时,流量不受下游压力变化影响时,就是临界流动。在气体动力学中,已对这种临界流动现象进行了充分研究,发展了一套完善的理论和计算方法。实验证明,两相流动也存在上述临界流现象,但两相流的临界流比单相临界流复杂得多,这是由于两相流体是不连续的,在两相流中压力波的传递受到两相界面的阻尼,其传递方式与在单相介质中不同。

两相临界流动对于核动力装置的安全分析是很重要的。在核反应堆冷却剂系统出现各类破口事故时,高温高压的冷却剂从大约 15 MPa 的压力下降到大气压力附近,会引起冷却剂的突然汽化和两相流动。大破口事故会导致冷却剂的迅速丧失,使活性区暴露在蒸汽环境中。上述的流动过程中,破口处的流动处于临界流状态。研究这一过程的临界流量与系统内其他参数的关系,对分析破口事故的影响有重要意义。因此,计算此时临界两相流系统的流量,对于确定事故危害程度和原因,以及事故冷却系统的设计都是十分重要的。

5.3.1　单相流体的临界流

单相流体的临界流速及流量都与压力波的传播速度直接相关。下面我们举例说明压力波

在可压缩流体中的传播速度,进而讨论临界流速问题。

　　活塞在一个充满静止的可压缩流体的通道中,以微小的速度 dW 推移(图 5 - 10),使活塞前面的流体压力升高一个微量 dp,dp 所产生的微弱扰动向前传播。活塞将首先压缩紧靠活塞的那一层流体,这层流体受压后,又传及下一层流体,这样依次一层一层地传下去,就在通道中形成一道压缩波 m—n,它以速度 u 向前推移。扰动波面 m—n 是已经受扰动过的区与没经扰动区的分界面。在波面 m—n 前面的流体仍然是静止的,其压力为 p,密度

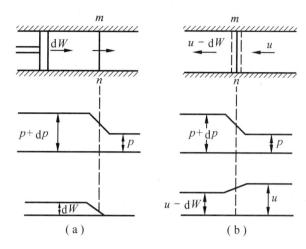

图 5 - 10　压力波的传播

为 ρ,温度为 T;m—n 波面后的压力为 $(p + dp)$,密度为 $(\rho + d\rho)$,温度为 $(T + dT)$。同时,波面后的流体也以与活塞微小运动同样的微小速度 dW 向前运动。

　　以上的流动是一种不定常的流动。为了转化为定常流动,可以设想观察者随波面 m—n 一起以速度 u 向前运动。气体相对于观察者定常地从右向左流动,经过波面速度由 u 降为 $(u - dW)$。同时,压力由 p 升高到 $(p + dp)$,密度由 ρ 升高到 $(\rho + d\rho)$,如图 5 - 10(b) 所示。根据连续方程,在 dt 时间内流入和流出图示控制面的流体质量应该相等,即

$$u\rho A dt = (u - dW)(\rho + d\rho)A dt \tag{5 - 195}$$

展开后,得

$$dW = \frac{u d\rho}{\rho + d\rho} \tag{5 - 196}$$

根据动量方程,我们可以得到

$$\frac{(u - dW) - u}{dt} u\rho A dt = [p - (p + dp)]A \tag{5 - 197}$$

$$dW = \frac{dp}{u\rho} \tag{5 - 198}$$

由式(5 - 196) 和式(5 - 198) 得

$$\frac{dp}{d\rho} = \frac{u^2}{1 + \dfrac{d\rho}{\rho}} \tag{5 - 199}$$

我们这里讨论的是微弱压力扰动,$\dfrac{d\rho}{\rho} \ll 1$,所以

$$u = \sqrt{\frac{dp}{d\rho}} \tag{5 - 200}$$

上式中的 u 是压力波在可压缩流体中的传播速度。对于理想气体,上式还可以写成以下形式

$$u = \sqrt{KRT} \tag{5 - 201}$$

式中　　K—— 比定压热容与比定容热容之比;

R—— 气体常数;

T—— 温度。

上式与物理学中计算声音在弹性介质中传播速度的公式完全相同。可见,可压缩流体中微弱扰动波的传播速度就是音速。从以上公式可以看出:如果流体的可压缩性大,则扰动波传播慢,音速小;反之,流体的可压缩性小,则扰动波传播得快,音速大。

5.3.2 两相流体临界流

5.3.2.1 两相临界流的平衡均相模型

为了表达临界流量,应用可压缩流体在水平管中的一元稳定流动方程,并假定流体对外不做功且与外界无热交换。在这种情况下,连续方程为

$$M = \rho A W \qquad (5-202)$$

动量方程为

$$\rho W \mathrm{d} W + \mathrm{d} p = 0 \qquad (5-203)$$

求质量流量对 p 的导数

$$\frac{\mathrm{d} M}{\mathrm{d} p} = A W \frac{\mathrm{d} \rho}{\mathrm{d} p} + A \rho \frac{\mathrm{d} W}{\mathrm{d} p} + \rho W \frac{\mathrm{d} A}{\mathrm{d} p}$$

对于等截面管段,$\dfrac{\mathrm{d} A}{\mathrm{d} p} = 0$,则上式可简化成

$$\frac{\mathrm{d} G}{\mathrm{d} p} = W \frac{\mathrm{d} \rho}{\mathrm{d} p} + \rho \frac{\mathrm{d} W}{\mathrm{d} p}$$

把式(5-203)代入上式得

$$\frac{\mathrm{d} G}{\mathrm{d} p} = W \frac{\mathrm{d} \rho}{\mathrm{d} p} - \frac{1}{W} \qquad (5-204)$$

按临界流的定义,可压缩流体通过管道时达到临界流量的条件应为

$$\left(\frac{\mathrm{d} G}{\mathrm{d} p} \right)_s = 0 \qquad (5-205)$$

式中,下角码 S 表示此过程为等熵过程。合并上两式,即得临界质量流速

$$G_c^2 = \rho^2 \frac{\mathrm{d} p}{\mathrm{d} \rho} \qquad (5-206)$$

上式很容易化成如下的常见形式:

$$G_c^2 = G_{\max}^2 = - \frac{\mathrm{d} p}{\mathrm{d} v} \qquad (5-207)$$

式中,p 和 v 分别为管子出口端的压力和比体积。

在两相流的研究中,提出过不少流动模型,其中最简单的是平衡均相模型。在这种流动模型中,假定两相流各处已达到相平衡或热力学平衡,而且两相间无相对速度。因此,两相流比体积可按均相流计算,即

$$v_m = v'(1-x) + v''x \qquad (5-208)$$

对压力求上式的导数

$$\left(\frac{\mathrm{d} v}{\mathrm{d} p} \right)_s = x \left(\frac{\mathrm{d} v''}{\mathrm{d} p} \right)_s + (v'' - v') \left(\frac{\mathrm{d} x}{\mathrm{d} p} \right)_s + (1-x) \left(\frac{\mathrm{d} v'}{\mathrm{d} p} \right)_s \qquad (5-209)$$

若把均质两相流当作单相流处理,则将上式代入式(5 – 207)后得

$$G_c = G_{max} = \left[\dfrac{-1}{x\left(\dfrac{\mathrm{d}v''}{\mathrm{d}p}\right)_s + (v'' - v')\left(\dfrac{\mathrm{d}x}{\mathrm{d}p}\right)_s + (1 - x)\left(\dfrac{\mathrm{d}v'}{\mathrm{d}p}\right)_s} \right]^{\frac{1}{2}} \quad (5 - 210)$$

在计算时,热力学参数可从蒸汽表中查得,导数可用差值比来近似计算,如 $\dfrac{\mathrm{d}v''}{\mathrm{d}p} \approx \dfrac{\Delta v''}{\Delta p}$。

对于长管,由于有足够的时间达到热力学平衡,故用上述方法计算时误差不大;但对于短管,由于流体流过的时间很短,两相之间未达到平衡状态,故误差较大。

5.3.2.2　长孔道内两相临界流

对于两相流体,如果在流道的某个断面上有一个压力扰动,那么这个压力波在气相和液相中的传播速度是不一样的,在液体中的传播速度要大大超过气体中的传播速度。而临界质量流量取决于孔口处气相和液相各自所占的比例,亦即取决于孔口处流体的密度。

由于两相之间存在着热力学不平衡状态(如蒸发的滞后,流体的过热等),以及两相之间存在滑移、质量交换、动量交换和能量交换等,这些因素都直接影响临界流动,因而使两相临界流的研究比单相临界流复杂得多。在长管道内,两相流停留的时间足够长,两个相之间容易获得热力学平衡,可以用基本方程确定流动问题。下面我们介绍计算长孔道两相临界流量的方法。

福斯克(Fauske)从动量方程出发,分析了两相流通过长孔道内的临界流动,从而导出了两相流的临界质量流速的一般计算式。

在忽略摩擦的情况下,两相流中液相和气相在相同压降下的动量方程是

$$\mathrm{d}(pA') + \mathrm{d}(M'W') = 0 \quad (5 - 211)$$

或者

$$\mathrm{d}(pA') + \mathrm{d}(\rho'A'W'^2) = 0 \quad (5 - 212)$$

和

$$\mathrm{d}(pA'') + \mathrm{d}(\rho''A''W''^2) = 0 \quad (5 - 213)$$

因为流动过程中压力不断降低,并伴有汽化发生,所以无论是液相或是气相的流通面积、密度和质量流量都是变量。因此

$$\mathrm{d}(pA') = p\mathrm{d}A' + A'\mathrm{d}p \quad (5 - 214)$$

$$\mathrm{d}(pA'') = p\mathrm{d}A'' + A''\mathrm{d}p \quad (5 - 215)$$

$$\mathrm{d}(pA') + \mathrm{d}(pA'') = p(\mathrm{d}A' + \mathrm{d}A'') + (A' + A'')\mathrm{d}p = p\mathrm{d}A + A\mathrm{d}p \quad (5 - 216)$$

对于等截面流动,$\mathrm{d}A = 0$,所以,式(5 – 212)和式(5 – 213)相加则得到两相流动量方程

$$\mathrm{d}p = -\frac{1}{A}\mathrm{d}\left[(\rho'A'W'^2) + (\rho''A''W''^2) \right] \quad (5 - 217)$$

根据分相流模型的连续方程得

$$\mathrm{d}p = -\left(\frac{M}{A}\right)^2 \mathrm{d}\left[\frac{(1 - x)^2}{1 - \alpha}v' + \frac{x^2}{\alpha}v'' \right] \quad (5 - 218)$$

式中,$\left[\dfrac{(1 - x)^2}{1 - \alpha}v' + \dfrac{x^2}{\alpha}v'' \right] = v_m$ 为动量平均比体积;则式(5 – 218)可以写成

$$\mathrm{d}p = -\left(\frac{M}{A}\right)^2 \mathrm{d}v_m \quad (5 - 219)$$

$$\left(\frac{M}{A}\right)^2 = -\frac{\mathrm{d}p}{\mathrm{d}v_M} = -\frac{1}{\dfrac{\mathrm{d}v_m}{\mathrm{d}p}} \tag{5-220}$$

以上表达式与单相临界流量的表达式是一样的。根据上式我们可以得到质量流速的一般表达形式。由于

$$\alpha = \frac{xv''}{S(1-x)v' + xv''} \tag{5-221}$$

则

$$v_m = \left[v'(1-x) + \frac{x}{S}v''\right][1 + x(S-1)] \tag{5-222}$$

将上式对 p 求导数，可以得出

$$\frac{\mathrm{d}v_m}{\mathrm{d}p} = \left[1 + x(S-2) - x^2(S-1)\right]\frac{\mathrm{d}v'}{\mathrm{d}p} + (1 - x + Sx)\frac{x}{S}\frac{\mathrm{d}v''}{\mathrm{d}p} +$$

$$\left\{\frac{v''}{S}[1 + 2x(S-1)] + v'[2(x-1) + S(1-2x)]\right\}\frac{\mathrm{d}x}{\mathrm{d}p} + x(1-x)\left(v' - \frac{v''}{S^2}\right)\frac{\mathrm{d}S}{\mathrm{d}p} \tag{5-223}$$

代入式（5-220），则得

$$G^2 = \left(\frac{M}{A}\right)^2 = -S\left(\left[1 + x(S-1)\right]x\frac{\mathrm{d}v''}{\mathrm{d}p} + \{v''[1 + 2x(S-1)] + \right.$$

$$Sv'[2(x-1) + S(1-2x)]\}\frac{\mathrm{d}x}{\mathrm{d}p} + S[1 + x(S-2) - x^2(S-1)]\frac{\mathrm{d}v'}{\mathrm{d}p} +$$

$$\left.x(1-x)\left(Sv' - \frac{v''}{S}\right)\frac{\mathrm{d}S}{\mathrm{d}p}\right)^{-1} \tag{5-224}$$

在解方程（5-224）时，除需要知道介质热力学性质及其在上述公式中的导数外，还应该知道两相分界面处的质量、动量及能量交换情况。通常，关于热力学性质是可以知道的，但是关于界面处的质量、动量交换情况目前尚缺乏了解。

当压力沿着通道下降时，流体有一部分突然化成蒸汽，混合物的动量平均比体积在出口处达到最大值。因为 v_m 是 x 和 α 的函数，所以必然是滑速比 S 的函数。因此，不同的 S 值会导致不同的 G 值。所以在 $\partial v_m / \partial S = 0$ 时的滑速比下，得到最大的压力梯度（以及最大的 G）。这个模型称为滑动平衡模型，是由福斯克提出来的。该模型假定两个相之间处于热力学平衡状态，因此适用于长通道。

根据动量平均比体积的表达式

$$v_m = \left[v'(1-x) + \frac{v''x}{S}\right][1 + x(S-1)]$$

则

$$\frac{\partial v_m}{\partial S} = (x - x^2)\left(v' - \frac{v''}{S^2}\right) = 0 \tag{5-225}$$

于是，在临界流动时滑速比 S^* 值为

$$S^* = \sqrt{v''/v'} \tag{5-226}$$

将两相临界质量流速一般方程式（5-224）中的滑速比用临界条件下的值 S^* 代替，并考

虑临界条件下 $dS^*/dp = 0$(等熵流动),以及液体的不可压缩性(忽略 dv'/dp 项),可以得到最大质量流速 G_c 的计算式

$$G_c^2 = -S^* \left\{ (1 - x + S^* x) x \frac{dv''}{dp} + \right.$$

$$\left. [v''(1 + 2S^* x - 2x) + v'(2xS^* - 2S^* - 2xS^{*2} + S^{*2})] \frac{dx}{dp} \right\}^{-1} \qquad (5 - 227)$$

应该指出,利用上式计算 G_c^2 时须采用临界条件下的局部参数。

从式(5 - 227)可以看出,临界质量流速 G_c 的计算,需要分别求出 dv''/dp,dx/dp 和 x 的值。

当压力变化与系统压力相比很小时,dv''/dp 值可以用 $\Delta v''/\Delta p$ 来近似代替。而对于普通的饱和气 - 水系统,dv''/dp 值可以由图 5 - 11 中查得,dx/dp 的求取亦可利用图 5 - 11 的特性曲线,对于一定压力 p 和含气率 x 的两相混合物,其焓值为

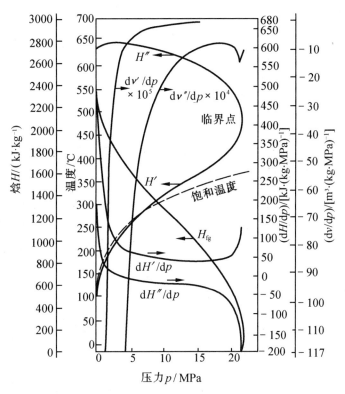

图 5 - 11　饱和水、气的热力学性质

$$H = H' + xH_{fg} \qquad (5 - 228)$$

由式(5 - 228)可以得到

$$x = \frac{H - H'}{H_{fg}} \qquad (5 - 229)$$

于是

$$\frac{dx}{dp} = \frac{d(H/H_{fg})}{dp} - \frac{d(H'/H_{fg})}{dp} = \frac{1}{H_{fg}^2} \left[\left(H_{fg} \frac{dH}{dp} - H \frac{dH_{fg}}{dp} \right) - \left(H_{fg} \frac{dH'}{dp} - H' \frac{dH_{fg}}{dp} \right) \right]$$

$$(5 - 230)$$

假定在流动过程中,两相流的总焓值不变,即 $dH/dp = 0$,而 $H_{fg} = H'' - H'$,$dH_{fg} = dH'' - dH'$,则上式变成

$$\frac{dx}{dp} = -\left(\frac{1-x}{H_{fg}}\frac{dH'}{dp}\right) - \left(\frac{x}{H_{fg}}\frac{dH''}{dp}\right) \qquad (5-231)$$

dx/dp 的求取亦可利用图 5-11 的特性曲线。对于一定压力 p 和含气率 x 的两个导数 dH'/dp 和 dH''/dp,只是压力的函数,对于普通的气-水系统,可以从图 5-11 中查得。x 值的求取,可借助于既不做功又没有热量交换的稳定流动的能量方程

$$H_0 = H + \frac{W^2}{2} \qquad (5-232)$$

对于气液两相可以分别写出

$$H_0' = H' + \frac{W'^2}{2} \qquad (5-233)$$

$$H_0'' = H'' + \frac{W''^2}{2} \qquad (5-234)$$

其中 H_0—— 两相流的滞止焓;

H_0'—— 液相滞止焓;

H_0''—— 气相滞止焓。

两相混合物的滞止焓可表示为

$$H_0 = (1-x)H_0' + xH_0'' = (1-x)\left(H' + \frac{W'^2}{2}\right) + x\left(H'' + \frac{W''^2}{2}\right) \qquad (5-235)$$

从上式中可以求得 x 值。该方程还可以写成

$$H_0 = (1-x)H' + xH'' + G^2\frac{1}{2}\left[(1-x)Sv' + xv''\right]^2\left(x + \frac{1-x}{S^2}\right) \qquad (5-236)$$

式中,v',H',v'',H'' 都依据临界压比来计算。临界压力可由福斯克的实验数据确定(图 5-12)。

得到这些数据的实验条件是:孔道内径为 6.35 mm;长度直径比 $L/D = 0$(孔板)到 40,具有锐边进口。福斯克认为,这些数据只与 L/D 之值有关,而与孔道直径单独变化无关。对于 L/D 超过 12 的长孔道,临界压比大约为 0.55。这个区是可以应用福斯克滑动平衡模型的一个区。对于较短的孔道,临界压比随着 L/D 变化而变化,但是在所有情况下,都好像与初始压力的大小没有关系。

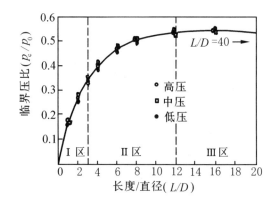

图 5-12   临界压比与 L/D 的关系

对于比较大的压力容器(如反应堆),如果某一管路破裂,两相流体从内部流出,此时可以近似地认为容器内的参数是滞止参数。根据滞止压力 p_0 可以由图 5-12 求出临界压力,然后求出临界压力下的参数 H',v',H'',v'' 等。

综上所述,福斯克给出的关系式,确定了一组方程式来求解临界流量,所用参数是通道出口处的局部参数,为了解出临界质量流速,要进行迭代计算。其计算结果表示在图 5-13 中,图中使用的参数 (x,p) 是指孔道出口处的参数。从图中可以看出,临界质量流速随出口临界压力

的上升而增大,随出口含气率的增大而减小。

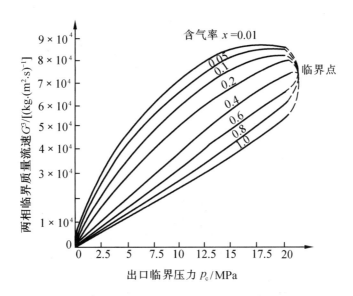

图 5 - 13　临界质量流速与出口临界压力的关系

5.3.3　高压容器的喷放过程

当反应堆出现破口事故时,高温高压的冷却剂会突然从破口喷出。这时反应堆内的冷却剂装量、液位,以及状态参数都会在瞬时发生变化。

设有一个刚性压力容器,其容积为 V,内压为 p,破口面积为 A_0,破口上游滞止压力为 p_0,喷放流量为 M_0。如果不考虑动能和势能的变化,这一喷放过程的质量和能量守恒方程为

$$V \frac{\mathrm{d}\rho}{\mathrm{d}t} = - M_0 \tag{5-237}$$

$$V \frac{\mathrm{d}(\rho U)}{\mathrm{d}t} = - H_0 M_0 + Q(t) \tag{5-238}$$

$$U = H - p/\rho \tag{5-239}$$

式中　ρ,U 和 H——分别为容器内流体的平均密度、平均内能和平均焓;

　　　　H_0——破口处冷却剂的滞止焓;

　　　　$Q(t)$——单位时间内传入冷却剂的热量。

将式(5-239)代入式(5-238),则方程改写为

$$\frac{\mathrm{d}H}{\mathrm{d}t} = \frac{1}{\rho V}\left[(H - H_0)M_0 + V \frac{\mathrm{d}p}{\mathrm{d}t} + Q(t) \right] \tag{5-240}$$

如果压力容器内的流体处于热力学平衡状态,容器内的平均焓可以由以下公式给出

$$H = H(p,\rho) \tag{5-241}$$

上述几个方程中共有五个未知量,即 ρ,H,p,M_0 和 H_0。为了得到确定的解,还需补充破口流量 M_0 的关系式(通常为临界流量)和破口上游滞止焓 H_0 的关系式。

M_0 可由临界流量的关系式计算;H_0 的关系式可以由不同的模型给出。下面介绍一下其中的

气泡上升模型。当冷却剂从压力容器破口喷放的过程中,容器内的压力逐渐下降,液体闪蒸变成蒸汽,这时容器内会形成自由液面。在液面以下包含有上升的气泡,容器上部空间为蒸汽腔室。

在这一系统中,设 M'' 为气体总质量;M_1'' 为液相中的蒸汽质量;M_2'' 为气腔中的蒸汽质量;M' 为液体总质量,这样有

$$M'' = M_1'' + M_2'' \tag{5-242}$$

$$M = M' + M'' \tag{5-243}$$

气腔内的质量平衡方程为

$$\frac{\mathrm{d}M_2''}{\mathrm{d}t} = -K(z_0 - z)M_0 + M_1'' \frac{u_b}{z} \tag{5-244}$$

其中 u_b 是气泡上升速度,可取 $0.6 \sim 0.9$ m/s;z_0 是破口处的高度;z 是液面高度。式中

$$K(z_0 - z) = \begin{cases} 1, & z_0 > z \quad (\text{破口在气腔}) \\ 0, & z_0 < z \quad (\text{破口在水空间}) \end{cases}$$

如果 α 是整个容器内的蒸汽所占的份额,根据定义有

$$M_1'' = [z - (1-\alpha)z_v]\rho''(p)A_v \tag{5-245}$$

$$M_2'' = [z_v - z]\rho''(p)A_v \tag{5-246}$$

其中,z_v 是容器内的总高度;A_v 是容器的横截面积。将式(5-245)和式(5-246)代入式(5-244),简化后得

$$\frac{\mathrm{d}z}{\mathrm{d}t} = -(z - z_v)\frac{\mathrm{d}}{\mathrm{d}t}[\ln \rho''(p)] + \frac{K(z_0 - z)M_0}{\rho''(p)A_v} - u_b\left[1 - (1-\alpha)\frac{z_v}{z}\right] \tag{5-247}$$

如果破口在液面以上,排出的是蒸汽;如果破口在液面以下,排出的是气-水混合物,其平均焓为

$$H_0 = \frac{M_1''H''(p) + M'H'(p)}{M_1'' + M'} \tag{5-248}$$

将式(5-245)代入上式,得滞止焓的表达式为

$$H_0 = \begin{cases} H''(p), & z_0 > z \\ \dfrac{(1-\alpha)z_v\rho'(p)H'(p) + [z - (1-\alpha)z_v]\rho''(p)H''(p)}{(1-\alpha)z_v\rho'(p) + [z - (1-\alpha)z_v]\rho''(p)}, & z_0 < z \end{cases} \tag{5-249}$$

式中　　H'—— 饱和水的焓;

　　　　H''—— 饱和气体的焓。

5.4　两相流动不稳定性

5.4.1　流动不稳定性的基本概念

5.4.1.1　流动不稳定性的定义

对于一个稳定的流动系统,其参数仅是空间变量的函数,与时间变量无关。实际上,在两相流动系统中,流动参数往往因湍动、成核汽化或流型改变而发生小的起伏或脉动。这种脉动,在一定条件下可能是触发某些不稳定性的驱动因素。当两相流动状态经受瞬间扰动时,若它能从新的运行状态又渐渐地恢复到初始的运行状态,这就是稳定流动;倘若它不能恢复到初始的稳

定状态,而是稳定于新的状态,或具有周期性,这种流动工况称为静态流动不稳定性。在两相流动系统中,当经受某一瞬间扰动时,如果在流动惯性和其他反馈效应作用下,产生了流动振荡而不能稳定在某一状态,则这种特性称为动态流动不稳定。

由以上定义可知,两相流动系统的不稳定性,是指在一个系统中,由于小的扰动引起流量、压降和空泡份额的大幅度振荡。它与机械系统中的振动相类似,质量流量、压降和空泡可以看作机械系统中的质量、激发力和弹簧,就此而论,流速和压降之间的关系起着重要的作用。如果在传热、空泡、流动方式和流速之间存在热力学 - 水动力学的耦合时,流动的振荡会加剧。然而即使在热源保持恒定时,也会发生振荡。流动不稳定性的存在,会对反应堆的正常运行带来很大的危害。

5.4.1.2　流动不稳定性的种类

流动不稳定性有很多种,下面分别介绍几种常见的流动不稳定性。

1. 流型变迁不稳定性

流型变迁不稳定性是发生在泡 - 塞状流变迁到环状流的流动工况。在泡 - 塞状流的流动工况中,若遇有随机偏差引起流量的暂时减少,在加热通道中会导致含气率的增大,于是可能转变到环状流动工况。由于在同样的质量流速下,环状流的压降比泡 - 塞状流的压降小,那么,在整个通道的驱动压头保持不变的情况下,就产生了过剩压头。过剩压头使得流体的流动加速,流量增大,在加热量保持不变的情况下,导致含气率降低,直到不能维持环状流动为止,于是又恢复到泡 - 塞状流的流动方式。这个循环不断往复,构成了流量的振荡,通常称为流型变迁不稳定性。

2. 起泡不稳定性

起泡不稳定性指的是液相突然汽化,使气 - 水混合物的密度迅速下降所引起的瞬间不稳定性。它直接依赖于液体的物性、系统的几何形状以及受热面条件。例如,对于非常清洁和平滑的受热面,需要较高的壁面过热才能激发泡核生成。表面附近的液体受到高度的过热,一旦泡核开始生成,气泡增长特别迅速,会使液体从受热流道喷出,迅速汽化将冷却周围的液体及加热表面。气泡一离开加热表面,加热表面又会重新被液相所覆盖。泡核的进一步生成将受到抑制,直到表面又重新出现必要的过热时,又重复上述过程。

3. 平行通道的管间脉动

管间脉动是平行的加热管道中气 - 水两相流动的不稳定现象。管间脉动是在并列通道进出口之间压差基本不变、总的给水量和蒸发量不变的情况下,并列通道之间所发生的周期性的流量波动。其特点是并列通道中的一些通道的流量增大时,另一些通道的流量减小,并做周期性的变化;同一通道进水流量 M_i 和出口蒸汽量 D_g 波动的方向相反,即进口水流量降到最小值时,出口蒸汽量达到最大值,两者呈180°相位差;而且进口水的流量 M_i 波动幅度较出口蒸汽量 D_g 的波动幅度大得多。这种流量波动具有自激振荡的性质,也就是在没有周期性外力的作用下,由于热力、水力过程内力的作用,而使脉动能够自动维持下去。

脉动时最大流量与平均流量之差称为脉动的振幅,而两个相邻的最大流量之间的时间称为脉动的周期。脉动的振幅和周期越大,则并联通道中工质流动的不稳定性越大。由于通道在瞬时的水和蒸汽的流量总是不一致的,那么管内一定存在着压力的波动。并列通道运行时,通道的热负荷总是有一些波动,如果某一通道中的热负荷增加,则沸腾段的沸腾现象加剧,产生大量蒸汽引起局部压力升高,使沸腾产生"膨胀"现象,将工质分别向通道进出口两端推动,因而使进口水流量减少(入口处压力不变),出口蒸汽量增加。与此同时,由于热负荷的增加,使预热段缩短,部分预热段变为沸腾段。由于局部压力升高,将一部分气 - 水混合物推向过热段,使沸腾段不仅没有提前结束反而延长到原来的过热段。蒸汽量增加和过热段的缩短会导致出口蒸汽热力状态的下降。这是脉动的第一瞬时。

由于局部压力升高,相应的饱和温度也高,单位质量的水加热到沸点所吸收的热量也增加,因而蒸汽产量下降,排出的气量减少。而此时进水量少,排出工质多,使流道出现"抽空"现象。这样会引起局部压力的降低,这就增大了管道出口压力与局部压力之差,使进水量又增加。这时预热段又开始增长,蒸发段缩短,过热段增长,这是脉动的第二瞬时。

在第二瞬时中,局部压力下降,相应的饱和温度也降低,蒸发量又开始增加。蒸发量的增加又促使局部压力升高,如此又回复到第一瞬时的情况。可见一旦发生一次扰动,就会连续地周期地发生流量和温度的脉动。

除了以上介绍的几种流动不稳定性以外,在反应堆中还经常会遇到流量漂移不稳定性,下面重点介绍这种流动不稳定性。

5.4.2 流量漂移不稳定性

流量漂移是加热通道内气 - 水两相流中最常见的流动不稳定性之一,属静态不稳定性范围。其特点是系统内的流量会发生突然性变化(通常是流量减少),当系统内存在着阻力随着流量的增加而下降的关系时,就可能出现这种不稳定性。

5.4.2.1 定性分析

图 5 - 14 所示为水通过一根加热量保持不变的直管所产生的流量漂移,又称莱迪内格(Ledinegg)流动不稳定现象。图中,实线 OADBEC 表示两相流动所产生的管内压降与流量的关系曲线,通常称为内部流动特性;虚线 a 和 b 表示保持在直管两端之间的压差,通常称为外部流动特性(常常是泵的压头或自然循环压头)。当质量流量较小时,水很快被加热至饱和而汽化,在管出口处为过热蒸汽。当总质量流量增大时,产生的蒸汽质量流量也增大,同时压降增大(如曲线 OAD 段所示)。直到 D 点以后,当继续增大质量流量时,欠热段加长,出口的含气率开始下降,同时出口流速也降低,因而压降减小。若质量流量再进一步增大时,欠热段进一步加长,出口含气量减少,出口流速进一步降低,同

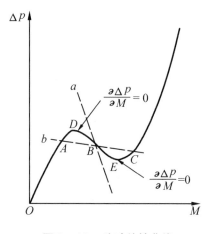

图 5 - 14 流动特性曲线

时压降也继续下降,直到出口完全是水时,压差下降到最小值 E 点。此后,当再进一步增大质量流量时,压降也随着增大。可见,在以上所描述的情况下,压降与质量流量的关系曲线有两个拐点,并非单调关系,而且输入热流密度越大,这个现象越明显。

从以上流量从小到大的过程可以看出,当流量小的时候,过热蒸汽的阻力是主要的,这时的特性曲线与过热蒸汽的特性曲线相同;当流量大的时候,水的阻力特性是主要的,这时的特性曲线与水的阻力特性曲线相同。在流量从大到小的过程中,由于沸腾的出现,阻力特性曲线由水的特性线过渡到蒸汽的特性线。在这个过程中,在一定的条件下,会出现随着流量减小阻

力升高的现象。这样,在相同通道压差的条件下,可能对应有两个或三个流量值,在这种情况下,就会出现流量漂移。这种流量漂移会使加热蒸发管产生热偏差和流量偏差,使运行不安全。这种流量漂移也称水动力特性的不稳定性。

5.4.2.2　流量漂移的数学分析

假设欠热水通过一根均匀加热的直管(图 5 − 15),水在加热管内流动并逐渐被加热、蒸发,直至变成过热蒸汽从加热管的出口离开。

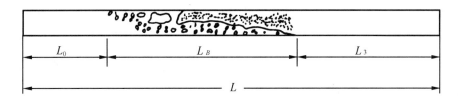

图 5 − 15　水强迫流动时蒸发管简图

如果不计加速度压降,则水平管内的总压降可表示为

$$\Delta p = \Delta p_f = \Delta p_{f0} + \Delta p_{fB} + \Delta p_{f3} \tag{5 − 250}$$

式中　Δp_{f0}——预热段的摩擦压降,Pa;

Δp_{fB}——沸腾段的摩擦压降,Pa;

Δp_{f3}——过热蒸汽段的摩擦压降,Pa。

预热段的摩擦压降为

$$\Delta p_{f0} = \frac{\lambda_0}{2D}L_0\left(\frac{M}{A}\right)^2\left(\frac{v' + v_i}{2}\right) \tag{5 − 251}$$

同样,若采用均相流模型,饱和气 − 水混合物的摩擦压降为

$$\Delta p_{fB} = \frac{\lambda}{2D}L_B\left(\frac{M}{A}\right)^2 v_m \tag{5 − 252}$$

过热段的摩擦压降为

$$\Delta p_{f3} = \frac{\lambda_3}{2D}L_3\left(\frac{M}{A}\right)^2 \bar{v}_3 \tag{5 − 253}$$

式中　v_m——两相流平均比体积;

$\bar{v}_3$——过热段的平均比体积;

$\lambda_0 , \lambda , \lambda_3$——预热段、沸腾段和过热段的摩擦系数,可根据不同公式算出。

在均匀加热的情况下,预热段、沸腾段和过热段的平均线功率密度相等,即 $\bar{q}_{l0} = \bar{q}_{lB} = \bar{q}_{l3} = q_l$。从而可以得到上述三段管长的表达式:

$$L_0 = \frac{M(H' - H_i)}{q_l} \tag{5 − 254}$$

$$L_B = \frac{M(H'' - H')}{q_l} \tag{5 − 255}$$

$$L_3 = L - \frac{M(H'' - H_i)}{q_l} \tag{5 − 256}$$

将式(5 − 251)至式(5 − 256)代入式(5 − 250)中,整理并简化得到

$$\Delta p = A_0 M^3 + B_0 M^2 + C_0 M \qquad (5-257)$$

其中,系数 A_0,B_0,C_0 的表达式为

$$A_0 = \frac{4}{\pi^2 D^5 q_1}\big[\lambda_0(H'-H_i)(v'+v_i) + \lambda(H''-H')(v''+v') - \lambda_3(H''-H_i)(v''+v_{out})\big]$$
$$(5-258)$$

$$B_0 = \frac{4\lambda_3}{\pi^2 D^5}L(v''+v_{out}),\ C_0 = 0$$

如果管内只有预热段和沸腾段,则总压降为

$$\Delta p = \Delta p_{f0} + \Delta p_{fB} =$$
$$\frac{\lambda_0}{2D}L_0\Big(\frac{M}{A}\Big)^2\frac{v'+v_i}{2} + \frac{\lambda}{2D}L_B\Big(\frac{M}{A}\Big)^2\Big[v' + \frac{x_{out}}{2}(v''-v')\Big] \qquad (5-259)$$

预热段长度

$$L_0 = \frac{M(H'-H_i)}{q_1}$$

蒸发段长度

$$L_B = L - L_0 = L - \frac{M(H'-H_i)}{q_1}$$

蒸发管出口含气率为

$$x_{out} = \frac{q_1(L-L_0)}{MH_{fg}}$$

以上公式经整理可以得到

$$\Delta p = A_1 M^3 - B_1 M^2 + C_1 M \qquad (5-260)$$

系数 A_1,B_1,C_1 的表达式为

$$A_1 = \frac{8\lambda_0(H'-H_i)}{\pi^2 D^5 q_1}\Big[\frac{H'-H_i}{2H_{fg}}(v''-v') - \frac{(v'-v_i)}{2}\Big] \qquad (5-261)$$

$$B_1 = \frac{8\lambda_0 L}{\pi^2 D^5}\Big[\frac{H'-H_i}{H_{fg}}(v''-v') - v'\Big] \qquad (5-262)$$

$$C_1 = \frac{4\lambda_0 L^2}{\pi^2 D^5 H_{fg}}q_1(v''-v') \qquad (5-263)$$

方程(5-257)和方程(5-260)都有三个根,可能有一个实根和两个虚根,也可能有三个实根。只有一个实根的情况,意味着在某一压降下,只有一个质量流量和其对应,这时的两相流动显然是稳定流动。若有三个实根,即有三个不同数值的质量流量和一个压降相对应,这时两相流动就处于流动不稳定状态,这就是流量漂移现象。正如图 5-14 所示,倘若外部流动特性曲线为 a 的情况下,a 与内部流动特性曲线相交于一个点 B。此时系统处于 B 点运行,则是稳定流动。若外部特性曲线为 b 的情况下,b 与内部特性曲线相交于 A,B 和 C 三个点。假定处在 B 点运行,当随机偏差使质量流量变化很小的 ΔM 时,由于外部压头高于管内两相流动压降,过剩的驱动压头将继续加大质量流量,直到 C 点为止。相反,倘若使质量流量变化有一个微小的 $-\Delta M$ 时,则外部压头低于管内两相流压降,于是促使质量流量减小,直到它减小到 A 点为止。这样,系统就产生了流量漂移现象。

5.4.2.3　各因素对流量漂移的影响

以上讨论了流量漂移不稳定性及其数学描述。由于影响压降及不稳定性的因素很多,很难用数学解析式完全表示其影响。下面将分析不稳定性的主要影响因素,以便从中找出克服不稳定性的方法。

1. 重位压降 $\Delta p_{l,e}$ 的影响

前面所讨论的流量漂移是水平流动情况,没有考虑重位压降。在垂直布置的加热通道中,重位压降这一项占的比例很大,不能忽略。若考虑重位压降的影响,则总压降为

$$\Delta p = \Delta p_f + \Delta p_{l,e}$$

重位压降由下式确定

$$\Delta p_{l,e} = L_0 g(\rho' + \rho_i)/2 + L_B g \rho_m \qquad (5-264)$$

这里考虑没有过热段的情况,如果沿管长均匀加热,则

$$\rho_m = \frac{1}{v_m} = \cfrac{1}{v' + \cfrac{x_{out}}{2}(v'' - v')}$$

$$x_{out} = \frac{q_1}{MH_{fg}} L_B = \frac{q_1}{MH_{fg}} \left[L - \frac{M(H' - H_i)}{q_1} \right] \qquad (5-265)$$

$$L_B g \rho_m = g \cfrac{L - \cfrac{M(H' - H_i)}{q_1}}{v' + \cfrac{x_{out}}{2}(v'' - v')} \qquad (5-266)$$

$$L_0 g \frac{\rho' + \rho_i}{2} = \frac{gM(H' - H_i)}{2q_1(v' + v_i)} \qquad (5-267)$$

$$\Delta p_{l,e} = \frac{gM}{q_1} \left\{ \frac{H' - H_i}{2(v' + v_i)} + \cfrac{Lq_1 - M(H' - H_i)}{M\left[v' + \cfrac{x_{out}}{2}(v'' - v') \right]} \right\} \qquad (5-268)$$

由方程(5-268)可知,重位压降的水动力特性曲线是单值的,因此,它对总的水动力特性起稳定作用。

图 5-16 是垂直上升的蒸发管的水动力特性曲线,在(a)(b)两图中,曲线 1 为流动阻力曲线,2 为重位压降曲线,3 为以上两项相加所得到的总水动力特性曲线。

由图 5-16(a) 可见,如不计重位压降时的水动力特性为单值的,则考虑重位压降后的水动力特性也是单值的;由图 5-16(b) 还可以看出,如不计重位压降时的水动力特性为多值的,考虑重位压降的影响后也可能消除多值性。总的来说,对于垂直上升蒸发管,重位压降对水动力特性起改善作用。

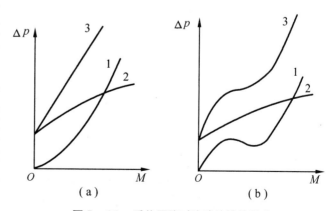

图 5-16　重位压降对流动特性的影响

2. 加速度压降的影响

当欠热水进入均匀加热管道时,出口是含气率为 x_{out} 的气 - 水混合物,用均相流模型表示的加速度压降为

$$\Delta p_a = \left(\frac{M}{A}\right)^2 \left[x_{out}(v'' - v') + (v' - v_i) \right] \quad (5-269)$$

利用均匀加热管道中的下列关系式

$$L_0 = \frac{M(H' - H_i)}{q_1}$$

$$L_B = \frac{MH_{fg}x_{out}}{q_1} = L - L_0 = L - \frac{M(H' - H_i)}{q_1}$$

得

$$x_{out} = \frac{q_1 L}{MH_{fg}} - \frac{H' - H_i}{H_{fg}} \quad (5-270)$$

将式(5 - 270)代入式(5 - 269),则

$$\Delta p_a = \frac{M^2}{A^2}\left[\frac{q_1 L}{MH_{fg}}(v'' - v') - \frac{H' - H_i}{H_{fg}}(v'' - v') + (v' - v_i) \right] \quad (5-271)$$

由式(5 - 271)可知,加速度压降的水动力特性曲线是单值的。因此,它对总的水动力特性也起稳定作用。

3. 系统压力的影响

流量漂移的根本原因是水变成蒸汽时,气 - 水混合物的比体积变化。当工作压力比较高时,蒸汽和水的比体积相差较小,因此不稳定性小;反之,工作压力较低时,蒸汽和水的比体积相差较大,不稳定性严重。

由方程(5 - 261)、方程(5 - 262)和方程(5 - 263)也可以看出,当压力升高时,$(v'' - v')$ 变小,虽然汽化潜热 H_{fg} 也变小,但是它远比不上比体积的变化,因此,$\dfrac{v'' - v'}{H_{fg}}$ 是随压力升高而下降的,这使系数 A_1,B_1 和 C_1 变小。系数的这种变化使方程(5 - 260)表示的特性曲线趋于平稳,图 5 - 17 示出了工作压力对不稳定性的影响。

压力越高,水动力特性越稳定,这只是在临界压比以下时才成立。在超临界压力下,由于沿管长热焓变化时,工质比体积也发生变化,尤其在最大比热容区的变化很大。因此,与低于临界压力时的情况一样,在超临界压力下也存在流量漂移问题。

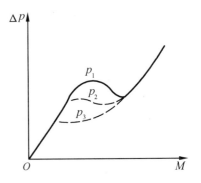

图 5 - 17 压力对不稳定性的影响

4. 热负荷的影响

以上讨论的是加热通道热负荷一定时的水动力特性曲线。在反应堆、蒸发器等设备工作时,随着功率的变化,受热面的热负荷也改变。

为了分析热负荷对水动力特性的影响,先将流量变成管子总吸热量 Q 的函数。假设蒸发管出口和入口参数不变,即工质的总焓增不变,则

$$M = \frac{Q}{\Delta H} = \frac{q_1 L}{\Delta H} \tag{5-272}$$

把以上关系代入压降的表达式

$$\Delta p_{f0} = \frac{\lambda_0}{2D} \frac{L_0}{A^2} \left(\frac{Q}{\Delta H}\right)^2 \frac{v' + v_i}{2} \tag{5-273}$$

$$\Delta p_{fB} = \frac{\lambda_0}{2D} \frac{L_B}{A^2} \left(\frac{Q}{\Delta H}\right)^2 v_m \tag{5-274}$$

$$\Delta p_f = \Delta p_{f0} + \Delta p_{fB} = \frac{\lambda_0}{2DA^2} \left(\frac{Q}{\Delta H}\right)^2 \left(\frac{v' + v_i}{2} L_0 + v_m L_B\right) \tag{5-275}$$

从上式中可以看出,在保持出入口工质参数不变的情况下,随着热负荷的增大,管内的流动阻力也增大,后者与热负荷的平方成正比。

实验也证明,当热负荷改变时,蒸发受热通道水动力特性多值性曲线也随之发生变化。这种由于热负荷变化而引起的水动力特性曲线的变化,更加深了水动力特性的不稳定性,即随着受热面负荷的改变,可能使并联各通道中的工质流量重新分配,有可能出现个别通道中工质流量过小的情况。

5. 入口水温的影响

进入蒸发管中的水温升高(入口水欠热度减小),则预热区段的长度及其流动阻力减小。当入口水温已达到饱和温度时,则预热段的流动阻力为零,此时式(5-261)中的 A_1 为零,水动力特性曲线为二次曲线,即使流量漂移消失。

在低压及中压下,当进入蒸发管的水温达到饱和温度时,流动阻力甚至近似地与入口水流量的一次方成正比,这可以通过以下的分析来证明。

当蒸发管的吸热量不变时,虽然进入管子的饱和水流量改变,但管内所产生的蒸汽量仍然不变,即在管子出口处的蒸汽折算速度不变。设入口处蒸汽量为零,出口蒸汽折算速度为 $j_{g,e}$,则蒸发管的摩擦阻力为

$$\Delta p_f = \frac{\lambda_0 L}{2D} \left(\frac{M}{A}\right) \frac{W_0}{\rho'} \left[\rho' + \frac{1}{2} \frac{j_{g,e}}{W_0} (\rho' - \rho'')\right]$$

$$= \frac{\lambda_0 L}{2D} G \left[W_0 + \frac{j_{g,e}}{2} (1 - \rho''/\rho')\right] \tag{5-276}$$

在低压甚至中压时,蒸汽的比体积比水的比体积大很多倍,另外,当进入管子的水量大部分被蒸发时,上式中方括号内的数值几乎完全决定于 $j_{g,e}$ 值而与循环速度 W_0 的关系不大,即

$$W_0 + \frac{j_{g,e}}{2} (1 - \rho''/\rho') \approx \frac{j_{g,e}}{2} \tag{5-277}$$

由此可近似得到蒸发管的摩擦阻力为

$$\Delta p_f = \frac{\lambda_0}{2D} LG \frac{j_{g,e}}{2} \tag{5-278}$$

图 5-18 绘出了当压力一定时,在不同入口水温

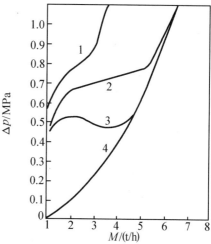

图 5-18　入口水温变化对水动力特性的影响

$p = 4$ MPa,曲线 1,2,3 的入口水温分别为 210 ℃,180 ℃ 和 150 ℃;曲线 4 为不加热管

情况下的水动力特性曲线。由此图可见,当入口水温达到某一温度后,水动力特性曲线就变成单值的了。

5.5 自 然 循 环

5.5.1 自然循环的基本概念

自然循环是指在一个闭合的回路内,在没有外部驱动力的作用下,依靠回路冷、热段的密度差和冷、热源中心的高度差产生的循环。在压水堆冷却剂系统内,反应堆是一个热源,一般都放在比较低的位置;蒸汽发生器相当于主冷却剂系统的散热器,它一般都放在比较高的位置。从反应堆流出的冷却剂温度较高,密度较小;而从蒸汽发生器流出的冷却剂温度较低,密度较大。这样,在蒸汽发生器与反应堆之间的高度差和冷、热段密度差的作用下,冷却剂就会产生自然循环。为了说明这一问题,可把反应堆看成一个加热点源,蒸汽发生器看成一个冷却点源,如图5 - 19 所示。设上升段的密度为 ρ_{up},下降段的密度为 ρ_{down}。自然循环的驱动压头为

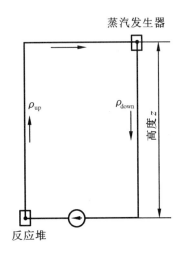

图5 - 19　主冷却剂系统自然循环简化示意图

$$\Delta p_d = (\rho_{down} - \rho_{up})gz \qquad (5 - 279)$$

这个驱动压头是由于冷、热两段重位压降不同造成的;自然循环时,这个压头等于回路的摩擦阻力损失、局部阻力损失和加速度压力损失之和,即

$$\sum_i \Delta p_{el,i} = \sum_i \Delta p_{f,i} + \sum_i \Delta p_{c,i} + \sum \Delta p_{a,i} = \Delta p_d \qquad (5 - 280)$$

驱动压头等于上升段和下降段的阻力损失之和,即

$$\Delta p_d = \Delta p_{up} + \Delta p_{down} \qquad (5 - 281)$$

上升段压降 $\Delta p_{up} = \Delta p_{up,f} + \Delta p_{up,c} + \Delta p_{up,a}$,角标 f 表示摩擦压降;c 表示局部压降;a 表示加速度压降。

从式(5 - 279)可以看出,在一个闭合回路中,自然循环驱动压头的大小主要与两个因素有关:一个是冷、热段的密度差;另一个是热源中心和冷源中心之间的高度差。

在分析自然循环流动时,一般把克服掉上升段以后的压头称为有效压头,则有效压头为

$$\Delta p_e = \Delta p_d - \Delta p_{up} \qquad (5 - 282)$$

下降段压降 $\Delta p_{down} = \Delta p_{down,f} + \Delta p_{down,c} + \Delta p_{down,a}$,由式(5 - 281)和式(5 - 282)可得

$$\Delta p_e = \Delta p_{down} \qquad (5 - 283)$$

即有效压头等于下降段的压降。

5.5.2 沸水堆内的自然循环

图5 - 20是一个沸水堆的冷却剂流程图,由于堆芯内加热使水沸腾产生两相流,两相流通

过顶部的气水分离器使气、水分离,蒸汽从顶端出气口引出,分离出的水与给水汇合再流回堆芯。在这个系统中,给水从活性区的上部加入,与堆芯上部分离器分离出的水在给水入口汇合后经下降段流入堆芯。在这种情况下,由于下降段内的流体平均密度 $\bar{\rho}_{down}$ 比堆芯的平均密度 $\bar{\rho}_{up}$ 大,在这个密度差的作用下,产生了驱动压头 Δp_d。Δp_d 可由下式求出,即

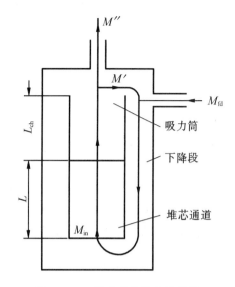

图 5 – 20　沸水堆的堆内流程图

$$\Delta p_d = \left[\bar{\rho}_{up}(L + L_{ch}) - \bar{\rho}_{up}(L + L_{ch}) \right] g$$

$$(5 - 284)$$

式中　　L—— 堆芯高度;

L_{ch}—— 堆芯上方吸力筒的高度。

下降段的密度是给水与分离出的水混合后的密度。

由图 5 – 20,根据热平衡的关系有

$$M_{in}H_{in} = M'H' + M_{fd}H_{fd} \qquad (5 - 285)$$

式中　　M_{in}—— 堆芯入口质量流量;

H_{in}—— 堆芯入口的焓;

M_{fd}—— 给水质量流量;

H_{fd}—— 给水的焓;

M'—— 从分离器分离出水的质量流量;

H'—— 饱和水的焓。

由质量平衡的关系

$$M'' = M_{fd} \qquad (5 - 286)$$

$$M'' + M' = M_{in} \qquad (5 - 287)$$

$$x_{out} = \frac{M''}{M'' + M'} = \frac{M_{fd}}{M_{fd} + M'} = \frac{M_{fd}}{M_{in}} \qquad (5 - 288)$$

H_{in} 为 $(M' + M_{fd})$ 的平均焓

$$H_{in} = \frac{M'}{M_{in}}H' + \frac{M_{fd}}{M_{in}}H_{fd} = (1 - x_{out})H' + x_{out}H_{fd} \qquad (5 - 289)$$

由 H_{in} 查出相应的温度,从而可得到下降段的平均密度。

在沸水堆内,为了增加其自然循环能力,在活性区上方有一段空的筒体,称为吸力筒。吸力筒内的流体密度最低,筒内没有燃料棒,流动阻力较小,因此吸力筒的存在增大了循环的驱动压头。在活性区及吸力筒内流体的平均密度为

$$\bar{\rho}_h = \frac{\bar{\rho}_0 L_0 + \bar{\rho}_B L_B + \bar{\rho}_{ch} L_{ch}}{L_0 + L_B + L_{ch}} \qquad (5 - 290)$$

式中,角标0表示不沸腾段的参数;角标 B 表示沸腾段的参数;角标ch表示吸力筒的参数。上式中的三个密度可由下列的关系分别求出。

$\bar{\rho}_0$ 是不沸腾段的平均密度,由下式给出,即

$$\bar{\rho}_0 = \frac{1}{L_0}\int_0^{L_0} \rho(z)\,\mathrm{d}z \qquad (5 - 291)$$

由于不沸腾段的欠热度不大,并且水的密度变化较小,因此可简单地由下式计算不沸腾段的平均密度

$$\bar{\rho}_0 = \frac{1}{2}(\rho_i + \rho') \tag{5-292}$$

式中　ρ_i—— 堆芯入口密度;

　　　ρ'—— 饱和水的密度。

$\bar{\rho}_{ch}$ 是吸力筒内的平均密度,在吸力筒内没有热量加入,其中的含气率与活性区出口的含气率相等。则有

$$\bar{\rho}_{ch} = \rho_{out} \tag{5-293}$$

ρ_{out} 是活性区的出口密度,可根据活性区出口的空泡份额通过计算得出。在吸力筒内流体的密度低,因此它可以大大提高沸水堆的自然循环能力。

$\bar{\rho}_B$ 是沸腾段的平均密度,由下式给出,即

$$\bar{\rho}_B = \frac{1}{L_B}\int_{L_0}^{L_B} \rho_B(z)\,\mathrm{d}z \tag{5-294}$$

$\rho_B(z)$ 与 z 的关系主要与空泡份额沿 z 方向的变化有关,根据两相流密度的定义

$$\bar{\rho}_B = (1 - \alpha_z)\rho' + \alpha_z\rho'' \tag{5-295}$$

因此有

$$\bar{\rho}_B = \frac{1}{L_B}\int_{L_0}^{L_B}\big[\rho' - \alpha_z(\rho' - \rho'')\big]\,\mathrm{d}z \tag{5-296}$$

α_z 与加热方式有关,根据加热方式,先建立通道长度与含气量 x 的关系,然后由 α_z 与 x 的关系便可找出 α_z 与通道长度的变化关系函数,对于沿通道正弦函数(坐标原点在堆芯下端)的加热情况,沸腾段的平均密度可根据 5.2.3 中的重位压降公式算出。

5.5.3　自然循环流量的确定

反应堆内自然循环的计算,关键的任务是要确定自然循环的流量,给出在回路特性一定的条件下,自然循环能带出的热量。通常把依靠自然循环流量所传输的功率占堆的额定热功率的百分率称为自然循环能力。自然循环能力是评价一个反应堆安全性的重要指标,对于舰船核动力,较大的自然循环能力可保证在主泵停转的情况下具有一定的航行能力。

自然循环水流量的确定是一个比较复杂的问题,一般有两种方法,即差分法和图解法。差分法所用的方程为

$$\sum_{i=1}^{n} g\bar{\rho}_i\Delta z - \sum_{i=n+1}^{2n} g\bar{\rho}_i\Delta z = \sum_{i=1}^{2n} \frac{C_{fi}\bar{\rho}_i W_i^2}{2} \tag{5-297}$$

式中,C_{fi} 是第 i 段阻力系数;W_i 是第 i 段的平均流速;第 i 段的平均密度 $\bar{\rho}_i$ 可由差分方程求解。用以上方法计算自然循环的流量,需用迭代方法。可以先假定一个流量,根据释热量,计算相应各段的密度,由式(5-297)算出流量后,与所设流量比较,如果与所设不符,则重新设定流量。选取一系列流量,经过若干次这样的计算,直至假设的流量与算出的流量相等,或两者的差小于某一规定值时为止。

自然循环流量的另外一种确定方法是采用图解方法。由于闭合系统的有效压头和下降段的压头都是系统流量的函数,因此,当上升段内的释热量及其分布以及系统的结构尺寸确定

后,由式(5 – 292)通过改变系统水流量的办法可以得到不同流量下的有效压头 Δp_e;这样就可以在坐标上画出有效压头随流量变化的曲线,如图 5 – 21 所示。用同样的办法,在同一坐标系下还可以画出下降段的压差 Δp_{down} 与流量的关系。由于上升段和下降段的压力损失都随着流量的增大而增大,因此,有效压头随着流量的增大而下降。下降段的压降随流量增大而增大,当 $\Delta p_e = \Delta p_{down}$ 时表明有效压头全部用于克服下降段的压力损失,这时就是自然循环的工作点。

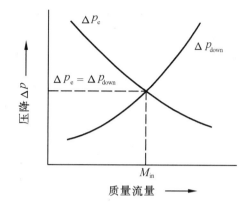

图 5 – 21　自然循环水流量图解法

5.5.4　强迫循环向自然循环的过渡

当主冷却剂泵断电时,主冷却剂系统从强迫循环向自然循环过渡。冷却剂流量随时间发生变化。这一变化可以通过求解动量守恒方程而得。假定整个环路按流动特性可以分成 m 段,并注意阻力项中应包含局部阻力,还应考虑环路中主冷却剂泵提供的压头。对于一维的流动,动量守恒方程沿整个环路的积分可以写成

$$\sum_{i=1}^{m} \left(\frac{z}{A} \right)_i \frac{\mathrm{d}M}{\mathrm{d}t} + \sum_{i=1}^{m} \left(\frac{C_f}{2A^2 \rho} \right)_i M^2 = \rho g H_p - \sum_{i=1}^{m} \int_{L_i} \rho g \mathrm{d}z \qquad (5 - 298)$$

式中　C_f—— 第 i 段流道的总阻力系数;

　　　H_p—— 主冷却剂泵扬程,m;

　　　z_i—— 第 i 段流道的长度,m。

在主冷却剂泵断电后,有两种力可以继续推动水流动。一种是泵转子惰转所给出的水泵扬程,一种是由冷却剂在回路上升段和下降段的密度差形成的重位压头。在断电的初期,水泵转子惯性转动的能量相当大,冷却剂重位压头的作用可以忽略不计。待惯性转动能量消耗殆尽之后,重位压头的作用开始显示出来,它变成自然循环的驱动压头。

若忽略重位压头的影响,方程(5 – 298)变成

$$\sum_{i=1}^{m} \left(\frac{z}{A} \right)_i \frac{\mathrm{d}M}{\mathrm{d}t} + \sum_{i=1}^{m} \left(\frac{C_f}{2A^2 \rho} \right)_i M^2 = \rho g H_p \qquad (5 - 299)$$

在稳态运行时,$\dfrac{\mathrm{d}M}{\mathrm{d}t} = 0$,因此有

$$\sum_{i=1}^{m} \left(\frac{C_f}{2A^2 \rho} \right)_i M_0^2 = \rho g H_{p,0} \qquad (5 - 300)$$

式中,M_0 和 $H_{p,0}$ 分别为稳态运行时的流量和扬程。由上式可得

$$\sum_{i=1}^{m} \left(\frac{C_f}{2A^2 \rho} \right)_i = \rho g \frac{H_{p,0}}{M_0^2} \qquad (5 - 301)$$

将式(5 – 301)代入式(5 – 299)可得

$$\sum_{i=1}^{m} \left(\frac{z}{A} \right)_i \frac{\mathrm{d}M}{\mathrm{d}t} + \rho g H_{p,0} \left(\frac{M}{M_0} \right)^2 = \rho g H_p \qquad (5 - 302)$$

为求解上述方程,必须先找出水泵扬程随时间变化的规律。以下分三种情况来讨论这个方

程的解法。

5.5.4.1　水泵的转动惯量很小时

当水泵的转动惯量很小时,假设水泵一失去电源其扬程就立即变为零,而后保持这个状态不变。若令

$$K = \frac{\rho g H_{p,0}}{M_0^2 \sum\limits_{i=1}^{m} \left(\frac{z}{A} \right)_i} \tag{5-303}$$

则式(5-302)可简化成

$$\frac{dM}{dt} + KM^2 = 0 \tag{5-304}$$

方程的初始条件是:$t = 0$ 时,

$$M = M_0$$

从而得到式(5-304)的解为

$$\frac{M}{M_0} = \frac{1}{1 + KM_0 t} \tag{5-305}$$

由式(5-305)可以得到在泵的转动惯量为零的情况下,回路流量减少到一半所需的时间为

$$t_{0,\frac{1}{2}} = \frac{1}{KM_0} = \frac{M_0^2 \sum\limits_{i=1}^{m} \left(\frac{z}{A} \right)_i}{M_0 \rho g H_{p,0}} = \frac{2E_s}{g M_0 H_{p,0}} \tag{5-306}$$

式中,E_s 为停泵前储存在回路冷却剂中的初始稳态动能。

$$E_s = \frac{M_0^2}{2\rho} \sum\limits_{i=1}^{m} \left(\frac{z}{A} \right)_i \tag{5-307}$$

根据式(5-306),冷却剂中储存的动能越大,回路流量就衰减得越慢。式(5-305)可以进一步简化成

$$\frac{M}{M_0} = \frac{1}{1 + \dfrac{t}{t_{0,\frac{1}{2}}}} = \frac{1}{1 + T} \tag{5-308}$$

式中,T 是无因次时间,$T = \dfrac{t}{t_{0,\frac{1}{2}}}$。由式(5-308)可以很容易地估算出回路中冷却剂流量随时间的变化。

5.5.4.2　流量和泵转速以同一相对速度下降

假定断电后泵的效率不变,仍然等于稳态运行时的效率 η_0。泵的有效功率 N_e 与扬程 H_p 之间存在下列关系,即

$$N_e = MgH_p \tag{5-309}$$

在动力电源断电的情况下,泵的有效功率是由转子动能的减小给出的。这一关系可以用下列方程来表达

$$N_e = -\eta_0 \frac{d\left(\frac{1}{2} I \omega^2 \right)}{dt} = -I\omega \eta_0 \frac{d\omega}{dt} \tag{5-310}$$

式中　I——泵转子的转动惯量,kg·m^2;

ω—— 泵转子的角速度,rad/s;

η_0—— 泵的效率。

由式(5 – 309) 和式(5 – 310) 可得

$$H_p = -\frac{I\eta_0}{g}\frac{\omega}{M}\frac{d\omega}{dt} \tag{5-311}$$

根据假设,可以写出

$$\frac{M}{M_0} = \frac{\omega}{\omega_0} \tag{5-312}$$

在式(5 – 311) 中运用这一关系式,并把它代入式(5 – 312),整理后可得

$$\left[\frac{M_0^2}{\rho}\sum_{i=1}^{m}\left(\frac{z}{A}\right)_i + I\omega_0^2\eta_0\right]\frac{dM}{dt} + gH_{p,0}M^2 = 0 \tag{5-313}$$

式(5 – 313) 的解为

$$\frac{M}{M_0} = \cfrac{1}{1 + \cfrac{gM_0H_{p,0}t}{\cfrac{M_0^2}{\rho}\sum_{i=1}^{m}\left(\cfrac{z}{A}\right)_i + I\omega_0^2\eta_0}} \tag{5-314}$$

为进一步简化这一结果,令

$$\xi = \frac{E_s}{\eta_0 E_p} \tag{5-315}$$

式中,E_p 为泵转子初始稳态动能。

$$E_p = \frac{1}{2}I\omega_0^2 \tag{5-316}$$

可以看出,这里 ξ 表示回路流体初始稳态动能与泵转子初始稳态动能之比。将式(5 –307) 和式(5 – 316) 代入式(5 – 315) 可得

$$\xi = \cfrac{\cfrac{M_0^2}{\rho}\sum_{i=1}^{m}\left(\cfrac{z}{A}\right)_i}{I\omega_0^2\eta_0} \tag{5-317}$$

此外,若仍沿用第一种方法中的无因次时间 T,由式(5 – 306) 得出

$$T = \frac{t}{t_{0,\frac{1}{2}}} = \frac{gM_0H_{p,0}t}{2E_s} \tag{5-318}$$

将式(5 – 317) 和式(5 – 318) 代入式(5 – 314),可得简化后的结果为

$$\frac{M}{M_0} = \cfrac{1}{1 + \cfrac{\xi T}{1 + \xi}} \tag{5-319}$$

根据式(5 –319) 的计算结果画出的流量衰减曲线如图 5 – 22 所示。由该图可以看出,ξ 的数值越小,即泵转子的初始能越大,则流量衰减得越慢。对于压水堆电站,ξ 的数值在 0.04 左右,这时流量衰减到一半的时间在 10 s 以上。而当假定泵转子的转动惯量为零时,流量减半的时间则只有 0.5 s 左右。由此可见,泵转子转动惯量的大小对电源断电后回路内流量变化的影响是很大的。

反应堆的有效停堆发生在断电后 2 ~ 3 s,堆芯最小烧毁比(DNBR) 在有效停堆后即可降

至最低值,最后又开始回升。因此对压水堆电站全部主泵断电事故来说,最关键的是断电后前几秒钟的流量变化。压水堆电站主循环泵转子的转动惯量很大,在几秒钟的时间内,流量衰减得并不多。在这种情况下,本方法所用的两条假设基本上是正确的,计算结果的误差不大。

在泵转子的初始转动能量很大,即 ξ 很小的情况下,式(5 – 319)还可以进一步简化成

$$\frac{M}{M_0} = \frac{1}{1 + \xi T} \qquad (5 - 320)$$

在上述求解过程中,都简单地假设回路中的摩擦阻力与流量的二次方成正比,并对泵模型做了简化处理,这些都会带来一定的误差。如果需要更精确的计算,还要选择更完善的模型。

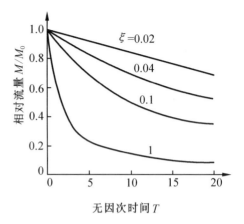

图 5 – 22   流量衰减的计算曲线

5.5.4.3　完善的泵模型

回路中的阻力可能偏离流量的二次方关系,因而我们应该把方程(5 – 299)阻力项中的指数改成 n,即

$$\sum_{i=1}^{m} \left(\frac{z}{A}\right)_i \frac{dM}{dt} + \sum_{i=1}^{m} \left[\frac{C_f}{2\rho}\left(\frac{M}{A}\right)^n\right]_i = \rho g H_p \qquad (5 - 321)$$

各段流道中的指数 n 可能不同,应由实验确定或参照有关资料选取。

更完善的泵扬程关系式为

$$H_p = a_1 M^2 + a_2 \omega^2 \qquad (5 - 322)$$

式中,a_1 和 a_2 是常数,因泵而异。式(5 – 322)中包含角速度 ω,根据牛顿第二定律,有

$$I \frac{d\omega}{dt} = \sum \dot{M} \qquad (5 - 323)$$

式中　I——泵转动部分的转动惯量,$kg \cdot m^2$;

$\sum \dot{M}$——作用在转动部分的各种力矩之和,$N \cdot m$。

泵断电后,作用在转动部分上的力矩有叶轮上的水力力矩、风阻力矩,以及作用在轴承上的摩擦力矩。

水力力矩是叶轮对流体做功时产生的。叶轮传给流体的有效功率 N_e 与水泵的扬程之间存在的关系已于式(5 – 309)中给出。如果叶轮传递这一功率所需的力矩为 $\dot{M}_E$ 则有

$$N_e = \dot{M}_E \omega \qquad (5 - 324)$$

由式(5 – 309)和式(5 – 324)可得

$$\dot{M}_E = \frac{M g H_p}{\omega} \qquad (5 - 325)$$

叶轮在传递有效功率的同时,还要克服与流体间的内摩擦力,相应的力矩为 $\dot{M}_L$,它与叶片和流体之间相对运动速度的平方成正比,即

$$\dot{M}_L = b_1 (\omega r - W)^2 \qquad (5 - 326)$$

式中　r——叶轮的有效半径;

b_1—— 常数,数值因泵而异;

W—— 流速。

克服风阻和轴承摩擦所需要的力矩为 $\dot{M}_{\omega,b}$,它的大小正比于转速的平方,即

$$\dot{M}_{\omega,b} = b_2\left(\frac{\omega}{\omega_0}\right)^2 \qquad (5-327)$$

式中　ω_0—— 泵的额定转速(角速度);

b_2—— 常数,数值因泵而异

上述三种力矩作用的方向均与转速的方向相反,因而式(5 - 323)可写成

$$I\frac{\mathrm{d}\omega}{\mathrm{d}t} = -\dot{M}_E - \dot{M}_L - \dot{M}_{\omega,b} \qquad (5-328)$$

代入式(5 - 325)~ 式(5 - 327)后,上式变成

$$I\frac{\mathrm{d}\omega}{\mathrm{d}t} = -\frac{MgH_p}{\omega} - b_1(\omega r - W)^2 - b_2\left(\frac{\omega}{\omega_0}\right)^2 \qquad (5-329)$$

方程(5 - 321)、方程(5 - 322)和方程(5 - 329)构成了一组闭合方程,联立求解这一组方程,就可以得到堆芯中冷却剂流量随时间的变化。

在用计算程序求解时,其基本思路如下:以稳态作为初始条件,将稳态时的流量、转速和扬程代入式(5 - 329),求出此时的转速变化率 $\frac{\mathrm{d}\omega}{\mathrm{d}t}$。由此可以求出时间步长 Δt 末尾的转速。将该转速代入式(5 - 322)求出这时的扬程;然后把扬程代入式(5 - 321),解出流量的变化率。如果需要的话,可以利用原来的流量与新算出的流量的平均值来重复以上的计算。如果计算结果收敛,即可计算下一个时间步长的量。

水泵转子惰转结束后,它本身变成一个阻力件,对流动产生阻力。这时由方程(5 - 298)可得自然循环流量的变化关系为

$$\sum_{i=1}^{m}\left(\frac{z}{A}\right)_i\frac{\mathrm{d}M}{\mathrm{d}t} + \sum_{i=1}^{m}\left(\frac{C_f}{2A^2\rho}\right)_i M^2 = -\sum_{i=1}^{m}\int_{z_i}\rho g\mathrm{d}z \qquad (5-330)$$

在用上式求解时,需要知道堆芯的功率、蒸汽发生器的传热工况和物性关系。当主泵惰转结束后,稳定的自然循环建立起来,这时式(5 - 330)可以还原成式(5 - 297)的形式。

思　考　题

5 - 1　单相流压降通常由哪几部分组成?

5 - 2　在单相流压降计算中,什么情况下不需要计算重位压降?什么情况下不需要计算加速压降?

5 - 3　两相流中的截面含气率与体积含气率有何差别?

5 - 4　在气 - 水两相流中定义了哪几种含气率,它们的含义是什么?

5 - 5　两相流压降计算中的均相流模型和分相流模型是如何定义的?

5 - 6　何谓临界流,研究临界流对反应堆的安全有何意义?

5 - 7　流动不稳定性有哪些危害,如何消除流动不稳定性?

5 - 8　何谓自然循环?

5 - 9 Ledinegg 流动不稳定性会在什么条件下出现?

5 - 10 建立自然循环流动必须具备的条件是什么?

5 - 11 维持一回路的自然循环对压水堆的安全运行有什么作用?

5 - 12 影响压水堆自然循环的因素有哪些?

5 - 13 影响反应堆主冷却剂流动不稳定性的因素有哪些?

5 - 14 何谓两相流滑速比?

习 题

5 - 1 某沸水反应堆冷却剂通道,高 1.8 m,运行压力为 4.5 MPa,进入通道水的欠热度是 13 ℃,离开通道时的含气量是 0.06。如果通道的加热方式是:① 均匀加热;② 正弦加热(坐标原点取在通道的进口处),试计算饱和沸腾段高度(忽略欠热沸腾和外推长度)。

5 - 2 设流量 $M = 3.5$ kg/s 的水流过一水平光滑渐扩管。已知该渐扩管的截面 1 上的平均压力 $p_1 = 1 \times 10^5$ Pa,截面 1 和 2 的流通截面积各分别为 $A_1 = 0.7 \times 10^{-3}$ m²,$A_2 = 2 \times 10^{-3}$ m²,如果忽略该渐扩管的摩擦和形阻压力损失,设液体密度 $\rho = 990$ kg/m³,试求截面 2 上的平均压力 p_2。

5 - 3 设有一个以正弦方式加热的沸腾通道(坐标原点取在通道的进口处),长 3.6 m,运行压力为 8 MPa,单相水段高度为 1.2 m,进口水的欠热度为 15 ℃,试求该通道的出口热平衡含气率和空泡份额(滑速比 $S = 1.2$,并忽略欠热沸腾的影响)。

5 - 4 某一模拟实验回路的垂直加热通道,在某高度处发生饱和沸腾。已知加热通道的内径 $d = 2$ cm,冷却水的质量流量 $M_f = 1.2$ t/h,系统的运行压力是 10 MPa,加热通道进口水焓 $H_{in} = 1\ 214$ kJ/kg,沿通道轴向均匀加热,热流密度 $q = 6.7 \times 10^5$ W/m²,通道长 2 m,试计算加热通道内流体的饱和沸腾起始点的高度和通道出口处的含气率。

5 - 5 试计算由直径为 20 mm 突然扩大至 50 mm 的水平管中气 - 水两相流的静压力变化和压力损失。假设系统的运行压力是 1 MPa,含气量是 0.04,质量流量是 0.8 kg/s。

5 - 6 一均匀受热的竖直管,管内径 12 mm,管长 4 m,进口水温 200 ℃,压力 7 MPa,水的质量流量 0.1 kg/s,壁面热负荷 100 kW,滑速比 $S = 1.5$。试计算该管段的总压降。

5 - 7 某压水反应堆,运行压力 $p = 13$ MPa,水的平均温度 $T_f = 304$ ℃,出口通道直径 $d = 0.3$ m。在离压力壳约 6 m 处突然发生断裂,断口是完整的而且与管轴线相垂直,背压是大气压。试计算发生断裂瞬间的冷却剂丧失率。

参 考 文 献

[1] 任功祖.动力反应堆热工水力分析[M].北京:原子能出版社,1982.

[2] 陈之航,曹柏林,赵在三.气液双相流动和传热[M].北京:机械工业出版社,1983.

[3] 埃尔 - 韦基尔 M M.核反应堆热工学[M].北京:原子能出版社,1977.

[4] 赵兆颐,朱瑞安.反应堆热工流体力学[M].北京:清华大学出版社,1992.

[5] 黄承懋.锅炉水动力学及锅内传热[M].北京:机械工业出版社,1982.

[6] 于平安,朱瑞安,喻真烷,等.核反应堆热工分析[M].北京:原子能出版社,1986.

第6章 核反应堆热工水力设计

6.1 堆芯热工水力设计概述

6.1.1 热工水力设计与其他设计的关系

核反应堆设计要达到的目标是要保证核燃料在堆芯内安全、可靠、经济地产生核裂变,并将核裂变产生的热量有效地输出。反应堆设计涉及的范围很广,包括的专业有反应堆物理、反应堆热工水力、反应堆控制、反应堆结构和材料等。反应堆热工水力设计的主要任务,是保证反应堆堆芯在各种运行工况下都能得到足够的冷却,以保证反应堆的安全。通过热工水力设计计算来确定堆芯燃料元件的总传热面积、元件几何尺寸、冷却剂流速、温度和压力等。设计中要校核计算满足反应堆安全的极限设计参数,如最小烧毁比 MDNBR 等。反应堆设计的一个重要指标是安全性,世界上反应堆运行的经验表明,压水反应堆的安全性是好的,只要我们在设计、运行等过程中严格地遵守一定规程,就可以保证反应堆安全可靠地运行。而反应堆热工水力设计在保证反应堆安全运行方面起了非常重要的作用。由于反应堆热工设计中确定的参数大多数是一些很重要的限量,如燃料表面热流密度、反应堆冷却剂流量和燃料温度等,因此,如果能够准确地计算这些量,就会保证设计出的反应堆运行安全。除了安全性的要求外,对于核电站,经济性也是一个非常重要的指标。经济性的指标要通过反应堆各方面的设计共同来完成,其中反应堆热工设计起到很重要的作用,如果反应堆热工水力设计的各参数选择得合理,则会使反应堆的经济性得到提高。虽然反应堆热工水力设计在整个反应堆的设计中占有非常重要的地位,但是要设计好一个反应堆,必须处理好堆热工水力设计与其他各专业设计之间的关系。

由于反应堆热工水力设计与其他几个专业关系密切,因此,在设计之前,需要由各有关专业共同商定以下内容:

① 根据核电厂所要发出的电功率和核电厂总体设计要求,与一回路、二回路装置设计协调,提出反应堆应发出的总热功率;

② 与一回路、二回路装置设计协调平衡,确定反应堆运行压力、进出口温度和总流量等主要热工参数;

③ 与堆物理、结构和燃料元件设计协调平衡,确定堆芯水铀比、堆芯结构、燃料元件尺寸和栅格布置等;

④ 根据初步确定的堆芯结构、燃料元件尺寸等主要热工参数,以及堆物理设计提供的堆芯相对功率分布,确定冷却剂流程和流量分配方案。

由于不同用途的反应堆具体的要求不一样,在计算中各参数的选取原则也有所不同。例如船用堆,重点要求质量小、体积小,而电站堆对经济性要求较高,这些都应在具体的方案确定和参数选取时体现。但一般来讲,反应堆的安全性和经济性有时会产生矛盾。例如,从安全的角度出发,燃料表面的热流密度低一些、堆芯的出口温度低一些会产生较大的安全裕量,但这样一来的后果是热效率下降、经济性降低。

从反应堆设计的总目标来看，一般希望堆芯功率密度高一些，这样可以利用较小的堆芯体积产生所要求的热功率，对于船用反应堆，这一点有其特殊的意义。此外，为减少所需的燃料装载量，也希望燃料比功率（每单位燃料质量产生的功率）高一些。同时还希望冷却剂出口温度尽量高，因为这不仅能提高热力学效率，而且能产生较高温度的蒸汽，使汽轮机的工作条件得到改善。但必须清醒地知道，这些目标的实现，将受到堆芯热工性能的许多限制条件的约束，即堆芯热工设计准则的约束。对堆芯热工性能主要的限制包括：避免发生明显的燃料中心熔化；使热流密度低于允许的最大值；以及限制由于裂变气体释放、燃料肿胀和温度梯度对包壳造成过高的应力。这些条件限制了燃料元件的表面热流密度、线功率密度和体积释热率。换句话说，上述参数并不是愈高愈好，而是综合考虑安全性、可靠性和经济性而选取恰当的数值。

在反应堆设计过程中，各专业对有些参数的要求有所不同，会产生矛盾，要通过各专业的协调来解决各种矛盾。例如，从热工的角度出发，希望燃料元件棒做得越细越好，这样有利于传热，但棒径太细会给元件包壳管的加工带来困难，同时也会带来结构和材料方面的问题，这些就需要各专业协调解决。为了提高经济性，电站反应堆一般都采用棒状燃料元件；而船用反应堆和一些特殊用途的反应堆可用板状元件。另外，为了保证冷却剂在堆内有足够的流速，以便获得较高的对流换热系数，希望燃料棒的间距小一些；但是如果栅距太小，可能会满足不了物理上对水铀比的要求，同时也可能会与结构上的布置和定位发生矛盾，因此在确定栅距时，要与物理、结构等方面的设计协调，综合考虑各因素的影响，从而确定出最佳的结构尺寸。

一个好的反应堆设计，应该是各专业协调配合的结果。而在整个设计中，堆热工水力设计和堆物理设计的耦合是相当重要的，需要很好地配合，例如堆芯核设计确定了堆芯内功率分布，功率分布决定了堆芯内热源和温度分布，而堆芯内的温度分布对冷却剂密度和中子的共振吸收有很大影响，这些对核参数又会产生影响。因此堆芯的主要参数要通过热工和堆物理的反复计算才能确定。确定出比较好的方案后，结构设计应尽可能地满足堆热工和堆物理设计的要求。但如果遇到结构上的较大问题，如工艺无法解决等，就需要堆热工和物理设计调整有关参数。

应该指出，尽管目前随着计算机的广泛使用，很多设计工作都可以通过计算机解决，但反应堆热工水力设计的一些关键数据，如沸腾临界点、下腔室的流量分配、流动阻力等，还主要以热工水力实验为依据。为了确保反应堆的安全性，堆芯的一些关键数据，还需做最终的实验验证。反应堆热工水力设计中需要进行的热工水力实验的大致内容如下。

① 临界热流密度实验。根据设计出的燃料元件和冷却剂具体参数验证临界热流密度的计算结果。

② 测定设计所采用的燃料芯块和包壳的热物性，以及芯块和包壳间的间隙传热系数。

③ 堆本体水力模拟实验。测定压力容器内各部分的冷却剂流动压降、下腔室冷却剂流量分配不均匀系数及堆内各部分的旁通流量。

④ 燃料组件水力模拟实验。测定单相和两相流动情况下燃料组件内的压降，测定相邻冷却剂通道间的流体交混系数、定位格架的阻力和搅混系数、通道内流动沸腾情况下的流动不稳定性等。

6.1.2　反应堆热工设计准则

为了保证反应堆安全可靠地运行，在反应堆及冷却剂系统的设计时，应预先规定热工设计所必须遵守的基本要求,这些基本要求就称为反应堆热工设计准则,也就是反应堆热工设计中必须遵守的一些基本原则。设计准则规定了反应堆热工设计必须要满足的一些条件,它是反应堆热工设计的基础和依据。设计准则要保证反应堆在稳态工况和预期的事故工况下,反应堆的热工参数都能满足安全性的要求。反应堆的热工设计准则与反应堆的堆型有关,不同的堆型需要有不同的热工设计准则。下面主要介绍一下压水堆的热工设计准则。

① 在正常工况和允许的超功率工况下,燃料元件外表面不允许产生沸腾临界,也就是不允许出现膜态沸腾。设计时要留有裕量,通常情况下乘以安全系数 MDNBR,MDNBR 值取决于所采用的 q_{ONB} 公式及其精度,而不是一个固定值。应用 W－3 公式时,在正常稳定工况下通常取 MDNBR = 1.8,正常允许的超功率工况下取 MDNBR = 1.3。

② 燃料元件芯块内最高温度应低于相应燃耗下燃料的熔化温度,未经辐照过的 UO_2 燃料的熔点为 2 800 ℃,随着燃耗的加深,燃料的熔点要下降。在反应堆的稳态热工设计中,一般燃料的使用温度限制在 2 200 ~ 2 450 ℃,这样可为动态过程留有裕量。

③ 在稳态运行和预期的动态运行过程中,堆芯内不允许发生流动不稳定性。为了保证这一条件,要限制堆芯最热通道出口的含气率小于一定值,或者堆芯入口处的欠热度大于一定值。

④ 保证在正常运行工况下,燃料元件和堆内构件能得到充分地冷却;并保证在允许的事故工况下,有足够的冷却剂冷却堆芯,停堆后堆芯的余热能够被有效带出。

不同类型的反应堆的工作特点不一样,因此它们的热工设计准则也不同。例如,气冷堆不存在像压水堆那样的燃料元件表面的沸腾临界问题。气冷堆的热工设计准则主要是燃料元件表面最高温度、中心最高温度,以及燃料元件和结构部件的最大热应力不超过允许值。对于用水作冷却剂的生产堆,一般就把燃料元件包壳与水发生加速腐蚀时的包壳表面温度作为其设计限值之一。这是因为新的裂变燃料的生产量与堆的热功率成正比,要增加新的裂变燃料的生产量,就必须尽可能提高反应堆的热功率;而功率的提高会使燃料的表面温度也跟着升高,当温度升高到某个数值时,包壳就会被水加速腐蚀,从而影响燃料元件的寿命。应该指出,包壳加速腐蚀并不会立即影响反应堆的安全,但它会影响反应堆燃料的换料周期和运行时间,从而影响新的裂变燃料的生产量。因此,把引起包壳加速腐蚀的温度值定为生产堆的一条热工设计准则限值。

6.1.3　堆芯热工水力设计参数的选择

压水堆内冷却剂的运行压力、堆的进口与出口温度、冷却剂的流量和流速等热工参数的选择,直接影响到堆的安全性和核电站的经济性(堆功率输出、电站效率和发电成本等)。因此,合理选择冷却剂的热工参数是堆芯热工设计的重要内容。这里只扼要阐述堆热工参数对核动力装置设计的一些影响及这些参数的取值范围。

6.1.3.1　冷却剂的工作压力

根据水的热力学性质得知,欲提高压水堆出口的冷却剂工作温度,从而获得满意的电站效率,必须提高冷却剂的运行压力。然而,这方面的潜力是有限的。例如,当冷却剂的工作压力取接近临界压力的 19.6 MPa 时,其饱和温度也只有 368 ℃。而现代压水堆的常用压力约为 15.5 MPa,对应的饱和温度约为 345 ℃。两者相比,压力提高了 4.1 MPa,饱和温度却只提高了 23 ℃。显然,如此大幅度地提高压力,对反应堆及其辅助系统有关设备的设计与制造都将带来许多困难和经济损失,而电站效率方面的收益却并不太大。因此,不应片面追求过高的冷却剂工作压力。

6.1.3.2 反应堆出口冷却剂温度

电站的热效率与冷却剂的平均温度密切相关。只有反应堆出口冷却剂的温度高,才能得到较高的冷却剂平均温度,从而使电站的热效率提高。然而,出口温度值的选取应考虑的因素有:燃料包壳材料要受到抗高温腐蚀性能的限制,不同堆型的燃料包壳所允许的最高表面温度是不同的。对于水冷堆,锆合金包壳的允许表面工作温度应不高于 350 ℃。另外,为了保证反应堆热功率的正常输出,或者说保证堆内的正常热交换,元件壁面与冷却剂间要有足够大的膜温压。如果压水堆中的燃料包壳温度限定为 350 ℃ 左右,冷却剂温度至少应比此值低 10 ~ 15 ℃,这样才能保证堆芯内的正常热交换。另外,堆芯冷却剂出口温度还受到堆芯径向功率分布不均匀性的限制。如果堆内各冷却剂通道的功率差别较大,就会造成各通道间冷却剂出口温度差别较大,而允许的最高温度是受最热通道参数的限制,因此,径向功率分布不均匀性越大,则允许的堆出口温度越低。但是应该指出,随着反应堆各方面技术的不断改进,堆芯内的不均匀系数越来越小,因此,在同样压力下堆芯出口温度越来越高。为了确保反应堆内冷却剂流动的稳定性,堆芯冷却剂的平均出口温度一般应比工作压力下的饱和温度低 20 ℃ 左右。

由此可见,反应堆出口冷却剂温度的变化范围也很有限。例如,大亚湾核电站反应堆,运行压力为 15.5 MPa,相应的饱和温度约为 345 ℃,堆出口温度为 328.3 ℃,比饱和温度低约 17 ℃。

6.1.3.3 反应堆进口冷却剂温度

反应堆出口冷却剂温度一经确定之后,由载热方程可知:对于已知的反应堆热功率 N_t 来说,冷却剂的进口温度与流量之间有单值关系。入口温度取值愈高,堆内温升愈低,平均温度就愈高,从而得到的循环效率及电站效率也较高。然而,另一方面,由公式 $N_t = M_t c_p (T_{out} - T_{in})$ 可知,降低温升意味着在输出同样功率的条件下需要提高冷却剂的流量 M_t,这就增加了主循环泵的唧送功率,从而降低了电站的净效率和净电功率输出。冷却剂的进口温度应在综合考虑上述利弊以及其他一些因素之后,选取最佳值。

热工计算时,可以根据已经确定的冷却剂总流量,再由载热方程算出入口温度。其中总流通面积 A 视冷却剂的总流量 M_t 和流速 W 的大小而定。流速 W 值愈高,放热系数和临界热流密度的值愈高。但是,流速过高不仅会加剧堆内的腐蚀和侵蚀作用,而且还会使主循环泵的唧送功率过高。因此,压水堆内冷却剂适宜的流速一般为 3 ~ 8 m/s,局部区域的最大流速也不应超过 10 m/s。流速选定之后,根据总流量 M_t 即可确定流通面积 A。

6.1.3.4 堆芯冷却剂流量

堆芯冷却剂流量的确定对于核电站的经济性和安全性影响较大。冷却剂的流量越大,主泵的唧送功率也会相应地增加。这样会降低净电效率、减少净电功率输出;而且,加大流量还会使系统管道和设备的尺寸也相应加大,增大了装置的质量和尺寸。反之,在其他条件相同的情况下,如果减小流量 M_t,则在同样的功率情况下,进口温度降低,堆内温升加大,平均温度下降,从而导致电站效率及总电功率的降低。此外,如果堆芯尺寸不变,由于流量的减少,放热系数和临界热流密度值将下降,这对堆芯安全是不利的。

综合上述分析可知,冷却剂最佳流量的选择,应使得主循环泵的唧送功率较小,净电功率输出较大,并使反应堆及其主回路系统与设备具有适中的尺寸和容量。在反应堆热工水力设计中,对于已给定的反应堆功率,常见的有如下两种流量与温升的匹配方案:电站反应堆一般采用单流程的大流量小温升方案,堆内温升一般为 35 ~ 40 ℃,例如大亚湾电站反应堆的进口温度为 293.1 ℃,堆内进出口之间的温升为 37.2 ℃;船用堆由于受到整个装置的质量与尺寸的限制,有时会采用双流程的小流量大温升方案,堆内温升一般取为 80 ℃ 左右,例如列宁号原子能破冰船的堆芯为双流程,温升 82 ℃。

6.2   单通道模型设计法

6.2.1   热管和热点的概念

在反应堆设计时,一般首先知道的参数是反应堆的热功率、燃料表面的总传热面积和冷却剂的流量等。根据这些参数比较容易确定堆芯的平均热工参数。但是反应堆内最大总功率的输出不是受这些平均热工参数的限制,而是受某局部的最高热工参数限制。例如,燃料的最高温度、元件表面的临界热负荷的限制等。在堆热工水力设计中,一般把某一热工参数的最大值偏离平均值的程度称为热管因子或热点因子。如果这个因子已知,将它乘平均热工参数,就可以得到某一热工参数的最大值。设计时保证该最大值在安全限之内,就可保证反应堆的安全。

在反应堆内,即使燃料元件的形状、尺寸,及燃料的密度和裂变物质浓缩度都相同,堆芯内中子通量的分布也还是不均匀的;再加上堆芯内存在控制棒、水隙、空泡以及堆芯周围存在反射层,就更加重了堆芯内中子通量整体分布和局部分布的不均匀性。显然,与中子通量分布相对应,堆芯内的热功率分布也就不会是均匀的。在早期的反应堆设计中,把堆芯内各冷却剂通道看成是相互独立的,各通道之间没有动量、质量和能量的交换。当不考虑在堆芯进口处冷却剂流量分配的不均匀性,以及不考虑燃料元件的尺寸、性能等,在加工、安装、运行中的工程因素造成的偏差,单纯从核方面来看,在堆芯内各并行的通道中就存在着某一积分功率输出最大的冷却剂通道,这种积分功率输出最大的冷却剂通道通常称为热管(hot-channel);同时,堆芯内还存在着某一燃料元件表面热流密度最大的点,这种点通常就称为热点(hot-point)。从反应堆安全的角度看,热管和热点对确定堆芯功率的输出量起着决定性的作用,如果热管和热点的参数偏离堆芯平均值很大,受热管和热点最高参数的限制,则堆芯的总功率就不会很高。以上就是在反应堆发展的早期,单从核方面考虑的反应堆热管和热点的定义。

热管和热点的定义及其应用,是随着反应堆的设计、制造和运行经验的积累而不断发展、完善的。在早期设计的反应堆中,整个堆芯内所装载的裂变物质的富集度是相同的,燃料元件组件的形状、尺寸也是相同的,堆芯进口处流入各燃料元件冷却剂通道内的流体温度和流量的设计值也认为相同。在这种情况下,整个堆芯中积分功率输出最大的燃料元件冷却剂通道必然就是热管。为了保证反应堆的安全,在反应堆的物理和热工设计中,常常保守地将堆芯内的中子通量局部峰值也人为地都集中到热管内,这样一来,热点自然也就位于热管内了。很显然,按照上述确定的热管和热点,其工作条件肯定是堆芯内最恶劣的了。因此只要保证热管的安全,就必能保证堆芯的安全,而无须再烦琐地对堆芯内其他燃料元件和冷却剂通道进行冗长的复杂计算。在早期反应堆设计时,以及目前在做热工初步方案设计中都采用了这种单通道模型。

上述热管因子和热点因子都是单纯从核方面考虑的,所有涉及燃料元件热流密度及冷却剂通道流量的参数都是应用设计值作为依据。但实际工程上不可避免地会出现各种误差。例如,燃料芯块的富集度及密度偏差,燃料元件的加工、安装过程中的尺寸偏差或运行过程中燃料元件的弯曲变形等,都可能致使堆芯内燃料元件的热流密度、冷却剂流量、冷却剂焓升及燃料元件的温度等偏离设计值。反应堆热工水力设计,应充分考虑偏离设计值后是否还能满足热工设计准则的要求。为此,除了单纯由核方面确定的热管因子和热点因子外,还要考虑工程偏差的因素,引入工程热点因子和热管因子。

6.2.2　热管因子及热点因子的计算

热管因子和热点因子一般可分为两大类。一类是核热管因子和热点因子,主要用来计算由于核方面(例如中子通量分布不均匀)产生的不均匀性。这一部分热管因子和热点因子,可以通过中子通量分布偏离平均值的量来计算得到。另一类是工程热管因子和热点因子,主要用来计算由于堆芯的燃料及构件的加工和安装误差造成的功率分布不均匀性。这一类因子,可以通过加工误差和统计的方法得到。下面先介绍核热管因子和热点因子。

在工程上比较有实际意义的主要有热流密度核热点因子和焓升核热管因子两类,它们是考虑核方面偏差影响的不均匀系数。其中热流密度核热点因子的定义为堆内热点的名义最大热流密度与堆芯平均热流密度的比值。名义最大热流密度是指不考虑工程偏差,按各部件的设计值算出的最大热流密度。根据这一定义有

$$F_q^N = \frac{\text{堆芯名义最大热流密度}}{\text{堆芯平均热流密度}} = F_R^N F_Z^N = \frac{q_{n,max}}{q_a} \qquad (6-1)$$

式中,F_R^N 和 F_Z^N 分别为径向热流密度核热管因子和轴向热流密度核热点因子。其中,径向核热管因子为

$$F_R^N = \frac{\text{热管的平均热流密度}}{\text{堆芯通道的平均热流密度}} \qquad (6-2)$$

轴向核热点因子为

$$F_Z^N = \frac{\text{热管的名义最大热流密度}}{\text{热管的平均热流密度}} \qquad (6-3)$$

在实际的核热管因子和热点因子计算中,必须要考虑控制棒、空泡、水隙等因素对功率分布(中子通量分布)的影响,同时也要考虑方位角的影响,以及核计算中的误差等。因此,式(6-1)的热流密度热点因子还应包括以下内容。

① 控制棒等造成的局部峰因子 F_L^N　用来考虑由于控制棒与导向管间的水隙或导向管抽出后的水腔引起的功率分布不均匀性。

② 径向方位不均匀因子 F_θ^N　用来考虑方位不同而存在中子通量畸变(如控制棒的插入)引起的不均匀系数。

③ 核计算误差的修正因子 F_u^N　考虑中子通量等参数计算不准确所造成的误差。

考虑以上因素后,式(6-1)可写成

$$F_q^N = F_R^N F_L^N F_\theta^N F_Z^N F_u^N \qquad (6-4)$$

根据热管的定义,热管是堆芯内积分功率输出最大的通道,这一通道输出的功率为 Q_{max},则有

$$Q_{max} = \int_0^L \bar{q}_l F_R^N F_L^N F_\theta^N \phi(z)\,\mathrm{d}z \qquad (6-5)$$

式中　$\bar{q}_l$——加热表面的平均线功率密度,W/m;

$\phi(z)$——轴向归一化功率分布历子,由物理设计给出。

冷却剂通道内的焓升也是反应堆设计的一个重要参数,因此热工设计时常引入一个焓升热管因子。焓升核热管因子定义为

$$F_{\Delta H}^N = \frac{\text{堆芯名义最大焓升}}{\text{堆芯平均焓升}} = \frac{\Delta H_{n,max}}{\Delta \overline{H}} \qquad (6-6)$$

在计算焓升热管因子时,也要根据上述的各项核影响因素,先算出堆芯最大名义焓升,除以平均焓升后就可以得到该因子。

以上介绍的是核热管因子和热点因子,在核热管因子和热点因子计算时,认为元件的尺寸等没有误差,即不考虑机械加工方面的误差问题。这时计算使用的热工参数值都是名义值,也就是不考虑工程误差时的设计值。

在实际应用时,在燃料元件的加工、安装及运行中,各类工程因素都会造成有关参数的实际值偏离名义值。为此在热工设计时还要使用热流密度工程热点因子和焓升工程热管因子。热流密度工程热点因子定义为

$$F_q^E = \frac{\text{堆芯热点最大热流密度}}{\text{堆芯名义最大热流密度}} = \frac{q_{max}}{q_{n,max}} \qquad (6-7)$$

工程热流密度热点因子所考虑的因素主要有燃料芯块直径的加工误差、燃料密度误差、裂变物质富集度的误差和包壳外径的误差等。如果把这些误差看作互相独立的,则有

$$F_q^E = \frac{d_{U,m}^2}{d_{U,n}^2} \frac{e_m}{e_n} \frac{\rho_m}{\rho_n} \frac{d_{S,m}}{d_{S,n}} \qquad (6-8)$$

式中,$d_{U,n}$、e_n、ρ_n 和 $d_{S,n}$ 分别为燃料芯块的直径、裂变物质的富集度、密度和包壳外径的名义值;$d_{U,m}$、e_m、ρ_m 和 $d_{S,m}$ 分别为燃料芯块的直径、裂变物质的富集度、密度和包壳外径考虑了不利的加工误差后的值。

在反应堆发展早期,工程热管因子和热点因子的计算采用乘积法,这种方法将所有工程偏差看成是独立的,然后将全部有关的最不利的工程偏差相应地集中在由核计算所确定的热点或热管上。因此,这样算得的结果偏大,使设计过分保守,虽然确保了反应堆的安全性,但降低了经济性。目前广泛应用的方法是将工程因素引起的误差按实际情况分为两大类:一类是具有统计分布的随机误差,误差的大小服从正态分布,可用概率统计方法进行计算;另一类是非随机误差,也称系统误差,例如下腔室流量分配不均匀、流量再分配和流动交混等因素造成的误差。

随机误差计算的特点是对有关的不利工程因子取一定的概率作用在热管或热点上,而不是必然全部同时作用在热管或热点上;有一定概率可信度,但并不是绝对安全可靠,这种方法是给定概率水平的一个函数。下面就随机性误差计算方法做简要叙述。

随机变量是按正态规律分布的,分布函数为

$$Y(x) = \frac{1}{\sigma\sqrt{2\pi}}\exp\left(-\frac{x^2}{2\sigma^2}\right) \quad (6-9)$$

式中　$Y(x)$——正态分布的概率分布函数,
　　　　　其曲线见图 6-1;
　　　x——每一个工件加工后的实际尺寸与
　　　　　名义尺寸的差值,$x = x_{act} - x_n$;
　　　σ——标准误差(或称均方误差)。

以上的标准误差也称均方差,它表示在一

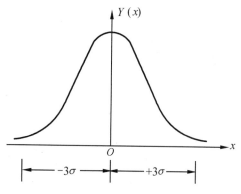

图 6-1　正态分布曲线

批产品中某种零件加工后的实际尺寸与标准（名义）尺寸的偏差值平方和的均方根。其表达式为

$$\sigma = \sqrt{\frac{x_1^2 + x_2^2 + \cdots + x_N^2}{N}} = \sqrt{\frac{\sum_{i=1}^{N} x_i^2}{N}} \qquad (6-10)$$

式中，N 为随机抽样检查的样件数量。

在 $\pm x$ 范围内，误差出现的概率 P 是概率分布函数在 $\pm x$ 范围内的积分，即

$$P(-x, +x) = \int_{-x}^{x} Y(x)\,\mathrm{d}x = \frac{1}{\sigma\sqrt{2\pi}} \int_{-x}^{x} \exp\left(-\frac{x^2}{2\sigma^2}\right)\mathrm{d}x \qquad (6-11)$$

在反应堆热工设计中所关心的仅是那些会引起不利影响的偏离设计值的状态，例如燃料富集度比设计值高，或燃料芯块密度比设计值高等，而另一方向的误差（燃料富集度比设计值低，或燃料芯块密度比设计值低）不影响安全，因此式（6-11）中另一方向积分限可扩大到 $-\infty$。即

$$P(-\infty, x) = \frac{1}{\sigma\sqrt{2\pi}} \int_{-\infty}^{x} \exp\left(-\frac{x^2}{2\sigma^2}\right)\mathrm{d}x \qquad (6-12)$$

用不同的 x 值代入上式有：

$x = \pm\sigma$ 时，$P(-\infty, x) = 84.13\%$；

$x = \pm 2\sigma$ 时，$P(-\infty, x) = 97.73\%$；

$x = \pm 3\sigma$ 时，$P(-\infty, x) = 99.87\%$。

在反应堆热工设计中常取合格件的误差范围为 $-\infty$ 到 3σ。根据统计规律，产品误差在这个范围内的概率为 $P(-\infty, +3\sigma) \approx 99.87\%$，也可以说可信度为 99.87%。

在实际工程中，有些物理量不能或不便进行直接测量，而只能通过某些直接测量的结果进行转换，这就是所谓的间接测量。但直接测量的误差在转换过程中会传递给间接测量，从而使间接测量也具有误差。而且，如果直接测量的物理量是随机的，服从正态分布，则间接测量误差也是随机的，也服从正态分布。

在误差分析中有时应用相对误差是方便的，它还可以反映出误差的相对大小。相对标准误差 σ_F 的定义为

$$\sigma_F = \frac{\sigma}{F} \qquad (6-13)$$

式中　F——某物理量的设计值；

σ——该物理量均方误差的绝对值。

设某物理量与变量 $f_i(i = 1, 2, \cdots, 6)$ 有如下关系，即

$$F = \frac{f_1^l f_2^m f_3^n}{f_4^s f_5^s f_6^t} \qquad (6-14)$$

则按照相对测量中的误差传递公式，可得

$$\sigma_F = \frac{\sigma}{F} = \sqrt{\left(\frac{\partial F}{\partial f_1}\right)^2 \left(\frac{\sigma_{f_1}}{F}\right)^2 + \left(\frac{\partial F}{\partial f_2}\right)^2 \left(\frac{\sigma_{f_2}}{F}\right)^2 + \cdots + \left(\frac{\partial F}{\partial f_6}\right)^2 \left(\frac{\sigma_{f_6}}{F}\right)^2} =$$

$$\sqrt{\left(\frac{l\sigma_{f_1}}{f_1}\right)^2 + \left(\frac{m\sigma_{f_2}}{f_2}\right)^2 + \cdots + \left(\frac{t\sigma_{f_6}}{f_6}\right)^2} \qquad (6-15)$$

1. 热流密度工程热点因子 F_q^E 的计算

燃料芯块的富集度、密度、直径,以及包壳的外径这些量的偏差都是随机的、相互独立的,它们将使燃料元件棒外表面的热流密度偏离设计值。假设燃料元件外表面热流密度与局部点的燃料芯块质量和富集度成正比,而质量又与密度和横截面积成正比。于是按式(6-14)可得燃料元件外表面热流密度的相对标准误差值为

$$\sigma_{F_q} = \frac{\sigma_q}{q_{n,max}} = \sqrt{\left(\frac{\sigma_e}{e_n}\right)^2 + \left(\frac{\sigma_\rho}{\rho_n}\right)^2 + \left(\frac{2\sigma_{d_u}}{d_{U,n}}\right)^2 + \left(\frac{\sigma_{d_c}}{d_{c,n}}\right)^2} \qquad (6-16)$$

式中　σ_q—— 由工程因素引起的燃料元件外表面热流密度的标准误差;

σ_e,σ_ρ,σ_{d_U} 和 σ_{d_c}—— 分别表示燃料芯块富集度、密度、直径和燃料元件包壳外径的标准误差。

以上各项均方差分别为

$$\sigma_e = \sqrt{\frac{\Delta e_1^2 + \Delta e_2^2 + \cdots + \Delta e_N^2}{N}} \qquad (6-17)$$

$$\sigma_\rho = \sqrt{\frac{\Delta\rho_1^2 + \Delta\rho_2^2 + \cdots + \Delta\rho_N^2}{N}} \qquad (6-18)$$

$$\sigma_{d_U} = \sqrt{\frac{\Delta d_{u,1}^2 + \Delta d_{u,2}^2 + \cdots + \Delta d_{u,N}^2}{N}} \qquad (6-19)$$

$$\sigma_{d_c} = \sqrt{\frac{\Delta d_{c,1}^2 + \Delta d_{c,2}^2 + \cdots + \Delta d_{c,N}^2}{N}} \qquad (6-20)$$

如果要求不超过设计热点因子的概率为99.87%,则热流密度工程热点因子为

$$F_q^E = \frac{q_{max} + \Delta q}{q_{n,max}} = 1 + 3\left(\frac{\sigma_q}{q_{n,max}}\right) = 1 + 3\sigma_{F_q} \qquad (6-21)$$

2. 焓升工程热管因子的计算

焓升工程热管因子定义为

$$F_{\Delta H}^E = \frac{堆芯最大焓升}{堆芯名义最大焓升} = \frac{\Delta H_{max}}{\Delta H_{n,max}} \qquad (6-22)$$

根据前面热管因子的定义,如果堆芯内各冷却剂通道入口的水温相等,可得热管的另一个定义为堆芯内具有最大焓升的冷却剂通道;热点可以定义为燃料元件上限制堆芯功率输出的点。

在工程设计中,要考虑的焓升工程热管因子如下。

(1)燃料加工误差焓升热管因子 $F_{\Delta H}^E$

主要考虑燃料芯块直径的加工误差、富集度的误差和燃料密度的误差。因为燃料芯块的富集度 e、密度 ρ 和直径 d_U 的加工误差都会影响燃料的释热率,从而使冷却剂焓升偏离设计值。因为这些加工误差都属于随机性质的,所以求法与求 F_q^E 相似。先求出由于燃料芯块的富集度、密度和直径偏离设计值引起的热管冷却剂焓升的相对误差 $\sigma_{F,\Delta H l}$,即

$$\sigma_{F,\Delta H l} = \frac{\sigma_{\Delta H l}}{\Delta H_{n,max}} = \sqrt{\left(\frac{\sigma_{e,L}}{e_n}\right)^2 + \left(\frac{\sigma_{\rho,L}}{\rho_n}\right)^2 + \left(\frac{2\sigma_{d_U,L}}{d_{U,n}}\right)^2} \qquad (6-23)$$

式中,下标 L 表示计算标准误差时应取热管全长 L 上的误差平均值,因为热管焓升是对热管整

个燃料元件长度 L 的积分值。

如果要求不超过热管因子设计值的概率为 99.87%,则

$$F_{\Delta H1}^E = 1 + 3\sigma_{F,\Delta H1}$$

(2)燃料元件冷却剂通道尺寸误差的焓升热管因子 $F_{\Delta H2}^E$

这一因子是考虑燃料棒栅距减小和弯曲而引起的流量下降,其中包括包壳外径的加工误差、栅距安装误差以及反应堆运行后燃料元件弯曲引起冷却剂通道截面尺寸变化所造成的误差等三个因素。这些都会使焓升偏离设计值。

如果取置信度为 99.87%,则由于燃料元件包壳外径加工误差及燃料元件栅距安装误差所引起的焓升工程热管分因子分别为

$$F_{\Delta H2,d_c}^E = 1 + 3\sigma_{F,d} \tag{6-24}$$

$$F_{\Delta H2,P'}^E = 1 + 3\sigma_{F,P'} \tag{6-25}$$

燃料元件在运行后弯曲变形引起通道截面尺寸变化的焓升工程分因子为

$$F_{\Delta H2,S}^E = \frac{P'_{\min,L}}{P'_n} \tag{6-26}$$

式中,$P'_{\min,L}$ 为在热管全长 L 上弯曲变形后的最小栅距。

考虑这些工程因素后,热管的截面积 A 和等效直径分别为

$$A = (P'_n F_{\Delta H2,P'}^E F_{\Delta H2,S}^E)^2 - \frac{\pi}{4}(d_{S,n} F_{\Delta H2,d_S}^E)^2 \tag{6-27}$$

$$D_e = \frac{4A}{\pi d_{S,n} F_{\Delta H2,d_S}^E} \tag{6-28}$$

由于流通截面和当量直径的变化会对流道的压降和流量产生影响,将相应的 A 和 D_e 值代入流量的计算式中得出 $F_{\Delta H2}^E$,即

$$F_{\Delta H2}^E = \frac{\dfrac{Q_{n,\max}}{M_{\min2}}}{\dfrac{Q_{n,\max}}{\overline{M}}} = \frac{\overline{M}}{M_{\min2}} \tag{6-29}$$

式中　　$Q_{n,\max}$——热管的名义积分输出功率;

　　　　$M_{\min2}$——计算工程误差后热管的冷却剂最小流量;

　　　　$\overline{M}$——平均通道冷却剂流量。

以上的 $F_{\Delta H1}^E$ 和 $F_{\Delta H2}^E$ 两项误差均属随机误差。

(3)下腔室流量分配误差焓升热管因子 $F_{\Delta H3}^E$

该因子考虑堆芯入口处进入各燃料冷却剂通道流量的误差,由于冷却剂流量小会使该通道的焓升增加,因此计算该因子时总是取流量的平均值与最小值的比,即

$$F_{\Delta H3}^E = \frac{\dfrac{Q_{n,\max}}{M_{\min3}}}{\dfrac{Q_{n,\max}}{\overline{M}}} = \frac{\overline{M}}{M_{\min3}} \tag{6-30}$$

式中　　$Q_{n,\max}$——热管的名义积分输出功率;

　　　　$M_{\min3}$——计算下腔室流量分配误差后热管的冷却剂最小流量;

　　　　$\overline{M}$——平均通道冷却剂流量。

（4）冷却剂流量再分配焓升热管因子 $F_{\Delta H4}^{E}$

在堆芯的较热通道内，由于沸腾的产生，使热管中产生的蒸汽量较多（通道的输出功率大），使热管内的流动压降比其他通道大。由于通道两端的压差是一样的，因此，沸腾后热管内的冷却剂流量会减小。这个因子的特点是同一热管的两个流量之比，即一个是考虑了因堆芯下腔室流量分配不均匀而分配到的流量，另一个是在下腔室流量分配不均匀的基础上，又考虑了热管内因冷却剂沸腾使流动阻力增大再分配后的流量。

$$F_{\Delta H4}^{E} = \frac{\dfrac{Q_{n,max}}{M_{min4}}}{\dfrac{Q_{n,max}}{M_{min3}}} = \frac{M_{min3}}{M_{min4}} \tag{6-31}$$

式中，M_{min4} 是发生流量再分配后的热管冷却剂流量。应该指出，这里 $F_{\Delta H4}^{E}$ 不是平均通道流量与热管流量之比，而是用同一个热管的两个不利流量之比，目的是避免两个不利因素重复考虑。式中的 M_{min3} 可由堆本体水力模拟实验得到。

（5）相邻通道冷却剂间的交混焓升热管因子 $F_{\Delta H5}^{E}$

现代压水堆中，各冷却剂通道间都是开式的，因此在相邻通道之间存在着质量、动量和能量的交换。由于热管中的热工参数较高，因此，交混后会使冷却剂的焓升降低，使这个因子的数值小于1。

由热管的定义可得出热管内冷却剂交混焓升热管因子为

$$F_{\Delta H5}^{E} = \frac{\Delta H_{max5}}{\Delta H_{n,max}} \tag{6-32}$$

这个因子很难从理论上求得，只能通过实验测定，或应用由实验归纳出来的经验关系式进行计算。

以上是压水反应堆经常考虑的五个焓升工程热管分因子，将各分因子相乘即得总的焓升工程热管因子为

$$F_{\Delta H}^{E} = F_{\Delta H1}^{E} F_{\Delta H2}^{E} F_{\Delta H3}^{E} F_{\Delta H4}^{E} F_{\Delta H5}^{E} \tag{6-33}$$

以上所述的工程误差对堆芯内各点产生的概率都是相同的，所以在应用 F_q^E 和 $F_{\Delta H}^E$ 时，对燃料元件轴向各计算点的温度值都应乘上修正因子 F_q^E；对热管轴向各计算点的冷却剂焓升都应乘上修正因子 $F_{\Delta H}^E$。

由以上的热管因子和热点因子的分析，可得出热管冷却剂的焓升为

$$\Delta H_{max} = \int_0^L q_a F_R^N F_{\Delta H}^N F_{\Delta H}^E \varphi(z)\,\mathrm{d}z / M \tag{6-34}$$

3. 降低热管因子的途径

从以上分析可知，热点因子和热管因子值是影响反应堆热工设计安全性和经济性的重要因素，也是核动力反应堆的重要技术指标之一，因为这些因子的大小能直接反映出反应堆设计的优劣程度。如果热管因子和热点因子值大，说明堆芯内某一热工参数偏离平均值较大，这是所不希望的，因此在反应堆设计中必须尽可能降低热管因子和热点因子的数值。随着反应堆设计、建造和运行经验的积累，以及科学技术的发展，反应堆热工设计中热点因子和热管因子的数值也在逐渐降低。

由前面的内容可知，影响反应堆热工水力设计的因素主要有热流密度热点因子（$F_q = F_q^N F_q^E$）和

焓升热管因子($F_{\Delta H} = F_{\Delta H}^N F_{\Delta H}^E$),它们都是由 F^N 和 F^E 两部分组成,所以要降低 F_q 和 $F_{\Delta H}$ 可从两方面着手。

(1) 核方面

主要的方法是在堆芯四周设置反射层;在堆芯径向,燃料采用分区装载,在堆芯不同区域,装载不同富集度的燃料;固体可燃毒物的适当布置;控制棒分组及棒位的合理确定也会降低热管因子值。此外,在压水堆中由于栅格稠密,中子平均自由程很短,应注意水隙引起的局部中子通量和功率分布的畸变。

(2) 工程方面

主要是合理控制有关部件的加工、安装误差;改善反应堆下腔室的冷却剂流量分配不均匀性;加强堆芯内冷却剂通道之间的流体横向交混。另外,进行结构和水力模拟实验,改善下腔室冷却剂流量的分配不均匀性,这些都有利于热管因子和热点因子的减小。

6.2.3 最小烧毁比 MDNBR

在反应堆的热工设计中,为了安全起见,要保证在反应堆运行时实际热流密度与临界热流密度之间有一定裕量,就需把计算出的临界热流密度除以一个安全系数,以保证不出现烧毁事故。这个安全系数称烧毁比,用下式表示:

$$\mathrm{DNBR}(z) = \frac{用适当公式计算出的临界热流密度}{堆芯局部实际热流密度} = \frac{q_{\mathrm{DNB}}(z)}{q_{\mathrm{act}}(z)} \qquad (6-35)$$

式中 $q_{\mathrm{DNB}}(z)$ —— 用 $W-3$ 公式或其他公式计算出的临界热流密度值;

$q_{\mathrm{act}}(z)$ —— 热通道的实际热流密度值。

如果忽略沿元件轴向的导热,则热通道的实际热流密度值为

$$q_{\mathrm{act}} = \frac{q_{\mathrm{v,h}} A_U}{P_{\mathrm{h}}} \qquad (6-36)$$

式中 $q_{\mathrm{v,h}}$ —— 最热燃料棒某点的体积释热率,$\mathrm{W/m^3}$;

A_U —— 燃料芯块的横截面积,$\mathrm{m^2}$;

P_{h} —— 元件棒横截面的周界长度,m。

图 6-2 给出了压水堆在烧毁限制条件下,堆芯热工设计中诸热流密度随堆芯高度的变化。图中最低的水平线表示堆芯平均热流密度 q_{a},它是堆芯热流密度的总平均值,或者说它是堆内平均热流密度的设计值。可由堆内总释热率除以总燃料元件表面积求得,即 $q_{\mathrm{a}} = \frac{N_{\mathrm{t}}}{A_{\mathrm{t}}}$。图中"平均通道"曲线给出的是一个平均通道内热流密度的轴向分布,该通道内的释热率等于堆芯总释热率 N_{t} 除以堆内的通道总数。平均通道曲线在轴向的热流密度接近正弦形,但因为堆芯底部慢化剂的密度较高,所以其中

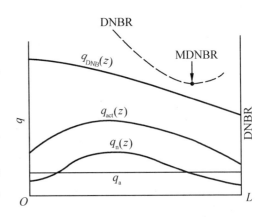

图 6-2   堆芯热流密度沿轴向的变化

子通量峰值偏向堆的底部(图中左侧)。"最热通道"曲线是堆芯热管内轴向实际运行热流密度

q_{act} 的分布曲线。热点的热流密度 q_{max} 等于堆芯平均热流密度乘以总热点因子 F。最顶上的 q_{DNB} 曲线为临界热流密度的计算曲线。由于 q_{DNB} 值取决于局部冷却剂的流速和焓,而 q_{act} 又是随通道高度而变化的,因而 DNBR 或图中 q_{DNB} 与 q_{act} 两曲线间的距离沿通道也是变化的,如图 6-2 所示。我们把通道中 q_{DNB} 与 q_{act} 二曲线间相距最近处的比值称为最小烧毁比,用 MDNBR 表示。

在不同的运行工况下,反应堆的最小烧毁比随工况而变化。由于 q_{DNB} 值是热工设计上的一个极限值,因而当降低 MDNBR 的值时,最热通道中 q_{act} 值可相对提高,也就是说,堆芯功率密度可以增加。这样一来可以提高反应堆的输出功率,增加电站效率。然而,为了确保在任何工况下堆芯的安全,MDNBR 总应大于 1。根据大量的压水堆的设计与运行经验,在设计超功率工况和预计到的动态过程中,MDNBR 至少要等于 1.3。但是,应该指出,这里 q_{DNB} 是用 W-3 公式计算的,其公式的误差范围为 ±23%。在反应堆稳态工况下一般取 MDNBR 为 1.8 ~ 2.2。

要保持堆芯在最小烧毁比的限值内工作,就必须对堆芯提供足够的冷却剂流量。在堆芯功率一定的条件下,冷却剂的焓升和流量有很大关系。由反应堆内的冷却剂总流量 M_t 和总的输出热量 N_t 可求出反应堆的焓升为

$$\Delta H_{反应堆} = \frac{N_t}{M_t} \qquad (6-37)$$

堆芯的焓升为

$$\Delta H_{堆芯} = \frac{N_t}{M_{有效}} \qquad (6-38)$$

热管的焓升为

$$\Delta H_{热管} = F_{\Delta H} \cdot \Delta H_{堆芯} \qquad (6-39)$$

式中,$M_{有效}$ 是减去旁通流量后的堆芯有效冷却剂流量。

此外,应注意 MDNBR 出现的位置未必在最热通道的最大热流密度点上,原因在于最小烧毁比通常出现在冷却剂焓、流量和热流密度具有最不利的组合位置上。对于余弦形的热流密度分布来说,由于元件中部的热流密度大且变化小,q_{DNB} 下降速率较大,因而,MDNBR 出现在位置偏离热流密度的最高点,并向堆芯上方移动。在稳态设计工况下,MDNBR 一般出现在通道高度的 60% ~ 70% 的地方,该点的实际热流密度约为最大热流密度的 95% 左右。

MDNBR 反映了反应堆设计时的安全可靠程度,并影响到核电站的经济性。对于一个已投入运行的反应堆来说,其允许的超功率水平取决于这个因子的安全裕量。压水堆电站正常运行时允许的超功率水平一般为 110% ~ 120%。当反应堆的超功率水平超过一定限值,较先出现的是元件包壳烧毁事故。例如在奥托·哈恩核商船的一体化改进型压水堆动力装置中,当超调功率水平为 150% 时,元件包壳发生了烧毁现象(包壳材料为 10CrNiNb189);而当超调功率水平为 172% 时,UO_2 芯块才开始熔化。

在反应堆设计中,最小烧毁比的取值也不完全相同,例如船用堆,由于对经济性要求不高而对安全性要求较高,因此船用堆设计时最小烧毁比一般比电站堆高。

6.2.4 单通道模型反应堆热工设计的一般步骤

单通道模型就是在热管分析法的基础上,在堆芯内选出热工条件最差的冷却剂通道进行的反应堆热工水力计算和校核。设计中采用热管因子和热点因子作为安全系数,通过堆芯的平均热工参数和热管因子及热点因子算出热工设计的限值。由单通道模型进行反应堆热工设计

的一般步骤如下。

6.2.4.1 确定反应堆总热功率

根据电站总功率要求,先估算出一个电站总效率,由此可计算出需要反应堆输出的总热功率。在设计初,核电站所要输出的净电功率是建造部门提出的,根据大型电站的经验,可设定一个总热效率 η_t,这样有

$$N_t = \frac{N_e}{\eta_t} \tag{6-40}$$

式中 N_t——反应堆总功率;

         N_e——核电站的净电输出功率;

         η_t——电站总效率,大型电站一般取 33% ~ 35%。

6.2.4.2 确定燃料元件的总传热面积 A_t

根据上面算出的反应堆总功率,可以推算出将这些热量传递出去所需的传热面积。在此之前还应确定以下内容。

1. 确定堆内最大允许热流密度 q_{max}

用 $W-3$ 公式计算出 q_{DNB} 并进行修正,修正后得 $q_{DNB,N}$,从而由选定的最小烧毁比可求出最大允许的热流密度,例如最小烧毁比取 1.8,则有 $q_{max} = q_{DNB,N}/1.8$。

2. 确定热点因子和平均热流密度

由前面所讲的内容可知,总热流密度热点因子由核热点因子和工程热点因子两部分组成,即

$$F = F^N F^E \tag{6-41}$$

F^N 和 F^E 可用前面介绍的有关公式计算得到,这样有

$$q_a = \frac{q_{max}}{F} \tag{6-42}$$

式中,$\bar{q}$ 是堆芯内燃料元件的平均热流密度,$\bar{q}$ 确定后即可确定总传热面积 A_t

$$A_t = \frac{N_t}{q_a} F_a \tag{6-43}$$

式中,F_a 是燃料释热占堆芯总释热的份额,计算时一般取 $F_a = 0.974$。

6.2.4.3 确定燃料组件和堆芯尺寸

根据堆芯的总传热面积 A_t,可以确定出燃料组件和堆芯的尺寸。

1. 确定燃料元件总根数

根据总传热面积和燃料元件直径以及设定的堆芯高度 L,可得出元件的总根数

$$N = \frac{A_t}{\pi d_S L} = \frac{N_t}{\pi d_S L \bar{q}} F_a \tag{6-44}$$

式中 d_S——元件棒外径;

         L——堆芯高度。

2. 确定燃料棒的排列

燃料棒在堆芯内的排列和慢化剂与燃料的比值(M_{core}/F_{core})有关,这一比值也称水铀比,燃料元件节距与水铀比的关系为

$$\left(\frac{M_{core}}{F_{core}}\right)\left[\frac{\pi}{4}(d_S - 2\delta_c - 2\delta_g)^2\right] = P'^2 - \frac{\pi}{4}d_S^2 \tag{6-45}$$

式中　　d_s——元件包壳外径;

$\qquad$ δ_c——包壳厚度;

$\qquad$ δ_g——燃料与包壳之间的间隙;

$\qquad$ P'——燃料棒节距(中心距)。

3. 堆芯直径与组件数和堆芯高度的关系

如果选用正方形组件,组件中元件数与组件尺寸之间的关系为

$$\frac{N}{n}l^2 = \frac{\pi}{4}D_{ef}^2 \qquad (6-46)$$

式中　　n——每个组件内元件数;

$\qquad$ l——组件边长;

$\qquad$ D_{ef}——堆芯等效直径;

$\qquad$ N/n——组件数量。

将式(6-43)和式(6-44)代入式(6-46)得

$$\frac{\pi}{4}D_{ef}^2 = \frac{l^2 N_t}{n\pi d_s L q_a}F_a \qquad (6-47)$$

上式中有两个未知量,即堆芯等效直径 D_{ef} 和堆芯高度 L。根据圆柱形堆芯的特点,堆芯的高度与直径比 L/D_{ef} 一般为 $0.9 \sim 1.5$。

6.2.4.4　确定平均管冷却剂的质量流速

从堆入口进入反应堆的冷却剂不一定全部从堆芯的冷却剂通道流过,例如有一部分从控制棒导向管流过、从一些间隙的旁通流过,还有一小部分由入口进入后直接从出口流出,这些没有用来冷却堆芯燃料的流量用一个旁通流量系数来考虑,即

$$\zeta_a = \frac{M_\zeta}{M_t} \qquad (6-48)$$

式中　　M_t——反应堆总流量,t/h;

$\qquad$ M_ζ——旁通流量,t/h。

旁流系数 ζ_a 与反应堆的类型有关,设计时可根据母型反应堆,与结构设计者商定给出一个合理数值。旁通系数确定后就可以确定平均管的冷却剂质量流速 G_m。G_m 表示冷却堆芯燃料元件的有效冷却剂流量除以冷却剂的有效流通截面积,即

$$G_m = \frac{(1-\zeta_a)M_t}{3.6NA_b} \qquad kg/(m^2 \cdot s) \qquad (6-49)$$

式中,A_b 为一个栅元的冷却剂流通截面,$A_b = \left[P'^2 - (\pi/4)d_s^2\right]$。

6.2.4.5　计算平均管冷却剂焓

平均管冷却剂的焓可根据热平衡的关系得到,即

$$H_{f,a}(z) = H_{f,in} + \frac{q_a A_L}{G_m A_b}\int_0^z \phi(z)\mathrm{d}_z \qquad (6-50)$$

式中　　$H_{f,a}(z)$——堆芯 z 处的冷却剂平均焓值;

$\qquad$ $H_{f,in}(z)$——堆芯入口处的冷却剂平均焓值;

$\qquad$ A_L——单根燃料元件单位长度上的面积,m^2/m。

6.2.4.6　计算平均通道内冷却剂密度

反应堆正常运行工况下,平均通道内的冷却剂一般是处于单相液体状态,这时的平均密度 ρ'_m 可以通过平均温度求出。

在反应堆超功率运行或事故工况下,堆芯会产生两相流动,这时的平均密度可根据平均含气率按下式计算,即

$$\rho_m(z) = \frac{1}{\dfrac{1 - x_m(z)}{\rho'_m(z)} + \dfrac{x_m(z)}{\rho''}} \tag{6-51}$$

6.2.4.7　计算平均通道压降和热管的有效驱动压头

在反应堆热工设计中,需要计算摩擦压降 Δp_f、加速压降 Δp_a、进口局部压降 $\Delta p_{in,c}$、出口的局部压降 $\Delta p_{out,c}$、定位格架的压降 Δp_g 和提升压降 $\Delta p_{l,e}$ 等,这几项压降可根据实际情况分别计算。这些压降的计算公式在前面的第5章中已详细介绍,计算时可参照。反应堆的总压降是以上几项压降之和

$$\Delta p_R = \Delta p_f + \Delta p_a + \Delta p_{in,c} + \Delta p_{out,c} + \sum \Delta p_g + \Delta p_{l,e} \tag{6-52}$$

由于堆芯的下腔室流量分配不均匀,热管的驱动压头不同于平均通道,但可以根据平均通道的压降求出热管的驱动压头为

$$\Delta p_{e,h} = K_{f,h}\Delta p_f + K_{a,h}(\Delta p_a + \Delta p_{in,c} + \Delta p_{out,c} + \sum \Delta p_g) + \Delta p_{l,e} \tag{6-53}$$

式中　$K_{f,h}$——摩擦压降修正系数,

$$K_{f,h} = (1 - \delta)^{2-n} \tag{6-54}$$

　　　　$K_{a,h}$——加速压降和形阻压降修正系数,

$$K_{a,h} = (1 - \delta)^2 \tag{6-55}$$

δ 是下腔室流量系数,由实验确定,一般取0.05左右;常数 n 是单相摩擦系数 $f = c/R_e^n$ 中的指数 n,如果采用 McAdoms 的公式,取 $n = 0.2$。

6.2.4.8　反应堆的进出口温度

热工设计时反应堆的进口温度 T_{in} 一般为已知,从而可知道进口的焓 H_{in}。由式(6-37)可得反应堆的平均焓升,则堆芯出口的焓值为

$$H_{out} = H_{in} + \Delta H_{堆芯} \tag{6-56}$$

根据系统压力并由 H_{out} 可求出反应堆的出口温度 T_{out}。

6.2.4.9　计算热管的冷却剂焓升

由式(6-50)并考虑焓升热管因子,可由下式算出热管的冷却剂焓升

$$H_{f,h}(z) = H_{in} + \frac{q_a F_{\Delta H}^N F_{\Delta H}^E A_L}{G_h A_b} \int_0^z \phi(z)\,dz \tag{6-57}$$

式中,G_h 为热管内冷却剂的质量流速,单位为 $kg/(m^2 \cdot h)$。

6.2.4.10　计算最小烧毁比 MDNBR

根据热管内冷却剂的质量流速和焓场分布,可由式(6-35)算出热管的 MDNBR,从而校核是否满足反应堆热工设计准则的要求。

6.2.4.11　计算热管内燃料元件的温度场

根据第4章的燃料传热的知识,计算燃料元件表面的温度和燃料的温度,从而校核这些参

数是否满足反应堆热工设计准则的要求。

根据热管因子和热点因子的定义,通过已知的平均通道的热流密度,可求出热点的最大热流密度,即

$$q_{max} = q_a F_R^N F_Z^N F^E$$

同理,也可得到热点处的最大体积释热率为

$$q_{V,max} = q_{V,a} F_R^N F_Z^N F^E$$

将以上计算 q_{max} 和 $q_{V,max}$ 的关系式,代入第 4 章中的计算燃料包壳最高温度和燃料中心最高温度的关系式中,就可以求出热点处包壳最高温度和燃料中心的最高温度。

6.3 子通道模型设计法

在单通道模型设计中,没有考虑相邻通道冷却剂之间的质量、能量和动量交换,因此虽然比较简单,但偏于保守。尽管在单通道模型中也引入了交混因子的影响,但这些因子往往是根据经验选取的。为了提高计算的精确度,在 20 世纪 60 年代发展建立了子通道模型。这种模型考虑到相邻通道冷却剂之间在流动过程中存在着横向的质量、能量和动量的交换(通常统称为横向交混),因此各通道内的冷却剂质量流速将沿轴向不断发生变化,使热管内冷却剂焓和温度比没有考虑横向交混时要低;燃料元件表面和中心温度也随之略有降低。对大型压水堆,采用子通道模型计算既提高了热工设计的精确度,也提高了反应堆的经济性。但采用子通道模型不能像单通道模型那样只取少数热管和热点进行计算,而是要对大量通道进行分析。因此,它的计算工作量大,计算费用高,必须借助大型计算机才能完成。

相邻通道间冷却剂的横向交混过程比较复杂,影响因素也比较多,但一般认为是由以下几种机理引起的。

① 横向混合,是由径向压力梯度引起的定向交混,在交混过程中存在净质量转移。横向混合对流体轴向动量的影响很大,它有两个作用:一个是加速所进入通道(称受主通道)的流速,使该通道压降增大;另一个是使流出通道(称施主通道)的流速减小。

② 湍流交混,是相邻通道间的自然涡流扩散所造成的;湍流作用使开式通道间的流体产生相互质量交换,一般无净的横向质量迁移,但有动量和热量的交换。

③ 流动散射,是由定位格架的非导向部分,如上下端板等部件引起的非定向强迫交混,一般情况下也不会引起净质量转移。

④ 流动后掠,是由定位格架的导向翼片等引起的附加定向质量转移。在有的计算程序里引入一个扩散因子来考虑这一影响。

上述的过程都会产生交混,这些过程必然伴随着动量和热量的交换。

6.3.1 子通道的划分和流体守恒的基本概念

在应用子通道模型进行分析计算之前,首先需要把整个堆芯划分成若干个子通道。子通道的划分完全是人为的,可以把几个燃料组件看作一个子通道,也可把一个燃料组件内的几根燃料元件棒所包围的冷却通道作为一个子通道,例如 3 根或 4 根元件所包围的子通道。不论所划分的子通道的横截面积有多大,在一个子通道同一轴向位置上冷却剂的压力、温度、流速和热物性都认为是一样的。所以,如果子通道横截面划分得太大,各热工参数只能取平均值,这样可

能与实际情况差别较大,结果使计算精度不理想;如果子通道横截面积划分过小,则计算的工作量太大,因为计算时间几乎与子通道数目的平方成正比,计算机容量可能会难以满足要求,计算费用也太高。为了解决这些矛盾,可采用一些简化处理方法,例如,利用整个堆芯形状对称、功率分布对称的特点,只要计算堆芯内对称的几分之一就可以了。还可以将计算过程分为两步进行:第一步先把堆芯按燃料组件划分子通道,求出最热组件;第二步把最热组件按各燃料元件棒划分子通道,求出最热通道和燃料元件棒的最热点。在第二步划分子通道时,也可利用燃料组件的对称性,只需计算热组件横截面的一部分。另外,在可能出现热组件或热管位置的附近,子通道可以分得细小些;在远离热组件或热管的一般位置,子通道可划分得粗大些。图6-3给出了不同燃料组件子通道的划分方法。

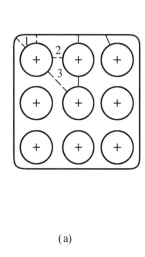

(a)

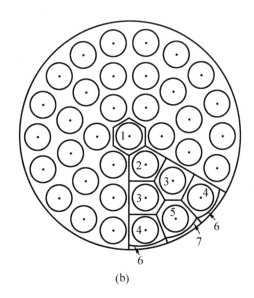

(b)

图6-3 燃料组件子通道的划分

子通道的划分方法比较多,目前采用较多的还有一步混合法,即一次完成全堆芯子通道分析。这种方法可避免多步法中各步之间的信息传递,从而节省计算费用,提高最小烧毁比MDNBR的计算精度。按这种方法将全堆芯分成粗细不同的网格,即在热管周围附近的子通道尺寸划得细小些,而随着偏离热燃料元件棒的距离增大可逐渐加大通道尺寸。尽可能使各通道的尺寸大小逐步过渡,以减小集总参数计算时造成的误差。

目前国内外有大量用于反应堆热工水力设计的子通道模型的计算程序。这些程序的差别主要是处理横流混合的方法和联立求解方程组的方法不同。它们的共同点都是通过求解各子通道的几个基本守恒方程,先计算各子通道内不同轴向高度上冷却剂的质量流量和焓值,求出最热的通道。然后,再计算燃料元件棒的温度场,求出燃料芯块中心的最高温度和燃料元件表面的最小烧毁比。

为了简化说明子通道流体守恒的基本概念,我们取一微元长度 Δz,考虑相邻两个通道,如图6-4所示。图中 H, W, ρ 和 p 分别表示冷却剂的焓、流速、密度和静压力。A 是通道的流通截面积,ω_{mn} 是通道之间的横向质量流量,w' 是单位长度上扩散混合的质量流量,Q 表示加入的热量,下标数码1和2分别表示两个不同的轴向高度。对于 m 通道,在1和2两个截面间的质量守

恒方程为

$$A_m W_{m1} \rho_{m1} + \omega_{mn} = A_m W_{m2} \rho_{m2} \tag{6-58}$$

这里 ω_{mn} 为正值是考虑由 n 通道流入 m 通道。

热量守恒方程为

$$A_m W_{m1} \rho_{m1} H_{m1} + Q_{mz} + \omega_{mn} \overline{H}_n + w'(H_n - H_m)\Delta z = A_m W_{m2} \rho_{m2} H_{m2} \tag{6-59}$$

动量守恒方程为

$$A_m p_{m1} + A_m W_{m1}^2 \rho_{m1} + \omega_{mn} \overline{W}_n = A_m p_{m2} + A_m W_{m2}^2 \rho_{m2} + \frac{1}{2} k_{mz} A_m \rho_m W_m^2 + \overline{\rho}_m \Delta z g \tag{6-60}$$

式中　　$\overline{W}_n$——n 通道 Δz 段的平均流速;

　　　　k_{mz}—— 通道 m 在 Δz 段内的压力损失系数;

　　　　ρ_{m1}, ρ_{m2}—— 压力。

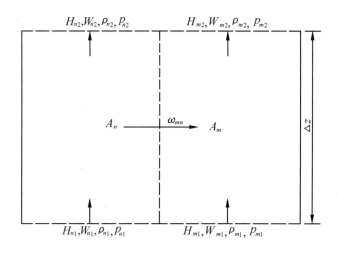

图 6 – 4　相邻两个通道流体守恒原理

6.3.2　流体基本守恒方程

在用子通道模型进行热工分析计算时,为了便于在计算机上进行数值计算,要将整个通道长度分割成若干个步长。如果共划分为 N 个子通道,编号为 $1,2,\cdots i,j,\cdots,N$;整个通道按轴向高度分为 L 个等步长,节点编号依次为 $0,1,2,\cdots l-1,l,\cdots,L$。现以第 i 个子通道第 l 步长为例用差分形式写出基本守恒方程。

6.3.2.1　质量守恒方程

质量守恒方程表示子通道 i 第 l 步长中轴向流量的变化等于流进和流出该通道 l 步长的横向流量之和(图 6 – 5),即

$$\frac{\partial M_i}{\partial z} \approx \frac{\Delta M_{i,l}}{\Delta z} = \sum_{j=1}^{N_j} \omega_{ij,l} \tag{6-61}$$

或写成

$$M_{i,l} - M_{i,l-1} = -\sum_{j=1}^{N_j} \omega_{ij,l-\frac{1}{2}} \Delta z \tag{6-62}$$

式中　　$M_{i,l}$——子通道 i 第 l 步长出口处冷却剂流量或第 l 节点处冷却剂流量,kg/h;

$M_{i,l-1}$——子通道 i 第 l 步长进口处冷却剂流量或第 $l-1$ 节点处冷却剂流量,kg/h;

Δz——通道轴向一个步长的长度,m;

$\omega_{ij,l-\frac{1}{2}}$——在 l 整个步长内子通道 i 的冷却剂向相邻第 j 个子通道单位长度的横流量率,kg/(m·h)。

设与第 i 通道相邻的子通道有 N_j 个,所以对 N_j 个子通道求和。

当横流由 j 通道流向 i 通道时,则记作 ω_{ji},有 $\omega_{ji}=-\omega_{ij}$。

图 6-5 中 $\omega_{ij,l-\frac{1}{2}}$ 表示 l 步长内子通道 i 的冷却剂向相邻第 j 子通道单位长度的横流量率,kg/(m·h);$\omega'_{ji,l-\frac{1}{2}}$ 表示与 $\omega_{ij,l-\frac{1}{2}}$ 流向相反的湍流交混流量率。在湍流交混情况下没有净的横向流量。

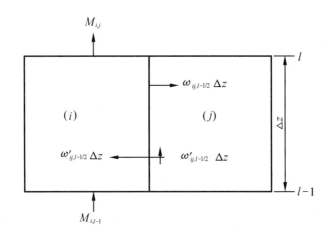

图 6-5　相邻子通道的交混

6.3.2.2　能量守恒方程

对于用水作冷却剂的反应堆,导热作用的热量可以忽略不计。在忽略相邻子通道间的热传导后,能量守恒方程表示子通道 i 第 l 步长热量的变化 $\dfrac{\partial M_i H_i}{\partial z}$ 等于燃料元件所传给的热量与净横流、湍流交混引起的两个横向热量之和,即

$$\frac{\partial(M_i H_i)}{\partial z}\approx\frac{\Delta(M_i H_i)_l}{\Delta z}=q_{li,l-\frac{1}{2}}-\sum_{j=1}^{N_j}Q_{ij,l-\frac{1}{2}}-\sum_{j=1}^{N_j}\omega'_{ij,l-\frac{1}{2}}(H_{i,l-\frac{1}{2}}-H_{j,l-\frac{1}{2}})\qquad(6-63)$$

或写成

$$M_{i,l}H_{i,l}-M_{i,l-1}H_{i,l-1}=q_{li,l-\frac{1}{2}}\Delta z-\sum_{j=1}^{N_j}Q_{ij,l-\frac{1}{2}}\Delta z-\sum_{j=1}^{N_j}\omega'_{ij,l-\frac{1}{2}}(H_{i,l-\frac{1}{2}}-H_{j,l-\frac{1}{2}})\Delta z$$

$$(6-64)$$

式中,$q_{li,l-\frac{1}{2}}$ 为子通道 i 第 l 步长内燃料元件的平均线功率密度,J/(m·h)。其中

$$Q_{ij,l-\frac{1}{2}}=\frac{1}{2}\left[(H_{i,l-\frac{1}{2}}-H_{j,l-\frac{1}{2}})\left|\omega_{ij,l-\frac{1}{2}}\right|+(H_{i,l-\frac{1}{2}}+H_{j,l-\frac{1}{2}})\cdot\omega_{ij,l-\frac{1}{2}}\right]\qquad(6-65)$$

$$Q_{ij}=-Q_{ji}\qquad(6-66)$$

由于不考虑流体间的导热,因此:

当 $\omega_{ij,l-\frac{1}{2}} > 0$ 时,$Q_{ij,l-\frac{1}{2}} = H_{i,l-\frac{1}{2}}\omega_{ij,l-\frac{1}{2}}$;

当 $\omega_{ij,l-\frac{1}{2}} = 0$ 时,$Q_{ij,l-\frac{1}{2}} = 0$;

当 $\omega_{ij,l-\frac{1}{2}} < 0$ 时,$Q_{ij,l-\frac{1}{2}} = -H_{i,l-\frac{1}{2}}\omega_{ij,l-\frac{1}{2}} = H_{j,l-\frac{1}{2}}\omega_{ji,l-\frac{1}{2}}$。

下标 $l - \frac{1}{2}$ 都表示对整个 l 步长取平均值。

这里湍流交混(式(6 - 64)中右边第三项)包括自然湍流交混合定位格架等部件引起的强迫湍流交混。把其中定位格架的局部影响转化为沿通道全长上的平均影响。ω'_{ij} 通常用实验方法确定,或根据实验得出的经验公式计算。定性地说,它与燃料元件棒直径、棒间隙、通道的当量直径、质量流速、雷诺数有关,两相流的交混还与含气量、滑速比、气相和液相的密度有关。

6.3.2.3　轴向动量守恒方程

用轴向动量守恒方程可以表示出压力的变化等于提升压降、加速压降、摩擦压降和形阻压降等分量,以及由于通道间耦合引起的流阻压降之和,即

$$p_{i,l-1} - p_{i,l} = \Delta p_{e,i,l-\frac{1}{2}} + \Delta p_{a,i,l-\frac{1}{2}} + \Delta p_{f,i,l-\frac{1}{2}} + \Delta p_{c,i,l-\frac{1}{2}} + \Delta p_{ij,l-\frac{1}{2}} \quad (6-67)$$

式中　$p_{i,l-1}$——i 子通道中第 l 步长进口处压力(即第 $l-1$ 节点处的压力),Pa;

$p_{i,l}$——i 子通道中第 l 步长出口处压力(即第 l 节点处的压力),Pa;

$\Delta p_{e,i,l-\frac{1}{2}}, \Delta p_{a,i,l-\frac{1}{2}}, \Delta p_{f,i,l-\frac{1}{2}}, \Delta p_{c,i,l-\frac{1}{2}}$——分别表示 i 子通道中第 l 整个步长内的提升压降、加速压降、摩擦压降及形阻压降,Pa;

$\Delta p_{ij,l-\frac{1}{2}}$——第 l 步长内子通道 i 和 j 之间由于冷却剂横向交混而产生的流阻压降,Pa。其中形阻压降 $\Delta p_{c,i,l-\frac{1}{2}}$ 是入口压降、出口压降和定位格架压降的三项压降之和。

6.3.2.4　横向动量守恒方程

交混过程中,各个子通道水力条件的变化导致不同的轴向压降。因此,在任意给定的轴向高度上,会存在径向压力梯度,这是横向流动的驱动力。因此,横向动量守恒方程为

$$p_{i,l} - p_{j,l} = c_{ij}\omega_{ij,l-\frac{1}{2}}\left|\omega_{ij,l-\frac{1}{2}}\right| \quad (6-68)$$

式中　$p_{i,l}, p_{j,l}$——分别为通道步长出口处压力,Pa;

c_{ij}——横流阻力系数,由实验测得,其值与棒束几何条件有关。

6.3.2.5　方程求解方法

在以上讨论的子通道方法中,共划分 N 个子通道,所以共有 $4N$ 个守恒方程式。如果每一个通道的每一步长的入口处的物理量都已知,而出口处待求的未知量为 4 个,即质量流量、焓、压力和横向流量,这样,共有 $4N$ 个未知量。此外,一般都取堆芯出口为一等压面,各子通道在堆芯出口处压力相等,都等于 p_L。p_L 是各个子通道的一个公共未知数,故尚需补上一个方程,这个方程由边界条件给出,即堆芯入口各通道的流量之和等于总流量,即

$$M_{1,0} + M_{2,0} + \cdots + M_{i,0} + \cdots + M_{N,0} = (1 - \zeta_a)M_t \quad (6-69)$$

这样共有 $(4N + 1)$ 个方程,而待求的未知数总共也有 $(4N + 1)$ 个,因此可以对方程组求解。

求解的步骤大致如下。

① 进行全堆分析。通常取整个堆芯的 1/4 或 1/8 进行计算,每一个组件作为一个子通道。边界约束条件是堆芯所有子通道出口处压力 p_L 相同;堆芯进口冷却剂总流量 M_t 已知。

计算从通道入口开始,可先假设各主通道在堆芯入口的流量分布 $M_{1,0}, M_{2,0}, \cdots, M_{i,0}, \cdots,$ $M_{N,0}$ 在不考虑横向流动的近似条件下,通过求解下列方程组:

$$
\left.
\begin{aligned}
p_{1,0} - p_L &= f_1 \frac{L M_{1,0}^2}{2 D_{e,1} \rho_1 A_1^2} + k_1 \frac{M_{1,0}^2}{2 \rho_1 A_1^2} \\
p_{2,0} - p_L &= f_2 \frac{L M_{2,0}^2}{2 D_{e,2} \rho_2 A_2^2} + k_2 \frac{M_{2,0}^2}{2 \rho_2 A_2^2} \\
&\cdots\cdots\cdots \\
p_{N,0} - p_L &= f_N \frac{L M_{N,0}^2}{2 D_{e,N} \rho_N A_N^2} + k_N \frac{M_{N,0}^2}{2 \rho_N A_N^2}
\end{aligned}
\right\}
\tag{6-70}
$$

$$
M_{1,0} + M_{2,0} + \cdots + M_{i,0} + \cdots + M_{N,0} = (1 - \zeta_a) M_t
\tag{6-71}
$$

求得各子通道堆芯进口处压力 $p_{1,0}, p_{2,0}, \cdots, p_{i,0}, \cdots, p_{N,0}$ 及堆芯出口处的压力 p_L。式(6-70)右端第一项表示摩擦压降,第二项表示形阻压降。因为未知量共有 $(N+1)$ 个,而式(6-70)与式(6-71)共有 $(N+1)$ 个方程,所以可以根据边界约束条件进行反复迭代最后求得所需的解。

还有另外一种求解法是先假设各子通道在堆芯入口处的压力分布 $p_{1,0}, p_{2,0}, \cdots, p_{i,0}\cdots$, $p_{N,0}$,通过联立求解方程组(6-70)和式(6-71),得堆芯进口处的流量分布 $M_{1,0}, M_{2,0}, \cdots$, $M_{i,0}, \cdots, M_{N,0}$ 及堆芯出口压力 p_L。

② 根据堆芯入口参数(堆芯入口温度是预先已知的),轮流求解 4 个基本守恒方程。一般从解质量守恒方程做起,计算通道的第一步长时先假设横流量等于零,于是立即求出第一步长出口处的冷却剂流量 $M_{1,1}^{(1)}, M_{2,1}^{(1)}, \cdots, M_{i,1}^{(1)}, \cdots, M_{N,1}^{(1)}$。接着根据轴向动量守恒方程求出第一步长出口处的压力 $p_{1,1}^{(1)}, p_{2,1}^{(1)}, \cdots, p_{i,1}^{(1)}, \cdots, p_{N,1}^{(1)}$。再由横向动量守恒方程求出各子通道间横流量 $\omega_{ij}^{(1)}$。

把横流量 $\omega_{ij}^{(1)}$ 代入质量守恒方程,重新计算第一步长出口处的冷却剂流量 $M_{1,1}^{(2)}, M_{2,1}^{(2)}, \cdots$, $M_{i,1}^{(2)}, \cdots, M_{N,1}^{(2)}$。根据能量守恒方程求出各子通道第一步长出口处冷却剂焓值 $H_{1,1}, H_{2,1}, \cdots$, $H_{i,1}, \cdots, H_{N,1}$。

根据上述求得的焓值可以确定冷却剂的密度、黏度等物性参数,代入动量守恒方程重新计算第一步长出口处压力,得 $p_{1,1}, p_{2,1}, \cdots, p_{i,1}, \cdots, p_{N,1}$。再根据相邻子通道的压力梯度由横向动量方程重新计算横流量,得出新的 ω_{ij}。

再由质量守恒方程重新求第一步长冷却剂出口流量 $M_{1,1}, M_{2,1}, \cdots, M_{i,1}, \cdots, M_{N,1}$。根据计算精度的要求,在第一个步长内对 4 个守恒方程反复迭代,直到满足要求为止。

③ 当第一步长出口处需求的参数算得后,就以此作为第二步长的已知入口参数,重复上述计算,直至堆芯出口处的最后一个步长。

检验各子通道最后一个步长的出口压力是否满足收敛准则

$$
\left| \frac{p_{L,\max} - p_{L,\min}}{p_{L,\max} + p_{L,\min}} \right| \leqslant \varepsilon
\tag{6-72}
$$

其中 ε 为预先规定的误差控制值。规定的误差值大小和计算要求的精度有关,一般 $\varepsilon = 10^{-4} \sim 10^{-5}$。如果不满足上述收敛准则,则需要对入口初值进行修正,然后再按前面介绍的方法从头开始计算。

④ 为加速收敛,可用逐次逼近法来选取横向流速。设第 n 次迭代的横向流速率为 $\omega_{ij}^{(n)}$,第 $(n-1)$ 和第 $(n-2)$ 次迭代的横向流速率分别为 $\omega_{ij}^{(n-1)}$ 和 $\omega_{ij}^{(n-2)}$,则

$$
\omega_{ij}^{(n)} = \omega_{ij}^{(n-2)} + \alpha \left[\omega_{ij}^{(n-1)} - \omega_{ij}^{(n-2)} \right]
\tag{6-73}
$$

α 值的取法随各种计算程序而不同。有的取常数 0.5 或 0.6;有的通过其他方法计算而得。

在上述计算过程中还应注意对流体的状态作出判别,以便相应地选取单相液体、欠热沸腾及低含气量饱和沸腾三种状态下的物性参数和计算公式。

⑤ 通过全堆分析找出最热组件后,把最热组件按各燃料元件棒划分子通道,利用燃料组件的对称性,可取热组件横截面的一个对称部分进行计算,目标是求最热通道及燃料元件棒的最热点。因为一个燃料组件的横截面积比较小,所以可以认为热组件进口处压力是一个常数 p_0,这在全堆分析时已经求得,可作为已知边界条件。此外,还已知冷却剂总流量 M_t;热组件四周边界轴向计算点上的冷却剂焓和横流速率。待求的值是组件进出口处各子通道的流量分布以及燃料温度场、最小烧毁比等。

如果热组件共分 n 个子通道。开始求解前先假设一组进口冷却剂流量分布 $M_{1,0}, M_{2,0}, \cdots, M_{n,0}$,使

$$M_{1,0} + M_{2,0} + \cdots + M_{n,0} = M_{t,i} \tag{6-74}$$

式中,$M_{t,i}$ 是热组件内的冷却剂总流量。有了这个初值后,即可根据与前面全堆分析类似的方法求解,直至各子通道最末一个步长的出口压力收敛于 p_L 为止,否则需重新假设一组进口冷却剂流量分布,再进行反复迭代。

要进行子通道分析,必须由物理计算提供详细的堆芯三维功率分布,尤其是热组件内各子通道的精确的功率分布。还应由水力模拟实验给出堆芯进口的冷却剂流量分布,湍流交混流量率 ω'_{ij} 及横流阻力系数 c_{ij},这样才能使子通道分析具有可靠的精确度。

思　考　题

6 - 1　确定反应堆冷却剂工作压力时应从哪些方面考虑?

6 - 2　在选定反应堆冷却剂进、出口温度或流量时应考虑哪些因素?

6 - 3　说明热管的定义。

6 - 4　目前压水堆主要热工设计准则有哪些?

6 - 5　为什么核电站压水反应堆要设计成冷却剂的平均温度较高的运行特性?

6 - 6　给出下列术语的定义:

(1) 热流密度核热点因子 F_q^N;

(2) 焓升核热管因子 $F_{\Delta H}^N$;

(3) 热流密度工程热点因子 F_q^E。

6 - 7　单通道模型分析法和子通道模型分析法的主要区别是什么?

6 - 8　在堆芯核燃料装载量一定的情况下,燃料棒尺寸的确定应考虑哪些因素?

6 - 9　降低热管因子的途径有哪些?

6 - 10　子通道划分时,要考虑一些什么因素?

习　　　题

6 - 1　已知堆芯最大线功率 $q_{l,\max} = 41.8 \text{ kW/m}$,热流密度热点因子 $F_q = 2.25$,试求堆芯平均线功率?

6 - 2　已知堆芯热点处的热流密度 $q_R = 1.42 \times 10^6 \text{ W/m}^2$,该点计算得到的临界热流密度

$q_{DNB} = 2.84 \times 10^6 \text{ W/m}^2$,试求该点的 DNBR 为多少?

6 - 3 已知某压水反应堆燃料元件的两种子通道,无冷壁的冷却通道水力直径 $D_e = 12.53 \times 10^{-3}$ m,有冷壁的冷却通道水力直径 $D_h = 16.70 \times 10^{-3}$ m;又已知两种通道的热工参数 $p, G, x_e, H_{f,in}$ 相同,即 $p = 15.19$ MPa,$G = 9.8 \times 10^6$ kg/(m²·h),以及 $x_e = -0.1645$。试用 W - 3 公式计算有冷壁和无冷壁两种子通道的 q_{DNB} 比值。

6 - 4 已知压水反应堆的热功率 $N_t = 2727.3$ MW;燃料元件包壳外径 $d_S = 10$ mm,包壳内径 $d_i = 8.6$ mm,芯块直径 $d_U = 8.43$ mm;燃料组件采用 15×15 正方形排列,每个组件内有 20 个控制棒套管和 1 个中子通量测量管;燃料棒的中心距 $P' = 13.3$ mm,组件间水隙 $\delta_w = 1$ mm。系统工作压力 $p = 15.48$ MPa,冷却剂平均温度 302 ℃,堆芯冷却剂平均温升 $\Delta T = 39.64$ ℃;冷却剂旁流系数 $\zeta_a = 9\%$;堆下腔室流量不均匀系数 $\delta = 0.05$,燃料元件包壳外表面平均热流密度 $\bar{q} = 652.76$ kW/m²,已知 $F_q^N = 2.3, F_R^N = 1.483, F_{\Delta H}^E = 1.08, F_q^E = 1.03$;又设在燃料元件内释热份额占总发热量的 97.4%;堆芯高度取 $L = 3.3$ m;并近似认为燃料元件表面最大热流密度、元件表面最高温度和元件中心最高温度都发生在元件半高处;已知元件包壳的热导率 $\kappa_c = 15$ W/(m·K),用单通道模型求燃料元件中心温度。

参 考 文 献

[1] 于平安,朱瑞安,喻真烷,等. 核反应堆热工分析[M]. 北京:原子能出版社,1986.
[2] 曹栋兴. 核反应堆设计原理[M]. 北京:原子能出版社. 1992.
[3] 凌备备,杨延洲. 核反应堆工程原理[M]. 北京:原子能出版社. 1982.
[4] 濮继龙. 大亚湾核电站运行教程[M]. 北京:原子能出版社. 1999.
[5] 邬国伟. 核反应堆工程设计[M]. 北京:原子能出版社. 1997.
[6] TONG L S,TANG Y S. Boiling heat transfer and two-phase flow[M]. 2nd ed. Washington:Taylor & Francies, 1997.

第7章 核反应堆安全

7.1 核反应堆安全的基本概念和基本原则

自从核反应堆问世以来,反应堆的安全问题就受到了人们的广泛关注。例如,1942 年在美国芝加哥大学建成的第一座核反应堆,为了防止反应堆出现事故,装了一根强中子吸收材料的镉棒,在事故情况下可以随时插入堆芯,保证反应堆的安全,这就是最早的安全措施。在后来的反应堆不断发展和完善过程中,研制了各种各样的安全防护方法,以确保反应堆在事故情况下可以紧急停堆并安全地带出堆芯余热。

随着压水堆的普及、运行和研究工作的深入,各国政府和工业界花费了巨大的经费和人力,对反应堆技术做了不断的改进和发展,建立起更加严格的法规和体制,使反应堆安全已达到了相当高的水平。但是,在大约五千堆年的核电站运行历史中,已经发生了三哩岛核电站事故和切尔诺贝利核电站事故。这两起事故的后果非常严重,特别是有大量放射性物质释放到环境中的切尔诺贝利核电站事故,带来了环境、健康、经济和社会心理上的巨大影响。因此,核反应堆安全问题仍然是当前反应堆的使用和发展中最重要的研究课题。

核反应堆事故不但会影响其本身,而且会波及周围环境,甚至会越出国界。因此,对其安全审查是件极其严肃的工作。为了使核电站周围居民的健康与安全有切实可靠的保证,必须采取切实可靠的对策,确保反应堆的安全。

7.1.1 核反应堆的安全对策

从多年来核反应堆的运行经验和安全性特征的分析中可以看出,要确保核反应堆与核电站的安全,一般应采取的对策如下。

7.1.1.1 保证反应堆得到安全可靠的控制

动力反应堆要长期稳定地运行,新装料的反应堆需要留有足够的后备反应性。在反应堆运行过程中,由于核燃料的不断消耗和裂变产物的不断积累,反应堆内的后备反应性就会不断减少;此外,反应堆功率的变化也会引起反应性变化。所以,核反应堆的初始燃料装载量必须比维持临界反应所需的量多得多,这样才能使堆芯寿命初期具有足够的剩余反应性,以便在反应堆运行过程中补偿上述效应引起的反应性损失。

为补偿反应堆的剩余反应性,在堆芯内必须引入适量的、可随意调节的负反应性。此种受控的反应性,既可用于补偿堆芯长期运行所需的剩余反应性,也可用于调节反应堆功率水平,使反应堆功率与所要求的负荷相适应。另外,它还可作为停堆的手段。从堆物理的知识可知,凡是能改变反应堆有效增殖因数的任一方法均可作为控制反应性的手段。例如,向堆芯插入或抽出中子吸收体、改变反应堆的燃料富集度、移动反射层以及改变中子泄漏等等。其中,向堆芯插入或抽出中子吸收棒(控制棒)是最常用的一种方法。

控制棒总的反应性应当等于剩余反应性与停堆余量之和。一根控制棒完全插入后在堆芯内引起的反应性变化定义为单根控制棒的反应性当量。根据反应堆运行工况不同可把反应性控制分为三种类型。

1. 紧急停堆控制

当反应堆出现异常工况时,作为停堆用的控制元件必须具有迅速引入负反应性的能力,使反应堆紧急停闭。在压水堆中,目前通用的方法是:在发生事故时,停堆控制棒靠重力快速插入堆芯。

2. 功率控制

要求某些控制棒动作迅速,及时补偿由于负荷变化、温度变化和变更功率引起的微小的反应性瞬态变化。

3. 补偿控制

补偿控制分补偿控制棒和化学补偿控制两种。补偿控制棒用于补偿燃耗、裂变产物积累所需的剩余反应性,也用于改变堆内功率分布,以便获得更好的热工性能和更均匀的燃耗。这种控制元件的反应性当量大,并且它的动作过程比较缓慢。化学补偿是向堆内添加适量的硼溶液,以补偿反应性的变化。

7.1.1.2 确保堆芯冷却

为了避免由于过热而引起燃料元件损坏,任何情况下都必须导出核燃料的释热,确保堆芯的冷却。为此反应堆及其系统要有以下功能。

① 正常运行时,一回路冷却剂在流过反应堆堆芯时受热,而在蒸汽发生器内被冷却;蒸汽发生器的二回路侧由正常的主给水系统或辅助给水系统供应给水。蒸汽发生器产生的蒸汽推动汽轮机做功,当汽机甩负荷时,蒸汽通过蒸汽旁路系统排到冷凝器或排放到大气。

② 反应堆停闭时,堆芯内裂变链式反应虽被中止,但燃料元件中裂变产物的衰变继续放出热量。为了避免损坏燃料元件包壳,和正常运行一样,应通过蒸汽发生器或余热排出系统继续导出热量。

③ 在反应堆及冷却剂系统出现事故时,能够保证反应堆堆芯被不断地冷却。这样就需要有事故状态下保证堆芯冷却的系统,或依靠系统的自然循环能力来冷却。

7.1.1.3 包容放射性产物

为了避免放射性产物扩散到环境中,反应堆在核燃料和环境之间设置了多道屏障,并在运行时,严密监视这些屏障的密封性。在压水反应堆中,一般设置有三道安全屏障:第一道安全屏障是燃料元件包壳,它将裂变产物密封在元件内;第二道屏障是一回路系统的压力边界,当燃料元件出现破损时,它可以保证放射性物质不泄漏出一回路系统;第三道屏障是安全壳,当核反应堆出现事故时,它可以包容放射性物质,保证周围环境不受放射性危害。

7.1.2 专设安全设施

当反应堆出现事故后,堆内产生的衰变热必须及时带走,为此需要设置专门的安全设施以保证反应堆的安全。目前采用的主要专设安全设施是安全注射系统。它的主要功能是在异常工况下对堆芯提供冷却,以保持燃料包壳的完整性。当主冷却剂回路管道发生破裂的重大事故时,要求它能迅速将冷却水注入堆芯,及时导出燃料中产生的热量,使燃料元件包壳的温度不超过熔点,并提供事故后对堆芯长期冷却的能力。

图 7-1 所示为安全注射系统流程图,它由高压安全注射子系统、蓄压安全注射子系统、低

压安全注射子系统等组成。所有系统均为两路或三路独立通道,每路具备 100% 的设计能力。

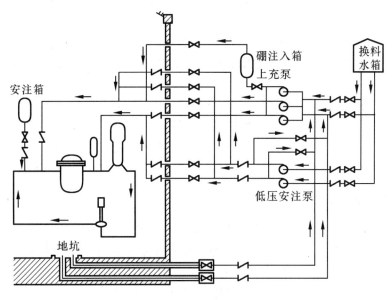

图 7 - 1　应急堆芯冷却系统

　　当主系统发生中小破口事故时,高压注射系统首先触发,向主冷却剂系统充水。若破口较大,则压头较低但流量大得多的低压安全注射系统随即或立即投入。注射泵从换料水箱取含硼的冷水注入主系统冷管段,补充从破口流失的冷却剂。流失的冷却剂逸入安全壳,最后汇入地坑。在大多数的压水堆核电厂的设计中,高压安全注射系统的三台泵与化容系统上充泵部分兼容。一台柱塞泵正常时为上充泵,可以产生压头很高的注射水流;另两台离心泵平时开动一台与柱塞泵并联运行,另一台备用,在保护系统信号触发下自动投入工作。

　　当主冷却剂系统压力降到 4 MPa 以下时,安注箱系统会立即自动向冷管段注水。安注箱内装含硼水,并充以氮气,依靠箱体内与主系统间的压差驱动截止阀自动开启,将水注入堆芯。

　　低压安全注射系统在大破口失水事故时,首先从换料水箱取水,水箱排空以后自动切换到安全壳地坑。地坑水温度较高,必须经过低压系统热交换器冷却后再行注入。

　　在换料水箱已用空而又需要高压安注的情况下,高压安注系统经过低压安全注射系统从安全壳地坑取水。在这种间接取水方式下,低压安注泵的作用相当于高压安注泵的增压泵。

　　采取如前所述的安全设施后,显然可以防止发生因失水事故而导致的堆芯熔化事件,但是失水事故一旦发生,燃料包壳破裂事件随时可能发生。因此,设置的安全设施也应该能够把由于元件包壳破裂而释放的放射性物质封闭在安全壳内。

　　反应堆安全壳及安全壳热量导出系统必须设计成:无论发生怎样大的事故,不仅不容许安全壳的泄漏率超过规定设计值,而且还应留有足够的裕量,以便能应付由事故引起的压力和温度的变化;此外,还能进行定期泄漏检查,以便证实安全壳及其贯穿部件的密封性能是否完好。

　　发生失水事故时,安全壳喷淋系统喷出冷却水,使一部分蒸汽凝结,降低安全壳内部压力,并使安全壳得到及时冷却。安全壳喷淋系统有两种运行方式:一种是直接喷淋,喷淋泵把来自换料水箱中的含硼水,经布设在安全壳内部的喷淋管嘴喷入安全壳;另一种是再循环喷淋,它把积聚在安全壳地坑中的水,经过喷淋管嘴喷入安全壳,用以提供安全壳连续冷却。换料水箱到达低水位时,低水位的信号自动开启再循环管线的阀门,关闭换料水箱的出口阀,而将喷淋泵的吸入端与安全壳地坑相连接,安全壳喷淋系统便开始再循环喷淋运行。

喷淋系统中设有化学物添加箱,箱内储存化学添加物氢氧化钠(NaOH)或硫代硫酸钠($Na_2S_2O_2$),在向安全壳喷淋的同时,能把化学添加物接入喷淋水中,用以去除冷却剂中所含的放射性碘。

双层安全壳还设置了空气再循环系统,它由排风机、冷却器、除湿器、高效率粒子过滤器和碘过滤器组成。工作时,能使环形空间保持负压,起到双层包容的作用。同时也使环形空间内的气体通过碘过滤器进行再循环,降低安全壳泄出气体中放射性物质的浓度,使放射性对电厂周围的影响降低到最低程度。

7.1.3 纵深防御的基本安全原则

在现有核反应堆与核电站的设计、建造和运行中都贯彻了纵深防御的安全原则。以纵深防御(defense-in-depth)为主要原则的核反应堆安全标准系列文件,在我国核安全法规体系中得到了全面的反映。

纵深防御的基本安全原则包括在放射性产物与人所处的环境之间设置的多道屏障,以及对放射性物质的多级防御措施。

为了阻止放射性物质向外扩散,轻水堆核电站结构设计上的最重要安全措施之一,是在放射源与人之间,即放射性裂变产物与人所处的环境之间,设置了多道屏障,力求最大限度地包容放射性物质,尽可能减少事故后放射性物质向周围环境的释放量。现代压水堆一般设有以下三道屏障。

① 燃料元件包壳。轻水堆核燃料采用低富集度二氧化铀,将其烧结成芯块,叠装在锆合金包壳管内,两端用端塞封焊住。反应堆运行过程中产生大量的裂变产物,裂变产物有固态的,也有气态的,它们中的绝大部分容纳在 UO_2 芯块内,只有气态的裂变产物能部分地扩散出芯块,进入芯块和包壳之间的间隙内。燃料元件包壳将裂变产物包容在元件内,包壳的工作条件是十分苛刻的,它既要受到中子流的辐照、高温高速冷却剂的腐蚀,又要受热应力和机械应力的作用。正常运行时,仅有少量气态裂变产物有可能穿过包壳扩散到冷却剂中。如果包壳有缺陷或破裂,则会有较多的裂变产物进入冷却剂。据国外有关资料统计,正常运行时实际的最大破损率为 0.06%。设计时,假定会有 1% 的包壳破裂和 1% 的裂变产物会从包壳逸出。

② 一回路压力边界。压力边界的形式与反应堆类型、冷却剂特性,以及其他设计考虑有关。压水堆一回路压力边界,由反应堆容器和堆外冷却剂环路组成,包括稳压器、蒸汽发生器、传热管、泵和连接管道等。为了确保第二道屏障的严密性和完整性,防止带有放射性的冷却剂漏出,除了设计时在结构强度上留有足够的裕量外,还必须对屏障的材料选择、制造和运行给以极大的注意。

③ 安全壳。它将反应堆、冷却剂系统的主要设备(包括一些辅助设备)和主管道包容在内。当事故发生时,它能阻止从一回路系统外逸的裂变产物泄漏到环境中去,是确保核电站周围居民安全的最后一道防线。安全壳也可保护重要设备免遭外来袭击(如飞机坠落)的破坏。对安全壳的密封有严格要求,如果在失水事故后 24 h 内安全壳总的泄漏率小于 0.3% 的气体质量,则认为达到了要求。为此,在结构强度上应留有足够的裕量,以便能经受住冷却剂管道大破口

时压力和温度的变化,阻止放射性物质的大量外逸。它还要设计得能够定期地进行泄漏检查,以便验证安全壳及其贯穿件的密封性。

7.1.4 单一故障准则

为了保证核安全,对于至关重要的系统的可靠性,应采用单一故障准则,以保证在其他的某部件出现故障的情况下,也能确保它的功能。

单一故障,是使某个部件不能执行其预定安全功能的随机故障,包括由该故障引起的所有继发性故障。

工程实际中,为了遵循单一故障准则,要求应用以下几个原则。

7.1.4.1 安全系统应按冗余原则设置

按其功能,每个保护参数只要设置一个保护通道就够了,但为了提高系统的可靠性,往往增设一个或几个功能完全相同的冗余通道。每个通道彼此独立,其中任一通道故障,并不损害系统应有的保护功能。为使反应堆有高度的连续运行性能,这些多重通道一般又按照"三取二"或"四取二"逻辑组合。

7.1.4.2 保护参数应具有多样性

即针对反应堆每一种事故工况,设置几个保护功能相同的保护参数,即使在某一保护参数的全部保护通道同时失效的最坏情况下,仍能确保反应堆安全。例如在压水堆中,超功率保护、超进出口温差保护和超功率温差保护就是一组互为补充的多重保护参数。它们从不同的角度出发,确保在事故工况下,不至于因偏离泡核沸腾比 DNBR(烧毁比) 小于 MDNBR(最小烧毁比) 而引起燃料元件烧毁。

7.1.4.3 失效安全原则

即当设备出现故障时,应使设备处在有利于反应堆安全的状态下。例如,反应堆正常运行时,安全棒应提出堆芯,当控制棒电源故障时,安全棒可自动落入堆芯,使反应堆停闭,确保反应堆安全。

7.1.4.4 各保护通道都应具有独立线路

各通道由独立线路供给可靠仪表电源,并应考虑实体隔离,如连接导线应处在不同的电缆槽中,通过不同的安全壳贯穿件等。

7.1.5 核反应堆固有安全性

进一步提高核反应堆的安全性是目前世界核研究领域最关心的问题。世界上一些技术发达国家都相继提出了一些提高核反应堆安全性的新方法。尽管各国采用的方法不同,但是目标比较明确,就是提高核反应堆的固有安全性。

核反应堆固有安全性是依靠核反应堆本身的设计特点,不依靠外界的能源和动力,所固有的安全性能。具体地说是装置本身所固有的(内在的,天然的,自身的),依靠简单自然规律(如重力规律和普通热工水力学定律),不靠人为或外界动力而使装置自动维持在安全状态的能力。实质上,核反应堆的固有安全性是核反应堆本身内在的对功率激增的自限能力。固有安全性是保证核反应堆安全的基础,是从根本上杜绝核反应堆重大事故的最有效的方法。例如,切尔诺贝利核电站如果采用固有安全性好的压水堆,就根本不会出现反应堆解体那样的严重事故。通过事故的教训,人们越来越认识到核反应堆的真正安全必须建立在其固有安全性的基础上,这是最可靠的安全方法。为此,目前世界各国都花费大量的人力和物力研究核反应堆的固有安全性问题。

目前核反应堆固有安全性的研究主要集中在非能动安全部分,它是核反应堆固有安全性发展的重要方向。非能动设施的功能,是依靠工质状态的变化、储能的消耗或系统的自我动作来实现。它们可能经受压力、温度、辐射、液位和流量的变化,但这些变化都是由系统本身的特性自然产生的。非能动可根据其程度上的差别分为以下三种。

① 不需要外动力,既无移动工质,又无移动的机械部件。这种属性实际上是系统的固有特性,可以理解为当核反应堆事故发生时反应堆仅仅依靠自然力,如负温度系数、热源和热阱间的热传导和热辐射等,或者是其他非能动的因素返回正常运行状态或者安全停堆的能力,它不需要任何人或设备的干预。

② 其动作由内部的参数变化而引起。在实现其功能动作的构成中有工质的流动,但无运动的机械部件。如在热源和热阱之间沿某一特定通道的自然循环,液压阀门或密度锁等。

③ 其功能基于不可逆动作或不可逆变化的某些设备,如安全隔膜、止回阀、弹簧式安全阀和安注箱等。它们具有运动部件,但因不需要外动力,仍属非能动设备范畴。

20 世纪 80 年代以来,以美国西屋公司为代表,开始研究核反应堆非能动安全技术。到目前为止,已有较多的核反应堆应用了非能动安全先进技术,并将这一先进技术进行了研究开发,用于新一代核反应堆。目前比较有代表性的固有安全性反应堆是美国开发的 AP – 600,AP – 600 非能动应急堆芯冷却系统,如图 7 – 2 所示。这一系统用于在反应堆冷却剂系统(RCS)管路破裂时,提供堆芯余热的排出,安全注入和卸压。这一系统利用了三种非能动水源,即堆芯补水箱(CMTS)、蓄压箱和安全壳内换料水储存箱(IRWST)。这些安全注入水直接与反应堆压力容器接管相连接。反应堆的长期冷却由换料水储存箱提供,依靠重力作为驱动压头。它们在正常情况下使用截止阀与反应堆冷却剂系统(RCS)隔开。

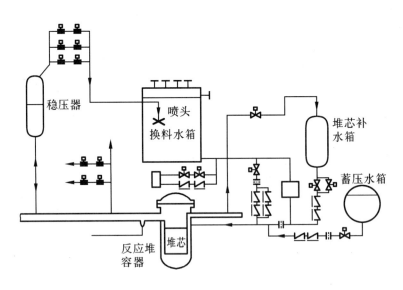

图 7 – 2　AP – 600 非能动应急堆芯冷却系统

堆芯补水箱能够在一回路系统出现少量泄漏的情况下进行补水,并在小破口事故下实现安注功能,这些水箱中的水是靠重力压头注入堆芯的。水箱放在反应堆冷却剂回路的上方,在每个堆芯补水箱顶部有两根压力平衡管线。一根接到稳压器,另一根接到反应堆冷却系统冷段。在瞬变事件或正常补水失效时,可以通过相连的管道实现补水。

非能动应急堆芯冷却系统设有一个 100% 容量的非能动余热排出热交换器(PRHR HX),如图 7 - 3 所示。非能动余热排出热交换器放在安全壳内换料水储存箱(IRWST)里,其底部位置在回路上方 2.43 m 处。换料水储存箱(IRWST)为非能动余热排出热交换器提供了热阱。在主泵失效时,可以靠自然循环由余热排出系统的热交换器将堆芯衰变热带走。水箱内的水吸收衰变热达饱和温度需几个小时,如全部由水沸腾带走热量,其水量足够数天冷却之用。一旦安全壳内换料水储存箱(IRWST)内的水开始沸腾,产生的蒸汽就会通向安全壳,并且会在安全壳上凝结,凝结下的水收集后靠重力返回换料水储存箱,这样,水就可以重新回收利用。非能动余热排出热交换器(PRHR HX)和非能动安全壳冷却系统提供了无限制的衰变热排出能力。

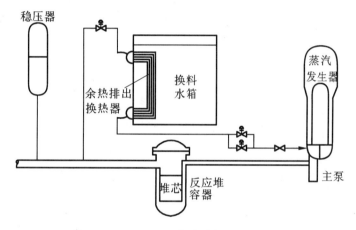

图 7 - 3 AP - 600 非能动余热排出系统

从反应堆冷却剂系统释放出来的蒸汽在安全壳壁面冷凝下来,再循环返回到反应堆冷却剂系统。因此,可以建立稳定的长期的堆芯冷却。非能动安全壳冷却系统将从安全壳排出热量而支持这种运行方式。非能动的安注系统不需要高、低压安注泵,也不需要多余的安全系统,如柴油机、冷却水系统和通风系统的支持。这就大大减少了安注系统的管线和阀门的数目,也大大减少了支持系统中泵、阀门、仪表和管道的数目。当蒸汽发生器压力边界失效时,如蒸汽管、给水管破口或蒸汽发生器传热管破裂,也不会影响非能动余热交换器的功能。

反应堆固有安全性是目前核动力安全研究的热点,各国都不断地有一些研究成果发表,不断地有新的固有安全性方法和新概念引入反应堆的设计中。

7.2 核反应堆事故及分类

核反应堆是核电站中的最重要的设备,它是核电站放射性的来源。因此反应堆的事故分析是核电站事故分析的最重要内容。反应堆的事故分析一般有两种方法,即确定论分析方法和概率论方法。本节主要讨论确定论方法,即确定一组假想的故障,采用适当的计算模型,研究在这些故障情况下反应堆的行为,以便确定反应堆在这些事故工况下其关键参数是否超过许可值。

本节主要针对压水堆的情况讨论反应堆事故及其分析方法。

根据核反应堆运行工况分析,一般把核反应堆运行工况分为以下四类。

① 正常工况和运行瞬变,包括稳态运行和正常的启动、停堆、允许范围内的负荷变化、冷却剂系统升温升压等。

② 中等频率事件,包括核反应堆寿期内预计出现的偏离正常运行的事件。这些事件在设计时已采取了适当的措施,出现这类事故后反应堆会停闭,不会造成燃料元件损坏或一回路、二回路系统超压,一般情况也不会导致事故工况。

③ 稀有事故,这类事故一般是指发生概率小于 3×10^{-2} 次/(堆·年) 的事件。因此是在核反应堆寿期内极少出现的。为了防止这类事故的放射性危害,设计时要充分考虑这类事故的处理方法,事故出现时要有专门的安全设施投入工作。

④ 极限事故,这类事故的发生概率极低,在 10^{-4} 次/(堆·年) 以下。这一类事故一般称假想事故,它包括一回路主管道断裂、主泵转子卡死和主泵断电等。这类事故虽然发生的概率很低,但是一旦发生,就会有大量的放射性物质释放,因此在反应堆及核电站设计中必须加以考虑。

以上四类事故也称设计基准事故(design basic accident,DBA),它们是在反应堆设计中必须要考虑的运行状态,在安全分析报告中要对以上 ② ~ ④ 类事故进行分析计算,给出定量的结果。对于假想的第四类事故,核反应堆的安全保护系统要能处理这种事故,这样,万一出现此类事故,也不会产生明显的放射性危害,不会对周围环境造成重大污染。

下面介绍一下反应堆的典型事故。

7.2.1 反应性引入事故

在反应堆的正常工况下,如果突然引入一个意外的正反应性,就会导致反应堆的功率急剧上升,在有些工况下还可能发生瞬发临界,给反应堆带来失控的危险,例如切尔诺贝利核电站事故。由于压水堆设计中固有的负温度系数,一般情况下功率不会剧增。但是,由于控制棒错位等事故的组合,有发生部分燃料元件破损的可能。

反应性引入的主要原因有以下几个。

① 控制棒意外抽出　主要是由于反应堆控制系统或控制棒的故障,使控制棒失控抽出,从而引入一个正的反应性。

② 控制棒弹出　这一事故一般是由于控制棒驱动机构的密封罩壳的破裂,在反应堆内高压水的作用下,控制棒迅速弹出堆芯。在这种事故下,反应堆冷却剂丧失的同时伴随有正反应性引入。

③ 硼浓度意外稀释　在反应堆运行期间,由于误操作、设备故障或控制系统失灵等原因,使无硼的纯水流入主冷却剂系统,会造成堆芯冷却剂的硼浓度下降,从而使反应性上升。

在以上三类事故中,最严重的是弹棒事故,它属于极限设计基准事故。在这种事故下主要关心的是燃料的破损问题。如果有较多的燃料破损,则会有大量的放射性物质泄漏到主冷却剂中。在压水堆设计中,对弹棒事故的保护措施包括:利用硼浓度跟踪燃耗,减少停留在堆芯内的控制棒数量;负荷跟踪运行时,只允许部分控制棒部分地插入堆芯,控制棒到达插棒限值附近时保护系统将发出警报,这样可保证弹棒时引入的反应性是有限的;另外,在控制棒位和棒价值设计中,应选择能限制弹棒事故后果的方案。

控制棒的失控抽出会引入正的反应性,在冷却剂的排热能力不变的情况下,导致功率上升。由于这时功率和排热能力不相匹配,其结果是使冷却剂温度上升。

反应性引入事故的影响大小与反应性的引入程度有关,可分为准稳态瞬变、超缓发临界瞬变和超瞬发临界瞬变三种情况。

准稳态瞬变是指引入的反应性比较缓慢,可以被温度反馈和控制棒的自动调节所补偿。这种情况下引入的反应性速率较小,冷却剂温度和功率上升得都不太快,由冷却剂平均温度过高保护使反应堆紧急停堆。此时的功率峰值达不到超功率保护整定值。稳压器压力和冷却剂平均温度的上升幅度较大,使 MDNBR 值变小。

超缓发临界瞬变是指引入的正反应性较快,使反应性反馈效应和控制系统已不能完全补偿,这时总的反应性大于零,但不超过缓发中子份额 β。例如在满功率运行工况下,两组控制棒失控抽出,这时引入的反应性 $\rho_{max} < \beta$。在这种情况下,反应堆虽然超临界但不会达到瞬发临界状态。由于超缓发临界的功率增长非常快,在瞬变期间稳压器压力和冷却剂平均温度的变化较小,因此这种事故如果及时得到控制不致损坏燃料元件。

超瞬发临界瞬变是指引入的反应性很大,例如在弹棒事故情况下,引入的反应性超过缓发中子份额,即 $\rho_{max} > \beta$。这一瞬变很快,故堆功率增长的时间很短,在各保护系统正常工作情况下反应堆会紧急停堆,堆芯温度在瞬变中没有剧升。

7.2.2　失流事故

失流事故是指由于某些事故引起主冷却剂系统流量降低、堆芯流量变小。典型的失流事故有两种:一种是主泵的供电系统故障,例如电网频度下降、主泵断电等;另一种是主泵卡轴事故,可能是由于主泵轴的断裂、联轴器断裂、轴承润滑丧失等。

失流事故会导致主冷却剂系统强迫循环的流量急剧下降,使堆芯的传热急剧恶化,由于此时蒸汽发生器不能及时排走一回路热量,因此会使主冷却剂的温度有所升高,系统的压力快速增大。产生的后果是使稳压器自动喷淋启动,也可能使安全阀打开。由于这时冷却剂流量与堆芯燃料释热量不相符,可能会使部分燃料元件传热恶化,发生偏离泡核沸腾(DNB)现象。在出现失流事故时,主泵的惰转特性和快速停堆是十分关键的。失流事故的过程非常短,只有几秒至十几秒的时间,因此必须依靠冷却剂系统的固有承受能力,减小这一事故的危害。

由第 5 章可知,主泵断电后惯性流量与初始流量之间的关系简化为

$$M = \frac{M_0}{1 + t/t_{0,\frac{1}{2}}} \tag{7-1}$$

这是考虑主泵的转动惯量为零时的关系式。这时停泵后流量下降速率取决于主回路流体的惯性,其下降速率与 $t_{0,\frac{1}{2}}$ 有关。当 $t = t_{0,\frac{1}{2}}$ 时,堆芯惯性流量为初始流量的一半,因此一般把 $t_{0,\frac{1}{2}}$ 称系统的半流量时间。$t_{0,\frac{1}{2}}$ 与流体在通道内的流速、截面积、流道长度等因素有关,在水泵无惯性的情况下,$t_{0,\frac{1}{2}}$ 越大则堆芯内惯性流量下降越慢;而 $t_{0,\frac{1}{2}}$ 越小则说明流量衰减越快。

当泵的转子初始惯性很大时,泵停转后的流量与初始流量的关系为

$$M = \frac{M_0}{1 + \zeta} \tag{7-2}$$

从这一关系可以看出,ζ 越小,泵的初始惯性就越大,系统中流量的衰减就越慢。例如当泵的转动惯量为零,$\zeta = \infty$ 时,系统流量减少至一半所需的时间大约为 0.5 s;而当 $\zeta = 0.04$ 时,流量

衰减到一半所需的时间大约为 10 s。通过这一例子可以看出,增加泵的惯性显然可以大大减小事故的严重程度。

7.2.3　大破口失水事故

大破口失水事故是典型的压水堆设计基准事故,是指反应堆主冷却剂管路出现的大孔径或双端剪切断裂同时失去厂外电源的事故。最严重的情况是反应堆冷却剂泵至反应堆入口的接管完全断裂,冷却剂从两端自由流出。它是假想的最严重的反应堆事故,也是极限的设计基准事故。

当破口事故出现后,会产生一个压力波,这个压力波以 1 000 m/s 的速度在主冷却剂系统传播。这个压力波产生的负压会对反应堆压力容器产生一个巨大的应力变化。同时控制棒驱动机构和堆内构件将经受严峻的考验,一回路的支撑件和固定件等支撑构件的钢筋混凝土基座也将承受巨大的应力,这些都应在设计中加以考虑。

在大破口事故中可能会出现以下几个连续的阶段。

7.2.3.1　喷放阶段

压水反应堆正常运行工况下,冷却剂处于欠热状态,冷却剂的平均温度一般低于相应压力下的饱和温度 20 ~ 40 ℃。当出现大破口后,主冷却剂系统压力急剧降低(图 7 - 4),在几十毫秒之内就会降到饱和压力。在饱和压力之前的喷放过程称为欠热卸压阶段,这是喷放阶段的初期。在欠热卸压阶段,如果破口发生在热管段,则通过堆芯的冷却剂流量增加,如图 7 - 4 中②所示;如果破口发生在冷管段,则通过堆芯的流量将减少或出现倒流。

当系统压力降低至冷却剂温度对应下的饱和压力时,冷却剂开始沸腾,这一过程会在进入瞬变后不到 100 ms 时发生。这时由于堆芯内有大量的气泡产生,因此系统的卸压过程变得缓慢。这时可能发生的是沸腾和闪蒸同时出现,其前沿从堆芯内最热的位置开始。

由于沸腾过程中堆芯内大量气泡的形成,慢化剂的密度相应减小,这时在负空泡反应系数的作用下裂变反应会终止,此后的堆芯功率主要是衰变功率。因此在大破口事故情况下,压水反应堆不需紧急停堆,裂变过程会自然降低直至裂变反应停止。

堆芯内的冷却剂汽化后,燃料元件表面与冷却剂之间的传热严重恶化,此时会发生偏离泡核沸腾工况。

在冷管段破裂的情况下,堆芯的冷却剂流量迅速下降、停流或者倒流,偏离泡核沸腾在事故瞬变后 0.5 ~ 0.8 s 内发生,如图 7 - 4 中⑤所示。在热管段破裂的情况下,堆芯的流量要延续一段时间,因此发生偏离泡核沸腾的时间要比冷段破口情况滞后,一般要在几秒钟之后发生。

出现偏离泡核沸腾后,包壳与冷却剂之间的传热恶化,使包壳温度突然升高,从而出现第一次燃料包壳峰值温度。从图 7 - 4 的包壳温度分布曲线可以看出:对于冷管段破口和热管段破口两种不同情况,包壳峰值温度出现的时间和高低都有差别。在热管段破口的情况下,流过堆芯的有效冷却剂流量比冷段破口大,因此其温度峰值出现较晚,而且温度较低。

当出现大破口事故后,裂变反应结束,但这时堆芯内仍然会有热量产生。其热源有两个:一个是裂变产物的衰变热;另一个是在高温情况下包壳的锆合金同蒸汽与水发生化学反应,生成氢和氧化锆并产生热量。

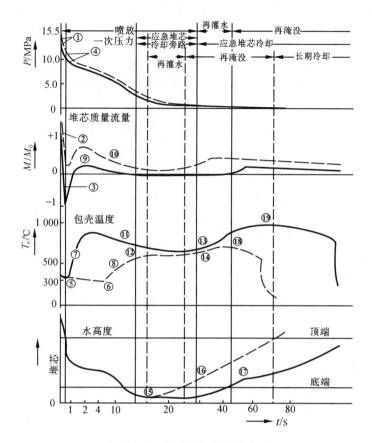

图 7 - 4 大破口失水事故序列

在这一过程中燃料棒内的储热量会产生再分布,使燃料棒内的温度拉平,元件也会产生轴向传热,使热点的包壳温度不再上升。

这一过程中冷却剂不断从破口流出,反应堆内的水装量不断减少。当主冷却剂系统内的压力降低到应急堆芯冷却系统的安注箱内的氮气压力时,截止阀会自动打开,安注箱的水会在箱内压力的作用下注入主冷却剂系统,这样就开始了应急冷却阶段。这一阶段在破口事故瞬变后 10 ~ 15 s 内发生。

7.2.3.2 旁通阶段

当应急冷却系统的安注箱和高压安注系统投入工作时,主冷却剂系统的压力仍高于安全壳内的压力,破口处冷却剂还在大量外流。

在热管段破口情况下,注入冷管段的辅助冷却剂通过下降段到达下腔室,使堆内的水位不断上升,冷却水进入堆芯后并淹没堆芯。

当冷管段出现破口时,情况会大不一样,因为在堆芯冷却剂倒流期间,从堆芯流出的蒸汽与下腔室内的水继续蒸发产生的蒸汽一起,通过下降段的环形腔向上流动,阻碍从冷管段注入的应急冷却水穿过下降段,从而在下降段形成气 - 水的两相流逆向流动。在这种情况下,注入下降段的冷却剂有一大部分被流出的蒸汽夹带至破口,使注入的冷却剂没有进入堆芯而旁通了,见图 7 - 5。这一过程一般出现在破口后 20 ~ 30 s 的时间。因此,在冷管段破口情况下,最初堆芯应急冷却系统注入的冷却剂被旁通,直接从破口处流出,从而使堆芯的再淹没大大推迟。

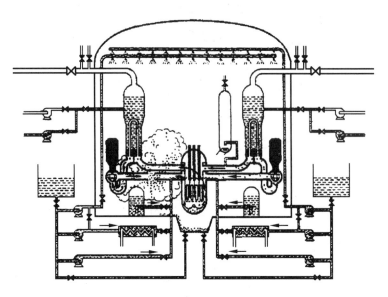

图7-5 大破口事故后的旁通阶段

当一回路系统与安全壳之间的压力达到平衡时,喷放阶段就已结束,当一回路系统压力降到 1 MPa 左右时,低压注射系统就投入工作。在初始阶段,辅助冷却水由安全注射箱和低压注射系统同时提供,一直到安全注射箱排空。在此之后如果还需注水,低压注射系统可以取水自换料水箱,最后还可以取自安全壳地坑。

在大破口事故情况下,由于系统压力降低得非常快,高压注射系统起不到太大作用,因此这时起主要作用的是安全注射箱和低压安注系统。

7.2.3.3 再灌水阶段

再灌水阶段从应急冷却水到达压力容器下腔室开始,一直到水达到堆芯底部,见图7-6。这一过程一般出现在破口后 30~40 s 的时间。在这一阶段里,堆芯是裸露在蒸汽环境中的,这一过程堆芯产生的衰变热主要靠辐射换热和自然对流换热。由于传热不良,因此堆芯温度会绝热地上升,上升的速率为 8~12 ℃/s。在温度上升的过程中,锆合金与水蒸气的反应是一个很大的热源。因此再灌水阶段的长短,对大破口事故后反应堆事故的严重程度影响非常大,而这一时间取决于喷放结束时下腔室的水位至堆芯底部的高度,它决定了燃料元件包壳温度所能达到的最高值。

7.2.3.4 再淹没阶段

当再灌水阶段结束时,下腔室的水位达到堆芯底部,以后水位逐渐淹没堆芯,这一过程为再淹没阶段。由于这时堆芯内燃料元件的温度较高,当应急冷却水进入堆芯时,会马上沸腾。沸腾产生的蒸汽会快速向上流动,由于气流中夹带着相当数量的水滴,为堆芯提供了部分冷却。随着水位在堆芯内的上升,这一冷却效果会越来越好,包壳温度的上升速率也随之减小,当破口事故瞬变后 60~80 s,热点的温度开始下降。当包壳温度下降至 350~550 ℃ 时,应急冷却水再淹没包壳表面,这时冷却速率明显提高,燃料包壳温度很快降低。这一过程一般称堆芯骤冷阶段。

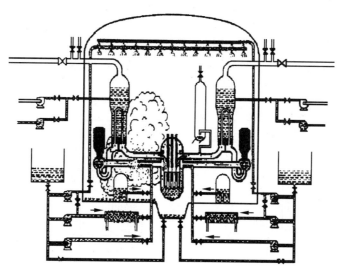

图7-6 再灌水阶段

由于再淹没过程中水位上升的速度与流体的阻力和驱动力有关,在冷管段破口的情况下,堆芯内产生的蒸汽要通过热管段、蒸汽发生器和主泵等,要克服这些地方的流动阻力。当蒸汽流过蒸汽发生器时,蒸汽中被夹带的水滴会被二回路传递来的热量加热而蒸发,这样使蒸汽的体积大大增加,使流动阻力进一步增大,这时在蒸汽发生器与主泵之间的过渡段内会积水。这样就附加了蒸汽的阻力。这一过程蒸汽的流速变慢,再淹没中,堆芯上升的水位速度也相应变慢,这一过程称蒸汽黏结。产生蒸汽黏结现象后,再淹没的速度降低,使燃料与冷却剂之间的传热减少,延长了再淹没的时间。

7.2.3.5 长期冷却阶段

再淹没过程结束后,反应堆的燃料仍然会产生衰变热,因此低压注射系统继续运行。当换料水箱的水用完时,低压注射泵可以从安全壳地坑吸水,见图7-7。从反应堆冷却剂系统泄漏出的水和安全壳内蒸汽冷凝变成的水大部分汇集到地坑中。因此这部分水可以长期地循环使用。反应堆衰变热的释放是一个长期的过程,例如大亚湾核电站,反应堆热功率为289 MW,停堆30天后剩余的热功率大约为4 MW,由此可以看出,衰变热的输出是一个较长的过程。

图7-8表示了事故状态下几种反应堆内情况。图7-8(a)表示正常运行时的反应堆内冷却剂的情况,这时

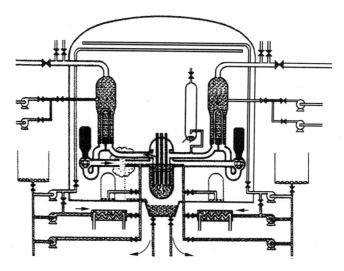

图7-7 长期冷却阶段

整个堆芯全部充满水。图7-8(b)表示喷放阶段反应堆内情况,由于系统泄压,冷却剂外流使堆芯内产生蒸汽,在上封头处形成气腔。图7-8(c)表示再灌水过程反应堆内情况,此时在堆内的下降环形空间内会出现蒸汽向上流动、安注水向下流动的逆向流动情况。图7-8(d)是再淹没阶段堆芯内的情况,此时冷却水由下而上重新逐渐淹没堆芯。

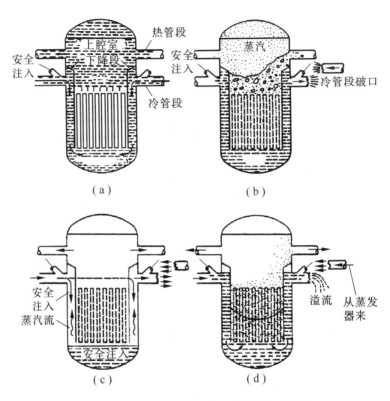

图7-8 事故状态下几种反应堆内流动情况

7.2.4 小破口事故

小破口事故一般定义为在一回路系统压力边界上面积小于或等于 $0.047\ m^2$ 的破口。破口位置的范围包括所有连接在冷却剂系统压力边界的小管道、释放阀和安全阀、补水和排污管道、各种设备仪器的连接管道等。概括地说,主冷却剂系统管道中的任何一个支管上的压力边界的破口,都属于小破口事故的范围。

由于小破口事故涉及的范围很大,因此,小破口事故发生的可能性很高,反应堆运行过程中,操作人员应该仔细观察它的结果和相关的仪表显示。小破口事故发展缓慢,反应堆的操作人员通过仪表能预计情况的发展,得到结果并在控制室进行纠正。

小破口事故的后果包括反应堆冷却剂丧失后的压力降低、堆芯冷却能力的削弱、带有放射性的冷却剂释放到安全壳中会使电站的放射性超过排放标准。每一种后果最终达到的程度都与压水堆的设计、设备的可靠性、破口的面积与位置,以及反应堆所处的运行状态有关。

7.2.4.1 瞬态过程特征

与大破口事故相比,小破口事故的特征是冷却剂系统压力降低速度相对较慢和冷却剂的质量损失相对较小。由于主泵紧急停闭后,较低的冷却剂压力降低速度使冷却剂系统中气相和液相会产生分离。两相分离的程度和特征依赖于破口的位置和发生瞬变的时间。两相分离的程度决定了小破口事故的换热特性和水力特性。

当发生小破口事故时,冷却剂系统参数详细的变化与压水堆的设计特性(如堆芯的最初功率和功率分布)、燃料的燃耗(决定着衰变热的水平)、主冷却剂系统部件的体积和相对体积分布、蒸汽发生器的类型和危急冷却系统的设计等因素有关。

为了便于说明,这里用一个参考压水堆来介绍小破口事故。该反应堆的特征参数如下:

反应堆功率,2 754 MW;

主冷却剂系统压力,15.5 MPa;

堆芯入口温度,288 ℃;

堆芯出口温度,321 ℃;

低压停堆信号设定值,12.1 MPa;

安全注射信号设定值,11.1 MPa。

小破口事故的最大面积上限是 0.047 m^2,最小面积是反应堆冷却剂系统的补水泵能维持反应堆内冷却剂的总量不变,冷却剂系统压力变化在控制系统允许的正常值之内。如果破口面积大于这一最小面积,则冷却剂系统的压力将降低。当压力降到大约 12.1 MPa 时,控制系统发出紧急停堆信号;当降到 11.1 MPa 时,发出安全注射信号。在紧急停堆之前,由于冷却剂(慢化剂)密度降低,在负温度系数的影响下,反应堆功率一直在降低,同时压力也在降低。当压力降到安全注射触发信号时,高压安全注射泵启动。在安全注射触发信号之后的压力降低和破口面积与高压安全注射泵的扬程和流量有关。若只有一个非常小的破口面积而高压安全注射泵的扬程很高、流量较大,则压力降低停止,还有可能被重新加压。若破口面积较大,则反应堆冷却剂系统的压力将持续降低。在后一种情况下,压力不断降低,一直到冷却剂温度所对应的饱和压力,冷却剂开始闪蒸。闪蒸首先发生在最热的主冷却剂中,通常发生在反应堆压力容器的上封头。当达到饱和压力之后,由于冷却剂内产生汽化,压力降低的速度变慢。然而,通过蒸汽发生器和破口仍有热量继续导出。这些瞬态过程通常较为缓慢,反应堆冷却剂能维持在热平衡状态。此时,一回路温度接近蒸汽发生器中二回路水的温度。因此,反应堆冷却剂维持在一个相对稳定的压力和温度上,此时的压力和温度受到蒸汽发生器二回路侧水温度的制约。

当冷却剂系统的压力达到安全注射触发信号的整定值时,所有主泵应该停止运行。当主泵停止运行后,在反应堆冷却剂系统中的强迫循环逐渐减弱,自然循环最终建立起来,并通过自然循环把热量从堆芯排到蒸汽发生器中。自然循环时流速较低,气液两相可能分离。分离出来的蒸汽占据反应堆冷却剂系统较高的位置。

若破口面积很大,尽管高压安全注射泵不断地向系统注水,但压力仍继续降低,堆内冷却剂不断丧失,压力容器内冷却剂水位可能持续下降或低于堆芯高度。在堆芯顶部裸露之前,堆芯热量通过池式沸腾带走。随着回路中蒸汽含量的上升,在热管段中建立起逆向流动(图 7-9),在堆芯中产生的蒸汽流入蒸汽发生器,在相对较冷的蒸汽发生器管束中冷凝后回流到堆芯,重新被加热至沸腾,带走堆芯的热量,这一过程称为冷凝回流。随着系统压力的降低,高压安全注射泵的流量会超过破口的泄漏量,或压力降低到安全注射水箱的注射压力后,安注箱向系统内注水,此时反应堆冷却剂丧失最终停止,反应堆冷却剂系统最终被重新注满。

在发生小破口事故时,燃料包壳的温度升高与堆内冷却剂水位、堆芯裸露的持续时间和堆内衰变功率分布有关。在降压的初期,由于热量传不出去而导致包壳表面经受膜态沸腾。然而,在这个时期包壳温度上升通常在允许的极限内,在后续的自然循环过程中,包壳重新被浸湿。如果堆芯顶部裸露,在高于两相液面之上的堆芯换热较弱。在这种情况下,热量主要靠蒸汽和夹带的液滴流过而传递。包壳的氧化程度与温度升高和在高温中裸露的持续时间有关。

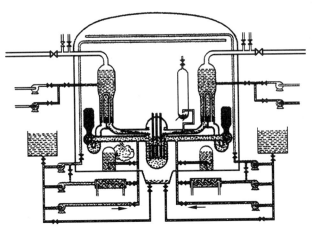

图7-9 冷凝回流阶段

7.2.4.2 破口尺寸的影响

小破口事故可以被分成三大类:第一类,破口尺寸足以使反应堆冷却剂系统压力降至安注水箱触发值;第二类,破口较小,使反应堆冷却剂系统压力降至安注水箱触发值以上的一个半稳定值;第三类,破口更小,由于高压安全注射泵的注射,使反应堆冷却剂系统重新被加压。

对于尺寸相对较大的小破口,在反应堆冷却剂系统中出现两相流动前,冷却剂系统压力将降至安注水箱的注射压力。有上述特征的破口面积范围与压水堆设计参数有关,这些参数包括:回路的布设、堆芯功率、高压安全注射泵容量和安注水箱压力触发值等。对于上述所参考的压水堆来说,第一类小破口面积范围为 93 ~ 470 cm²。图7-10是第一类小破口后反应堆冷却剂系统压力降低特性曲线。从图中可以看出,最初从15.8 MPa的压力降低非常急剧;在 A 点(对应于反应堆中最热的冷却剂的饱和压力)压力降低速度有所减缓;由于临界流量的限制,从破口流失的能量小于堆芯产生的能量,所以在 B 点压力降低停止。在蒸汽发生器中,为了把

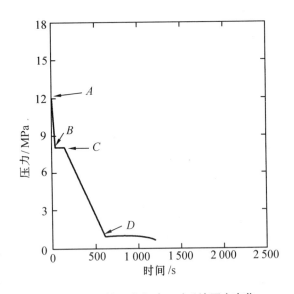

图7-10 第一类小破口时系统压力变化

剩余的能量传递给二回路侧的水,一回路侧冷却剂的温度需高于二回路侧的水温。根据热平

衡,这个温度决定着反应堆冷却剂系统从 B 点到 C 点的压力。气 - 液界面低于破口高度之后,能量从破口流失的速度增大,反应堆冷却剂系统的压力继续降低。图 7 - 10 中 C 点后的压力继续降低直至 D 点,此时安全注射水箱开始向反应堆注水。安全注射水箱注入的大量水终止了堆内冷却剂总量的净流失。

高压安全注射泵对第一类小破口的影响相对较小。高压安全注射泵的注入量减缓了反应堆内冷却剂的净流失速度,同时可能通过冷凝蒸汽而加速反应堆冷却剂系统的压力降低。这一过程中,堆芯的衰变热排出由蒸汽发生器带走和从破口的流失两部分组成。在第一类小破口事故时,堆芯可能会裸露,然而,由于反应堆冷却剂系统的急剧降压和安全注射水箱开始注射,在燃料包壳温度急剧升高之前堆芯重新被淹没。

在发生第二类小破口事故时,在堆内冷却剂的净流失停止之前,反应堆冷却剂系统的压力不会降至安全注射水箱触发值。对于前面所列举的反应堆,中等小破口的面积变化范围是 18.6 ~ 93 cm^2。图 7 - 11 是中等小破口的压力降低特性曲线。最初的压力降低与第一类小破口相似,包括开始的急剧下降阶段和由于二回路侧温度决定的压力稳定阶段。

在图 7 - 11 中曲线的 E 点之后,只要蒸汽发生器中能带走热量,缓慢降压阶段将一直持续。反应堆冷却剂系统的压力高于蒸汽发生器二次侧的压力,两者的差值由维持热量从一次侧传给二次侧的传热的温差所决定。直到堆芯衰变热降低,破口流出的热量与汽化速度相当,此时系统停止降压。

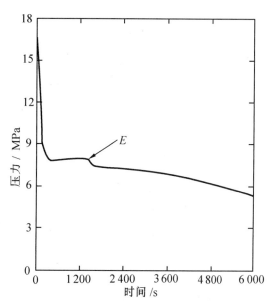

图 7 - 11　第二类小破口时系统压力变化

对于中等小破口事故来说,高压安全注射泵是非常重要的,用它来补充冷却剂的流失;蒸汽发生器也非常重要,用它来带走热量。蒸汽发生器一直充当热阱,作为热阱的二回路侧存水是否充足与电站的设计特性和破口面积大小有关。随着系统压力降低,破口处的流量减少,安全注射的流量最终能够补偿破口的流量损失。在这一过程中,堆芯可能出现裸露。在这种情况下,由于瞬变过程较为缓慢,堆芯裸露持续时间较长,因此可能造成严重的后果。

第三类小破口事故是指由于作为热阱的蒸汽发生器丧失排热功能,破口被隔离或高压安全注射流量超过从破口流失的流量,反应堆冷却剂系统被重新加压。在前面列举的反应堆中,这类事故的破口面积小于 18.6 cm^2。图 7 - 12 是这类破口的特性曲线。从图中可以看出,反应堆冷却剂系统很快被重新加压。通过减小高压安全注射的流量或打开主回路释放阀可以停止重新加压。图 7 - 12 中 F 点是反应堆冷却剂系统完全充满水,压力将迅速上升的点,压力最终稳定在高压安全注射泵的设定停止值或稳压器释放阀的触发值上。

在第三类小破口事故中,堆内冷却剂的总量减少不足以出现堆芯裸露的情况。在发生最小破口时,冷却剂总量流失很小而不会中断单相自然循环。在发生这类破口时,衰变热完全通过蒸汽发生器带走。因此,在没有主给水的情况下,应该启动二回路的辅助给水系统,以维持带走一次侧的热量。

第三类小破口事故的另一个特征是在有和没有主泵运行时堆芯一直被淹没。通常认为,在破口大于 18.6 cm² 时主泵的运行会比不运行产生更大的冷却剂丧失。然而,当破口小于 18.6 cm² 时,主泵运行引起的额外的冷却剂流失不会引起堆芯裸露。

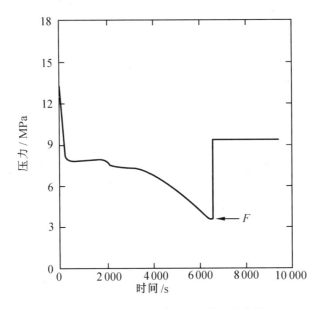

图 7 - 12   第三类小破口时系统压力变化

7.2.4.3   减缓小破口事故后果的措施

压水堆中,可用来减缓小破口事故后果的主要措施是利用危急堆芯冷却系统(ECCs)、高压安全注射系统、安全注射水箱和低压安注系统。

高压安全注射系统由高压头的离心泵、相关管道和阀门组成。这些阀门用来控制水是注入反应堆冷却剂系统的冷段还是直接注入反应堆压力容器的环形空间,这与压水堆的设计有关。

安全注射水箱最初充水并用氮气加压。在大多数的压水堆的设计中,安注水箱可以向反应堆冷却剂系统的每个冷管段注水。在有的压水堆设计中,一些水箱可以直接向反应堆环形空间注水。为了在注水时获得最大的静压头,水箱被放在安全壳的高处。

低压安全注射系统被设计成当反应堆冷却剂系统压力降至大约 0.7 MPa 后,提供长期的堆芯冷却。低压安全注射泵是大容量、低压头的离心泵。通常有两台低压安全注射泵,其中任何一台泵运行就足以带走堆芯衰变热。高压安全注射泵和低压安全注射泵从换料水箱中抽水,用完换料水箱中的水后,自动从安全壳的地沟中抽水。

自三哩岛事故之后,清楚地发现二回路辅助给水系统是非常重要的,因为其潜在的用途是通过蒸汽发生器带走热量。在所有压水堆设计中,辅助给水系统都被来自蒸汽发生器水位过低或主给水流量丧失信号自动触发,辅助给水由电动或气动离心泵提供动力。通常有三台泵,其中两台就足以把反应堆紧急停堆后产生的衰变热带走,泵的冗余和电源的多样性保证了需要时辅助给水系统的可用性。

7.2.4.4　破口过程的物理现象

小破口事故后会产生一系列的物理现象,这些现象都与系统的压力降低有关,而系统压力的降低是由随后的两相流动所决定的。瞬态转变过程还与反应堆堆芯释热有较大的关系,因为堆芯不断地将热量传给冷却剂,另外还与反应堆冷却剂回路的布置、蒸汽发生器的具体情况有关。

在破口事故的初期,主泵仍在运行或正缓慢停车,因此,主泵的惯性决定着流体在主冷却剂系统中的流动。主泵停止运行后,在反应堆冷却剂系统中的质量传递由自然循环所决定。破口位置影响质量传递,另外,由高压安全注射泵或安全注射水箱注入的水也会影响质量传递。

对于非常小的破口面积,单相自然循环是主泵停止运行之后引起反应堆冷却剂系统中水循环的主要机制。在这种情况下,堆芯上部不会完全变空。此时系统内存在热流体(密度小)和冷流体(密度大),热流体主要存在于堆芯上升段、热管段和蒸汽发生器的进口腔室和上行管段,冷流体存在于蒸汽发生器的下降管段、主泵进口段、主泵、冷管段和反应堆容器的环形下降空间。由于冷热流体的密度差不同,使堆内产生自然循环流动。由密度差和高度差引起的静压差被由流动摩擦所引起的流动阻力所平衡。自然循环的流动速度由驱动压头和流动压降之间的平衡决定。

单相自然循环流动的建立与反应堆冷却剂系统各部件的相对高度有关。U 形管蒸汽发生器管束两端流体的密度差提供了一部分驱动压头。在使用直流式蒸汽发生器的压水堆中,决定自然循环的主要尺寸是堆芯的加热中心与蒸汽发生器管束的冷却中心之间的有效高度差。这个有效高度差与堆芯功率水平和直流式蒸汽发生器的换热特性有关。

在小破口事故情况下,如果高压安全注射的流量不能补偿破口的流量损失,结果使瞬态过程将最终从单相自然循环过渡到堆芯沸腾,蒸汽发生器传热管中出现冷凝回流。随着反应堆冷却剂系统中压力降低,回路中最热的流体温度接近饱和温度,将出现闪蒸。这种闪蒸首先发生在压力容器的上封头和稳压器中,随后是热管段,最后是堆芯顶部。这个瞬态过程的早期,闪蒸产生的蒸汽进入蒸汽发生器管束的入口段之后,很快被冷凝,自然循环流动将被维持在两相低含气率流动状态。

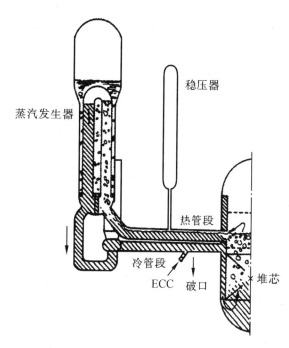

如图 7 – 13 所示,最终冷却剂中的空泡将中断自然循环流动,引起堆芯内水量减少。此时,反应堆冷却剂系统的压力受破口的流体速度、堆芯蒸汽的产生速度和高压安全注入流量的影响。系统压力达到一个特定值时,蒸汽发生器带走

图 7 – 13　单相自然循环向冷凝回流的转变

的能量和破口流失能量的总和等于堆芯进入冷却剂的热量。对于较大破口来说,因为衰变热的大部分从破口带出,系统压力继续下降。这种情况下,因为蒸汽发生器中冷凝的蒸汽很少,所以蒸汽发生器管束两侧的温差很小。

当反应堆冷却剂系统冷管段水位继续下降时,堆芯产生的蒸汽向上流过热管段进入蒸汽

发生器管束,蒸汽被冷凝后流回到堆芯(图 7 - 14)。由于蒸汽在热管段和蒸汽发生器管中的流速相对较小,在热管段会发生蒸汽与凝水之间的逆向流动。因此,可以预料到蒸汽发生器管束的一部分将发生间歇性阻塞。

在反应堆冷却剂系统冷凝回流阶段,冷却剂的水位继续下降,最终反应堆冷却剂系统的压力降至很低值,直至危急堆芯冷却系统的注水速度等于并超过破口流量,这时反应堆内的水位重新上升。最终升至上封头,水溢流进热管段,使热管段内充水(图 7 - 15)。在这个阶段,冷管段中的水位产生一个压头,驱动蒸汽进入蒸汽发生器管束。当蒸汽发生器入口段的水位高于蒸汽发生器管束中短管的高度时,系统开始进入单相自然循环。

自高压安全注射的流量超过破口流量时起,在反应堆上部和稳压器中的气泡以某一速度消失(图 7 - 16),这个速度由冷凝速度和注射速度决定。最后所有蒸汽被冷凝,系统压力升高,直至破口流量又一次等于注射流量,系统恢复单相自然循环。然而,冷却剂中不凝性气体的存在将阻止主回路回到纯单相流动状态。

不凝性气体的来源包括燃料包壳氧化时所形成的氢、燃料棒内最初充入的氦气、裂变气体、安全注射水箱带入的氮气、溶解在换料水箱或地坑水中的空气。不凝气体对自然循环产生潜在的影响,被带到蒸汽发生器中的不凝性气体会降低蒸汽发生器一回路侧向二回路侧的传热。

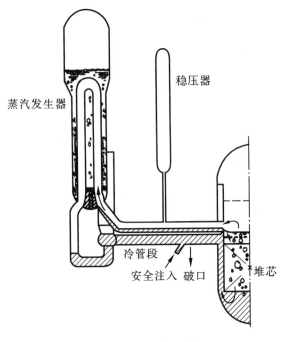

图 7 - 14   冷凝回流

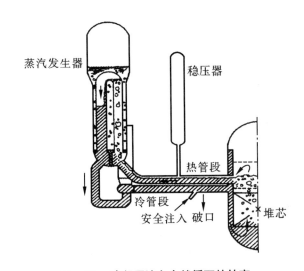

图 7 - 15   冷凝回流向自然循环的转变

大量不凝气体集聚在蒸汽发生器 U 形管顶部将阻止水借助虹吸作用通过 U 形管顶部,因而在反应堆冷却剂系统重新充满水时会阻止回到单相自然循环。相同的情况也会发生在使用直流式蒸汽发生器压水堆的热管段的较高位置处。消除不凝性气体的影响回到单相自然循环,主要借助于管子两端密度差所形成的压降。

7.2.4.5   破口位置的影响

小破口的位置会影响最终流出系统的水量和由危急堆芯冷却系统注入并到达压力容器的

水量。由于冷管段位置较低,在其底部的破口将引起比在系统高处的破口更大的冷却剂丧失量。此外,因为水是由冷管段注入的,冷管段上的破口有可能使由应急堆芯冷却系统注入的水一部分流失。位于冷却剂管道底部的破口比那些位于顶部的破口更为不利,因为前一种破口喷射出的是水而非蒸汽,这将引起较大的冷却剂丧失。

另一个较重要的破口位置是各种与稳压器相连的管道,特别是稳压器的释放阀(在三哩岛事故中,正是由于电动释放阀没有关闭而引起反应堆冷却剂丧失)。在这样的小破口事故中,稳压器中的水是否能通过波动管回到主回路管道中去对冷却堆芯也是非常重要的。如果稳压器安全阀打开

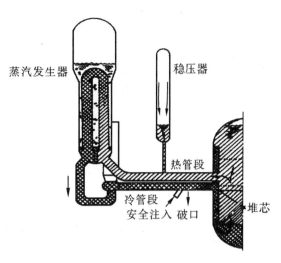

图7-16 回路中有气泡存在的自然循环

而不能回座,则稳压器可能在最初几分钟内完全被水充满,结果使高压注射系统为了防止稳压器和一次系统充水过多而关闭。这时尽管信号指示是满水状态,但实际上在一次系统内(多半在反应堆压力容器内)可能还存在气-液界面。所以在高压注射系统的泵停止运行后,冷却剂系统内液体的重新分布可能导致堆芯裸露。

另一个重要的破口位置是蒸汽发生器的管束。这里的泄漏特别重要,因为被包容在一回路液体中的放射性物质可直接通过二次侧的蒸汽进入环境。

7.2.4.6 主泵停止运行的影响

当主泵停止运行时,反应堆冷却剂系统中的流速急剧降低,两相分离的作用变得重要起来。当重力与惯性力相比较小时,两相流体之间的相对运动较小。当流体速度降低,重力变得相对重要起来,在这种情况下,两相速度不再相同。两相速度不同,引起了反应堆冷却剂系统中蒸汽分布不均匀。而且,当含气率较高时,主泵运行困难并且泵振动会有潜在的危险(在三哩岛事故中,主泵由于振动而被关闭)。

对于在热管段的破口,主泵仍在运行情况下的流体分布同上面在冷管段的破口有相同的现象。然而,由于破口距压力容器的距离不一样,这些现象对堆芯裸露的影响有很大的不同。对于热管段的破口,只要压力容器内两相混合物的液位仍然高于热管段底部,破口将一直被两相液体所覆盖。当主泵已停止运行时,这一水位是由堆芯下降段环形空间的水位来维持的。若主泵在瞬态变化过程中失效或被关闭,则在堆芯中两相混合物的液位会降低。若主泵在反应堆压力容器内水量最少时被停止运行,则堆芯裸露的高度会达到最大。然而,因为包壳峰值温度不仅由裸露高度而且还由整个堆芯裸露时间来决定,所以这未必会发生最严重的包壳峰值温度。

7.2.5 未能紧急停堆的预计瞬变

未能紧急停堆的预计瞬变(anticipated transients without scram, ATWS),是指反应堆在需要保护的工况下,要求紧急停堆而没有紧急停堆的预计瞬变。在这些瞬变中,虽然一回路或二回路参数超过了保护定值,但控制棒组件未插入堆芯。

ATWS 事故发生概率等于紧急停堆发生故障的概率和未能紧急停堆时有明显后果的事故频率的乘积。美国 NRC 的目标是要将 ATWS 事故发生概率降到每台机组每年 $10^{-6} \sim 10^{-7}$，大致相当于第四类事故发生的概率。可能导致比较严重后果的初始事件有：失去主给水、汽轮机停机、失去交流电源、失去冷凝器真空、控制棒组件意外抽出和稳压器卸压阀意外开启等。其中以主给水丧失引发的 ATWS 最具代表性。

假设在事故一开始就完全失去了蒸汽发生器的正常给水，蒸汽发生器水位很快下降。在瞬变过程中发生的一系列紧急停堆信号没有被考虑，而假设依然出现汽轮机脱扣和按温度调节方式旁通阀打到 50% 的开度。

在瞬变期间，由于失去正常给水，蒸汽发生器内水装量下降。最初，一回路与二回路之间传热效率没有明显下降。因而，一回路的温度基本保持不变。

接着，汽轮机脱扣导致蒸汽流量暂时下降，从而导致蒸汽发生器所吸收的功率下降，这就引起了蒸汽发生器出口的一回路水温上升，从而使堆芯出口水温上升。考虑到慢化剂的负温度系数，堆芯水温上升引起核功率下降和一回路压力上升。接近 35 s 时，稳压器安全阀打开。将近 40 s 时，蒸汽发生器的安全阀打开（图 7 – 17），于是，通过蒸汽发生器导出的功率回升，从而出现一回路温度和核功率的准稳态。

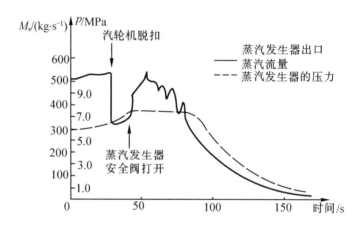

图 7 – 17   失去正常给水后蒸汽发生器出口蒸汽流量和蒸汽发生器压力的变化

事故发生以后，蒸汽发生器内水装量下降，当蒸汽发生器内只有 5 t 左右的水时，一回路与二回路之间的传热效率突然下降，导出的功率迅速下降，一回路温度剧烈上升。由于一回路温度的这种剧烈上升使得堆芯输出功率急剧下降。

堆芯产生的核功率与蒸汽发生器吸收的功率之差，在将近 110 s 时达到最大值，出现一回路压力峰值（图 7 – 18）。于是，稳压器充满了水，并且有大量的气水混合物或水通过安全阀排出。

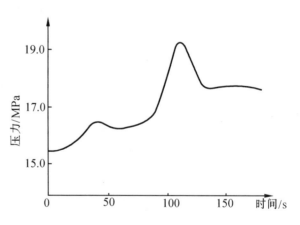

图 7 – 18   失去正常给水后稳压器压力的变化

核功率稳定在 8% 左右，它相当于辅助给水系统流量汽化所需的功率。由于一回路温度上升，反应性逐渐下降。然后，在多普勒效应的影响（核功率下降）和慢化剂温度系数的影响相互抵消之前,反应性变为正值。实际上,由于失去蒸汽发生器正常给水而使得一回路平均温度开始上升,然后由于功率下降使平均温度也下降。

最后,由于失去蒸汽发生器正常给水和主泵停止运行的联合影响而使一回路温度上升,它将稳定在 330 ℃ 左右。至于一回路流量,则将稳定在额定流量的 8% 左右。

稳压器和一回路的压力变化过程以及稳压器内水的体积变化过程:将近 60 s 时,稳压器充满水;将近 200 s 时,一回路平均温度开始下降,由于一回路温度下降使得稳压器恢复了正常水位。

7.3　核反应堆严重事故

核反应堆严重事故是指堆芯大面积燃料包壳失效,威胁或破坏核反应堆压力容器或安全壳的完整性,引发放射性物质泄漏的事故。一般来说,反应堆严重事故是由两个原因引起的:一个是堆芯失去冷却或冷却不充分;另一个是堆芯的反应性快速不可控升高。核反应堆的严重事故可以分为两大类:一类为堆芯熔化事故(core meltdown accidents,CMAs);另一类为堆芯解体事故(core damage accidents,CDAs)。堆芯熔化事故是由于堆芯冷却不充分,而引起堆芯的裸露、升温和熔化,其过程发展较为缓慢,时间尺度为小时量级,美国三哩岛事故就是堆芯熔化事故的实例。堆芯解体事故是由于快速引入巨大的反应性,引起功率陡增和燃料碎裂的过程,其发展速度非常快,时间尺度为秒量级,苏联切尔诺贝利核电站事故是到目前为止仅有的堆芯解体事故的实例。由于轻水反应堆固有的反应性负温度反馈特性和专设安全设施,因此发生堆芯解体事故的可能性极小。下面着重分析轻水反应堆的严重事故。

7.3.1　严重事故过程和现象

对于轻水反应堆来讲,堆芯熔化事故是最严重的事故。堆芯熔化首先从燃料包壳开始,燃料包壳会受到两个方面的威胁:一方面是失去冷却,使燃料包壳过热,如三哩岛事故就属于这种情况;另一方面是堆芯中子通量大幅度增加,导致燃料释热增加,从而导致燃料膨胀和熔化,切尔诺贝利核电站事故就属于这种情况。从轻水反应堆的堆芯熔化过程来看,它大体上可以分为高压熔堆和低压熔堆两大类。低压熔堆过程以快速卸压的大中破口失水事故为先导,如果在此过程中应急堆芯冷却系统的注射功能或再循环功能失效,不久堆芯开始裸露和熔化,锆合金包壳与水蒸气反应产生大量氢气。堆芯水位下降到下栅格板以后,熔融的堆芯会加热堆芯内的金属材料而使堆芯支撑结构失效,熔融的堆芯会跌入下腔室水中,产生大量蒸汽。之后压力容器在低压下熔穿,熔融堆芯会熔穿压力容器落入堆坑,开始烧蚀地基混凝土。在这一过程中,向安全壳内释放出 H_2,CO_2,CO 等不凝气体。此后安全壳有两种可能损坏的方式,即安全壳因不凝气体聚集持续晚期超压(事故后 3 ~ 5 天)导致安全壳破裂或贯穿件失效,或者熔融堆芯烧穿地基。

高压熔堆过程往往以堆芯冷却不足为先导事件,其中主要原因是失去蒸汽发生器二次侧热阱的排热。

与低压熔堆过程相比,高压熔堆过程有如下特点:

① 高压堆芯熔化过程进展相对较慢,因而有比较充足的干预时间;

② 燃料损坏过程是随堆芯水位缓慢下降而逐步发展的,对于裂变产物的释放而言,高压过程是在"湿环境"下进行的,气溶胶离开压力容器前有比较明显的水洗效果;

③ 压力容器下封头失效时堆芯与安全壳之间的压力差大,使高压过程后堆芯熔融物的分布范围比低压过程的更大,并有可能造成安全壳内大气的直接加热。因而,高压熔堆过程具有更大的潜在威胁。

7.3.2 堆芯熔化过程

在轻水堆的 LOCA 事故期间,如果冷却剂丧失并导致堆芯裸露,燃料元件会由于冷却不足而过热并发生熔化。当反应堆冷却剂系统发生破口事故时,高压将迫使冷却剂从破口流出反应堆压力容器,这种过程通常称为喷放(blowdown)。

对大破口来说,喷放非常迅速,只要 1 min 左右,堆芯就将裸露。在大多数设计基准事故(DBA)的计算中,一个重要的问题是在堆芯温度处于极度危险之前,应急堆芯冷却系统是否能再淹没堆芯。

在堆芯裸露后,燃料中的衰变热将引起燃料元件温度上升。由于燃料元件与蒸汽之间的传热性能较差,造成燃料元件的温度和元件内气体压力上升较快。当燃料温度大于 1 000 K 时,会发生包壳肿胀,这时锆合金氧化产生氢的过程也明显增强。高温下,锆合金氧化反应产生的热量会大于衰变热。包壳肿胀对反应堆熔堆事故进程有明显的影响。当元件周向应变达到 35% 时,相邻的元件就开始接触,因此会影响燃料周围流体的流动和传热。包壳肿胀会导致燃料元件之间冷却剂流道的阻塞,这将进一步恶化燃料元件的冷却,从而导致堆芯烧毁。表 7-1 列出了关系到轻水反应堆安全的燃料和包壳温度的主要参数。

表 7-1 关系到轻水反应堆安全的燃料和包壳温度

温度/K	现象
3 120	$UO_{2.0}$ 熔化
2 960	$ZrO_{2.0}$ 熔化
2 810	$(U,Zr)O_2$ 液态陶瓷相形成
2 625	B_4C 熔化
2 030	锆-4 合金熔化
1 720	不锈钢熔化
1 523	$Zr-H_2O$ 反应发热率接近于衰变发热率
1 400	UO_2-锆合金相互作用导致液体的形成
1 273 ~ 1 373	$Zr-H_2O$ 反应明显
1 223	燃料包壳开始穿孔
1 073	银-铟-镉熔化
1 020 ~ 1 070	包壳开始肿胀,控制棒内侧合金的起始熔点
568 ~ 623	包壳的正常运行温度

如果燃料温度持续上升并超过 1 300 K,则锆合金包壳开始与水或水蒸气相互作用,引发一种强烈的放热氧化反应:

$$Zr + 2H_2O \Longrightarrow ZrO_2 + 2H_2 \tag{7-3}$$

反应过程伴随有能量释放,如果 $\dot{Q}_{Zr}$ 为 1 kg 的锆发生氧化反应所释放的热量,则有

$$\dot{Q}_{Zr} = 6.774 \times 10^6 - 244.9T \tag{7-4}$$

式中,T 为热力学温度,单位为 K。

当燃料温度升高到大约 1 673 K 时,堆芯材料开始熔化。当燃料元件熔化的微滴和熔流初步形成时,它们将在熔化部位以下的范围内固化,并引起流道的流通面积减小。随着熔化过程的进一步发展,部分燃料棒之间的流道将会被阻塞。流道的阻塞加剧了燃料元件冷却不足,同时由于燃料本身仍然产生衰变热,堆芯有可能出现局部熔透的现象。之后,熔化的燃料元件的上部分将会坍塌,堆芯的熔化区域将会不断扩大。熔化材料最终将达到底部堆芯支撑板,然后开始熔化堆芯支撑板构件。

在堆芯温度的升高过程中,各种堆芯材料之间,以及这些材料与冷却剂之间的相互作用涉及许多冶金学现象。与燃料有关的主要过程包括以下几种:

① 当燃料温度升高时,包壳会破裂或肿胀,使燃料元件之间冷却剂的流动受到影响,从而使包壳的温度进一步升高,进而导致包壳熔化;

② 熔化的材料沿燃料棒外表面呈蜡烛液状流动和再固化;

③ 在固化的燃料芯基体硬壳或破碎的堆芯材料上形成一个碎片床;

④ 在硬壳中材料熔化并形成熔坑,随后硬壳破裂,堆芯熔融物落入下腔室。

当堆芯的温度达 1 473 ~ 1 673 K 时,控制棒、可燃毒物材料可能形成一种相对低温的液相。这些液化的材料在重新定位过程中引起局部肿胀,导致流道截面的堵塞,从而引发堆芯的快速加热。如果锆合金包壳没有被氧化,那么在温度约 2 030 K 时它将熔化并沿燃料棒向下重新定位;如果在包壳外表面已形成一明显的氧化层,那么任何熔化的锆合金的重新定位将可能被防止,这是因为氧化层可保留固体状态直到温度上升到其熔点温度 2 973 K,或直到氧化层被熔化的锆合金溶解为止。在温度处于 2 879 ~ 3 123 K 时,UO_2,ZrO_2 和 $(U,Zr)O_2$ 固态混合物将开始熔化。

当温度大于 3 000 K 时,ZrO_2 和 UO_2 层将熔化,所形成的含有高氧化浓度的低共熔混合物能溶解其他与之接触的氧化物和金属。在此情况下,堆芯内蒸汽的产生量对堆芯材料的氧化速度起决定性的作用。随着 Zr 的液化和重新定位,堆积的燃料芯块将会因得不到支撑而有可能塌落,并在堆芯较低的部位形成一个碎片床。在这种情况下,UO_2 可能破碎,并倒塌进入早先重新定位的碎片层,形成一种多孔碎片床。

堆芯熔融物的下落及碎片床的形成将进一步改变先前重新定位后的堆芯材料的传热与流动特性,并将终止上腔室和损坏的堆芯上部区域之间的自然循环热传导。从这种状态开始,在沿棒束的空隙中,由熔化物形成的一层硬壳被一种陶瓷粒层覆盖,这层陶瓷粒由上部堆芯范围的坍塌所形成。之后,堆芯熔化物有可能落入下腔室,从而对压力容器的完整性构成严重的威胁。

7.3.3　严重事故对压力容器的威胁

反应堆压力容器是多道安全屏障的第二道,在严重事故的进程中起着关键的作用。尽管压力容器在设计和建造过程中有严格的标准,但仍然受到来自如下几方面的威胁。

① 事故造成的严重超压;

② 由于内部温度过高或壁厚变薄使容器屈服破坏;

③ 由于内部燃料与冷却剂反应产生氢气,氢气爆炸引起振动冲击。

当堆芯熔化过程发展到一定的程度时,熔融的堆芯熔化物将落入压力容器的下腔室,在此过程中,也有可能发生堆芯坍塌现象,导致堆内固态的物质直接落入下腔室。堆芯熔融物在下落过程中,若堆芯熔化速度较慢,则首先形成碎片坑,然后堆芯熔融物以喷射状下落,或以雨状下落。若在压力容器的下腔室存留有一定的水,则在堆芯熔融物的下落过程中有可能发生蒸汽爆炸。若堆芯的熔融物在下落过程中首先直接接触压力容器的内壁,将发生消融现象,这将对压力容器的完整性构成极大的威胁。一旦堆芯的熔融物大部分或全部落入压力容器下腔室,压力容器的下腔室中可能存在的水将很快被蒸干,这时堆芯的熔融物与压力容器的下封头相互作用是一个非常复杂的传热和传质过程。是否能有效冷却下腔室中的堆芯熔融物将直接影响到压力容器的完整性。

由于堆芯材料继续产生衰变热,以及由重新定位后材料的氧化而产生热能,堆芯碎片将会继续加热,直到结块的部分熔化,并形成一个熔化物坑,其底部由固态低共熔颗粒层支撑,并由具有较高熔化温度物质组成的硬壳覆盖。由于熔坑中的熔融物的自然对流,熔坑可能增大,低共熔物层将逐渐被熔化,直至它断裂(由于坑的机械应力和热应力)。另一方面,熔坑上部的覆盖层可能裂开(主要由于热应力),部分碎片落入熔坑。在这种情况下,重新定位机理与下腔室中熔落物坑的溢出有关。图7-19给出了堆芯倒塌后堆芯碎片在压力容器下腔室中的情况。

在堆芯碎片进入压力容器下腔室的重新定位过程中,大份额的堆芯材料有可能与下腔室中剩余水相互混合,这种相互作用将产生大量的附加热、蒸汽以及随后的氢气(来自锆和其他金属与水的化学反应)。

在堆芯碎片重新定位中所涉及的几种主要现象如下。

① 堆芯碎片与水的相互作用和主系统压力的增大。可能发生的蒸汽爆炸、熔融燃料与水在压力容器下腔室中的相互作用将使燃料分散成很小的颗粒,这些小颗粒在压力容器下腔室形成一个碎片床。同时,大量冷却剂的蒸发将导致主系统压力的上升。

② 堆芯碎片与压力容器下封头贯穿件(堆

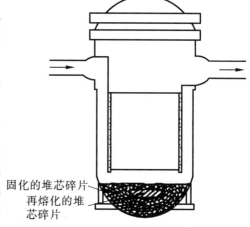

固化的堆芯碎片
再熔化的堆芯碎片

图7-19 堆芯坍塌

芯测量仪的导管)的相互作用。堆芯熔融物可能首先熔化并大量贯穿管道与压力容器的焊接部位,从而导致压力容器的密封性能失效。

③ 对下腔室中碎片床的冷却。下腔室中碎片床的冷却特性取决于碎片床的结构(碎片床的几何形状、碎片颗粒大小、孔隙率以及它们的空间分布特性)及连续对压力容器的供水能力。在碎片床的冷却过程中将伴随着一定的放射性物质进入安全壳。如果碎片床能被冷却,事故将会终止。如果燃料碎片不能被冷却,那么这些燃料碎片将在压力容器下腔室中再熔化,形成一个熔融池。熔融池中流体的自然对流会使压力容器下封头局部熔化。作用在下封头上的机械应力和热应力也有可能损坏下封头的完整性。压力容器下封头被损坏后,熔融的燃料将进入

压力容器下面的堆坑。若堆坑中注满水,堆芯熔融物与水的相互作用有可能引发压力容器外的蒸汽爆炸。这种可能的蒸汽爆炸可以严重损坏安全壳厂房。与此同时,形成另一些碎片床,并散布在整个安全壳的地面上,如果能提供足够的水并采取有效的冷却方式,这些碎片床可以被冷却。

在轻水堆的严重事故过程中,下封头损坏的模型与时限对随后的现象和源项值有着重要的影响。在对下封头损坏分析中,温度场起着决定作用。从堆芯熔落物至压力容器内壁的传热取决于堆芯熔落物在下腔室的状态和结构特性、熔落的过程以及与周边的传热条件等。可能的传热过程有:① 固态碎片的瞬态导热;② 碎片的熔化,液态熔融物的自然对流;③ 液态坑中不同物质的分层及其自然对流;④ 压力容器内壁局部熔化等。对不同的物理过程应采用不同的物理模型。

反应堆容器各种损坏模型的基本特性如下。

① 喷射冲击。高温喷射对钢结构的侵蚀的特点是在冲击停滞点上有快速消融率。这种现象是早期反应堆压力容器损坏的一种潜在因素。

② 下封头贯穿件的堵塞和损坏。堆芯碎片将首先破坏下封头的贯穿件管道。如果堆芯熔落物的温度足够高,那么在该管道壁可能发生熔化或蠕变断裂。来自三哩岛事故反应堆的数据表明,管壁损坏发生在仪表管道上,并且许多管子被碎片堵塞。

③ 下封头贯穿件的喷出物。堆芯熔化破坏贯穿件管子,并且碎片积累后的持续不断的加热,可能使贯穿件焊接处损坏。考虑到碳钢(下封头)和因科镍的热膨胀系数,系统压力也可能会超过管子和压力容器封头之间的约束应力。

④ 蠕变断裂。在压水堆中,堆芯碎片和压力容器壁之间直接接触引发对下封头的快速加热。加热以及由提升系统压力和堆芯碎片重量引起的应力可能导致蠕变断裂,使下封头损坏。

7.3.4　安全壳内过程

安全壳是在核反应堆和环境之间的最后一道屏障,它在各种事故工况下起着阻止或减缓放射性物质向环境释放的作用。设计安全壳能承受的最大热负荷和最大机械负荷由设计基准事故(DBA)确定,例如破口事故、全厂断电、内部失火等,并且能容纳放射性物质,以便把事故的后果降至最小。

虽然严重事故发生的概率极低,但在堆芯熔化的严重事故工况下,安全壳损坏将导致严重的环境灾害。因此,反应堆安全研究和先进反应堆设计都把重点集中在安全壳的设计上,这种设计要经受得住已确认的严重事故的挑战。

如果有效数量的熔融物熔穿反应堆压力容器的下封头,小颗粒或滴落的熔化物将进入安全壳堆坑的空气中。在这种情况下,大量化学能和热能将传入安全壳的空气中,导致安全壳中温度和压力的快速升高。

7.3.4.1　堆坑中的现象

反应堆下部是堆坑。在压力容器下部连接着一个通道区,该区有一个或多个大开口进入安全壳下部区域。安装有仪表导管的堆坑通道被认为是碎片扩散的主要路径。反应堆解体后堆坑可能出现以下几种现象。

1. 碎片的夹带和堆坑内的气体流动

若气体排放进入一个开式的 PWR 堆坑,则沉积在堆坑地面上的碎片将被冲走,并随气流以细颗粒的形式被夹带到通道区域的尾部。若是高压排放,则所有的碎片将很快从空腔地面上被带走。当处于低压排放时,只有部分碎片可能被夹带,穿过堆坑的气流可能是非常不均匀的,不均匀性导致局部高流速,从而产生高的夹带率。

2. 在弯道处的沉积和再次夹带

当流动颗粒遇到空腔中的弯道时,部分较大的颗粒将沉积在内壁上。沉积的碎片可能通过溅射或其他机理再次被夹带。这个过程极为重要,因为它将影响碎片到达主安全壳容积的量和尺寸分布。

3. 堆坑内金属的氧化

碎片中铁和锆与蒸汽反应的氧化放热,对安全壳的直接加热及增压贡献较大。在金属的氧化过程中产生氢气,氢气能与后来的氧气在安全壳中再化合,并释放出附加的能量。

4. 堆坑的快速加热和增压

堆坑中夹带的碎片与气体之间存在着一个大的传热面积,它们之间的传热能非常迅速地升高碎片中气体的温度。

5. 堆芯碎片与堆坑中水的相互作用

在压力容器损坏时,堆坑内可能存在水,水的存在可能导致蒸汽爆炸和碎片的骤冷,由快速蒸汽的产生而引起碎片扩散增加和加快碎片氧化。

7.3.4.2 碎片床及其冷却

在堆芯碎片从主系统排放到堆坑或地基区域之后,若这些区域中存在水,碎片能在极短的时间内骤冷。骤冷产生蒸汽,从而将增大安全壳内的压力,压力的上升幅度将取决于蒸汽的产生速率。

碎片床的可冷却性取决于水的供给量及其方式、堆芯碎片的衰变功率、碎片床的结构特性(碎片颗粒的大小及其分布,空隙率及其分布)等。由于堆芯碎片物质的最终冷却是终止严重事故的重要准则,碎片床的可冷却特性是目前学术界研究的热点。在安全壳内的碎片床的状态与结构取决于事故的过程,以及电厂对严重事故的管理方式。碎片床可能是液态的,也可能是由固态颗粒组成,但空隙率很低,也有可能是由不同的多孔介质(颗粒大小、空隙率)组成的分层结构,也有可能是三维的堆状结构等。不同结构与状态的碎片的可冷却特性差异较大。对液态的碎片床来说,国外有关实验研究结果表明,对碎片床采取顶端淹没(top - flooding)法不能最终冷却碎片床,原因是在碎片床的上表面形成了一硬壳,从而阻碍冷却剂浸入碎片床的内部。若能从液态的碎片床的底部提供冷却剂,则剧烈的熔融物与水的相互作用会形成多孔的固态碎片床,而且其空隙率可高达 60%,这样的碎片床是非常容易被冷却的。

对于分层的多孔碎片床来说,若上层的碎片具有较小的颗粒和较低的空隙率,则采用顶端淹没将难以冷却这样的碎片床,但若采用底部淹没,则其最终冷却是可以实现的。

7.3.4.3 堆芯熔融物与混凝土的相互作用

研究堆芯熔落物与混凝土相互作用的主要目的是为了评估安全壳的超压。除了气溶胶的形成和沉积外,超压由逐渐形成的气体和产生的蒸汽造成,而气溶胶作为源项的可能贡献者则来自保持在碎片中的裂变产物。另一个原因也是为确定对安全壳可能的结构损坏,损坏由熔化坑的增大和碎片对地基的贯穿造成。

由堆芯碎片造成的混凝土破坏取决于事故发展的序列、安全壳堆坑的几何形状以及水的存在与否。可能出现的现象如下。

① 熔融堆芯落入安全壳的底部之后,它将与任何形式存在的水相互作用。如果碎片床具

有可冷却特性,并且可以持续地提供冷却水,那么冷却碎片床是可能的。

②如果水被蒸发,则堆芯熔落物将保持高温,并开始侵蚀混凝土,产生气体并排出。

③在堆坑中的水被蒸发之后,碎片床将重新加热,并将产生较大的向上辐射热流。在这种情况下,混凝土将被加热、熔化、剥落,产生化学反应并释放出气体和蒸汽。

图 7 – 20 给出了熔融物熔穿混凝土地基的过程,这时出现以下两种情况。

①如果混凝土的消融过程主要是氧化过程,则堆芯熔融物可能与混凝土和岩石相熔混。形成的熔混坑的深度约 3 m,直径约 13 m(图 7 – 21)。这个坑可能保持熔混达几年以上的时间。图 7 – 21 表示了可能的熔混坑一年后的情况,并给出了围绕熔混坑和岩石 – 混凝土中的温度剖面图。坑内裂变产物的衰变热将通过导热而传给周围的岩石与混凝土。

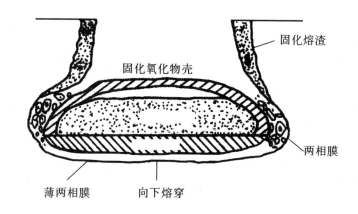

图 7 – 20　事故熔融物熔穿混凝土地基的过程

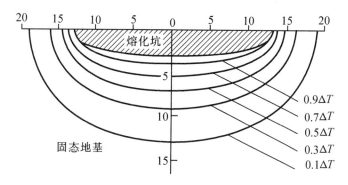

图 7 – 21　堆芯碎片的熔混坑 1 年后的状态

(ΔT 为熔坑与环境之间的温差)

②在消融过程中,将伴随钢的熔化。如果钢被氧化,熔坑中的物质能与混凝土 – 岩石地基熔混,将形成如图 7 – 20 所示的那种坑;如果熔化的钢不能被氧化,那么钢 – 裂变产物的混合溶液将不会与熔化的燃料和混凝土 – 岩石熔混,而且该溶液可能穿透地基岩石很深。

7.3.4.4　氢气的燃烧

在安全壳内,如果集聚过多的氢气,就会发生氢气的燃烧和爆炸,因此,由金属与水相互作用产生的氢气,或者堆芯熔融物与混凝土相互作用产生的氢气会威胁安全壳的完整性。

氢气在安全壳内存在着不同的燃烧模型,因此评估由于氢气燃烧而引起的对安全壳内结构物及设备的压力与温度的变化较为困难。下面将简单介绍几种不同燃烧方式的特征。

1. 扩散燃烧

它是由一个连续的氢气流供给的稳定燃烧,其特点在于生成的压力峰值较小而可忽略。但因为燃烧时间较长,所以引起的局部热流密度较高。在有点火器的情况下发生这种扩散燃烧的可能性较大。安装这种点火器的目的是降低氢气的扩散范围和降低氢气的浓度,从而降低事故的风险。

2. 减压燃烧

它的燃烧以相当慢的速度,从点火处向氢气、蒸汽和空气的混合气体中蔓延。其特点在于压力的增大较适度和高热流密度持续的时间较短。氢气燃烧的速率和总量决定了由此而产生的对安全壳的附加压力和温度的影响。

3. 爆燃

爆燃是燃烧以超声波的速度,在氢气、蒸汽和空气的混合气体中扩散,其特点是在极短时间内形成较高峰值压力。爆燃形成的方式可分成两种类型:第一类是爆燃的直接形成;第二类是快速降压燃烧至爆燃的转变,这种转变中燃烧蔓延速度从次声波至声波逐步上升。

在安全壳中释放的氢气,有可能由于初始释放的动量、强制循环系统、安全壳喷淋和自然循环等原因被输送出安全壳。可燃气体的分布将受几种过程的影响,这些过程可能单独或者联合作用使氢气与蒸汽和空气混合。这些过程有:① 扩散;② 由温度升高引起的自然对流;③ 由风扇和喷淋形成的强制对流。

除了采用点火器缓解氢气爆燃的危险外,另一种方式是采用复合器。这两种方式可单独使用,也可同时使用,取决于事故的进程。西门子公司研制的复合器具有运行功率较低的特点(在安全壳压力为 0.26 MPa 和氢气浓度为 4% 时,一个 1.5 m × 1.4 m × 0.3 m 的复合器面板可以消耗约 3.6 kg/h 的氢气),因此它主要是用来减缓氢气浓度生成速率使之低于易燃的限值。复合器的工作原理是催化 $2H_2 + O_2 \longrightarrow 2H_2O$,使之在较低的氢气浓度下发生反应,而且反应能发生在较低的温度下。这种复合器的工作是“非能动的”,只要在安全壳内侧的氢气浓度开始增加,这些复合器就能自发地动作。

7.3.5 典型的核反应堆事故介绍

7.3.5.1 三哩岛事故

三哩岛核电站二号机组(TMI - 2),是由巴布科克和威尔科克斯(Babcock & Wilcox)公司设计的 961 MW 电功率(880 MW 净电功率)压水反应堆。1978 年 3 月 28 日达到临界,刚好在其后一年,1979 年 3 月 28 日发生了美国商用核电站历史上最严重的事故。这次事故由给水丧失引起瞬变开始,经过一系列事件造成了堆芯部分熔化,大量裂变产物释放到安全壳内。尽管对环境的放射性释放,以及对运行人员和公众造成的辐射后果是很微小的,但该事故给世界核工业的发展带来了严重的影响。

1. 电站概述

堆芯由 177 盒燃料组件组成,堆芯直径 3.27 m、高 3.65 m,放在直径 4.35 m、高 12.4 m 的碳钢压力容器内。每个燃料组件内有 208 根燃料元件,按 15 × 15 栅格排列。燃料是富集度为

2.57%的 UO_2 ,包壳为 Zr－4 合金。

反应堆有两个环路,每个环路上有两个主循环泵和一台直流式蒸汽发生器。一回路冷却剂运行压力为 14.8 MPa,反应堆出口温度为 319.4 ℃。反应堆压力由一个稳压器维持,稳压器通过一个电动泄压阀(PORV)与反应堆冷却剂排放箱相连。

2. 事故过程

1979 年 3 月 28 日凌晨 4 时,反应堆运行在 97% 额定功率下。三个运行人员正在维修净化给水的离子交换系统,忙于把 7 号凝结水净化箱内的树脂输送到树脂再生箱去。事故是由凝结水流量丧失触发给水总量的丧失而开始的。几乎与此同时,凌晨 4 时 0 分 37 秒主汽轮机脱扣。所有辅助给水泵全部按设计要求启动,但实际上流量因隔离阀关闭而受阻。这时,反应堆继续在满功率下运行,反应堆一回路温度和压力上升。根据该动力装置的设计,这时蒸汽释放阀应打开将蒸汽排放至冷凝器,同时辅助给水泵启动。但由于蒸汽发生器的给水没有及时供应,造成了反应堆冷却剂系统的对外热量输出减少。由于蒸汽发生器内输出的热量降低,反应堆冷却剂系统压力不断升高,3 s 后达到稳压器电动泄压阀整定值 15.55 MPa,稳压器上的蒸汽释放阀(图 7－22 中①)起跳。由于系统压力升高较快,因此释放阀打开后没有马上使系统降压,系统的压力继续上升。事故发生 8 s 后,系统压力达到 16.2 MPa。在这个压力点上,由自动控制信号使控制棒插入堆芯,从而使裂变反应停止。在这一早期阶段,装置的所有自动运行功能都按设计运行,此时反应堆已停堆,但仍有衰变热产生。

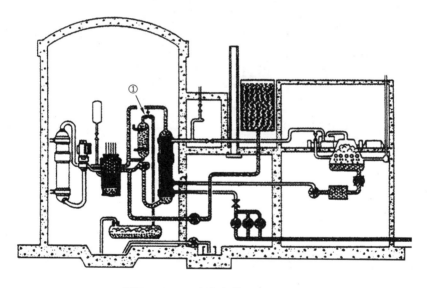

图 7－22　三哩岛事故后 1 ~ 6 min

随着反应堆的紧急停闭,反应堆冷却剂系统经历预期的冷却剂收缩、水装量损失,一回路系统压力下降。大约在 13 s 时,压力达到稳压器泄压阀关闭的整定值,它应该关闭,但这时释放阀没回座。这是造成事故后来不断扩大的最重要原因。控制室内没有该阀状态的直接指示,操纵员误以为该阀门已被关闭。这样,一回路冷却剂就以大约 45 m³/h 的初始速率向外泄漏。二回路系统中三台给水泵全部投入运行,但蒸汽发生器的水位还在继续下降,最后蒸汽发生器干锅。这是由于辅助给水泵与蒸汽发生器之间的阀门没有打开,因此实际上没有水打入蒸汽发生器。这个阀门是在事故前某时被关闭的,可能是在例行检查时疏忽所致。

在这一关键过程中,反应堆冷却剂系统失去了热量排出的热阱。在事故后1 min,反应堆冷却剂系统中冷、热管段的温差降为零,这表明蒸汽发生器已经干涸了。这时反应堆内的压力在不断降低,此时稳压器内的水位开始迅速上升。在2 min 40 s时,反应堆冷却剂系统压力降至11 MPa,应急堆芯冷却系统自动投入,将加硼水注入堆芯。这时稳压器的水位在继续升高,当时认为是高压注射系统增加了反应堆冷却剂系统的水装量,但后来的分析表明,这一现象是由于反应堆冷却剂中产生了沸腾,使水膨胀进入稳压器,造成稳压器水位升高。由于运行人员认为高压安注系统将反应堆冷却剂系统注满了水,因此在4 min 38 s时将一台高压注射泵关闭,另一台泵继续运行。

在事故后6 min时,稳压器全部充满水,反应堆的卸放水箱(图7-23中的①)开始迅速升压。在7 min 43 s时,安全壳大厅内的排水泵启动,将水从地坑排往辅助厂房的各废水箱,这样使得带有放射性的水传出安全壳进入辅助厂房。

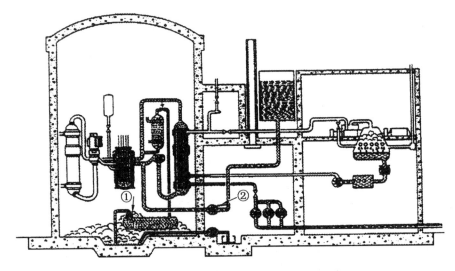

图7-23　事故后6～20 min

在事故后8 min时,运行人员发现蒸汽发生器已经干锅,检查发现辅助给水泵仍在运行,但阀门没有打开。运行人员打开了阀门,使给水进入蒸汽发生器,从而使反应堆冷却剂系统的温度开始降低,此时听到了蒸汽发生器内的"噼啪"响声,从而确定辅助给水泵已将水注入了蒸汽发生器。

在10 min 24 s时,另一台高压安注泵(图7-23中②)跳闸,重新启动后又跳闸,最后在11 min 24 s时启动,但处于节流状态。这时安全注入的水流量小于反应堆冷却剂系统从释放阀排出的流量。在大约11 min时,稳压器水位开始回落,在大约15 min时,泄放水箱上的爆破膜(图7-23中①)破裂,热水流入安全壳大厅,使大厅内压力升高。此时冷却剂从系统排放进入安全壳,通过地坑排水泵,将水排往辅助厂房。

在18 min时,通风系统监测器监测到放射性明显增强。此时的放射性增强是由于冷却剂的泄漏,而非燃料破损所造成。这时反应堆冷却剂系统的压力只有8.3 MPa,并且还在降低。

在事故后20 min～1 h,反应堆冷却剂系统处于稳定的饱和状态,系统压力7 MPa,温度

290 ℃。在 38 min 时,安全壳地坑排水泵关闭,此时已有 30 m³ 的水排往辅助厂房,但放射性的剂量并不很大,因为此时没有产生大量的燃料破损。

在 1 h 14 min 时,两条环路中的 B 环路的主冷却剂泵关闭,因为此时发现泵有很大的振动,系统压力较低,流量也较低。运行人员采取这样的处理是担心泵产生严重事故,并可能危害主管路。然而泵关闭后,该回路的气和水产生分离,阻碍了回路中循环的建立。

在 1 h 40 min 时,由于同样的原因,另一环路的主泵也被关闭。运行人员期望系统会建立起自然循环,但由于系统中产生了气、水分离,因此没有建立起自然循环。后来的分析表明,这时系统中约 2/3 的水已经漏掉了,反应堆内的水位在堆芯上部 30 cm 处。堆芯的衰变热使水继续蒸发,使水位降至堆芯顶部以下,活性区正开始升温,从而威胁到了堆芯的安全。

在 2 h 18 min 后,稳压器上的释放阀(图 7-24 中①)被运行人员关闭,在控制台上没有这一阀门位置的直接显示,这也是较长时间没能发现这个阀门没有回座的主要原因。直到这时高压安注系统才使主冷却剂的压力重新回升。

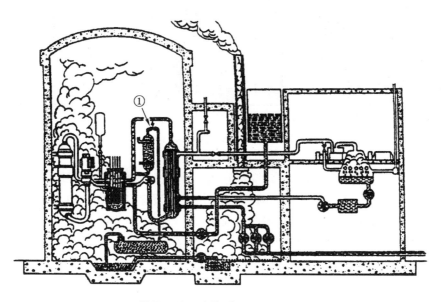

图 7-24　事故后 20 min ~ 6 h

在 2 h 55 min 的时候,在主冷却剂系统连接到净化系统的管路上有高放射性的报警。这时堆芯的一部分已经开始裸露,堆芯维持在高温状态下,这种情况威胁到了燃料的完整性,裂变产物泄漏出包壳,锆合金包壳与水蒸气反应后生成氢气。

这时运行人员又开始试图启动冷却剂泵,B 环路上的一个泵被启动,但由于气蚀和振动又被关闭。在事故后 3 h,燃料达到峰值温度(大约 2 000 ℃)。在 3 h 20 min,高压安注系统重新投入,有效地终止了燃料温度的继续上升,使燃料再湿和堆芯再淹没。

在 3 h 30 min 时,报警系统显示,在安全壳大厅、辅助厂房放射性水平迅速增高。安全壳内的监视显示出非常高的放射性。

在随后的 4 h 30 min ~ 7 h,运行人员维持高压安注系统运行增大系统压力,以便消除反应堆冷却剂系统中的空泡。试图通过蒸汽发生器将热量输出,但没能成功。由于消除气泡的过程需要使用释放阀,而释放阀不能正常工作,因此,这些方法没有成功,最后被放弃。

随后运行人员为使反应堆冷却剂系统压力降低,试图启动安注箱和应急冷却系统的低压补偿。这一操作从事故发生后 7 h 38 min 开始,运行人员打开了释放阀(图 7 – 25 中 ①)。在 8 h 41 min,反应堆冷却剂系统的压力降到 4.1 MPa,安注箱(图 7 – 25 中 ②)启动,然而只有少量的水注入堆芯。

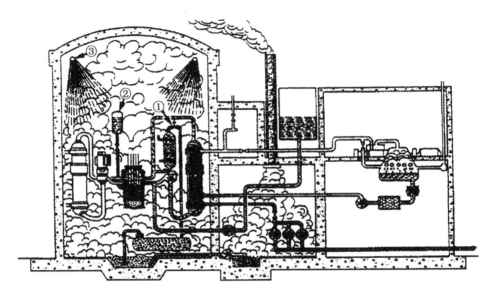

图 7 – 25　事故后 6 ~ 11 h

在减压过程中,大量的氢气从反应堆冷却剂系统释放到安全壳内。在 9 h 50 min 时,安全壳内产生巨大的压力脉冲,随后大厅的喷淋系统(图 7 – 25 中 ③)启动,6 min 后关闭。这一压力脉冲是由安全壳内氢和空气混合物爆燃造成的。

系统压力最后降至 3 MPa,随后试图进一步降压没有成功,这时反应堆冷却剂系统维持在低压安注系统的注入压力。

由于运行人员不能使反应堆冷却剂系统的压力进一步降低,因此在 11 h 8 min 时释放阀被关闭。在随后的两小时内,没能施行有效的方法输出衰变热。这时释放阀有时打开,有时关闭,这时高压安注系统在低速下工作,其流量差不多与从净化系统流出的水相平衡,这时两台蒸汽发生器没有热量输出。

在 13 h 30 min 时,释放阀被重新关闭,高压安注系统使反应堆冷却剂压力重新回升,并重新启动主循环泵(图 7 – 26 的 ①)。在 15 h 51 min 时环路 A 的主循环泵启动,冷却剂开始流动通过蒸汽发生器,开始了热量输出。

3. 事故的后果

自从三哩岛事故后,对堆芯的分析和验证在不断地进行,现在可以对事故过程进行比较完整的描述。

在开始 100 min 左右的时间里,反应堆冷却剂泵还在运行,虽然回路里是两相流动,但堆芯还是被较好地冷却了。第一次将泵关闭,使蒸汽和水产生了分离,这妨碍了回路中的流体循环。后来反应堆容器内的水不断被蒸干,使燃料裸露,被蒸汽带走的衰变热通过开启的释放阀被排走。在大约 140 min 时,运行人员关闭了释放阀,终止了这一冷却。活性区温度很快升高至

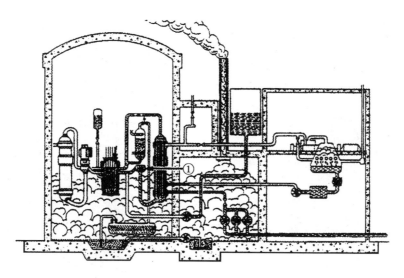

图 7 - 26　事故后 13 ~ 16 h

1 800 K, 这时燃料包壳开始氧化, 当温度进一步升高时, 锆合金与蒸汽反应形成氢气。后来堆内几乎所有的锆合金都产生了反应, 这时燃料芯块失去了支撑, 根据事故后氢气的排量可估计到大约 1/3 的锆参与反应, 大部分燃料棒破损。

锆合金与蒸汽之间的放热反应进一步使温度升高, 使温度达到 2 400 K。在这个温度下, 锆合金熔化, 开始与 UO_2 燃料相互作用(图 7 - 27(a))。在 174 min 时, B 环路上的一个反应堆冷却剂泵启动并短期运行。大量的水进入反应堆容器, 使原来很热的包壳和燃料破裂成碎片, 然后塌落(图 7 - 27(b)) 使堆芯上部形成空腔, 水使堆芯上部冷却, 但底部的温度仍然在升高。这些再凝固的金属形成了一个金属壳, 使熔化的燃料粘在一起。

在 200 min 时, 高压安注系统启动, 使堆芯再淹没, 使水充满反应堆容器。大约在 224 min 时, 大部分燃料材料产生了重新再分布。上部熔化的燃料出现了塌落, 一部分熔化的燃料落入堆芯的下封头。估计大约有 20 t 的熔化材料, 见图 7 - 27 中的(c)和(b)。高压安注系统的连续运行使堆芯冷却下来。燃料材料的坍塌增大了通过堆芯的流动阻力, 毁坏后的堆芯流动阻力是正常值的 200 ~ 400 倍, 有 70% 的燃料毁坏, 有 30% ~ 40% 的燃料熔化。

三哩岛事故后, 在国际范围内对反应堆容器的破损情况进行了广泛的研究, 其结果表明, 在压水堆中, 通过水对坍塌碎片的冷却是有效的, 熔化的燃料对反应堆容器壁的损坏并不严重。

事故后安全壳内比较高的放射性水平, 主要是氪和氙。除 ^{85}Kr(半衰期 10 年) 外, 大部分氪和氙的放射性同位素半衰期都很短。除了大约 3.7×10^{14} Bq 的 ^{85}Kr 是一年后从安全壳内排出的, 其他所有的放射性气体在几天后就释放到大气中, 因此在电站的周围测量出比本底高很多的放射性水平。然而很少量的碘(只有 2.22×10^{11} Bq) 从安全壳释放到大气中去。事故后两天, 附近的居民搬离电站周围, 涉及了大约 50 000 居民搬迁。实际上, 周围受到放射性的危害并不大。

从上述的分析可知, 在三个不同的时期里, 堆芯曾有一部分或全部裸露过。第一时期开始于事故发生后约 100 min, 堆芯至少有 1.5 m 裸露大约 1 h。这是堆芯受到主要损坏的时期, 此时发生强烈的锆 - 水反应, 产生大量氢气, 同时有大量气体裂变产物从燃料释放到反应堆冷却剂系统中。

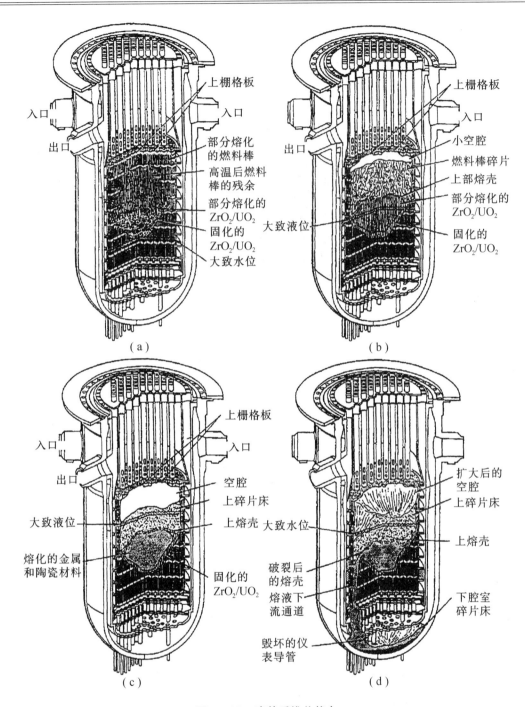

图 7 – 27　事故后堆芯状态

　　堆芯裸露的第二个时期出现在事故发生后约 7.5 h,堆芯大约有 1.5 m 裸露了很短一段时间,与第一时期相比,燃料温度可能低得多。

　　第三个时期大约是在事故发生后 11 h,此时堆芯水位降低到 2.1 ~ 2.3 m,此段时间长 1 ~ 3 h,在此期间,燃料温度再次达到很高的数值。

事故中运行人员受到了较高的辐射,但总剂量仍十分有限。对主冷却剂抽取样的人员可能受到 30 ~ 40 mSv 辐照,事故中无人受伤和死亡。厂外 80 km 半径内 200 万人群集体剂量估计为每人 33 Sv,平均的个体剂量为 0.015 mSv。

三哩岛事故中释放出的放射性物质如此之少,说明安全壳十分重要。虽然安全壳并不能绝对不泄漏,但泄漏量很有限。由于安全壳喷淋液中添加了 NaOH,绝大多数碘和铯被捕集在安全壳内。从安全壳泄漏出的气体经过辅助厂房,因而大部分放射性物质被过滤器所捕集。

7.3.5.2　切尔诺贝利核电站事故

切尔诺贝利核电站位于乌克兰境内基辅市以北 130 km,离普里皮亚特(Pripyat)小镇 3 km。1986 年 4 月 26 日星期六的凌晨,在切尔诺贝利 4 号机组发生了核电历史上最严重的核事故。该事故是在反应堆安全系统实验过程中发生功率瞬变引起瞬发临界而造成的。反应堆堆芯、反应堆厂房和汽轮机厂房被摧毁,大量放射性物质释放到大气中,其扩散范围波及大部分欧洲国家。

1. 反应堆描述

事故时,当地共有 4 台 1 000 MW 的 RBMK 型反应堆在运行,在附近还有两座反应堆正在建造。出事的 4 号机组于 1983 年 12 月投入运行。

RBMK 是一种石墨慢化、轻水冷却的压力管式反应堆。反应堆堆芯由石墨块(7 m × 0.25 m × 0.25 m)组成直径 12 m、高 7 m 的圆柱体。总共有 1 700 根垂直管道装有燃料。在反应堆运行时能够实现不停堆装卸料。反应堆燃料是 UO_2,燃料的富集度为 2.0%,用锆合金做包壳,每一组件内含有 18 根燃料棒。采用沸腾轻水作冷却剂,堆芯产生的蒸汽通过强迫循环直接供给汽轮机。

RBMK1000 反应堆输出热功率为 3 200 MW,主冷却剂系统有两个环路,每个环路上有 4 台主循环泵(3 台运行,1 台备用)和两个蒸汽气鼓/分离器。冷却剂在压力管内被加热到沸腾并产生蒸汽,平均质量含气量 14%,气水混合物在气鼓内分离然后送到两台 500 MW 电功率的汽轮机。

上述设计决定了该反应堆的特性和核电站的优缺点。它的优点是没有笨重的压力容器,没有既复杂又昂贵的蒸汽发生器,又可实现连续装卸料,有良好的中子平衡等。但在物理上也存在着明显的缺陷,在冷却剂出现相变时,特别是在低功率下具有正的反应性系数。另一方面,高 7 m、直径 12 m 的大型堆芯可能会出现氙空间振荡而使堆的控制变得复杂。

2. 事故过程

事故是在进行 8 号汽轮发电机组实验时引发的。实验的目的是为了探讨厂内外全部断电情况下汽轮机中断蒸汽供应时,利用转子惰转动能来满足该机组本身电力需要的可能性。

4 月 25 日凌晨 1 时,反应堆功率开始从满功率下降。13 时 5 分时,热功率水平降至 1 600 MW,按计划关闭了 7 号汽轮机。四台主冷却剂泵,两台给水泵和其他设备所需要的电源切换到 8 号发电机组母线上。根据实验大纲,14 时把反应堆应急堆芯冷却系统与强迫循环回路断开,以防止实验过程中应急堆芯冷却系统动作。23 时 10 分,继续降低功率,按实验大纲,实验应在堆热功率 700 ~ 1 000 MW 下进行。在 26 日 0 点 28 分,操纵 12 根控制棒的局部自动控制系统被解除。这时运行人员没能及时设定自动调节系统的设定点,此时反应堆不能采用手动和整个自动控制系统相结合的控制方式控制反应堆。在功率下降过程中出现了过调,结果使功率降到 30 MW 以下。

当 24 h 前反应堆功率开始下降时起,就开始出现了氙中毒效应,裂变过程产生的 ^{135}Xe 具有很高的中子俘获截面,开始时它俘获大约所有中子的2%,当反应堆功率降低时氙的浓度会相对升高。图7-28表示了反应堆功率变化和氙中毒效应的影响。从图中可以看出,氙的峰值出现在停堆后12~24 h。但是当功率不可控地降低到30 MW时导致了氙毒份额的迅速升高。由于氙毒效应的影响,运行人员很难将反应堆的功率提高。

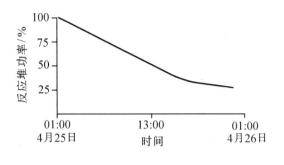

4月26日1时,操作人员将反应堆热功率稳定在200 MW。由于在功率骤减期间氙毒的积累,这已是他们能够得到的最大功率。这时操纵人员将大部分手动控制棒提出,所提升的控制棒数已经超出了运行规程的限制。中心区域内的堆芯中子通量分布已被氙严重毒化。尽管如此,仍决定继续做实验。为了保证实验后能足够冷却,所有八台主循环水泵都投入了运行。为了抑制沸腾的程度,堆芯流速

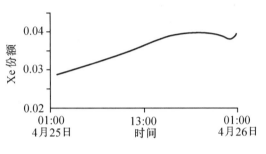

图7-28 事故后^{135}Xe份额的变化

很高,堆芯冷却剂入口温度接近饱和温度。这时反应堆的功率大约只有总功率的7%,而通过堆芯的冷却剂流量是正常值的115%~120%,堆的焓升只有6%,温升大约是4 ℃。整个冷却剂系统接近饱和温度,堆芯产生的蒸汽量很少。这时堆芯内的空泡份额大大减少,水吸收了较多的中子,因此控制棒相应进一步提升。随着蒸汽压力下降,蒸汽分离器内的水位也下降到紧急状态标志以下。此时运行人员试图采用手动控制蒸汽压力和气鼓(图7-29的①)内的水位,但没有成功。在这种情况下,为了避免停堆,操纵人员切除了与这些参数有关的事故保护系统。

在26日1时19分,为了恢复蒸汽分离器气鼓内的水位,运行人员打开主给水阀(图7-29的②),给水补量增加到400%,30 s后气鼓内的水位达到了期望值,然而运行人员继续往气鼓内加水,但冷水从气鼓进入堆心时,这时蒸发量几乎降为零,堆芯内空泡份额也进一步减少,为了补偿,12根自动控制棒(图7-29的③)全部提出堆芯。为了使反应堆功率维持在200 MW,运行人员还将三组手动控制棒向上提出。冷水和蒸汽量的减少导致系统压力降低,在1时19分58秒,蒸汽至冷凝器的旁通管路关闭,但在随后的几分钟时间里蒸汽压力继续降低。在1时21分50秒,运行人员突然减少了给水流量,这样一来堆芯的进口水温度升高。

1时22分30秒,运行人员看到反应堆参数的指示,显示出运行反应性裕度已经跌倒要求立即停堆的水平。但是他们为了继续进行实验,没有停堆。这时堆内测量仪器显示径向中子通量分布处于正常状态,但在轴向出现双倍的中子峰值,其最高值在堆芯偏上部位。这是由于中间部位氙水平高和上部空泡份额高所致。

1时23分04秒,为了实验而关闭了汽轮机入口截止阀(图7-29的④),同时解除了当汽轮发电机脱扣而触发反应堆停堆的自动控制,使反应堆继续运行。这并不是原来的实验计划安排,这样做的目的是为了第一次实验不成功时可以重复实验。随着汽轮机的隔离,8号汽轮发电机组、四台循环水泵和两台给水泵开始惰转。随着主蒸汽阀和旁通阀的关闭,蒸汽压力有所

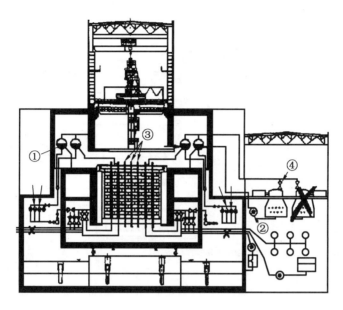

图 7 - 29　切尔诺贝利核电站

升高,堆芯内产生的蒸汽相应减少。然而主冷却剂流量减少和给水流量减少造成堆芯入口温度升高,从而使蒸汽产生量升高。实验开始后不久,反应堆功率开始急剧上升。冷却剂的大部分已经非常接近很容易闪蒸的饱和点。具有正空泡系数的 RBMK 反应堆对此类蒸汽形成的响应是:当反应性与功率增长时,温度与蒸汽产量进一步提高,从而产生一种失控的状态。当时试图用 12 根自动控制棒来补偿反应性,但没有效果。1 时 23 分 40 秒,操纵员按下紧急停堆按钮,要把所有控制棒和紧急停堆棒全部插入堆芯。但由于控制棒处于全部抽出的位置,使反应堆停堆延迟了大约 10 s。

由于这时主循环泵的转数在不断降低,堆芯冷却剂流量不断减少,蒸汽的产量不断增加,在很强的正空泡系数的影响下,堆芯内中子通量暴涨。随后控制室感觉到了若干次震动,操纵员看到了控制棒已经不能达到其较低的位置。于是手动切除了控制棒的电源,使其靠自重下降。然而,在此期间,反应堆功率在 4 s 后就大约增大到满功率的 100 倍。在这一阶段,估计堆芯已经达到了瞬发临界,堆芯内大量的空泡使中子增殖因数增加了大约 3%,大于缓发中子份额。功率的突然暴涨,使得燃料碎裂成热的颗粒,这些热的颗粒使得冷却剂急剧地蒸发,从而引起了蒸汽爆炸。

大约在凌晨 1 时 24 分,接连听到两次爆炸声,燃烧的石墨块和燃料向反应堆厂房的上空直喷(图 7 - 30),一部分落到汽轮机大厅的房顶上,并引发了火灾。大约有 25% 的石墨块和燃料管道中的材料被抛出堆外,其中 3% ~ 4% 的燃料以碎片或以 1 ~ 10 μm 直径的颗粒形式抛出。

两次爆炸发生后,浓烟烈火直冲天空,高达一千多米。火花溅落在反应堆厂房、发电机厂房等建筑物屋顶,引起屋顶起火。同时由于油管损坏、电缆短路以及来自反应堆的强烈热辐射,引起反应堆厂房内、7 号汽轮机厂房内及其临近区域多处起火,总共有 30 多处大火。1 时 30 分,值勤消防人员从附近城镇赶往事故现场,经过消防人员、现场值班运行和检修人员,以及附近 5

号、6号机组施工人员共同努力,于5时左右,大火被全部扑灭。

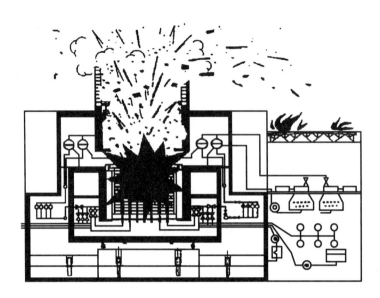

图7-30 事故后爆炸并起火

3. 事故后果处理

事故后的首要任务是尽最大可能减少放射性物质扩散和对人的辐射影响。为防止熔化元件掉入下部水池,操作人员关闭了有关阀门,将抑压池水排空,消防人员控制火势防止蔓延至3号机组。

事故时反应堆虽停止了链式反应,但仍有大量余热释放,加上锆-水反应热、石墨燃烧热、核能和化学能同时释放。为防止事故扩大,工程师们考虑如何灭火,如何降低堆芯温度,并限制裂变产物释放。他们首先试图用应急和辅助给水泵为堆芯供水,但没有成功。然后决定用硼化物、黏土、白云石、石灰石和铅等覆盖反应堆。硼是用来抑制反应性,白云石加热后产生 CO_2 可起灭火作用,铅融化后可进入堆的缝隙内起屏蔽作用,而沙子是作为过滤器用的。在4月27日至5月10日之间有5 000多吨的材料用军用直升机投下,使反应堆被上述材料覆盖,堆芯逸出的气溶胶裂变产物得到了很好的过滤。5月1日左右,由于裂变产物衰变热,使燃料的温度开始升高,为了降温,采取了向堆底强制注入液氮或氮气冷却。这一过程燃料温度保持2 000 ℃ 4～5天,最后温度降低。

事故后在核电站周围修筑了带冷却装置的混凝土壳,以便最终掩埋反应堆。离堆165 m处开挖隧洞,在堆下部构筑带有冷却系统的厚混凝土层,防止从地下泄漏,周围打防渗墙至基岩为止,据报道,这些工作于7月底完成。

电厂30 km内,居民全部被临时迁移到外地,事故后16 h开始撤离,先后共撤出135 000人。

清除厂内的放射性,在厂区筑上围堤,防止雨水冲刷造成放射性污染水系。为减少事故处理过程的辐射,采取分班轮流作业,进行时间控制,还使用机器人进行了大量工作。

4. 事故对环境的影响

从切尔诺贝利核电站事故释放出的放射性物质可以分为几个阶段。在事故当天,爆炸能量和大火产生的气体及可挥发裂变产物的烟云有1 000～2 000 m高,其释放量占总释放量的 25% 。

4 月 27 日该烟云已移到波兰的东北部,该烟云在东欧上空上升到 9 000 m 高。在事故后的 2 ~ 6 天烟云扩散到东欧、中欧和南欧,以及亚洲的 10 000 m 高空。事故中释放出的源项超过了 3.7×10^{18} Bq,其中惰性气体释放了 100% ,I 为 40% ,Cs 为 25% ,Te 大于 10% 。

核电厂周围 30 km 以外地区所受的影响主要是放射性沉降而产生的地面外照射和饮食的内照射。估计欧洲各国的积累总剂量为 5.8×10^{5}(人·Sv)。苏联国内所受的相应剂量为 6.0×10^{5}(人·Sv)。欧洲经济合作与发展组织(OECD)核能机构评价了切尔诺贝利核电站事故对欧洲其他国家的影响,指出西欧各国个人剂量不大可能超过一年的自然本底照射剂量,由社会集体剂量推算出的潜在健康效应也没有明显的变化。据估计,晚期癌症致死率只增加了 0.03% 。

参加事故抢险工作的电站和事故处理的部分人员受到了大剂量照射,一些人在参加扑灭火灾时被烧伤。总计大约有 500 人住进了医院,事故共造成了 31 人死亡。

5. 事故原因与经验教训

从本质上说,切尔诺贝利核电站事故是由过剩反应性引入而造成的严重事故。管理混乱、严重违章是这次严重事故发生的主要原因。操作人员在操作过程中严重地违反了运行规程。表 7 - 2 中列出了主要的违章事例。其次,反应堆在设计上存在严重缺陷,固有安全性差。

表 7 - 2　切尔诺贝利核电站事故过程中的违章事例

违章内容	动　机	后　果
1. 将运行反应性裕度降低到容许限值以下	试图克服氙中毒	应急保护系统不起作用
2. 功率水平低于实验计划中规定的水平	切除局部自动控制方面的错误	反应堆难以控制
3. 所有循环泵投入运转,有些泵流量超过了规定值	满足实验要求	冷却剂温度接近饱和值
4. 闭锁了来自两台汽轮发电机的停堆信号	必要时可以重复实验	失去了自动停堆的可能性
5. 闭锁了汽水分离器的水位和蒸汽压力事故停堆信号	为了完成实验,任凭反应堆不稳定运行	失去了与热工参数有关的保护系统
6. 切除了应急堆芯冷却系统	避免实验时应急堆芯冷却系统误投入	失去了减轻事故后果的能力

反应堆具有正的空泡反应性系数。在平衡燃耗和额定功率下空泡反应性系数是正值,为 $2.0 \times 10^{-6}/1\%$ 蒸汽容积;慢化剂(石墨)的温度反应性系数也是正值,为 6×10^{-5} ℃$^{-1}$。虽然在正常工作点上,综合的功率反应性系数是负值,为 -5×10^{-7} MW^{-1},但是,在堆功率低于 20% 额定功率时,这个综合效应却是正值。因而在 20% 额定功率以下运行时,反应堆易于出现极大的不稳定性。

在操作人员多次严重违犯操作规程等一系列外在条件下,正是通过这个内在的正的空泡反应系数导致反应堆瞬发临界,造成了堆芯碎裂事故。

此外,该核电站没有安全壳,也是该事故造成对环境严重影响的一个原因。当放射性物质大量泄漏时,没有任何防护设施能阻止它进入大气。

7.3.5.3 福岛核电站事故

1. 电站简介

福岛第一核电站位于日本福岛县双叶郡大熊町和双叶町，距离首都东京约 250 km。核电站共有 6 台运行机组，全部为沸水堆，其概况见表 7 - 3。福岛第一核电站为东京电力公司建设并负责运营的第一座核电站，1 号机组从 1971 年 3 月开始投入商业运行。

表 7 - 3 福岛第一核电站 6 台机组概况

	1 号机组	2 号机组	3 号机组	4 号机组	5 号机组	6 号机组
堆型	BWR - 3	BWR - 4	BWR - 4	BWR - 4	BWR - 4	BWR - 5
热功率/MW	1 380	2 436	2 436	2 436	2 436	3 293
电功率/MW	439	760	760	760	760	1 067
地震时堆芯中燃料组件数 / 个	400	548	548	0	548	764
投入商业运行时间	1971 年 3 月	1974 年 7 月	1976 年 3 月	1978 年 1 月	1978 年 4 月	1979 年 1 月
压力容器运行压力 /MPa	6.89	6.93	6.93	6.93	6.93	6.93
安全壳最高使用压力 /kPa	528	528	528	528	528	411

在地震发生时，福岛第一核电站 1 号、2 号和 3 号机组正在以额定功率运行；4 号机组正处于定期停役检查阶段，所有燃料组件已经从堆芯转移到乏燃料水池；5 号和 6 号机组处于定期停役检查中，但所有燃料组件已装入堆芯，其中 5 号机组反应堆压力容器正在进行压力泄漏测试，6 号机组处于冷停堆状态。

沸水堆是轻水堆的一种，典型的沸水堆反应堆系统如图 1 - 10 所示。相比于压水堆，沸水堆没有蒸汽发生器，从反应堆内产生的蒸汽直接进入汽轮机做功。沸水堆的一次安全壳（干井）自由容积较压水堆安全壳小很多，而反应堆厂房（二次安全壳）一般为不承压建筑。

在事故情况下反应堆被隔离，这时需要通过特定的系统提供堆芯冷却。福岛第一核电站的沸水堆机组采用了隔离冷凝器系统，2 号至 6 号机组采用反应堆堆芯隔离冷却系统，对事故情况下的反应堆进行冷却。

（1）隔离冷凝器系统

在 1 号机组设计中，有两个独立、冗余的隔离冷凝器回路，见图 7 - 31。在这些闭合回路中，隔离冷凝器的一次侧接受反应堆中产生的蒸汽，并通过内部热交换管将蒸汽冷凝。热交换管浸没在位于一次安全壳外的隔离冷凝器水箱内。冷凝蒸汽随后在重力作用下被送回反应堆，完成非能动冷却。隔离冷凝器二次侧水吸热后沸腾，蒸发出的蒸汽被排入大气中。隔离冷凝器二次侧水容量（两列合计）足够用于 8 h 冷却，之后需要从专用水源给水箱补水。

（2）堆芯隔离冷却系统

在 2 号至 6 号机组的设计中，堆芯隔离冷却系统（图 7 - 32）是一个为反应堆系统注水的开式循环冷却系统。在堆芯隔离冷却系统中，来自反应堆的蒸汽驱动一个小型汽轮机，该汽轮机继而运转一台泵，将水注入高压下的反应堆。进入汽轮机的蒸汽被排放和累积在一次安全壳的抑压池区，该抑压池起到吸收废热的热阱作用。反应堆失去的水通过从冷凝水储存箱采取淡水进行补给。当储存箱无水或抑压池水满时，可以使用抑压池中积累的水，这使该系统基本上成为一个闭合回路循环。堆芯隔离冷却系统按设计可运行至少 4 h。

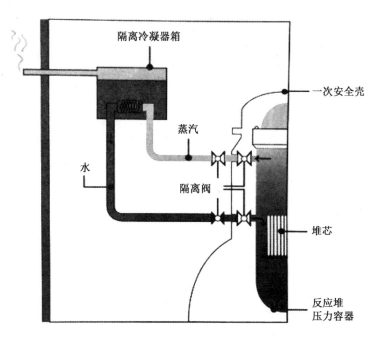

图 7 - 31 隔离冷凝器系统

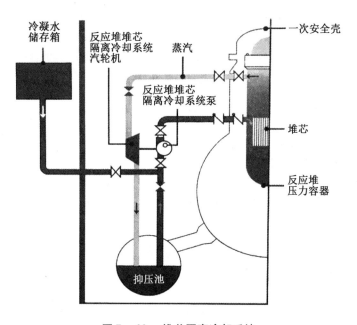

图 7 - 32 堆芯隔离冷却系统

2. 事故起因

（1）地震

2011 年 3 月 11 日东京时间 14 时 46 分,日本东北太平洋海域发生里氏 9.0 级地震,地震震中距日本海岸约 130 km。由于地震超过了反应堆保护系统设定的阈值,当电站的传感器探测到地面运动时,便按设计触发了反应堆保护系统。正在运行的 1 号、2 号和 3 号机组反应堆自动停堆,但是反应堆堆芯继续产生衰变热。通常情况下,需要通过能动的冷却系统排出堆芯衰变热。地震发生后,由于电力线缆、输电塔和遮断器遭到破坏,福岛第一核电站的 6 条外电源全部停止供电。应急柴油发电机按照预期启动以应对厂外供电丧失,为冷却系统提供所需电力。

（2）海啸

地震导致的海啸波在地震后约 40 min 开始到达福岛第一核电站,按照防护最大 5.5 m 波高设计的防波堤成功抵御了第一波高度 4 ~ 5 m 的海啸波。但在约 10 min 之后,第二波高度 14 ~ 15 m 的海啸波吞没了防波堤,由于波高远远超过防波堤的设计基准,海水大量涌入电站,造成以下直接后果。

① 海水淹没并破坏了海水泵和电机,这意味着包括水冷应急柴油发电机在内的电站基本系统和设备得不到冷却,从而无法保证其持续运行。

② 海水涌入反应堆厂房、汽轮机厂房和柴油发电机厂房等建筑物,破坏了这些建筑物及内部各层的电器和机械设备。受损的设备包括 1 号至 5 号机组应急柴油发电机及其相关电源连接,由此导致应急交流电源丧失。6 号机组有一台未受水淹影响的气冷应急柴油发电机幸存下来,继续为 6 号机组安全系统供应应急交流电,并对该反应堆进行冷却。

当 1 号至 5 号机组的所有交流电源丧失后,发生了全厂断电。海啸还导致 1 号、2 号和 4 号机组的直流蓄电池在水淹后的 10 ~ 15 min 内逐个失效,导致电厂进入"盲"态,即没有照明,控制系统失灵,仪表显示系统失效,没有驱动阀门动作的动力。

3. 事故演进

（1）1 号机组

① 制定严重事故管理策略

由于缺乏应对丧失全部交流电源和直流电源的操作程序,操纵员和应急响应中心的工作人员开始审查可用方案并试图恢复电力的可能途径,从而重新获得监测和控制电站的能力。事故管理策略倾向于向堆芯注水,以防止或减轻对核燃料的潜在损坏。确定了两种反应堆注水方案:

a. 使用可在高压下直接向反应堆注水的系统,这需要恢复交流电。

b. 使用替代的设备,如可以在低压下注水的移动消防车和固定式柴油驱动消防泵,这需要反应堆压力降低到 0.8 MPa 以下并调整消防线路。

② 安全壳密封状况恶化

在海啸来袭之前,操纵员手动关闭了 1 号机组的两列隔离冷凝器回路,以控制反应堆的冷却速率。海啸来袭之后,1 号机组堆芯冷却的基本安全功能已经丧失,因此开始升温。2011 年 3 月 11 日 23 时 50 分,安全壳压力达到 0.6 MPa,已经超过了 0.528 MPa 设计压力,1 号机组一次安全壳的密封功能面临失效风险。现场负责人指示操纵员准备为安全壳卸压排放做准备。3 月 12 日 1 时 30 分,东京电力公司将安全壳卸压排放方案通告政府部门,政府部门同意对 1 号机组的安全壳进行卸压排放。

③ 恢复 1 号机组反应堆注入淡水

在制定排放计划的同时,3 月 12 日 1 时 48 分,柴油机驱动的消防泵被发现已停止了运转,通过柴油驱动消防泵对堆芯注水的方案无法实施。随后准备实施替代方案,即使用消防车作为水源向堆芯注水。随后,1 号机组的反应堆压力已经下降到足以用消防车注水的水平。3 月 12 日 4 时,消防车开始向 1 号机组反应堆注入淡水以恢复堆芯冷却。由于必须返回淡水箱定期重新装水,因此载水量 1 t 的消防车注水过程断断续续地进行了约 5.5 h。与此同时,工作人员建立了一条直通淡水箱的管线,并开始直接从淡水箱向 1 号机组连续注入淡水。

④ 准备向 1 号机组注入海水

经过约 11 h 向 1 号机组堆芯注水,消防水箱的淡水几乎完全耗尽。3 月 12 日 14 时 53 分,1 号机组的淡水注入停止。现场负责人随后决定从海啸后汇集了海水的 3 号机组反冲洗阀井向 1 号机组反应堆注入海水,因为它是当时唯一可用的水源。

⑤1 号机组反应堆厂房爆炸

3 月 12 日 15 时 36 秒,1 号机组反应堆厂房的上部构筑物发生爆炸,造成了建筑结构的损坏和工作人员受伤。虽然爆炸似乎没有损坏一次安全壳,但对二次安全壳造成大范围的破坏。爆炸的原因被推测为有氢气从堆芯释放并泄漏到反应堆厂房内。厂房受损则意味着放射性物质的环境释放。爆炸也破坏了准备用于注入海水的临时电缆、消防车和消防水带。5 名在爆炸中受伤的工作人员被转移到安全地带。

⑥ 向 1 号机组注入海水

在对受损设备进行维修和更换后,自 3 月 12 日 19 时 04 分开始,3 号机组反冲洗阀井中的海水通过消防车注入 1 号机组反应堆。3 月 20 日,应急救援人员经过 9 天的抢修,铺设了临时电源线,恢复了 1 号机组的厂外电力供应,1 号机组的状况得到初步稳定。

(2)2 号机组

① 丧失冷却和海水注入

3 月 14 日 13 时左右,测量表明反应堆水位下降而压力上升。根据机组操纵员和现场应急响应中心做出的推断,2 号机组反应堆堆芯隔离冷却系统可能出现了故障,2 号机组成为另一个丧失冷却的机组。在经过对反应堆压力容器降压等措施后,3 月 14 日 20 时,消防系统开始向 2 号机组注入海水。

② 密封性能下降

3 月 14 日 21 时 55 分左右,刚刚恢复的安全壳内辐射监测设备显示,2 号机组壳内的辐射水平较 8 小时前的最后一次测量出现了大幅增加。在 3 月 14 日 22 时 30 分之后,反应堆压力和安全壳压力均呈现上升的趋势。22 时 50 分,安全壳压力超过了设计压力。在之后的 3 ~ 4 h,现场更多的卸压阀被打开以降低反应堆压力。但是,安全壳的压力仍然进一步上升。3 月 15 日 06 时 14 分,现场听到了爆炸声,1 号和 2 号机组的共用主控室感受到了震动。

③ 电源恢复和全厂断电结束

3 月 20 日,应急救援人员经过 9 天的抢修,铺设了临时电源线,恢复了 2 号机组的厂外电力供应,2 号机组的整体状况得到初步稳定。

(3)3 号机组

① 开始应急堆芯冷却

3 号机组反应堆压力升高并自动启动了安全卸压阀,这导致了反应堆水位降低,操纵员按照程序手动启动了反应堆堆芯隔离冷却系统。在连续运行近 20.5 h 之后,堆芯隔离冷却系统于 2011 年 3 月 12 日 11 时 36 分停止运行。

② 堆芯冷却丧失

3 月 13 日 02 时 42 分,应急高压冷却系统已连续运行 14 h,此时的汽轮机正在以低压的堆芯蒸汽作为动力而运转。考虑到这种低品质蒸汽可能会使汽轮机受损,导致放射性蒸汽不受控地直接释放到一次安全壳之外。因此,操纵员决定停止应急高压冷却系统,而使用替代低压注射手段(柴油驱动消防泵)。

在采用低压注射手段后,反应堆压力依旧持续快速上升,并很快超过了柴油驱动消防泵可以注入的水平。在全厂断电约 35 h 后,3 号机组堆芯冷却工作陷入了停滞。

③ 替代堆芯冷却和安全壳通风

3 月 13 日 05 时 21 分开始试图建立一条海水注入管线,以实现从反冲洗阀井向 3 号机组堆芯注入海水的目的。海水注入管线在 1 h 内被成功建设完毕,但现场主管推迟了对该管线的启用,注水管线方案被改回到使用消防车组成的消防管线向堆芯提供含硼淡水源。

为了将反应堆压力降低到消防车水泵压力以下,需要启动卸压阀对反应堆卸压。启动卸压阀所需的电力来自临时搜集的轿车上的直流电瓶。这些电瓶被收集在 3 号和 4 号机组共同主控室中。至 3 月 13 日 8 时 41 分,3 号机组的通风线路安排已完成。9 时 08 分,主控室中的操纵员观察到 3 号机组反应堆压力出现下降,在对压力容器进行卸压的同时,一次安全壳的压力出现了激增。最终,安全壳压力于 3 月 13 日 9 时 20 分超过其最大设计压力,爆破盘破裂,随后安全壳压力迅速下降,实现安全壳通风。

在通过打开附加的安全卸压阀实现对反应堆卸压后,反应堆压力降到消防车泵压之下。3 号机组在丧失冷却 4 个多小时后,于 9 时 25 分开始向反应堆堆芯注入含硼淡水。

④ 海水注入和辐射水平的上升

由于消防水箱的淡水在 3 月 13 日 12 时 20 分被耗尽,现场主管决定向 3 号机组反应堆注入海水。消防车被重新部署,并在 13 时 12 分开始从 3 号机组的反冲洗阀井注入海水。

3 月 13 日 14 时 30 分,3 号机组反应堆厂房进门处的最高辐射剂量率已超过 300 mSv/h。现场应急响应中心根据这些剂量水平推断,已有放射性气体从 3 号机组反应堆泄漏。这意味着氢气也同样有可能泄漏出来。由于担心发生与 1 号机组类似的氢气爆炸,14 时 45 分,现场主管决定从 3 号和 4 号机组共同主控室及 3 号机组附近区域暂时撤离工人。

⑤ 反应堆厂房爆炸

3 月 14 日 11 时 01 分,3 号机组反应堆厂房的上部发生爆炸,造成了上部构筑物损坏和 11 名工人受伤。爆炸产生的大量飞射物损坏了替代注水系统设备。此外爆炸影响了先前设置的 2 号机组安全壳通风路径。爆炸后,2 号机组通风管线上的隔离阀被发现已经关闭,无法重新打开。

⑥ 重新开始海水冷却

未损坏的消防车被转移到附近浅水码头,3 月 14 日 16 时 30 分建立了一个新的注水管线,消防车和软管重新布置,直接从浅水码头取水注入 3 号机组。

3 号机组在断电超过 14 天后,于 3 月 26 日恢复临时厂外电力供应,结束了全厂断电状态。

(4)4 号机组

4 号机组在 2010 年 11 月 30 日起停堆进行换料大修。燃料已全部从反应堆中卸出并存放在乏燃料水池当中,因此在事故发生后,4 号机组反应堆被认为不需要进行冷却但其乏燃料水池载有 1 300 多根乏燃料组件,需要排出的衰变热在各机组所有乏燃料水池中最高,因此需要对乏燃料水池采取冷却措施。

3 月 15 日 6 时 14 分,4 号机组反应堆厂房上部发生氢气爆炸,这个情况是工作人员事先没有预料到的。爆炸发生前,工作人员认为水池里不会发生锆与水的反应。爆炸的发生使工作人员怀疑造成爆炸的原因是乏燃料水池失去了足够的冷却水而导致锆与水反应。因此,其他机组乏燃料水池的冷却问题也开始被关注。

随后的分析和检查表明,3 号和 4 号机组乏燃料水池中的水位并没有下降到乏燃料的高度。检查证实,4 号机组的爆炸确实是由氢气引起的,但是氢气并不是在 4 号机组乏燃料水池中产生的,而是通过共用排风系统从 3 号机组迁移到 4 号机组来的。相关指示仪表失效导致对乏燃料水池的实际状况缺乏了解,才进行了向池中加水的操作。

(5)5 号和 6 号机组

地震发生时,5 号和 6 号机组处于例行停堆检查状态,与处于运行状态的机组相比,其堆芯衰变热较小,且维持了足够的水位。海啸到达后,5 号机组丧失所有交流电,而 6 号机组有一台应急柴油发电机保持可用,该柴油发电机提供的交流电源可以为 5 号和 6 号机组供电,为主控室操纵员读取各种仪表参数和采取应急行动(如降低反应堆压力、堆芯注水)提供了条件。最终在 3 月 20 日,两台机组实现了冷停堆。

3.事故直接后果

强震和强海啸导致了福岛第一核电站核燃料、反应堆压力容器和安全壳受损;1 号、3 号和 4 号机组发生氢气爆炸,反应堆厂房遭到毁坏。事故处理过程中向反应堆注入了海水,海水对反应堆主要部件造成腐蚀,因此 1 号至 4 号机组报废。

放射性核素从反应堆释放到外界环境中,据估计事故共释放了 6 000 ~ 12 000 PBq 的 ^{133}Xe。释放了总活度为 100 ~ 400 PBq 的 ^{131}I,总活度为 7 ~ 20 PBq 的 ^{137}Cs。这起事故中放射性核素的释放约为 1986 年切尔诺贝利核电站事故释放的十分之一。

4.事故原因分析

(1)自然因素:超强地震和超强海啸并发远超设计基准

地震发生后福岛核电站实现了紧急停堆,并及时启动了应急堆芯冷却系统,表明核电站自身经受住了破坏强度超过电厂抗震设计能力的地震袭击。但是随后而来的高达十几米的大海啸超过了预期,导致应急柴油发电机厂房被淹,应急柴油发电机丧失功能,电厂失去了厂内外所有交流电源,堆芯由于得不到及时冷却而熔化。显然,远超设计基准的海啸是此次福岛核事故的主要原因,同时,地震及海啸对周边地区交通、电力等基础设施造成的严重破坏导致厂外电源直到地震后 9 天才恢复,恢复时间之长也远远超出设计考虑。

(2)技术因素:设计上缺乏预防和缓解严重事故的能力

目前,核电站设计主要考虑的事故包括设计基准事故和超过设计基准的严重事故,前者罗按确定的准则设计应对性措施,后者则要认真考虑事故后果缓解措施。福岛第一核电站采用美国最早的商用核电站技术,其设计与建造完成于美国三哩岛核事故之前,当时对严重事故及复杂事故序列还没有清晰的认识,预防和缓解严重事故的安全措施在设计上"先天不足"。

① 反应堆厂房内缺少必要的消氢装置

堆芯内燃料元件裸露后,高温的燃料包壳与水蒸气发生反应产生大量氢气。氢气从压力容器内泄漏,在反应堆厂房内聚集到一定浓度后则发生爆炸。福岛第一核电站的反应堆厂房缺乏氢气复合器或氢气点火器等消氢系统,氢气在 1 号、3 号和 4 号机组反应堆厂房内先后发生了爆炸。

② 安全壳自由容积不足

福岛第一核电站 1 号至 5 号机组均采用 MARK – I 型安全壳,其设计理念是当反应堆超压排放或主回路失水时,蒸汽将迅速冷凝从而降低压力,所以一次安全壳的自由容积很小。一旦蒸汽无法冷凝便很容易超压,不可凝的氢气聚集容易引发爆炸。早在 20 世纪 70 年代,美国核安全机构就已注意到了安全壳容积过小的安全隐患,要求美国所有 MARK – I 型安全壳改进排气卸压系统。

(3) 管理因素:运营公司对事故的应对措施不力

东京电力公司作为日本最大的私营核电企业,在处理本次事故时表现得犹豫、慌乱、效率低下与缺乏专业素质。地震导致了厂外交流电丧失,从地震发生到恢复厂外交流供电耗费了 9 ~ 14 天的时间,大大超出了设计所能承受的限度;发生 1 号机组厂房氢气爆炸破坏后,东京电力公司虽然判断出发生了氢气爆炸,但没能及时采取措施阻止后续机组类似氢气爆炸事件的发生;在福岛第一核电站发出请求后,来自日本其他核电站的工作人员和设备被调至事故所在地,对现场应急响应提供支持,但由于对设备的请求未包含适当的技术规格,结果造成所采购的设备与电站的设备不兼容(不匹配的接头、连接器等),没有达到预期效果。

7.4　国际核事件的分级

为了用统一的术语向公众迅速通报核设施所发生的事件,于 1989 年,由国际原子能机构(IAEA)和经济合作与发展组织的核能机构(OECD/NEA)共同组织国际专家组设计了国际核事件分级表(INES)。

这个分级表最初在实验期内用于核电站事件分类,其后扩展并修改以使其能够适用于与民用核工业相关的所有设施。它已在全世界 60 个以上的国家成功地运作。国际核事件分级表(INES)能够适用于与放射性材料和辐射有关的任何事件,以及放射性材料运输中发生的任何事件。

7.4.1　分级表一般说明

表 7 – 4 给出了国际核事件分级表(INES),分级表将事件分类为 7 级:较高的级别(4 ~ 7)被定为"事故",较低的级别(1 ~ 3)被定为"事件"。不具有安全意义的事件被归类为分级表以下的 0 级,定为"偏差"。与安全无关的事件被定为"分级表外"。分级表的级别如表 7 – 4 所示,采用带有关键词的表格形式。事件根据每个栏中列出的三个不同方面的影响进行考虑:厂外影响、厂内影响和对纵深防御的影响。

表 7 - 4　分级表的基本结构

	影响的方面		
	厂外影响	厂内影响	对纵深防御的影响
7 特大事故	大量释放： 大范围的健康和环境影响		
6 重大事件	明显释放： 可能要求全面执行计划的 相应措施		
5 具有厂外风险的事故	有限释放： 可能要求部分执行计划的 相应措施	反应堆堆芯、放射性屏障受 到严重损坏	
4 无明显厂外风险的事故	少量释放： 公众受到相当于规定限值 的照射	反应堆堆芯、放射性屏障受 到明显损坏，有工作人员受 到致死剂量的照射	
3 重大事件	极少量释放： 公众受到规定限值一小部 分的照射	污染明显扩散，有工作人员 发生急性健康效应	接近发生事故，安全保护层 全部失效
2 事件		污染明显扩散，有工作人员 受到过量照射	安全措施明显失效的事件
1 异常			超出规定运行范围的异常 情况
0 偏差	无安全意义		

第一栏与造成放射性厂外释放的事件有关。由于这是对公众唯一可能的直接影响，这种释放当然要受到特别的关注。这一栏中的最低点表示出给予关键人群以数量上相当于公众年剂量限值约 1/10 的估计辐射剂量的释放；这种水平定为 3 级。

第二栏考虑了事件的厂内影响。这一类别覆盖范围从 2 级（污染或有工作人员受到过量照射）到 5 级（反应堆堆芯或放射性屏障受到严重损坏）。

所有核设施的设计和运行都是通过各安全保护层依次起作用来防止重大的厂外或厂内影响，并且，一般提供的安全保护层的保护程度将与这些影响发生的可能性相当。这些安全保护层只有全部失效才会发生实质性的厂外或厂内后果。这些安全保护层措施被称为"纵深防御"。第三栏是已经造成这些纵深防御措施降级的事件。这一栏覆盖了从 1 级到 3 级的事件。

在多于一个方面造成影响的事件通常定为所确定的最高级。没有达到这三个方面中任何一个的下限的事件定为分级表以下的 0 级。表 7 - 5 给出每个级别上的事件的典型说明，以及过去在核设施上发生的核事件的定级实例。

表 7 - 5   国际核事件分级表

级别/名称	事 件 性 质	实例
7 特大事故	● 大型装置(如动力堆的堆芯)中大部分放射性物质向外释放。一般涉及短寿命和长寿命放射性裂变产物的混合物(从放射学上看,其数量相当于超过几万太贝可的^{131}I)。这类释放可能有急性健康效应;在可能涉及一个以上国家的大范围地区有慢性健康效应;有长期环境后果	1986 年苏联切尔诺贝利核电站(现属乌克兰)事故
6 重大事故	● 放射性物质向外释放(从放射学上看,其数量相当于几千到几万太贝可的^{131}I)。这类释放将可能需要全面实施当地应急计划中包括的相应措施以限制严重的健康效应	1957 年苏联基斯迪姆后处理厂(现属俄罗斯联邦)事故
5 具有厂外 风险的事故	● 放射性物质向外释放(从放射学上看,其数量相当于几百到几千太贝可的^{131}I)。这类释放将可能需要部分实施当地应急计划中包括的相应措施以减少造成健康效应的可能性 ● 设施严重损坏。这可能涉及动力堆堆芯大部分严重损坏、重大临界事故或者是在设施内释放大量放射性的重大火灾或爆炸	1957 年英国温茨凯尔反应堆事故 1979 年美国三哩岛核电厂事故
4 无明显厂外 风险的事故	● 放射性向外释放,使关键人群受到几毫希[沃特]量级剂量的照射。对于这种释放,除当地可能需要进行食品管制外,一般不需要厂外保护行动 ● 设施明显损坏。这类事故可能包括造成重大厂内修复困难的损坏,如动力堆堆芯部分熔化和非反应堆设施内发生的可比事件 ● 一名或多名工作人员受到极可能发生早期死亡的过量照射	1973 年英国温茨凯尔后处理厂事故 1980 年法国圣洛朗核电厂事故 1983 年阿根廷布宜诺斯艾利斯临界装置事故
3 重大事件	● 放射性向外释放,使关键人群受到十分之几毫希[沃特]量级剂量的照射。对于这类释放,可能不需要厂外保护措施 ● 造成工作人员受到足以引起急性健康效应的剂量的厂内事件和造成污染严重扩散的事件,例如几千太贝可的放射性释放进入一个二次包容结构,而这里的放射性物质还可以返回令人满意的储存区 ● 安全系统再发生故障可能造成事故工况的事件,或如果发生某些始发事件安全系统不能防止事故的状态	1989 年西班牙范德略斯核电厂事故
2 事件	● 安全措施明显失效,但仍有足够的纵深防御,可以应付进一步故障的事件。包括实际故障定级为 1 级但暴露出另外的明显组织缺陷或安全文化缺乏的事件 ● 造成工作人员受到超出规定年剂量限值的剂量和事件及造成设施内有显著量的放射性存在于设计未考虑区域内并且需要纠正行动的事件	

表 7 - 5(续)

级别/名称	事　件　性　质	实例
1 异常	● 超出规定运行范围但仍保留有明显的纵深防御的异常情况。这可能归因于设备故障、人为差错或规程不当,并可能发生于本表覆盖的任何领域,如电厂运行、放射性物质运输、燃料操作和废物储存。实例有:违反技术规格书或运输规章,没有直接安全后果但暴露出组织体系或安全文化方面不足的事件,管道系统中超出监督大纲预期的较小缺陷	
0 偏差	● 偏差没有超出运行限值和条件,并且依照适当的规程得到正确的管理。实例有:在定期检查或试验中发现冗余系统中有单一的随机故障,正常进行的计划反应堆保护停堆,没有明显后果的保护系统假信号触发,运行限值内的泄漏,无更广泛安全文化意义的受控区域内较小的污染扩散	

1.分级表的范围

分级表适用于与放射性物质和辐射有关的任何事件,以及放射性物质运输中发生的任何事件。它不对工业事故或其他与核或放射性作业无关的事件进行分级。这些事件被定为"分级表以外"事件。例如,尽管与汽轮机或发电机有关的事件会影响到相关设备安全,但仅影响汽轮机或发电机的可用性的故障将被归类为分级表以外事件。同样,诸如失火等事件如果不涉及任何可能的放射性危害并且不影响安全保护层,将被归类为分级表以外事件。

2.分级表的使用

各国的核和放射学安全准则,和用于描述它们的术语尽管大体上是可比的,但却又各不相同。国际分级表设计时考虑了这一事实,但使用国有可能希望在其本国的环境下阐明这个分级表。

表 7 - 5 为事件发生后即刻使用而设计。不过,在有些情况下要求较长的时间对事件后果进行了解和定级。在这些少见的情况下,将先进行临时定级,待日后确认。事件还可能因为得到进一步的信息而需要重新定级。

表 7 - 5 并不替代国家和国际上为事件的技术分析和向安全主管部门报告所采用的准则,它也不构成每个国家现有的处理放射性事故的正式应急安排的一部分。

7.4.2　厂外和厂内影响

7.4.2.1　厂外影响

就厂外影响给事件定级,要考虑核设施厂区外部的实际放射性影响。这种影响可以用从一个核装置释放的放射性量或公众成员所受评估剂量表示。对于一个核装置的明显事故,不可能在最初阶段准确地确定厂外释放的规模;但可以粗略地说明释放,并在分级表上给出一个暂定级别。随后进行的对释放量的再评估,可能要求修正按分级表对事件定级的初始估计。

规定这些释放级别的根据是考虑到可能采取的防护措施,估计 5 级释放能够给出的剂量约为4级规定剂量的10倍。当然,相当于5级阈值的实际放射性释放量,要大大超出对应于4级事故最小释放规模的一个数量级。

在3级以下,厂外影响对按分级表给事件定级来说被认为是不重要的。在这些较低级别中,只有厂内影响和纵深防御影响必须加以考虑。

按厂外影响考虑的事件有两种类型,将在下面给出的定义中予以考虑。第一种类型涉及的释放能被显著地分散,因而剂量小但受照射的公众成员人数将相当多。第二种类型指的是诸如可能由丢失的放射源或运输事件造成的剂量,剂量可能比较大,但受照射的人数要少得多。在3级和4级的定义中给出针对后一种类型事件的特别指导。

7.4.2.2　厂外影响各级的定义

7级中的"大量释放"定义为与放射学上相当于或超过向大气释放几万太贝可的^{131}I的放射性量相应的外部释放。它相当于一座动力堆堆芯存量大部分释放,一般涉及长寿命和短寿命的放射性裂变产物的混合物。这种释放可能有急性健康效应。预期在大范围地区,可能涉及一个以上国家,有缓发健康效应。很可能还有长期的环境后果。

6级中的"明显释放"定义为与放射学上相当于向大气释放几千到几万太贝可的^{131}I的放射性量相应的外部释放。在发生这种释放时,为限制对应急计划区内公众成员的健康效应,隐蔽和撤离之类的防护措施将是必要的。

5级中的"有限释放"定义为与放射学上相当于向大气释放几百到几千太贝可的^{131}I的放射性量相应的外部释放。作为实际发生这种释放的一个结果,很可能需要执行一些防护措施,如局部的隐蔽或撤离,使将发生健康效应的可能性降到最低。

4级中的"少量释放"定义为导致关键人群受到几毫希[沃特]的剂量的放射性外部释放,或者导致一名公众成员受到大于5 Gy剂量(即引起高概率早期死亡的剂量)的事件,例如放射源丢失或运输事件。一旦实际发生这种释放,除当地可能需要采取食品管制外,一般不大需要厂外防护行动。不过作为预防措施可以采取其他行动,以防止设备状态进一步恶化。设备状态在其他方面影响(厂内影响和纵深防御影响)要加以考虑。

3级中的"较少量释放"定义为导致关键人群受到十分之几毫希[沃特]剂量的放射性外部释放,或者导致一名公众成员受到引起急性健康效应剂量(例如约1 Gy的全身照射量和约10 Gy的体表照射量)的事件,例如放射源丢失或运输事故。这种释放实际发生后,无须采取厂外防护措施。不过这些措施可以作为预防措施来采取,以防止设备状态进一步恶化。设备状态在其他方面影响(厂内影响和纵深防御影响)要加以考虑。

7.4.2.3　厂内影响

按厂内影响对事件定级,要考虑核设施厂区内的实际影响,而不管可能的厂外释放和纵深防御影响如何。它要考虑重大放射学损害,例如堆芯损坏的范围、放射性产物逸出其专设包容结构之外在厂区内的扩散和工作人员所受剂量水平。

导致放射学损害的事件一般定为4级和5级。污染的事件定为2级和3级,导致工作人员受到高剂量照射的事件定为2～4级。污染的严重程度用扩散量或导致的剂量率来衡量。这些准则虽然与一个操作区内的剂量率有关,但并不要求工作人员实际在场。不应把这些准则同工作人员剂量准则相混淆,后者与实际接受的剂量有关。

在2级以下,就按分级表对事件定级而言,厂内影响被认为没有意义;在这些较低的级别上,只有对纵深防御的影响是必须加以考虑的。

7.4.2.4　厂内影响各级的定义

5级中的"反应堆堆芯或放射性屏障发生严重损坏"定义为动力堆中有超过百分之几的燃

料熔化或超过百分之几的堆芯存量从燃料组件中释放出来。其他设备发生涉及厂内放射性大量释放(与堆芯熔化的释放相当)并严重威胁厂外放射安全的事件。非反应堆事故的实例可能是重大临界事故,或在核设施内造成大量放射性释放的重大火灾或爆炸。

4 级中的"反应堆堆芯或放射性屏障发生明显损坏或有一名工作人员受到致死剂量照射"定义为发生任何燃料熔化或 0.1% 以上的动力堆堆芯存量从燃料组件中释放出来。非反应堆设施发生的涉及几千太贝可的放射性从其一次包容结构中释放出来并且不能返回令人满意的储存区的事件。一名或多名工作人员受到外照射,剂量大于 5 Gy(即引起高概率早期死亡的剂量)。

3 级中的"污染严重扩散或一名工作人员受到导致急性健康效应的过度照射"定义为所造成的剂量率或污染水平已经使或很容易使一名或多名工作人员受到引起急性健康效应的剂量(如约 1 Gy 的全身照射量和约 10 Gy 的体表照射量)的事件。导致几千太贝可的放射性向二次包容结构释放,但是放射性物质能够返回令人满意的储存区的事件。

2 级中的"污染明显扩散或一些工作人员受到过度照射"定义为:导致一名或多名工作人员受到超过辐射工作人员规定年剂量限值的剂量的事件。导致一个设备操作区内 γ 加中子的剂量率(距源 1 m 处测剂量率)之和大于 50 mSv/h 的事件。导致在核设施设计未考虑区域内存在显著量的放射性,并要求采取纠正行动的事件。此处"显著量"应该解释为:

① 被总活度在放射学上相当于几百吉贝可的 ^{106}Ru 的液体所污染;

② 放射学意义上相当于几百吉贝可的 ^{106}Ru 的固体放射性物质洒落,导致表面和空气污染水平超过操作区允许水平的 10 倍;

③ 厂房空气中放射性物质的释放,其放射学意义上的数量相当于几十吉贝可的 ^{131}I。

7.5　事故情况下放射性物质的释放与防护

7.5.1　放射性物质的释放

7.5.1.1 放射性物质的释放机理

在反应堆正常运行情况下,核裂变过程会产生很多种裂变产物,其中绝大部分是带有放射性的。这些裂变产物会不断地释放出 β 射线和 γ 射线,这些射线被周围的材料的原子核散射或者吸收,然后放出次级射线,这个过程可以放出 α 射线、β 射线、γ 射线或中子。致密的金属元件包壳几乎可以阻挡住所有裂变产物的穿透。但在事故情况下,一部分或相当数量的裂变产物会穿透包壳进入主回路。为了评估事故的后果,就必须研究不同事故下裂变产物的释放机理和不同裂变产物的释放特性。

当反应堆经历不同严重程度的事故时,堆芯燃料可能会发生包壳破损、燃料熔化,与混凝土或金属发生作用及蒸汽爆炸等不同的情况。相应地裂变产物对应着四种不同的释放机理:气隙释放、熔化释放、汽化释放和蒸汽爆炸释放。

1. 气隙释放

在反应堆正常运行条件下,部分裂变产物以气体或蒸汽的形式由芯块进到芯块与包壳之间的气隙内。气隙内各种裂变产物的积存份额取决于各核素在二氧化铀(UO_2)芯块内的扩散系数及该核素的半衰期。在反应堆正常运行时只有极少量包壳破损。但在失水事故时,元件温度很快升高,在几秒钟到几分钟的短时期内,包壳即可能破损。在包壳内外压差及外表面蒸汽流的作用下,气隙中积存的部分裂变产物被瞬时释出,出现喷放性的气隙释放。由于惰性气体不与其他元素发生化学作用,气隙中氙(Xe)、氪(Kr)在气隙释放中全部经破口进入主回路。在包壳破损的温度下,卤素碘(I)、溴(Br)是挥发性的气体,碱金属铯(Cs)、铷(Rb)也是部分挥发性的,但因这些元素可能与其他裂变产物或包壳发生化学反应(例如,碘(I)、锆(Zr)或铯(Cs)),因而妨碍它们移至破口处。

2. 熔化释放

在气隙释放后不久燃料即开始熔化。这时芯块中的裂变产物将进一步释出,这一过程一直延续到燃料完全熔化,即熔化释放。在熔化释放中,惰性气体中90%很快放出,高挥发性的卤素和碱土金属也大部分释出,但碲(Te)、锑(Sb)、硒(Se)及碱土金属的释放份额要小很多。虽然Te和Sb挥发性也很强,但在水堆中它们与锆包壳会发生化学反应,致使其释放份额大大下降。

3. 汽化释放

当熔融的堆芯熔穿压力容器和安全壳底部与混凝土接触时,会与混凝土发生剧烈反应使混凝土分解、汽化产生蒸汽和CO_2。这些产物与熔融的堆芯相混,在熔融体内形成鼓泡、对流。这一过程促进了裂变产物通向熔融金属的自由表面,并生成大量含有裂变产物的气溶胶。在这种条件下产生的裂变产物的释放称为汽化释放。

4. 蒸汽爆炸释放

当熔融的堆芯与压力容器中残存的水发生作用时会产生蒸汽爆炸。UO_2燃料在爆炸中将分散成很细小的颗粒,并被氧化生成U_3O_8。这一放热反应将使UO_2中的裂变产物进一步挥发而释放。

7.5.1.2 裂变产物特性

裂变产物的释放特性首先取决于裂变产物核素的物理、化学性质。按照其挥发性和化学活泼程度,可以将重要裂变产物分为3大类8组,见表7-6。

表7-6 裂变产物挥发性分组

类 别	分 组	主要核素
1.气体	惰性气体	Xe,Kr
2.易挥发	卤素	I,Br
	碱金属	Cs,Rb
	碲	Te,Se,Sb
3.难挥发	碱土金属	Ba,Sr
	贵金属	Ru,Rb,Pd,Mo,Te
	稀土金属	Y,La,Ce,Pr,Nd,Pm,Sm,Eu,Np,Pu
	难熔氧化物	Zr,Nb

表中第一类元素为气态,显然极易穿透破损的包壳,释放份额很高。第二类元素在反应堆运行温度下部分或大部分处于挥发状态,在燃料熔化条件下释放份额很高。这类元素中的I和

Cs 为最重要核素,其中尤其是 I,不仅产额高、半衰期中等、挥发性强、释放份额大,而且化学性质活泼,形态复杂较难去除,在环境中浓集系数也高,因此往往作为安全分析中的"紧要核素"而加以特别注意。第三类元素即使在元件熔化的温度下也基本不挥发,只在燃料气化时或产生某种化学反应时才能形成气溶胶向外扩散。

1. 惰性气体

在稳定或长寿命裂变产物中,惰性气体 Xe 和 Kr 约占 30%,其化学形态不变化,又是气态产物,因而几乎不在主系统内滞留。

氙和氪在燃料内的移动为温度和燃耗所制约。1 300 K 以下,惰性气体原子几乎不迁移。温度达到 1 300 K 以上,气体原子有明显移动,并在晶界处聚积形成气泡。当晶粒表面和边缘饱和之后,裂变气体开始逸出。燃料的氧化会增强气体原子和气泡的运动。挥发性裂变产物可以跟随惰性气体一起运动。气体的逸出与晶粒边界处孔隙度有关,燃料的液化与溶解也有相当影响。

2. 易挥发核素

卤族裂变产物碘和溴,在二氧化铀芯块内的化学形态还不能十分肯定。有人认为由于碱金属铯的裂变产额大于碘的 10 倍,热力学计算表明碘的稳定形态应当是碘化铯(CsI)。然而,卤族核在辐射条件下在单晶和多晶 UO_2 中的扩散系数比 CsI 的扩散系数大好几个量级,因此,碘在燃料芯块内可能主要以原子碘或分子碘形态出现,几乎不形成 CsI。

但是,热力学数据和最新实验认为,堆芯毁损事故后蒸汽还原时,若无其他材料干扰,释放到主系统的碘,其主要形态是 CsI。

碱金属铯(Cs)和铷(Rb)在燃料元件棒内的可能存在的形态为卤化物(CsI)、铀酸盐(Cs_2UO_2)、钼酸盐(Cs_2MoO_4)和碲化物(Cs_2Te)。Cs_2UO_4 在富氧环境中是稳定的,元件包壳内表面观察过到 Cs_2UO_4 和 Cs_2Te 的颗粒。但现有证据表明钼酸铯(Cs_2MoO_4)是唯一能长期存在的铯盐。铯释放实验研究结果表明,堆芯毁损后还原水蒸气情况下,$CsOH$ 是主要形态。

碲(Te)和硒(Se)同属氧族元素,化学性质相似。碲具有更多的金属性,例如碲可以形成稳定的氧化物 TeO_2,而硒化氢(SeH_2)比碲化氢(TeH_2)更稳定。碲是碘的先驱核素,燃料元件内碲主要以元素态和其他金属组成合金,也有一部分形成 Cs_2Te 和 TeO_2,这取决于燃耗和氧化势。元素碲的挥发性与碘和铯相当,实验表明它们在燃料芯块内有相似的扩散特征。一般情况下,气隙内 Te 的量比 I 和 Cs 少得多,这是因为它与锆合金作用生成了难挥发的碲化锆与碲化锡。

Te 从燃料棒的释放取决于锆包壳的条件。若包壳尚未广泛氧化,则会形成稳定的碲化锆和碲化锡,扩散与熔化释放都很有限。反之,若包壳严重氧化,碲失去了屏障,会很快挥发且有较大的扩散释放。若包壳氧化量已大于 90%,则碲的释放率与碘相当。若包壳氧化份额小于 90%,则碲的释放率仅及碘的 1/40。

3. 难挥发核素

锶(Sr)和钡(Ba)是同族元素,化学性质相似,但锶属于中等挥发性核素,而钡挥发性很差。其主要区别有水溶性、过氧化物热稳定性和与氢反应速率等三个方面。在燃料元件内,两种核素都以氧化物形态,即 BaO 和 SrO 存在,在芯块内基本上是不溶的,然而会形成少量锆酸盐。这两种氧化物熔点与沸点都很高,一般很难从燃料芯块中释出。

在燃料芯块内,钼(Mo)以 MoO_2 和钼酸铯(Cs_2MoO_4)的形态存在。MoO_2 的形成量取决于温度、燃料组分和氧化势。1 000 K 以上时，MoO_2 的自由能高于 UO_2。但在某些条件下，不仅 MoO_2，高挥发性的 MoO_3 也可能形成。除 $CsMoO_4$，MoO_2 和 MoO_3 外，Mo 的释放量很低。钼和碲可以反应生成化合物，其中最稳定的是 $MoTe_2$。

钌（Ru）、碲（Te）、钯（Pd）、铑（Rh）这几种核素的裂变产额较高，达到 3% ~ 6%，然而释放率很低，因此其辐射生物学重要性并不高。一般来说，本族核素多以元素态出现，并在晶界处聚集形成金属态。在扩散和熔化释放过程中，它们的释出份额都很少。Ru 有可能形成挥发性的 RuO_4 而释出。这些核素在主系统中的迁移主要以元素的形态，它们一般是不活泼的，不大会和其他气溶胶或金属表面反应。然而金属蒸气在气溶胶粒子表面的凝聚可能会将此类物质从堆芯带到环路中较冷的区域。

镧系的镧（La）、锆（Zr）、铌（Nb）、铕（Eu）、铈（Ce）等，与锕系的镎（Np）、钚（Pu）、镅（Am）、锔（Cm）等，在燃料芯块内主要以稳定的难熔氧化物形态存在，除非被还原成具有较高挥发性的物质，否则释放量很少。因此虽然裂变产额较高，但其辐射生物学效应可以认为是很低的。

银（Ag）、铟（In）、镉（Cd）作为控制棒吸收体，锡（Sn）作为锆包壳合金材料，数量较大，对主系统内裂变产物行为有明显影响。但作为裂变产物，这几种核素的产额都比较低，因此对放射性源项的影响很小。这些元素在燃料内以金属态存在，具有中到高等挥发性。

7.5.1.3 放射性物质在主系统内的迁移

为了估计裂变产物进入安全壳的数量，先要弄清楚在不同事故释放时反应堆压力容器内部的状况，以便分析从燃料包壳放出的各种裂变产物在主回路内的行为。气隙释放是发生在系统喷放开始或开始后不久，此时堆芯被蒸汽覆盖，并有较大的蒸汽流量，如果应急堆芯冷却系统工作正常，在堆芯被再淹没前，气隙释放将基本结束。如果应急堆芯冷却系统失效，则堆芯将发生熔融，此时堆芯蒸汽流量可能随破口大小和应急冷却系统的失效程序而变化。但是与气隙释放一样，堆芯仍处于蒸汽的覆盖之中，蒸汽将把从包壳中释放出来的裂变产物排入安全壳。在这两种事故释放情况下，阻止裂变产物向安全壳排放的主要机理是裂变产物在主回路内表面的沉积。在汽化释放和蒸汽爆炸释放中，主回路边界已不存在，所有释放出来的裂变产物将直接、全部进入安全壳空间。

7.5.1.4 放射性物质向安全壳的释放

一般来说，在所有的事故释放情况下，惰性气体将全部进入安全壳，卤素也很少沉积在一回路系统中。对于挥发性的碱金属和碲，情况较为复杂。当燃料元件的壁温小于 813 K 时，有部分沉积发生；当壁温高于 813 K 时，这些凝结元素会再次释放并被气流带出主回路。如果发生堆芯熔化的严重事故时，大部分裂变产物将从熔融的燃料中释放出来。严重事故下若压力容器破裂，则堆芯碎片和放射性就会进入安全壳。从放射性分析来说，比较重要的是气溶胶。气溶胶可因堆芯碎片材料的物理破碎而形成，也可因堆芯裂变产物蒸汽的凝结而形成。根据形成时的机理不同，气溶胶释放可以分为两类。一类是压力容器失效之前在壳内形成而随压力容器失效释出的气溶胶，另一类是压力容器失效以后在安全壳内生成的气溶胶。

堆芯碎片就是由燃料元件、控制棒和结构部件等组成的破碎的堆芯材料，已经失去了它们原有的几何形状。它可以是熔融的、固态的，也可能是两相混合的。熔融的堆芯碎片有时也简称为熔融物。跌落在堆坑内的砾状堆积物仍称为堆芯碎片，大块的熔融物或其凝固物有时也称为堆芯残渣。

　　气溶胶也是一种变形的堆芯材料,它和堆芯碎片的主要区别在于粒径的不同,因而表现出不同气动力学特性。气溶胶在穿越气体时受气流速度的影响明显,可以在气流中悬浮相当长的时间,堆芯碎片的运动则几乎不受气流影响。通常取气动力学当量直径 30 μm 作为碎片与气溶胶的分界,这一界值随气流速度而变化较小。

　　气溶胶的主体是非放射性物质。在绝大多数事故情况下,放射性物质只占气溶胶总量的 10% 以下。气溶胶的粒子大小和特征,受到气溶胶物质总量的强烈影响,悬浮的气溶胶有可能在安全壳失效或泄漏时逸出。

　　气溶胶源项是一个复杂的量,可以用质量产率、质量分布(粒径)和物种分布、材料密度和气溶胶形态学来描述。气溶胶粒径分布常与气溶胶的特征量有关,比如可以表述为粒子数随当量粒径的分布。粒子的质量当量直径是以粒子质量按密度折合成球形的直径。气动当量直径是在重力作用下与粒子具有同样终速度的球形粒子直径,而碰撞当量直径则是与粒子具有相同碰撞截面的球形粒子直径。这三种当量直径各有不同的用途。对辐射生物学而言,气溶胶质量是重要参量。气动当量直径用于计算重力沉降速度,碰撞当量直径则用于计算气溶胶凝聚。

　　放射性物质由主回路进入安全壳以后,一般是以气体或悬浮的气溶胶形态存在于安全壳空间中。放射性物质从安全壳向环境的释放率取决于安全壳的泄漏率和放射性物质在安全壳大气中的浓度。减少安全壳泄漏的方法是提高安全壳密封标准和建造质量。目前大型核电厂安全壳在事故压力下(例如绝对压力为 0.45 MPa)泄漏率为 0.1% 体积/天。安全壳内的放射性物质一方面由于自然衰减、气溶胶聚合及沉降、安全壳及设备壁面吸附而减少,另一方面靠采取积极的去除措施 —— 例如安全壳内气体循环过滤系统和喷淋系统,进一步降低放射性浓度。为了减少向环境排放的放射性,还往往采用多层或多舱室安全壳。

7.5.2　放射性对人体的影响

7.5.2.1　核辐射通过物质时的作用与效应

　　快速运动的带电粒子通过物质时,遇到物质原子和原子核,会同它们发生碰撞,进行能量的传递和交换。其中一种主要的作用过程是同电子的非弹性碰撞,使物质的原子发生电离或激发,形成了正离子和负电子或激发态原子,这一过程称作电离碰撞。带有电荷的核辐射粒子能够直接使原子电离或激发,称作直接致电离粒子;而中性的核辐射粒子,由于没有电荷不能直接使介质原子发生电离作用,但可以通过与物质作用产生的次级带电粒子使介质原子发生电离或激发,这样一些中性粒子则称作间接致电离粒子,例如,中子和 γ 射线等。总之,能够直接或间接使介质原子电离或激发的核辐射称作电离辐射。α 射线、β 射线、γ 射线、X 射线、中子 n、质子 p、裂变碎片等都是电离辐射,它们有的带电,有的不带电,有的有静止质量,有的没有静止质量。

7.5.2.2　电离辐射对人体的作用

　　一定量的电离辐射照射会引起人体组织器官的损伤,使生物发生结构的改变和功能的破坏,表现出各种类型的生物效应。从人体吸收核辐射能量开始到各种生物效应显现,以及生物体病变直至死亡,其间经过一系列的物理的、化学的和生物学的变化。电离辐射对生物大分子的电离作用是产生辐射生物效应的基础。

　　电离辐射对人体细胞的作用如下。

1. 直接作用

电离辐射直接同生物大分子,例如 DNA,RNA 等发生电离作用,使这些大分子发生电离和激发,导致分子结构改变和生物活性的丧失;而电离和激发的分子是不稳定的,为了形成稳定的分子,分子中的电子结构在分子内或通过与其他分子相互作用而重新排列。在这一过程中可能使分子发生分解,改变结构以导致生物功能的丧失。

2. 间接作用

人体的细胞中含有大量的水分子(大约70%),所以,在大多数情况下,电离辐射同人体中的水分子发生作用,使水分子发生电离或激发,然后经过一定的化学反应,形成各种产物。

直接作用和间接作用的结果都会使组成细胞的分子结构和功能发生变化,而导致由它们构成的细胞发生死亡或丧失了正常的活性,发生了突变。因此,电离辐射损伤细胞有两种情况:杀死和诱变。在辐射生物学中,杀死细胞理解为细胞丧失了分裂生产子细胞的能力;而诱变细胞主要指癌变、基因突变和先天畸变。DNA 是遗传基因的载体,它通过复制把遗传信息保存于下一代,DNA 分子结构的破坏和代谢功能的障碍都将导致细胞丧失增殖能力以致死亡。人体活动中,肌肉收缩和神经传导都是在 ATP 分子(三磷酸腺苷)参与下进行的,ATP 分子受损将抑制机体能量代谢过程,抑制蛋白质的合成。另外,如果细胞膜的结构受到破坏,通透性受阻,有害分子排泄不出去或在细胞内从一个区域转移到另一个区域,会破坏细胞的调节功能,最终可能使细胞中毒死亡。当然,电离辐射对细胞作用所产生的损伤是产生生物效应的外因;细胞对电离辐射有敏感性,同时也有耐受性。生物酶也可以对细胞的损伤进行一定的修复,减小电离辐射的影响,当不能完全修复时便会产生明显的生物效应。

7.5.2.3　生物效应的分类

对于受到大剂量照射的人体,由于细胞被杀死或受到损伤,最终会出现一些病症。从临床症状上可分为躯体效应和遗传效应;从性质上可分为非随机效应和随机效应,它们之间的关系列于表 7 - 7 中。

表 7 - 7　生物效应的分类

类别	躯体效应	遗传效应
随机性效应	癌病、白血病	各种遗传疾患
非随机性效应	白内障、皮肤良性损伤、骨髓中血细胞减少、生育力减退、血管或结缔组织的损伤等	

我们知道,细胞是生物组织保存生命力的基本单元。有机组织的生长不仅是细胞大小的增长,而且也有细胞数量的增加;细胞的正常分裂繁殖维持组织的生命。电离辐射对人体细胞的杀伤作用是诱发生物效应的基本原因。人体有两类细胞:躯体细胞和生殖细胞,它们对电离辐射的敏感性和受损后的效应是不同的。由此可以把电离辐射生物效应分为两类:出现在受照射者本身上的效应称作躯体效应;出现在受照者后裔身上的效应称作遗传效应。

1. 躯体效应

人体所有组织的器官(生殖器官除外)都是由躯体细胞组成的。电离辐射对机体损伤的本质是对细胞的灭活作用,当被灭活的细胞达到一定数量时,躯体细胞的损伤会导致人体器官组织发生疾病,最终可能导致人体死亡。躯体细胞一旦死亡,损伤细胞也随之消失了,不会转移到下一代。一个人急剧接受 1 Gy 以上的吸收剂量,由于肠内膜细胞受损伤,可能在几小时后就出现恶心和呕吐,也可能引起白细胞减少、血小板下降、肾功能下降、尿中氨基酸增多或严重时尿血,这就是中等程度的放射病。如果一次接受 2.5 Gy 剂量,皮肤会出现红斑和脱毛,有时造成死亡;5 Gy 的剂量造成死亡的概率大约 50%;8 Gy 以上的剂量几乎肯定造成死亡。

2. 遗传效应

生殖细胞中含有决定后代遗传特征的基因和染色体。所谓基因是指具有特定核苷酸顺序的 DNA 片段,它具有储存特殊遗传信息的功能。在电离辐射或其他外界因素的影响下,可导致遗传基因突变发生。当生殖细胞中的 DNA 受到损伤时,后代继承母体改变了的基因,导致有缺陷的后代。

7.5.2.4　电离辐射诱发基因突变率的估计

在大剂量条件下,大量的动物实验和日本广岛、长崎原子弹爆炸幸存者(约 10 万人)中取样分析表明,要使一众多人群中的基因突变率达到自发突变率数值的 2 倍,每人平均至少需要接受大约 1 Sv 的剂量,即在 1 000 人中除了自发突变的 12 个之外,另外还有 12 例是由于核辐射引起的。显然,1 Sv 剂量是相当大的,是公众剂量限值 5 mSv·人的 200 倍。如果我们正比外推到低剂量,可以估计相应的突变率。美国三哩岛核事故 50 km 内的居民接受的剂量平均为 0.01 mSv,每年大约有 30 000 人出生,那么其中由于反应堆事故核辐射引起的突变只有 0.003 6 个;在事故后 50 年内也不会发现 1 人。显然,低剂量下的辐射遗传效应是很微小的,没有必要过分地忧虑。实际上这种估计可能仍然偏高,因为机体组织活细胞中的修复酶对损伤的基因有明显的修复作用,可以避免一些突变的发生。

7.5.2.5　电离辐射诱发癌病概率的估计

癌病是人类最严重的疾病之一,现在已知有 20 多种致癌物质,其中 80% ~ 90% 是化学物质,电离辐射仅是其中一种。根据癌病两阶段学说,肿瘤的发生是始动剂和促进剂共同作用的结果:始动剂牢固不可逆地作用于细胞,使之具有肿瘤特性,如果没有促进剂的作用,此细胞将无限期处于"休眠"状态,不发生分裂;癌病的发生主要取决于促进剂的作用。

电离辐射二者兼有之:它既是始动剂,又是促进剂。电离辐射照射人体会诱发癌病,已从受原子弹爆炸受照群体、电离辐射治疗照射的病人、受氡和氡的子体照射的铀矿工人,以及早期从事夜光表盘涂放射性镭的女工的调查研究中得到证实。在 20 世纪 20 年代从事制造夜光表盘的女工中大都死于骨癌或死于辐射诱发的贫血;铀矿工人中患肺癌的比率比平均值高很多。由于从受到照射到出现癌病可能有一个长的潜伏期(5 ~ 30 年),加之辐射诱发的癌病与自然发生(其他原因)的癌病在症状上无法区分,人们现在还不知道是否存在一个电离辐射致癌剂量阈值,在这个剂量之下,没有辐射诱发癌病的危险。但为了说明电离辐射致癌的效应,人们引入了"癌剂量"的概念。"癌剂量"定义是散布的人群受到总辐射照射使该人群额外增加一个癌病人的剂量。1990 年,根据日本广岛、长崎原子弹爆炸幸存者追踪调查分析和数学模型的估计,"癌剂量"值约为 20 Sv。这表明假设有 1 000 人被照射相应的剂量当量 20 Sv,即每个人平均 0.02 Sv,则这 1 000 人当中可能有一人是由于核辐射诱发的癌病致死。我们仍以美国三哩岛核事故为例,每人平均接受剂量为 0.01 mSv,那么 100 万人受到的总剂量为 10 Sv。根据"癌剂量"标准,这 100 万人中不会有一个因辐射诱发癌病而死亡。所以,低剂量照射诱发癌病的概率也是很小的。

7.5.2.6 核电站放射性释出物对人体的照射

在核电站事故情况下放射性释出物对周围环境产生影响,核电站附近居民可能受到辐射。研究剂量必须考虑放射性照射途径。人群接受放射性照射有以下几种可能途径:

(1)烟云照射:当放射性烟云团经过时,其射线对人体所有器官的外照射。

(2)吸入内照射:由于呼吸,使放射性核素进入人体特定器官所造成的内照射。

(3)地面照射:沉降到地面的放射性核素的射线对人体所有器官的外照射。

(4)食入内照射:由于食入被污染的食物,使放射性核素进入人体特定器官所造成的内照射。

图7-33给出了核电站放射性释出物对人辐照的主要途径。烟云外照射剂量的计算方法是:首先求得每种核素的空气中时间累积浓度 $A_c(Bq \cdot s/m^3)$,它等于空气浓度与释放持续时间,或个人在烟云下停留时间的乘积。将各种核素的贡献相加,乘上剂量转换因子,即可得到剂量值。如果烟云相当大,可以认为它是半无限烟云,从而简化空间积分。

地面照射剂量通常计算离地表1 m高度处的剂量,将沉降速度对污染面积和照射时间积分即得。由于地面照射剂量的主要贡献者是预测点附近地面污染,故可假定一无限平面,其沉降浓度正好等于预测点之下的地表沉降浓度,这样可以简化计算。地面照射剂量产生在放射性烟云通过之后。

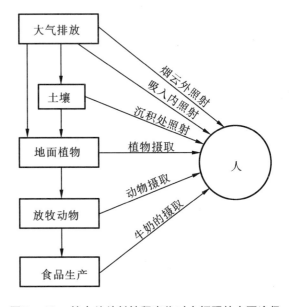

图7-33 核电站放射性释出物对人辐照的主要途径

吸入剂量计算的是烟云通过时因呼吸进入体内而引起的不同时期的内照射,其值为空气累积浓度与呼吸率的乘积。吸入主要引起呼吸器官的照射,但其他器官如甲状腺和红细胞,也会因特定核素(碘、铯、锶)从肺向这些组织的迁移而受到照射。器官照射剂量采用国际上广泛认可的剂量转换因子来计算。

食入剂量是一项长期效应,其计算要考虑食物链和消费量。对于放射性碘,其食物链为草—牛—奶。除牛奶外,其他农作物的食入均需经过一个比较长的延迟时间,因此可以允许采用相应的对策和保护行动。

计算的剂量反映了烟云的范围,因此,受到释放高度、烟云抬升和气象条件的强烈影响。实际上,各种隐蔽手段可以明显降低剂量值。人员留在室内就有明显的防护效果,建筑物可以预防气载微粒进入。简单的房屋也可使烟云和地面照射剂量降低一半多。对于公寓式建筑和商业与办公大楼,室内外剂量可相差50倍。留在室内还可减少吸入内照射。

服用稳定碘片可以减少对放射性碘的吸收,这通常称为甲状腺阻断剂,及时服用碘片可以使甲状腺剂量降为1/20。采用简单的呼吸防护措施也可有效地减少吸入剂量。

思　考　题

7 - 1　单根控制棒的反应性当量是如何定义的?

7 - 2　反应性控制通常分哪三类?

7 - 3　在安全壳喷淋水中加氢氧化钠的作用是什么?

7 - 4　什么叫反应堆的固有安全性?

7 - 5　反应堆的运行工况一般分哪四类?

7 - 6　反应性引入事故的主要原因是什么?

7 - 7　什么是失流事故?

7 - 8　大破口事故共分几个阶段,各是什么?

7 - 9　反应堆的严重事故是由哪两个主要原因引起的?

7 - 10　核电站的反应堆有几道安全屏障,各是什么?

7 - 11　在安全壳内采取什么方法减少氢气积聚的危害?

7 - 12　在三哩岛事故中有哪些操作人员的人为操作失误?

7 - 13　切尔诺贝利核电站中出现的反应堆功率突然急剧上升的主要诱因是什么?

7 - 14　切尔诺贝利核电站的反应堆是一种什么类型的反应堆?

7 - 15　国际核事故分级表中的重大事故是如何定义的?

7 - 16　裂变产物按其挥发性和化学活泼程度分为哪三类?

参 考 文 献

[1] 徐志诚,李君东,何隧源. 核电厂的安全与环境[M]. 北京:原子能出版社,1990.

[2] 濮继龙. 压水堆核电厂安全与事故对策[M]. 北京:原子能出版社,1995.

[3] 朱继洲. 核反应堆安全分析[M]. 西安:西安交通大学出版社.2000.

[4] LILLINGTON J N. The development of advanced models and codes for light water reactor safety analysis[J]. Fuel and Energy Abstracts,1996,37(1):20.

[5] JUHN P E,KUPITZ J,CLEVELAND J,et al. IAEA activities on passive safety systems and overview of international development[J]. Nuclear engineering and Design,2000, 201(1):41.

[6] YONEZO T,TOSHIHIRO O,KAZUO K,et al. Development of passive safety systems for Next Generation PWR in Japan[J]. Nuclear engineering and design,2000,201(1): 61 ~ 70.

[7] HEWITT G F,COLLIER J G. Introduction to nuclear power[M].2nd ed. [s.l.]: [s.n.],2000.

[8] 汤烺孙. 轻水堆设计改进原理[M]. 邵向业,王皎,丁虎,等译. 北京:原子能出版社,1992.

[9] 刘洪涛,等. 人类生存发展与核科学[M]. 北京:北京大学出版社,2001.

附　录

附录 A　国际单位与工程单位的换算

名　称	国际单位	工程单位	换算关系
力	N(牛顿)	kgf(千克力)	1 N=0.102 kgf 1 kgf=9.807 N
压　力	$Pa=N/m^2$ (帕=牛顿/米^2) MPa(兆帕) 1 bar$=10^5$ Pa (1 巴$=10^5$帕)	kgf/m^2(千克力/米^2) kgf/cm^2(千克力/厘米^2) =at(工程大气压)	1 Pa=0.102 kgf/m^2 $=10.2\times10^{-6}$ kgf/cm^2 1 bar=1.02 kgf/cm^2 1 kgf/cm^2=0.098 MPa =0.98 bar
动力黏度	$Pa\cdot s=N\cdot s/m^2$ (帕·秒=牛顿·秒/米^2) P(Poisc)(泊) 1 P=0.1 Pas CP(厘泊) 1 CP$=10^{-2}$ P	kgf·s/m^2(千克力·秒/米^2)	1 Pa·s=0.102 kgf·s/m^2 1 kgf·s/m^2=9.807 Pa·s
功,能,热量	J(焦耳) kJ(千焦耳)	kgf·m(千克力·米) kcal(大卡)	1 J=0.102 kgf·m 1 kgf·m=9.807 J 1 kJ=0.238 9 kcal 1 kcal/kg=4.187 kJ
功　率	kW=kJ/s (千瓦=千焦/秒)	kgf·m/s(千克力·米/秒)	1 kW=102 kgf·m/s 1 kgf·m/s=0.009 8 kW
焓	kJ/kg(千焦/千克)	kcal/kg(大卡/千克)	1 kJ/kg=0.238 9 kcal/kg 1 kcal/kg=4.187 kJ
比热容	kJ/(kg·℃) 千焦/(千克·摄氏度)	kcal/(kg·℃) 大卡/(千克·摄氏度)	1 kJ/(kg·℃)=0.238 9 kcal/kg·℃ 1 kcal/(kg·℃)=4.187 kJ/(kg·℃)
热导率	W/(m·℃) 瓦/(米·摄氏度)	kcal/(m·h·℃) 大卡/(米·时·摄氏度)	1 W/(m·℃)=0.859 8 kcal/(m^2·℃) 1 kcal/(m·h·℃)=1.163 W/(m·℃)
传热系数	W/(m^2·℃) 瓦/(米^2·摄氏度)	kcal/(m^2·℃) 大卡/(米^2·摄氏度)	1 W/(m^2·℃)=0.859 8 kcal/(m^2·℃) 1 kcal/(m^2·℃)=1.163 W/(m^2·℃)
表面张力	N/m(牛顿/米)	kgf/m(千克力/米)	1 N/m=0.102 kgf/m 1 kgf/m=9.807 N/m

附录 B　一些核素的热截面
（对 0.025 3 eV 或 2 200 m/s 的中子）

原子序数	核	丰度/(原子%)	半衰期	$\sigma_a/(\times 10^{-28}\ m^2)$	$\sigma_f/(\times 10^{-28}\ m^2)$
0	n		12 min		
1	~^{1}H	99.985		0.332	
	~^{2}H	0.015		0.000 53	
	~^{3}H		12.33 a		
3	~^{6}Li	7.42		940	
	~^{7}Li	92.58		0.037	
5	~^{10}B	19.6		3 837	
	~^{11}B	80.4		0.005 5	
6	~^{12}C	98.89		0.003 4	
	~^{13}C	1.11		0.000 9	
	~^{14}C		5 730 a		
7	~^{14}N	99.63		1.88	
	~^{15}N	0.37		0.000 024	
8	~^{16}O	99.759		0.000 178	
	~^{17}O	0.037		0.235	
	~^{18}O	0.204		0.000 16	
53	~^{135}I		6.7 h		
54	~^{135}Xe		9.17 h	2.65×10^6 *	
61	~^{149}Pm		53.1 h		
62	~^{149}Sm	13.83		41 000 *	
90	~^{232}Th	100	1.41×10^{10} a	7.40	
	~^{233}Th		22.2 min	1 515	15
92	~^{233}U		1.55×10^5 a	578.8	531.1
	~^{234}U	0.005 7	2.47×10^5 a	100.2	
	~^{235}U	0.72	7.13×10^8 a	680.8	582.2
	~^{236}U		2.34×10^7 a	5.2	
	~^{238}U	99.27	4.51×10^9 a	2.70	
	~^{239}U		23.5 min	36	14
94	~^{239}Pu		24 390 a	1 011.3	742.5
	~^{240}Pu		6 540 a	289.5	0.030
	~^{241}Pu		15 a	1 377	1 009
	~^{242}Pu		3.87×10^5 a	18.5	<0.2

* 为非 1/v 吸收体的。

附录 C 核燃料的热物性

燃 料	密度 /(g·cm^{-3})	熔点 /℃	热导率 /[W·(m·K)$^{-1}$]	体膨胀系数 /(10^{-6}℃$^{-1}$)	定压比热容 /[J·(kg·K)$^{-1}$]
金属铀	19.05/93 ℃ 18.87/204 ℃ 18.33/649 ℃	1 133	27.34/93 ℃ 30.28/316 ℃ 36.05/538 ℃ 38.08/760 ℃	61.65/(25 ~ 650)℃	116.39/93 ℃ 171.66/538 ℃ 14.27/649 ℃
U – Zr(2% 质量)	18.3/室温	1 127	21.98/35 ℃ 27.00/300 ℃ 37.00/600 ℃ 48.11/900 ℃	14.4/(40 ~ 500)℃	120.16/93 ℃
U – Si(3.8% 质量)	15.57/室温	985	15.0/25 ℃ 17.48/65 ℃	13.81/(100 ~ 400)℃	
U – Mo(12% 质量)	16.9/室温	1 150	13.48/室温	13.176/(100 ~ 400)℃	133.98/300 ℃ 150.72/400 ℃
Zr – U(14% 质量)	7.16	1 782	11.00/20 ℃ 11.61/100 ℃ 12.32/200 ℃ 13.02/300 ℃ 18.00/700 ℃	6.80/(105 ~ 330)℃ 6.912/(350 ~ 550)℃	282.19/93 ℃
UO$_2$	10.98	2 849	4.33/499 ℃ 2.60/1 093 ℃ 2.16/1 699 ℃ 4.33/2 204 ℃	11.02/(24 ~ 2 799)℃	237.40/32 ℃ 316.10/732 ℃ 376.81/1 732 ℃ 494.04/2 232 ℃
UO$_2$ – PuO$_2$	11.08	2 780	3.50/499 ℃ 1.80/1 998 ℃	11.02/(24 ~ 2 799)℃	近似于 UO$_2$
ThO$_2$	10.01	3 299	12.6/93 ℃ 9.24/204 ℃ 6.21/371 ℃ 4.64/538 ℃ 3.58/790 ℃ 2.91/1 316 ℃		229.02/32 ℃ 291.40/732 ℃ 324.78/1 732 ℃ 343.32/2 232 ℃
UC	13.6	2 371	21.98/199 ℃ 23.02/982 ℃	10.8/(21 ~ 982)℃	
UN	14.32	2 843	15.92/327 ℃ 20.60/732 ℃ 24.40/1 121 ℃	0.936/(16 ~ 1 024)℃	

注:斜杠后面的数指的是测量到的数据所对应的温度。

附录 D　包壳和结构材料的热物性

燃　料	密度 /(g·cm⁻³)	熔点 /℃	热导率 /[W·(m·K)⁻¹]	体膨胀系数 /(10⁻⁶℃⁻¹)	定压比热容 /[J·(kg·K)⁻¹]
Zr-2	6.57	1 849	11.80/38 ℃ 11.92/93 ℃ 12.31/204 ℃ 12.76/316 ℃ 13.22/427 ℃ 13.45/482 ℃	8.32/(25~800)℃ (轧制方向) 12.3/(25~800)℃ (横向)	303.54/93 ℃ 319.872 04 ℃ 330.33/316 ℃ 339.13/427 ℃ 347.92/538 ℃ 375.13/649 ℃
347 不锈钢	8.03	1 399~1 428	14.88/38 ℃ 15.58/93 ℃ 16.96/204 ℃ 18.35/316 ℃ 19.90/427 ℃ 21.46/538 ℃	16.29/(20~38)℃ 16.65/(20~93)℃ 17.19/(20~204)℃ 17.64/(20~316)℃ 18.00/(20~427)℃ 18.45/(20~538)℃	502.42/(0~100)℃
1Cr18Ni9Ti	7.9		16.33/100 ℃ 18.84/300 ℃ 22.19/500 ℃ 23.45/600 ℃	16.1/(20~100)℃ 17.2/(20~300)℃ 17.9/(20~500)℃ 18.6/(20~700)℃	502.42/20 ℃
因科洛依 800	8.02		17.72/21 ℃ 12.98/93 ℃ 14.65/204 ℃ 16.75/316 ℃ 18.42/427 ℃ 20.00/538 ℃ 21.77/649 ℃ 23.86/760 ℃ 25.96/871 ℃ 30.98/982 ℃	14.4/(20~100)℃ 15.8/(20~200)℃ 16.1/(20~300)℃ 16.5/(20~400)℃ 16.8/(20~500)℃ 17.1/(20~600)℃ 17.5/(20~700)℃ 18.0/(20~800)℃ 18.5/(20~900)℃ 19.0/(20~1 000)℃	502.42/20 ℃
因科镍 600	8.42		14.65/20 ℃ 15.91/93 ℃ 17.58/204 ℃ 19.26/316 ℃ 20.93/427 ℃ 22.61/538 ℃ 24.70/649 ℃ 26.80/760 ℃ 28.89/871 ℃	13.4/(20~100)℃ 13.8/(20~200)℃ 14.1/(20~300)℃ 14.5/(20~400)℃ 14.9/(20~500)℃ 15.3/(20~600)℃ 15.7/(20~700)℃ 16.1/(20~800)℃ 16.8/(20~1 000)℃	460.55/21 ℃ 460.55/93 ℃ 502.42/204 ℃ 502.42/316 ℃ 544.28/427 ℃ 544.28/538 ℃ 586.15/649 ℃ 628.02/760 ℃ 628.02/871 ℃
哈斯特洛依 N	8.93		12/149 ℃ 14/302 ℃ 16/441 ℃ 18/529 ℃ 20/629 ℃ 24/802 ℃	12.60/(100~400)℃ 15.12/(400~800)℃ 17.82/(600~1 000)℃ 15.48/(100~1 000)℃	

注:斜杠后面的数指的是测量到的数据所对应的温度。

附录 E　贝塞尔函数

n 阶贝塞尔方程为

$$x^2 \frac{\mathrm{d}^2 y}{\mathrm{d}x^2} + x \frac{\mathrm{d}y}{\mathrm{d}x} + (x^2 - n^2) y = 0$$

式中,n 为常数。该方程的通解可表示为

$$y = A\mathrm{J}_n(x) + B\mathrm{Y}_n(x)$$

其中,A, B 为常数。$\mathrm{J}_n(x)$ 称为 n 阶第一类贝塞尔函数;$\mathrm{Y}_n(x)$ 称为 n 阶第二类贝塞尔函数,有时也用符号 $N_n(x)$ 来表示,称为诺埃曼函数。$\mathrm{J}_n(x)$ 及 $\mathrm{Y}_n(x)$ 由下列级数定义:

$$\mathrm{J}_n(x) = \sum_{m=0}^{\infty} \frac{(-1)^m}{m!} \frac{1}{\Gamma(n+m+1)} \left(\frac{x}{2}\right)^{2m+n}$$

当 $n = \mathbf{Z}$ 时

$$\Gamma(n+m+1) = (n+m)!$$

$$\mathrm{Y}_n(x) = \begin{cases} \dfrac{\mathrm{J}_n(x) \cos n\pi - \mathrm{J}_{-n}(x)}{\sin n\pi} & (n \neq \mathbf{Z}) \\[3mm] \lim\limits_{\alpha \to 0} \dfrac{\mathrm{J}_a(x) \cos n\pi - \mathrm{J}_{-a}(x)}{\sin n\pi} & (n = \mathbf{Z}) \end{cases}$$

在核工程感兴趣的自变量范围内,零阶、一阶第一类贝塞尔函数值见下表 E1。

表 E1　贝塞尔函数值

x	$\mathrm{J}_0(x)$	$\mathrm{J}_1(x)$	x	$\mathrm{J}_0(x)$	$\mathrm{J}_1(x)$
0	1.000 0	0.000 0	1.4	0.566 9	0.541 9
0.05	0.999 4	0.025 0	1.5	0.483 8	0.564 4
0.10	0.997 5	0.049 9	1.6	0.455 4	0.569 9
0.15	0.994 4	0.074 8	1.7	0.369 0	0.580 2
0.20	0.990 0	0.099 5	1.8	0.340 0	0.581 5
0.25	0.984 4	0.124 0	1.9	0.252 8	0.579 4
0.30	0.977 6	0.148 3	2.0	0.223 9	0.576 7
0.35	0.969 6	0.172 3	2.1	0.138 3	0.562 6
0.40	0.960 4	0.196 0	2.2	0.110 4	0.566 0
0.45	0.950 0	0.219 4	2.3	0.028 8	0.530 5
0.50	0.938 5	0.242 3	2.4	0.002 5	0.520 2
0.55	0.925 8	0.264 7	2.5	0.072 9	0.484 3
0.60	0.912 0	0.286 7	2.6	-0.096 8	0.470 8
0.65	0.897 1	0.308 1	2.7	-0.164 1	0.426 0
0.70	0.881 2	0.329 0	2.8	-0.185 0	0.409 7
0.75	0.864 2	0.349 2	2.9	-0.242 6	0.357 5
0.80	0.846 3	0.368 8	3.0	-0.260 1	0.339 1
0.85	0.827 4	0.387 8	3.2	-0.320 2	0.261 3
0.90	0.807 5	0.405 9	3.4	-0.364 3	0.179 2
0.95	0.786 8	0.423 4	3.6	-0.391 8	0.095 5
1.0	0.765 2	0.440 1	3.8	-0.402 6	0.012 8
1.1	0.695 7	0.485 0	4.0	-0.397 1	-0.066 0
1.2	0.671 1	0.498 3			
1.3	0.593 7	0.532 5			

附录 F　水的热物性

温度 T /℃	压力 p /MPa(绝对)	密度 ρ /(kg·m^{-3})	比热容 C_p /[kJ·(kg·K)$^{-1}$]	热导率 $\lambda \times 10^{-2}$ /[W·(m·K)$^{-1}$]	黏度 $\mu \times 10^6$ /(N·s·m^{-2})	普朗特数 Pr
0	0.101 325	999.9	4.212 7	55.122	1 789.0	13.67
10	0.101 325	999.7	4.191 7	57.448	1 306.1	9.52
20	0.101 325	998.2	4.183 4	59.890	1 004.9	7.02
30	0.101 325	995.7	4.175 0	61.751	801.76	5.42
40	0.101 325	992.2	4.175 0	63.379	653.58	4.31
50	0.101 325	988.1	4.175 0	64.774	549.55	3.54
60	0.101 325	983.2	4.179 2	65.937	470.06	2.98
70	0.101 325	977.8	4.107 6	66.751	406.28	2.55
80	0.101 325	971.8	4.195 9	67.449	355.25	2.21
90	0.101 325	965.3	4.205 8	68.031	315.01	1.95
100	0.101 325	958.4	4.221 1	68.263	282.63	1.75
110	0.243 26	951.0	4.233 6	68.492	259.07	1.60
120	0.198 54	943.1	4.250 4	68.612	237.48	1.47
130	0.270 12	934.8	4.267 1	68.612	217.86	1.36
140	0.361 36	926.1	4.288 1	68.496	201.17	1.26
150	0.435 97	917.0	4.313 2	68.380	186.45	1.17
160	0.618 04	907.4	4.346 7	68.263	173.69	1.10
170	0.792 02	897.3	4.380 2	67.914	162.90	1.05
180	1.002 7	886.9	4.417 9	67.449	153.09	1.00
190	1.255 2	876.0	4.459 7	66.984	144.25	0.96
200	1.555 1	863.0	4.505 8	66.286	136.40	0.93
210	1.907 9	853.8	4.556 1	65.472	130.52	0.91
220	2.320 1	840.3	4.614 7	64.542	124.63	0.89
230	2.797 9	827.3	4.687 1	63.728	119.72	0.88
240	3.348 0	813.6	4.757 1	62.797	114.81	0.87
250	3.977 6	799.0	4.845 0	61.751	109.91	0.86
260	4.694 0	784.0	4.949 7	60.472	105.98	0.87
270	5.505 1	767.9	5.088 2	58.960 3	102.06	0.88
280	6.419 1	750.7	5.230 3	57.448	98.135	0.90
290	7.444 8	732.3	5.485 7	55.820	94.210	0.93
300	8.597 1	712.5	5.737 0	53.959	91.265	0.97
310	9.869 7	691.1	6.072 0	52.331	88.321	1.03
320	11.290	667.1	6.574 5	50.587	85.377	1.11
330	12.865	640.2	7.244 5	48.377	81.452	1.22
340	14.608	610.1	8.165 8	45.702	77.526	1.39
350	16.537	574.4	9.505 8	43.028	72.620	1.60
360	18.674	528.0	13.986	39.539	66.732	2.35
370	21.053	450.5	40.326	33.724	56.918	6.79

附录 G　饱和线上水和水蒸气的几个热物性

温度 /℃	压力 /MPa(绝对)	水的比体积 /[10⁻³·(m³·kg)⁻¹]	蒸汽的比体积 /[10⁻³·(m³·kg)⁻¹]	水的焓 /[kJ·(kg·K⁻¹)]	蒸汽的焓 /[kJ·(kg·K⁻¹)]	汽化热 /[kJ·(kg·K⁻¹)]
0.00	0.000 610 8	1.000 2	206 321	−0.04	2 501.0	2 501.0
10	0.001 227 1	1.000 3	106 419	41.99	2 519.4	2 477.4
20	0.002 336 8	1.001 7	578 33	83.86	2 537.7	2 453.8
30	0.004 241 7	1.004 3	329 29	125.66	2 555.9	2 430.2
40	0.007 374 9	1.007 8	19 548	167.45	2 574.0	2 406.5
50	0.012 335	1.012 1	120 48	209.26	2 591.8	2 382.5
60	0.019 919	1.017 1	7 680.7	251.09	2 609.5	2 358.4
70	0.031 161	1.022 8	5 047.9	292.97	2 626.8	2 333.8
80	0.047 359	1.029 2	3 410.4	334.92	2 643.8	2 308.9
90	0.070 108	1.036 1	2 362.4	376.94	2 660.3	2 283.4
100	0.101 325	1.043 7	1 673.8	419.06	2 676.3	2 257.2
110	0.143 26	1.051 9	1 210.6	461.32	2 691.8	2 230.5
120	0.198 54	1.060 6	892.02	503.7	2 706.6	2 202.9
130	0.270 12	1.070 0	668.51	546.3	2 720.7	2 174.4
140	0.361 36	1.080 1	508.75	589.1	2 734.0	2 144.9
150	0.475 97	1.090 8	392.61	632.2	2 746.3	2 114.1
160	0.618 04	1.102 2	306.85	675.5	2 757.7	2 082.2
170	0.792 02	1.114 5	242.59	719.1	2 768.0	2 048.9
180	1.002 7	1.127 5	193.81	763.1	2 777.1	2 014.0
190	1.255 2	1.141 5	158.31	807.5	2 784.9	1 977.4
200	1.553 1	1.156 5	127.14	852.4	2 791.4	1 939.0
210	1.907 9	1.172 6	104.22	897.8	2 796.4	1 898.6
220	2.320 1	1.190 0	86.02	943.7	2 799.9	1 856.2
230	2.797 9	1.208 7	71.43	990.3	2 801.7	1 811.4
240	3.348 0	1.229 1	59.64	1 037.6	2 801.6	1 764.0
250	3.977 6	1.251 2	50.02	1 085.8	2 799.5	1 713.7
260	4.694 0	1.275 6	42.12	1 135.0	2 795.2	1 660.2
270	5.505 1	1.302 5	35.57	1 185.4	3 788.3	1 602.9
280	6.419 1	1.332 4	30.10	1 237.0	2 778.6	1 541.6
290	7.444 8	1.368 59	25.51	1 290.3	2 765.4	1 475.1
300	8.597 1	1.404 1	21.62	1 345.4	2 748.4	1 403.0
310	9.869 7	1.448 0	18.29	1 402.9	2 726.8	1 323.9
320	11.290	1.499 5	15.44	1 463.4	2 699.6	1 236.2
330	12.865	1.561 4	12.96	1 527.5	2 665.5	1 138.0
335	13.714	1.597 7	11.84	1 561.4	2 645.4	1 084.0
340	14.608	1.639 0	10.78	1 596.8	2 622.3	1 025.5
345	15.548	1.685 9	9.779	1 633.7	2 596.2	962.5
350	16.537	1.740 7	8.822	1 672.9	2 566.1	893.2
355	17.577	1.807 3	7.895	1 715.5	2 530.5	815.0
360	18.674	1.893 0	6.970	1 763.1	2 485.7	722.6
370	21.053	2.230	4.958	1 896.2	2 335.7	439.5
372	21.562	2.392	4.432	1 942.0	2 280.1	338.1
374	22.084	2.893 4	3.482	2 039.2	2 150.7	111.5
374.12	22.114 5	3.147	3.147	2 095.2	2 095.2	0